Guatemala	19	12,3	2,8	3,3	0,7	66	42,5	3,5	46,3	4148	k.A.	k.A.	19,3	58,4	1,8	k.A.	33	2219	1073	33
Haiti	8	8,3	1,8	3,2	1,4	52	39,0	3,5	37,5	1742	k.A.	k.A.	k.A.	k.A.	k.A.	k.A.	50	2086	k.A.	10
Honduras	113	6,9	2,8	3,0	0,6	66	40,8	3,3	45,6	2665	20,9	46,3	30,7	55,8	5,1	k.A.	25	2356	1206	25
Kanada	9985	31,5	1,2	1,1	0,7	79	18,2	12,8	80,4	30677	22,5	74,7	k.A.	k.A.	7,6	9230	4	3589	477	513
Kolumbien	1139	44,2	1,9	2,2	0,6	72	31,8	4,8	76,5	6702	19,1	59,3	29,4	58,3	14,2	580	8	2585	991	62
Kuba	111	11,3	0,5	1,3	0,8	77	20,3	10,4	75,6	k.A.	20,4	53,1	k.A.	k.A.	3,3	k.A.	4	3152	167	11
Mexiko	1964	103,5	1,6	1,9	0,5	74	32,3	5,2	75,5	9168	26,0	55,8	26,4	69,6	3,3	1310	9	3145	830	118
Peru	1285	27,2	1,9	2,2	0,6	70	33,0	4,9	73,9	5260	20,6	78,7	29,3	60,4	10,3	440	10	2571	866	104
USA	9631	294,0	1,2	1,4	0,9	77	21,0	12,4	80,1	37562	20,8	77,5	k.A.	k.A.	6,0	7880	4	3774	344	551
Venezuela	912	25,7	2,0	2,3	0,5	74	32,2	4,7	87,7	4919	20,9	69,3	41,1	54,4	15,8	2440	8	2336	424	51
Afrika																				
Ägypten	1002	71,9	2,2	2,4	0,6	69	33,5	4,3	42,1	3950	13,8	59,3	34,0	49,8	11,0	710	45	3338	1301	39
Algerien	2382	31,8	1,9	2,2	0,5	71	33,9	4,0	58,8	6107	24,3	54,6	55,1	34,7	27,3	1090	34	3022	990	16
Äthiopien	1112	70,7	2,9	4,0	2,0	42	45,4	2,8	15,6	711	k.A.	k.A.	10,7	47,5	k.A.	k.A.	61	1857	k.A.	1
Burkina Faso	274	13,0	3,1	4,3	1,9	43	46,9	2,7	17,8	1174	k.A.	k.A.	18,9	50,1	k.A.	k.A.	76	2462	k.A.	4
Ghana	239	20,9	2,4	3,1	1,3	54	41,9	4,4	45,4	2238	k.A.	k.A.	24,9	39,3	k.A.	k.A.	29	2667	k.A.	8
Kenia	582	32,0	2,5	3,4	1,7	45	42,1	2,7	39,4	1037	k.A.	k.A.	19,6	64,6	k.A.	k.A.	18	2090	6654	13
Kongo, Dem. Rep.	2345	52,8	2,9	4,5	1,8	45	47,9	2,6	31,6	697	k.A.	k.A.	k.A.	k.A.	k.A.	k.A.	20	1599	k.A.	1
Libyen	1760	5,6	2,1	2,7	0,4	73	32,5	3,7	86,3	k.A.	k.A.	k.A.	k.A.	k.A.	k.A.	k.A.	22	3320	811	29
Mali	1249	13,0	2,2	4,8	2,3	41	47,2	2,8	32,3	994	k.A.	k.A.	26,1	35,5	k.A.	k.A.	74	2174	k.A.	2
Marokko	459	30,6	2,0	2,1	k.A.	69	32,9	4,4	57,5	4004	20,2	35,9	29,6	53,6	11,9	k.A.	51	3052	2378	27
Niger	1267	12,0	2,8	4,8	2,0	46	48,9	2,3	22,2	835	k.A.	k.A.	16,8	43,3	k.A.	k.A.	84	2130	28370	1
Nigeria	924	124,0	2,6	4,3	1,8	45	44,0	2,6	46,7	1050	k.A.	k.A.	49,5	24,1	k.A.	k.A.	36	2726	k.A.	6
Ruanda	26	8,4	0,8	4,3	2,2	40	45,7	3,0	18,3	1268	k.A.	k.A.	21,9	36,5	k.A.	k.A.	36	2084	k.A.	3
Sambia	753	10,8	2,4	3,8	2,3	37	46,8	2,7	35,7	877	k.A.	k.A.	27,0	50,2	k.A.	k.A.	24	1927	k.A.	6
Südafrika	1219	45,0	1,4	2,5	2,0	46	32,0	4,4	56,9	10346	24,5	65,2	31,0	65,2	29,7	2440	16	2956	1484	68
Tansania	884	37,0	2,7	3,8	1,8	43	44,7	2,4	35,4	621	2,6	15,3	16,4	38,6	5,1	k.A.	25	1975	k.A.	7
Tunesien	162	9,8	1,5	1,7	0,6	73	27,5	6,1	63,7	7161	k.A.	k.A.	28,1	59,8	14,3	k.A.	29	3238	1156	64
Asien																				
Bangladesch	148	146,7	1,7	2,8	0,8	62	35,5	3,4	24,2	1770	10,7	24,5	26,3	51,9	3,3	100	61	2205	4461	2
China, VR	9597	1304,2	1,0	1,5	0,8	71	23,6	7,3	38,6	5003	22,7	20,7	52,3	33,1	4,3	780	15	2951	608	63
Indien	3287	1065,5	1,8	2,4	0,8	63	32,4	5,1	28,3	2892	k.A.	k.A.	26,6	51,2	4,3	310	44	2459	1940	17
Indonesien	1923	219,9	1,8	2,1	0,7	67	29,7	4,9	45,6	3361	18,8	36,9	43,6	39,8	9,5	470	13	2904	13713	38
Irak	438	25,2	2,2	2,9	0,8	63	39,4	3,1	67,2	k.A.	k.A.	k.A.	k.A.	k.A.	k.A.	k.A.	61	k.A.	1839	k.A.
Iran	1630	68,9	1,4	1,8	0,6	69	29,5	4,7	66,7	6995	k.A.	k.A.	41,2	47,5	12,3	1710	24	3085	3049	72
Israel	22	6,4	2,6	2,0	0,6	79	27,4	9,7	91,6	20033	22,6	75,6	k.A.	k.A.	10,7	k.A.	5	3666	267	301
Japan	378	127,7	0,3	0,9	0,8	82	14,2	18,6	65,4	27967	28,8	66,6	k.A.	k.A.	5,3	4000	1	2761	497	483
Kasachstan	2725	15,4	-0,9	1,5	1,0	61	24,5	8,1	55,8	6671	17,0	47,7	38,3	53,9	8,8	2520	5	2677	277	16
Korea, Republik	100	47,7	1,0	1,2	0,7	74	20,7	7,6	80,3	17971	27,6	63,6	34,6	62,2	3,6	4340	3	3058	626	610
Malaysia	330	24,4	2,2	2,1	0,5	73	33,0	4,4	63,9	9512	32,0	53,7	48,5	41,8	3,6	2160	14	2881	1406	344
Pakistan	796	153,6	2,4	3,2	0,8	64	40,1	3,4	34,1	2097	20,8	37,1	23,5	53,2	8,3	290	58	2419	144	10
Philippinen	300	80,0	2,1	2,6	0,6	70	36,0	4,0	61,0	4321	15,6	47,0	32,3	53,2	9,8	280	5	2379	2599	44
Saudi-Arabien	2250	24,2	3,7	3,1	0,4	73	40,2	2,9	87,7	13226	21,0	74,3	55,2	40,3	5,2	4860	27	2845	714	67
Syrien	185	17,8	2,7	2,9	0,4	71	38,2	3,1	50,1	3576	26,9	42,8	28,6	47,9	11,7	k.A.	28	3038	707	13
Thailand	513	62,8	1,1	1,5	0,8	69	22,9	6,6	31,9	7595	19,7	35,4	44,0	46,2	1,5	1110	5	2467	3194	111
Türkei	784	71,3	1,6	2,1	0,7	69	28,3	5,9	66,3	6772	22,8	43,3	21,9	64,7	9,0	980	16	3357	756	81
Vietnam	332	81,4	1,6	1,8	0,6	70	30,6	5,3	25,7	2490	k.A.	k.A.	40,0	38,2	2,3	k.A.	7	2566	1919	43
Australien																				
Australien	7692	19,7	1,2	1,3	0,7	80	20,0	12,5	92,0	29632	21,2	74,9	25,9	71,2	6,1	5780	1	3054	515	567
Neuseeland	271	3,9	1,3	1,4	0,7	79	21,9	11,7	85,9	22582	22,3	69,5	23,3	69,5	4,6	4780	0	3219	222	526

[1]Teilweise ältere Zahlen. [2]1 kg Öleinheit = Energie von 1 kg Erdöl (etwa 10 000 Kalorien). Mit dieser Maßeinheit kann man verschiedene Energiearten untereinander vergleichen. [3]Gemeint ist das Bruttoinlandsprodukt (BIP) = Maß für die wirtschaftliche Leistung eines Landes; misst den Wert der im Inland hergestellten Waren und Dienstleistungen, soweit diese nicht vorher für die Produktion anderer Waren und Dienstleistungen verwendet werden. [4]Der Anteil der Landwirtschaft ergibt sich, indem man die Anteile der Industrie und Dienstleistungen addiert und von 100 subtrahiert. - k.A. keine Angaben. Quellen: Food and Agriculture Organization of the United Nations; International Telecommunication Union; Statistisches Jahrbuch für das Ausland 2003 und 2004, Statistisches Bundesamt; U.S. Census Bureau; verschiedene nationale Quellen; World Development Indicators 2005, Worldbank; Yearbook of Labour Statistics 2004, ILO.

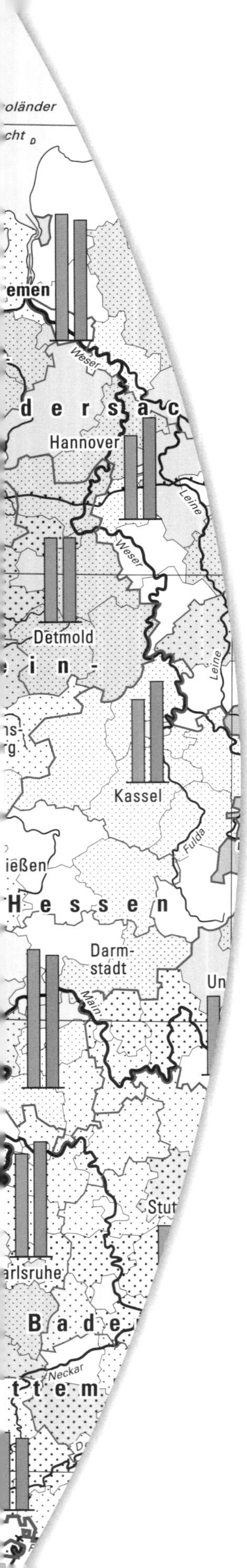

→ Impressum

EWG 5/6

Herausgeber
Dr. Michael Geiger, Landau
Herbert Paul, Asperg

Autoren
Thomas Borstell, Rechberghausen
Roland Bullinger, Gaildorf
Dr. Michael Geiger, Landau
Dr. Michael Großmann, Gernsbach
Michael Gutberlet, Rudolstadt
Hiltrud Karthaus, Dortmund
Herbert Paul, Asperg
Christian Porth, Frechen
Michael Schubert, Krefeld
Martin Stengelin, Oberrot

1. Auflage
1 9 8 | 2015 14

Alle Drucke dieser Auflage können im Unterricht nebeneinander benutzt werden, sie sind untereinander unverändert. Die letzte Zahl bezeichnet das Jahr dieses Druckes.

www.klett.de

ISBN-10
3-623-25890-3
ISBN-13
978-3-623-25890-4

Redaktion und Produktion
Andrea John und
Michael Hebestreit
Einband-Design und Layoutkonzept
pandesign, Büro für visuelle
Kommunikation, Karlsruhe
Karten
Klett-Perthes Gotha,
Dr. Henry Waldenburger
Zeichnungen / Collagen
Steffen Butz, Karlsruhe
Sven Enenkel, Erfurt
Eberhard Enkel, Berlin
Ulf Graupner, Berlin
Rudolf Hungreder,
Leinfelden-Echterdingen
Diana Jäckel, Erfurt
Wolfgang Schaar, Stuttgart
Ursula Wedde, Göppingen
Boris Zatko, Basel
Satz und Reproduktion
d|m|z, Gotha
Druck
Firmengruppe APPL, aprinta druck, Wemding

9 783623 258904

EWG 5/6 Erdkunde Wirtschaftskunde Gemeinschaftskunde

Realschule Baden-Württemberg

TERRA

Ernst Klett Schulbuchverlage
Stuttgart Leipzig

Inhalt

EWG 5/6

- Ergänzungsseiten für ein Schulcurriculum

Inhalt

Inhalt

EWG 5/6

• Ergänzungsseiten für ein Schulcurriculum

Mehr rund um TERRA im Internet unter: ***www.klett.de/extra***

TOP BORS: Berufswahl

Du stehst an einem Punkt im Leben, wo du eine wichtige Frage für dich beantworten musst: „Welchen Beruf will ich, welchen Beruf kann ich erlernen?“
Im TOP BORS, dem Themenorientierten Projekt Berufsorientierung Realschule, sollt ihr euch in einem Team eigenverantwortlich auf die Berufswahl vorbereiten. Dazu verschafft ihr euch an ausgewählten Beispielen einen Einblick in die Berufs- und Arbeitswelt. Die Berufserkundung in einem selbst gewählten Betrieb steht dabei im Zentrum eures Projektes.
Ziel des TOP BORS ist die persönliche Berufswahlkompetenz, d. h. die Fähigkeit, diese wichtige Entscheidung informiert und wohlüberlegt zu treffen.

WEITER-
BILDUNG
100
BUTZ

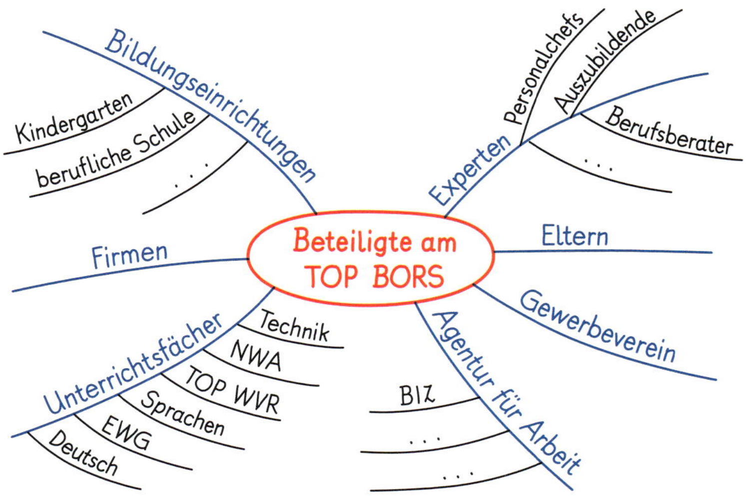

1

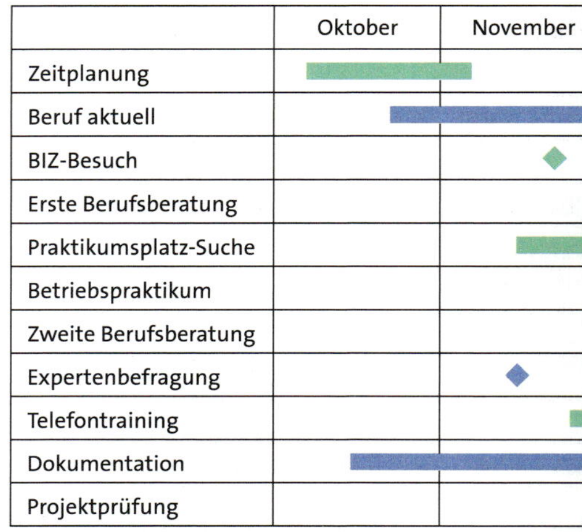

2 ***Beispiel für einen Projektplan***

Projektplan und Projektprüfung

Zur Projektplanung

Euer TOP BORS will sorgfältig geplant sein. Nicht nur von den Schülerteams, sondern auch von den Lehrern der beteiligten Fächer. Diese Lehrerteams sollten gemeinsam einen Rahmenplan erstellen. Wer betreut welchen Projektteil? Wer hat die Gesamtleitung? Wer ist Ansprechpartner für die Projektprüfung? Innerhalb dieses vorgegebenen Rahmenplanes legt ihr euch im Schülerteam auf euer Vorhaben fest, vereinbart die Arbeitsaufträge und führt diese eigenverantwortlich durch.

1. Ziele und Aufgaben

Zu Beginn erstellt ihr eine Liste mit Teilzielen und Maßnahmen.

2. Zeitplanung

- Zu den Teilzielen schreibt ihr, wann ihr welche Schritte erledigt haben müsst, entweder mit Datum oder Angabe des Zeitraumes.
- Wichtig ist, die jeweils verantwortliche Person in eurer Projektgruppe festzulegen.
- Alle Maßnahmen solltet ihr übersichtlich in einem Zeitplan eintragen.

3. Projektablauf

- Klärt, wann und wo gemeinsam Arbeitssitzungen stattfinden.
- Bestimmt, welche außerschulischen Partner einbezogen werden, z. B. bei Expertenbefragungen oder bei der Suche des Praktikumsplatzes. Eine frühzeitige Abstimmung der Termine ist notwendig.

4. Projektdokumentation

- Welche Inhalte wollt ihr dokumentieren?
- Sammelt Ideen zur Gestaltung der Projektmappe und Visualisierung der Themen.

5. Projektprüfung

Schon bei der Projektplanung ist es wichtig, sich Gedanken zur Projektprüfung zu machen, z. B. wie und mit welchen Medien soll präsentiert werden?

Zur Projektprüfung

Die drei Teile einer Projektprüfung sind
- die Projektmappe
- die Präsentation und
- der Dialog (Prüfungsgespräch).

Die Präsentation kann als Einzel- oder Gruppenpräsentation durchgeführt werden und beginnt mit einer kurzen Einleitung, in der die Gliederung vorgestellt und eventuell der Medieneinsatz begründet wird. Danach sollte eine knappe Darstellung des gesamten Prozessverlaufes folgen. Ein wichtiger Punkt der Präsentation ist die Beschreibung und Reflexion einiger Schwerpunkte, wobei die Betriebs- und Arbeitsplatzerkundung als

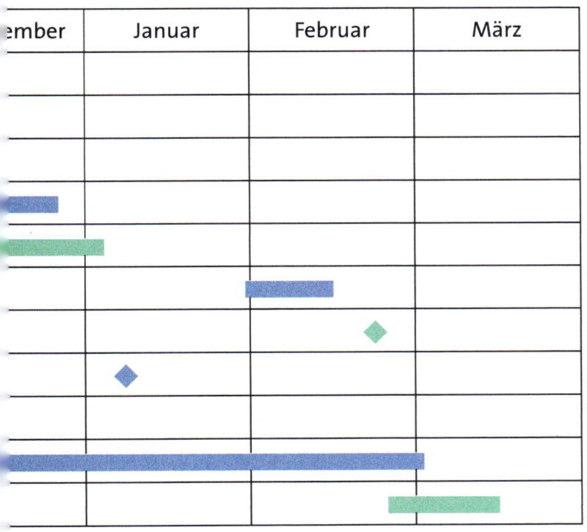

④ ***Schüler gestalten ihre Projektmappe***

→ *Projektmappe: Seite 14/15*

⑤ ***Schülerin bei der Präsentation vor der Klasse***

⑥ ***Schüler und Lehrerin im abschließenden Dialog***

③ **Bewertung der Dokumentation**

Äußeres Erscheinungsbild
- übersichtlich
- ordentlich
- ansprechend

Sprachliche Gestaltung
- verständlich formuliert
- korrekte Verwendung von Fachbegriffen
- angemessener Ausdruck
- Rechtschreibung

Inhaltliche Gestaltung
- sinnvolle Gliederung
- gründliche Recherche
- Nutzung von Quellen
- sachlich richtig
- Bezüge hergestellt
- Erfahrungen reflektiert
- sinnvoll visualisiert

zentraler Kernpunkt nicht fehlen darf. Die Präsentation kann mit einer Bewertung des Projektes, einer Selbsteinschätzung und einem Ausblick abschließen. Achtet bei der Präsentation auf eine sinnvolle Gliederung, eine flüssige Sprache mit angemessener Lautstärke und Sprechtempo und sucht den Kontakt zu den Zuhörern.

Zur Standardsicherung

1 *Erstellt in eurem Projektteam einen Projektplan.*
a) Entwerft eine Einzel- oder Gruppenpräsentation und erstellt die dazu notwendigen Medien.
b) Trainiert die Präsentation in einer Simulation in eurer Projektgruppe.

2 *Erarbeitet einen Kriterienkatalog für die Bewertung eurer Projektprüfung.*

3 *Simuliert in einem Rollenspiel einen Prüfungsdialog in eurem Projektteam.*

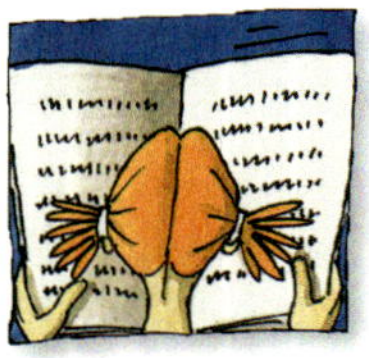

4 *Traumberufe in einer 9. Klasse*

Traum, Wunsch und Wirklichkeit

1 *Vincent, 8 Jahre alt*

2 *Ludwig, 12 Jahre alt*

3 *Timo, 16 Jahre alt*

Der kleine Vincent hat mehrere **Traumberufe**. Manchmal will er Formel 1-Pilot werden, dann wieder Feuerwehrmann – oder lieber doch Fußballprofi? Aber nachdem er einen Weltraumfilm gesehen hatte, fand er den Beruf des Astronauten am spannendsten und interessantesten.

Auch Ludwig hatte ständig neue Berufsideen. Nachdem er etwas älter geworden ist, hat er nur noch einen Traum: Er möchte später Computerspiele programmieren.

So wie den beiden geht es vielen. Die Interessen ändern sich mit dem Alter. Manche jedoch lässt ihr Traumberuf nie los, wie z. B. Karin. Sie wollte schon immer Schauspielerin werden.

Wenn der Zeitpunkt der wirklichen Entscheidung näher kommt, wird der oft wirklichkeitsferne Traumjob der realen Situation am Arbeitsmarkt angepasst. Aus dem Traumberuf wird ein am Angebot orientierter **Wunschberuf**.

Manchmal kann man die Anforderungen im Wunschberuf nur schwer erfüllen. Oft ist auch das Ausbildungsplatzangebot in diesem Beruf stark eingeschränkt. Jeder sollte deshalb seinen Berufswunsch nicht zu sehr einschränken, sondern schon frühzeitig nach sinnvollen Alternativen suchen, um letztendlich einen passenden **Ausbildungsberuf** zu finden.

5 **Traumberuf Stewardess?**

04.45 Uhr:	Abfahrt zum Flughafen Frankfurt
05.30 Uhr:	Ankunft am Flughafen. Einchecken im „Crew-Raum"
06.30 Uhr:	Kontrolle der Kabineneinrichtung, Check der Notausrüstung
06.45 Uhr:	Begrüßung der Fluggäste. Zuweisen der Sitzplätze. Check, ob alle angeschnallt sind
07.00 Uhr:	Start der Maschine. An Bord sind 210 Passagiere
07.15 Uhr:	Erklären der Sicherheitseinrichtungen und Vorschriften, auch in englischer Sprache
09.00 Uhr:	Essens- und Getränkeausgabe. Zwischendurch um das Wohlbefinden der Fluggäste kümmern und kontrollieren der Toilette
09.30 Uhr:	Bordverkauf
09.50 Uhr:	Landung auf Kreta
10.00 Uhr:	Verabschiedung der Fluggäste
10.15 Uhr:	Reinigungskräfte kommen an Bord. Rückflug vorbereiten
11.00 Uhr:	Start zum Rückflug
13.45 Uhr:	Landung in Frankfurt

An diesem Tag folgt noch ein Flug nach Zürich und zurück.

17.00 Uhr:	Ankunft in Frankfurt
18.30 Uhr:	Heimkehr

6 Bewerberzahlen im Vergleich

Ein galvanotechnischer Betrieb in Schwäbisch Gmünd, der mit einem elektrochemischen Verfahren dünne metallische Beschichtungen auf verschiedene Werkstoffe, wie zum Beispiel auf Handygehäuse aufbringt, bildet jedes Jahr in mehreren Berufen aus. Auf die zwei Ausbildungsplätze zum Galvaniseur gab es im Jahr 2003 nur sechs Bewerbungen, auf die ebenfalls zwei Ausbildungsplätze zum Industriekaufmann kamen im selben Jahr über 60 Bewerbungen.

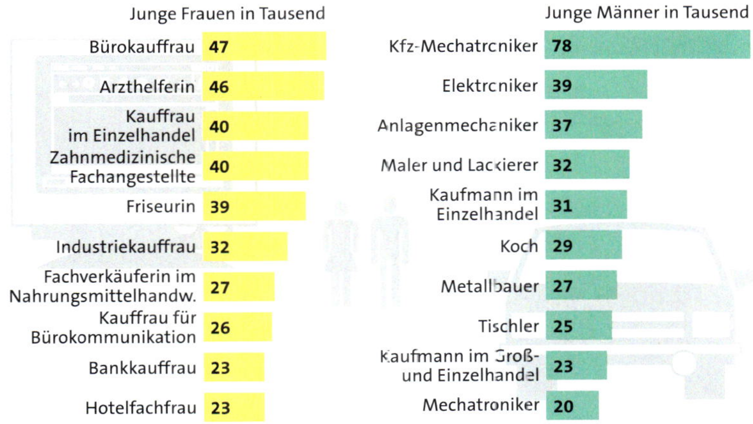

8 ***Anzahl der Auszubildenden in Deutschland (Stand 2003)***

7 Mein Leben in 20 Jahren

Stell dir vor, du hast einen Traum. Du bist nun erwachsen, genau 35 Jahre alt.
Schau dich im Spiegel an: Wie siehst du dann wohl aus? Du befindest dich jetzt in deiner Wohnung. Versuche dir vorzustellen, wie sie aussieht. Wie bist du eingerichtet? Wie sieht das Haus von außen aus? Schau dir alles genau an. Bist du vielleicht verheiratet und hast Kinder?
Du gehst nun zu deinem Arbeitsplatz. In welchem Beruf bist du tätig? Welche Aufgaben musst du erledigen? Arbeitest du mit anderen zusammen oder allein? Macht dir deine Arbeit Freude? Arbeitest du im Freien oder in einem Gebäude, an einem Schreibtisch oder an einer Maschine? Was für ein Mensch ist dein Vorgesetzter? Wieviel Geld verdienst du? Bist du vielleicht sogar selbstständig und beschäftigst Mitarbeiter?
Versuche dir alles genau vorzustellen und beschreibe dein Leben, deinen Arbeitsplatz und deinen Beruf möglichst exakt.

Zur Standardsicherung

1 *Vergleicht die Traumberufe der Schüler (4) mit der wirklichen Ausbildungsplatzwahl (8). Diskutiert in eurem Projektteam, warum es große Unterschiede gibt.*

2 *Führt eine Umfrage in eurer Klasse oder eurer Schule zum Thema „Traumberufe" durch.*

3 *Modell, Schaupielerin, Stewardess:*
a) Was macht einen Beruf zum Traumberuf?
b) Vergleiche mit Text 5.

Zur Weiterarbeit

4 *Text 7: Unternehmt in eurem Projektteam eine Fantasiereise: „Mein Leben in 20 Jahren". Schreibt einen Brief an euer jetziges „Ich" oder nehmt die Fantasiereise auf einen Tonträger auf. Ihr könnt zum Thema auch eine Collage erstellen.*

5 *Text 6: Was könnte der galvanotechnische Betrieb in Schwäbisch Gmünd unternehmen, um die Ausbildungsplätze zum Galvaniseur attraktiver zu machen?*

1 **Schreibtischarbeit macht mir Spaß**

Ludwigsburg – „Bürokaufleute sind Dreh- und Angelpunkt eines Unternehmens!“ Heike Taler hört gern, was ihr Chef sagt. Die 19-jährige hat eben ihr drittes Ausbildungsjahr zur Bürokauffrau beendet und ist glücklich. Sie wird übernommen.

Heike erledigt einen Großteil der Buchhaltung. Sie bearbeitet Lieferscheine, verwaltet Akten und wertet Statistiken aus: „Die Arbeit am Schreibtisch macht mir Spaß“, sagt sie. „Unzählige Bewerbungen hat sie nach dem Realschulabschluss losgeschickt, bis sie endlich das Ausbildungsplatzangebot in einem Warenhaus in Ludwigsburg bekam.
Das war vor drei Jahren. Inzwischen ist Heike übernommen worden, weil sie selbstständig, zuverlässig und verantwortungsbewusst arbeitet. Der Beruf bietet auch Aufstiegsmöglichkeiten: Sachbearbeiterin, Sekretärin, aber auch eine Fortbildung im Marketingbereich oder zur Betriebswirtin.

2 **Was will ich? Meine Interessen**

Was?
- montieren und reparieren
- pflegen
- bedienen und beraten
- erziehen und unterrichten
- planen und entwerfen

Wo?
- in der Natur arbeiten
- am Schreibtisch arbeiten

Womit?
- mit Tieren arbeiten
- mit Menschen umgehen
- mit Holz arbeiten
- mit moderner Technik umgehen

Wie?
- praktisch arbeiten, etwas herstellen
- körperlich arbeiten, sich bewegen
- kreativ arbeiten, gestalten
- verwalten

Was will ich? Was kann ich?

Surftipps
http://berufenet.arbeitsamt.de
www.machs-richtig.de

„Was will ich eigentlich für einen Beruf ergreifen?“ Eltern und Freunde, aber auch die Medien und das Ansehen, das ein Beruf genießt, beeinflussen dich bei der Beantwortung dieser Frage. Es ist daher wichtig, dass du dir zuerst über deine eigenen **Interessen** Klarheit verschaffst.
Etwas, was man gerne macht, macht man meistens auch gut. Trotzdem solltest du dir bei deiner Berufswahl auch die Frage nach deinen **Fähigkeiten** stellen: „Was kann ich?“ Bei der Beantwortung sind nicht nur die schulischen Leistungen, sondern auch die persönlichen Kompetenzen, die sogenannten **Schlüsselqualifikationen**, sehr wichtig. Dazu zählen z. B. Leistungsbereitschaft, Zuverlässigkeit, Zielstrebigkeit, aber auch Teamfähigkeit, Konfliktfähigkeit und Toleranz.
Hast du die Fragen nach deinen Interessen und Fähigkeiten beantwortet, fällt dir die Antwort auf die Frage der **Eignung** leichter. „Für welchen Ausbildungsberuf eigne ich mich?“ Jeder Beruf hat bestimmte Anforderungen. Es ist wichtig, diese zu kennen.

Selbsteinschätzung – Fremdeinschätzung

Kann ich, was ich will? Im Idealfall decken sich Fähigkeiten mit Interessen. Dann ist die Wahrscheinlichkeit groß, dass man den gewählten Ausbildungsberuf zufrieden und erfolgreich abschließen kann.
Wie erfahre ich aber etwas über meine Fähigkeiten? Mithilfe einer Selbsteinschätzung kann man seine Stärken und Schwächen in einem Fähigkeitsprofil sichtbar machen. Manche Fähigkeiten lassen sich recht leicht einschätzen, andere, insbesondere Persönlichkeitsmerkmale wie Teamfähigkeit, Durchhaltevermögen und Verlässlicheit, können nur in aufwändigen psychologischen Testverfahren verlässlich überprüft werden. Du kannst aber zumindest Hilfe in deinem Projektteam oder auch von Eltern, Geschwistern und Freunden einholen. Diese können aus der Außenperspektive versuchen, deine Fähigkeiten einzuschätzen. Wenn du diese Fremdeinschätzung mit deiner Selbsteinschätzung vergleichst, bekommst du ein sehr realistisches Bild von deinen Fähigkeiten.

❸ Gewünschte Eigenschaften

Unternehmer messen folgenden Eigenschaften von Lehrstellenbewerbern im kaufmännischen Bereich die Bedeutung „sehr wichtig / wichtig“ zu:

Allgemeine Qualifikationen

Rechnen	95,7 %
Schulabschluss	94,3 %
Rechtschreibung	91,3 %
Noten	90,0 %
Fremdsprachen	25,3 %
musische Fächer	6,1 %

Schlüsselqualifikationen

Leistungsbereitschaft	100 %
Einstellung zur Arbeit	100 %
Zuverlässigkeit	97 %
Teamfähigkeit	95 %
Kritikfähigkeit	84 %
Kreativität	76 %

❺ Fähigkeits- und Anforderungsprofil (Bsp.: Altenpflegerin)

Kompetenzen	Ausprägung stark ⟷ schwach 5	4	3	2	1
Hilfsbereitschaft	x		o		
Zuverlässigkeit		x	o		
Kooperationsfähigkeit		x o			
Kontaktfähigkeit	x	o			
Flexibilität			x	o	
Einfühlungsvermögen, Taktgefühl	x		o		
Verantwortungsbereitschaft	x	o			
Problemlösefähigkeit	o	x			
Entscheidungsfreudigkeit		o	x		
intellektuelle Leistungsfähigkeit		o	x		
Merkfähigkeit	o		x		
Beobachtungsgabe		x o			
sprachliche Fähigkeit		o	x		
musikalische Begabung		x		o	
Kreativität			x o		
Improvisationsfähigkeit	o	x			
praktische, zupackende Fähigkeit		x	o		
psychische Belastbarkeit	x		o		
Begeisterungsfähigkeit			x o		

Fähigkeit eines Bewerbers o   Anforderung des Berufes x

❹ Schlüsselqualifikationen

Zu den veränderten Anforderungen sagt Rudolf Röder, verantwortlich für die Ausbildung bei Bosch in Schwieberdingen: „Heute sind Mitarbeiterinnen und Mitarbeiter gesucht, die mitdenken, die Verantwortung übernehmen und selbstständig handeln können. In den Betrieben hat sich in den letzten Jahren vieles verändert. Routinearbeiten werden immer mehr von Maschinen ausgeführt. Die Arbeit wird vielfältiger und anspruchsvoller.“ Ein einmal erstelltes Anforderungsprofil muss also regelmäßig überprüft und die einzelnen Kriterien müssen neu bewertet werden.

Zur Standardsicherung

1 *Überlegt mithilfe der Fragen 2, welche Berufsinteressen jedes Teammitglied hat.*

2 *Welche Qualifikationen und Fähigkeiten erwarten Betriebe heute in erster Linie von Berufsanfängern?*

3 *Warum sind Schlüsselqualifikationen heute von besonderer Bedeutung?*

4 *Erstellt mithilfe von Tabelle 5 am Computer eine Vorlage für ein Fähigkeits- und Anforderungsprofil zu einem bestimmten Beruf.*
- *a) Ein Teammitglied, das sich für diesen Beruf interessiert, erstellt sein Fähigkeitsprofil.*
- *b) Das Team erstellt anschließend das Anforderungsprofil für diesen Beruf mithilfe der Angaben in den Berufsinformationen.*
- *c) Beurteilt, ob sich das Teammitglied für diesen Beruf eignet.*

5 *Verwendet das erstellte Profil auch wie folgt:*
- *a) zur Selbsteinschätzung des Gruppenmitglieds, das diesen Beruf ergreifen will.*
- *b) zur Fremdeinschätzung durch die anderen Teammitglieder.*
- *c) Vergleicht die Ergebnisse. Wo gibt es Übereinstimmungen, wo gibt es Abweichungen? Sucht nach Gründen für die Abweichungen.*
- *d) Versucht, bei den Abweichungen zu einer gemeinsamen Einschätzung zu kommen.*

Erläuterung zu Tabelle 5: Seine Eignung feststellen

1. *In einer Tabelle werden wichtige Kompetenzen für einen Beruf aufgelistet, daneben fünf Spalten mit Bewertungsstufen.*
2. *Ein Interessent für diesen Beruf bewertet seine Fähigkeit in diesen Kompetenzen und verbindet die Bewertungspunkte zu einer Linie: Fähigkeitsprofil.*
3. *Nun wird mithilfe der Berufsinformationen festgestellt, wie wichtig diese Kompetenzen in diesem Beruf sind: Anforderungsprofil.*
4. *Der Vergleich der beiden Profillinien zeigt die Eignung des Interessenten für diesen Beruf.*

Ein Projekttagebuch erstellen

Eine Projektdokumentation enthält die wichtigsten bearbeiteten Materialien, wie z. B. Quellentexte und überarbeitete Informationen, aber auch selbst verfasste Texte. Ein wichtiger Teil der Dokumentation ist der Praktikumsbericht sowie die Projektbewertung und ein Ausblick.

Ein Projekttagebuch erstellen

1. Schritt: Ziele und Schwerpunkte festlegen

Oft werden Projekte zwar umfangreich, aber wenig zielgerichtet dokumentiert. Deshalb ist es zu Beginn des Projektes wichtig, die Dokumentation genau zu planen: Ziele und mögliche Schwerpunkte der Dokumentation werden festgelegt. Was soll während des Projektverlaufes dokumentiert und auf welche Weise soll es festgehalten werden? Eine erste Grobgliederung kann erstellt werden.

2. Schritt: Informationen sammeln

Die während der verschiedenen Projektphasen benötigten Informationen müssen recherchiert, gesichtet, ausgewertet und geordnet werden. Bei mündlichen Informationen, z. B. Telefongesprächen, ist es nützlich, sich anschließend eine Gesprächsnotiz anzufertigen.

3. Schritt: Protokollieren

Die Ergebnisse, die während der einzelnen Projektphasen erarbeitet wurden, müssen protokolliert werden (Ergebnisprotokoll). Teilweise können auch wichtige Arbeitsprozesse schriftlich festgehalten werden (Verlaufsprotokoll). Bei den Protokollen dürfen die Terminangaben nicht fehlen.

4. Schritt: Eindrücke und Erfahrungen verarbeiten

Es ist empfehlenswert, sich am Ende jeder Projektphase Eindrücke noch einmal ins Gedächtnis zurückzurufen und Aufzeichnungen zu sichten, einzuordnen und zu ergänzen.

5. Schritt: Gesamtgliederung erstellen

Die gesamten Materialien müssen am Ende noch einmal gesichtet und geordnet werden. Eine endgültige Gliederung mit Seitenangaben wird erstellt.

6. Schritt: Präsentieren

Die Projektdokumentation wird bei der Projektprüfung präsentiert und das Ergebnis des BORS-Projektes an die anderen Projektteams und den prüfenden Lehrer weitergegeben.

Die Projektdokumentation gibt einen Überblick über den Projektverlauf und fügt die Informationen aus den einzelnen Fächern zusammen. Für deine Berufswahl, die am Ende des Projektes zur Berufsorientierung steht, ist das schriftliche Festhalten der wichtigsten Überlegungen während des Projektverlaufes sehr hilfreich. Es gilt also zu protokollieren und zu dokumentieren und sich schriftlich Gedanken über den Stellenwert von einzelnen Teilergebnissen für deinen persönlichen Berufsfindungsprozess zu machen.

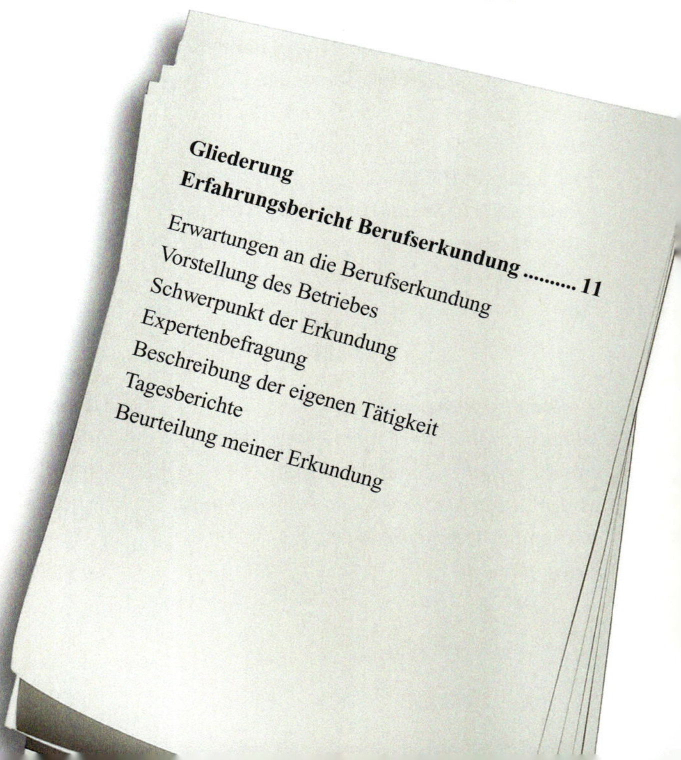

Methode

Projekttagebuch
Inhaltsverzeichnis

Unser Besuch im BIZ

Am 18.11.2005 besuchten wir, die beiden Klassen 9a und 9b, mit unseren Klassenlehrern das Berufsinformationszentrum (BIZ) der Agentur für Arbeit in Schwäbisch Hall. Nach der Ankunft wurden wir von Frau Meier begrüßt. Sie erklärte uns, wie viele Bewerbungen heute für einen Job üblich sind und ist auf viele unserer Fragen eingegangen. Sie wies uns auch in die Benutzung der verschiedenen Medien (Computer, Filme, Beschreibungen) ein und in eigenständiger Arbeit konnten wir dann die Berufsbilder von drei selbst gewählten Berufen erarbeiten.

Dazu gingen wir in das Internet-Center. Dort gibt es ein umfangreiches Berufsverzeichnis, in dem es fast jeden Beruf gibt. Auch ein Programm, das Interessen und Fähigkeiten entdeckt und geeignete Berufe anzeigt. Wir konnten auch Filme über die einzelnen Berufe anschauen. Diese waren sehr gut und sehr informationsreich gemacht. Außerdem waren da kleine Computerspiele, die gezeigt haben, wie es in der Realität aussieht. Man konnte dort zum Beispiel alle möglichen Verträge ausfüllen und Fahrtkosten berechnen, die man für den Weg zur Arbeit braucht. Die Zeit die wir zur Verfügung hatten ging sehr schnell vorüber.

Tagesbericht Montag 03.04.2006

Als ich voller Vorfreude und Spannung in das Planungsbüro kam, wurde ich meinem Betreuer vorgestellt. Er nahm sich viel Zeit und zeigte mir die Räume und Arbeitsplätze. Dann nahm ich an einer Besprechung mit allen Mitarbeitern teil.

Sandra, eine Bauzeichnerin, informierte mich über die aktuellen Aufträge. Dabei hatte ich auch die Gelegenheit, mich mit ihr über ihre Ausbildung zur Bauzeichnerin zu unterhalten.

Mit einem Realschulabschluss dauert die Ausbildung drei Jahre. Während dieser Zeit arbeitet man im Betrieb mit, nimmt dreimal für vier Wochen an einem Praktikum teil und besucht jeden Mittwoch und jeden zweiten Donnerstag die Berufsschule. Wer den Beruf der Bauzeichnerin ergreifen will, sollte wissen, dass heutzutage Pläne fast ausschließlich am Computer erstellt werden.

Ich selbst hatte am ersten Tag eher wenig zu tun. Einmal verbesserte ich eine Planvorlage, die später eingescannt werden sollte, auch musste ich Pläne verschiedener Formate zuschneiden und falten. Dann durfte ich noch einen Grundriss in verschiedenen Maßstäben zeichnen. Am ersten Tag verbrachte ich die meiste Zeit damit, mich mit den Mitarbeitern über ihre Arbeit zu unterhalten.

Beurteilung meiner Erkundung

Mein Praktikum war eine sehr interessante Erfahrung für mich. Ich habe einen Einblick in das Berufsleben erhalten und weiß nun viel besser über die vielfältigen Berufsfelder und Aufgabengebiete in einem Planungsbüro bescheid.

Trotz Stress haben sich die Mitarbeiter Zeit genommen, um mich an ihrer Tätigkeit teilnehmen zu lassen. Mein Praktikum war abwechslungsreich und vielfältig, da ich täglich in unterschiedliche Bereiche integriert worden bin.

Die Arbeit in einem Planungsbüro interessiert mich nun noch mehr, da diese Tätigkeit viele verschiedene Möglichkeiten bietet und ich in vielen unterschiedlichen Bereichen tätig werden könnte. Die Woche war auch mit großen Umstellungen verbunden. Obwohl man als Schüler oft auf die Schule schimpft, merkte ich, dass der Berufsalltag sehr anstrengend ist. Ich musste zwar keine Hausaufgaben erledigen, dafür kam ich erst um 18.00 Uhr total geschafft nach Hause.

Abschließend möchte ich sagen, dass ich durch die positiven Erfahrungen, die ich während des Praktikums gesammelt habe, sehr froh bin, dass die Schule uns dies ermöglicht. Als Fazit kann ich festhalten: Insgesamt war die Praktikumswoche eine interessante und aufschlussreiche Zeit.

2

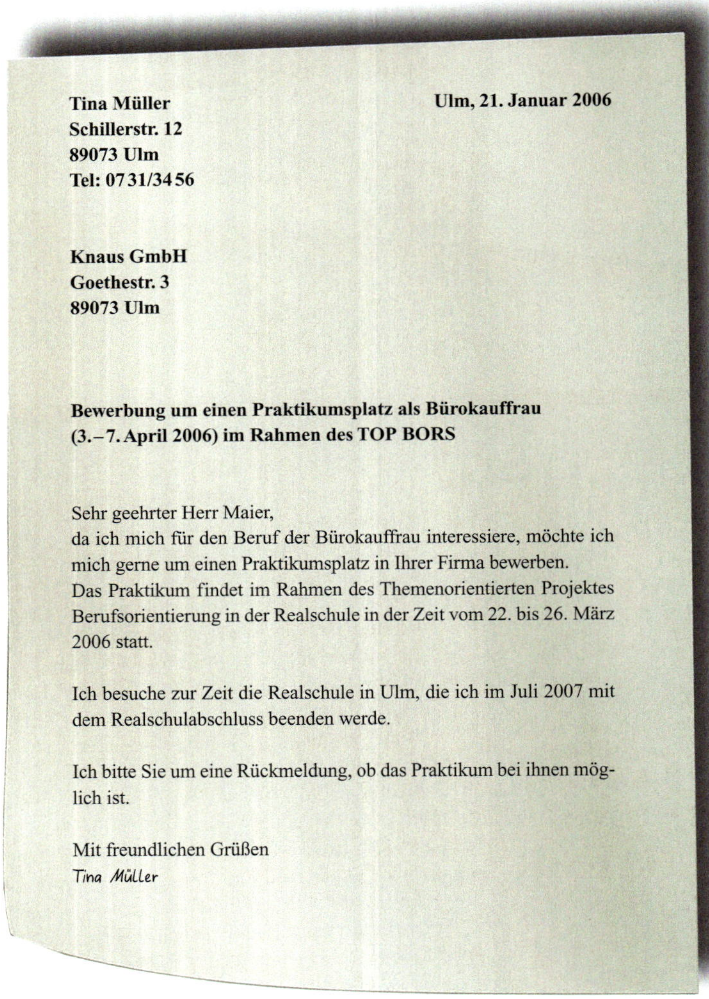

Tina Müller
Schillerstr. 12
89073 Ulm
Tel: 07 31/34 56

Ulm, 21. Januar 2006

Knaus GmbH
Goethestr. 3
89073 Ulm

Bewerbung um einen Praktikumsplatz als Bürokauffrau (3.–7. April 2006) im Rahmen des TOP BORS

Sehr geehrter Herr Maier,
da ich mich für den Beruf der Bürokauffrau interessiere, möchte ich mich gerne um einen Praktikumsplatz in Ihrer Firma bewerben.
Das Praktikum findet im Rahmen des Themenorientierten Projektes Berufsorientierung in der Realschule in der Zeit vom 22. bis 26. März 2006 statt.

Ich besuche zur Zeit die Realschule in Ulm, die ich im Juli 2007 mit dem Realschulabschluss beenden werde.

Ich bitte Sie um eine Rückmeldung, ob das Praktikum bei ihnen möglich ist.

Mit freundlichen Grüßen
Tina Müller

1

Einen Erkundungsplatz finden

Die Berufserkundung wird in der Realschule im TOP BORS als einwöchiges Praktikum durchgeführt. In diesem Praktikum habt ihr die Chance, direkt vor Ort etwas über euren Wunschberuf zu erfahren. Deshalb ist es wichtig, für eure Berufserkundung auch den richtigen Praktikumsplatz zu finden. Am Besten ist es natürlich, wenn ihr euch in eurem Projektteam selbst auf die Suche nach Praktikumsplätzen macht. Fragt zuvor aber euren Lehrer, denn manche Betriebe wollen das Organisatorische direkt über die Schule und den verantwortlichen Lehrer abwickeln. Trotzdem solltet ihr möglichst viele organisatorische Vorbereitungen eigenverantwortlich durchführen.

Nun wird im Projektteam überlegt, welcher Beruf für jeden in Frage kommt. Die Gruppenmitglieder informieren sich, welche Betriebe im Umfeld ihrer Schule Praktikumsplätze zur Verfügung stellen. Sie überlegen gemeinsam, wo sie Informationen finden können. Damit ihnen nichts entgeht, halten sie ihre Ideen in einer Mindmap fest.

Auch bei der Praktikumsbewerbung gilt: Je besser man sich vorbereitet, um so besser sind die Chancen, den gewünschten Praktikumsplatz zu bekommen.

3

Telefonieren kann doch jeder

Da der erste Kontakt in der Regel über das Telefon stattfindet, beschäftigt sich das Projektteam von Tina auch mit dem erfolgreichen Telefonieren. Sie simulieren Telefongespräche in einem Rollenspiel. Obwohl jeder ein Handy besitzt und gedacht hat, telefonieren kann ich doch, merken sie, wie sie ohne eine gute Vorbereitung schnell ins Stottern kommen, wie sie etwas viel zu umständlich erklären oder sogar vergessen sich ordentlich zu melden.

Sie kommen auf die Idee, die simulierten Telefongespräche auf einen Tonträger aufzunehmen. Gemeinsam hören sie diese an, kontrollieren die Wirkung der Gespräche und machen gegenseitig Verbesserungsvorschläge.

Zur Standardsicherung

1 *Überlege, welchen Beruf du erkunden willst, und begründe deine Wahl im Projektteam.*

2 *Recherchiere, welche Betriebe in eurer Nähe Praktikumsplätze anbieten und lege eine engere Auswahl fest.*

3 *Bringe in Erfahrung, wer die richtigen Ansprechpartner für die Bewerbung um einen Praktikumsplatz sind und formuliere ein Anschreiben.*

4 *Führt in eurem Projektteam ein Telefontraining mit Rollenspielen und Tonaufnahmen durch.*

4

Tipps zum erfolgreichen telefonieren

Gut vorbereitet!

Genau überlegen, was man sagen will. Die wichtigen Punkte aufschreiben. Sich mit Namen melden.

Richtig verbunden!

Vorher genau erkundigen, wer zuständig ist. Immer sofort die Durchwahl notieren. Sich den Namen des Gesprächspartners notieren.

Auf den Punkt kommen!

Ohne lange Vorreden schnell zur Sache kommen. Dem Gesprächspartner nicht unnötig die Zeit stehlen. So exakt wie möglich formulieren.

Alles verstanden?

Wichtige Informationen wiederholen und schriftlich sofort nach dem Gespräch, mit Uhrzeit und Gesprächspartner, festhalten.

Kommunikation anstoßen!

Offene Fragen stellen. Bei der Begrüßung den Namen merken und das Gegenüber mit Namen anreden. Rückmeldungen und Bestätigungen geben.

❷ ***Schüler bei Tätigkeit in einem Betrieb***

❶ ***Wie führt man eine Befragung durch?***

- *Vor der Befragung klären: Welche Informationen benötige ich?*
- *Lege Themenschwerpunkte fest und gliedere die Befragung in Bereiche.*
- *Lege eine klare Reihenfolge der Fragen fest.*
- *Suche dir den richtigen Interviewpartner, der für deine Fragen auch kompetent ist.*
- *Stelle möglichst kurze, klare Fragen. Vermeide es, mehrere Sachverhalte in eine Frage zu packen.*
- *Frage bestimmt und stelle Rückfragen, wenn etwas unklar bleibt, aber sei immer höflich.*

Arbeit und Beruf erkunden

Die Berufserkundung ist die zentrale Phase des BORS-Projektes. Hier habt ihr nicht nur die Möglichkeit, das Arbeitsleben einmal näher kennenzulernen, sondern könnt ganz gezielt einen Beruf näher erkunden. Welche Anforderungen stellt mein Wunschberuf genau? Wie ist es, wenn man den ganzen Tag stehen, schwere körperliche Arbeit verrichten oder acht Stunden konzentriert am PC sitzen muss?

Ihr habt zwar schon viel recherchiert und einige Berufsbilder kennengelernt, aber manche Dinge kann man erst richtig beurteilen, wenn man sie selbst am eigenen Leib erfahren hat.

❸ **Jörg berichtet von seiner Erkundung**

Die Arbeitsplatz- und Berufserkundung war wirklich toll, ich möchte fast sagen: der Höhepunkt unseres BORS-Projektes. Es war sehr interessant, einmal selbst zu erleben, wie es im Berufsleben zugeht. Da habe ich in meiner Paktikumswoche wirklich vieles erfahren. Natürlich ist trotz der interessanten Tätigkeiten so ein Arbeitstag von 8.30 Uhr bis 17.30 Uhr auch lang und anstrengend. Da aber in meiner Praktikumsfirma ein sehr gutes Betriebsklima herscht, habe ich mich dennoch immer wohlgefühlt. Und wenn ich Fragen hatte, war immer jemand da, der sie mir geduldig beantwortete. Ich kann jedem empfehlen, sich gut auf diese Woche vorzubereiten und die Zeit intensiv zu nutzen, viel zu beobachten und zu fragen, aber auch viel durch eigene Tätigkeiten selbst zu erfahren.

4 **Verhalten bei der Berufserkundung**

Herr Maier hat eine kleine Autowerkstatt. Für die örtliche Realschule stellt er einen Praktikumsplatz zur Verfügung. In einem Interview mit der Schülerzeitung „Plappergei" gibt er Tipps für die Berufserkundung in seinem Betrieb:

SZ: Herr Maier, dürfen in ihrem Betrieb die BORS-Praktikanten auch richtig mitarbeiten?

Maier: Natürlich können die Praktikanten bei vielen berufstypischen Tätigkeiten auch einmal mit anpacken. Deshalb sollten sie auch geeignete Kleidung tragen und auf Unfallgefahren achten. Einmal hat ein Praktikant ungefragt einen Schalter gedrückt und damit die Hebebühne heruntergefahren. Nicht auszudenken, wenn da jemand gestanden wäre.

SZ: Haben die Praktikanten auch Gelegenheit, sich über den Betrieb und die Tätigkeiten im Betrieb zu informieren?

Maier: Ja, deshalb sollten sie auch einen Beobachtungsbogen mitbringen. Sie dürfen fotografieren, sollten aber vorher fragen. In der Regel haben wir nichts zu verbergen. Trotzdem gibt es in jedem Betrieb Dinge, die man nicht herumplaudern sollte, insbesondere sollte man nichts Negatives über den Betrieb und die Mitarbeiter verbreiten.

SZ: Wenn Kunden in ihren Betrieb kommen, was sollten die BORS-Praktikanten da beachten?

Maier: Man sollte immer höflich gegenüber Kunden sein, denn die betrachten auch die Praktikanten als Mitarbeiter unseres Betriebes.

SZ: Was wollen sie den künftigen BORS-Praktikanten noch ans Herz legen?

Maier: Jeder sollte Interesse und Motivation mitbringen, nicht warten, bis sich jemand um sie kümmert, sondern selbstständig nachfragen und Engagement zeigen. Ein pünktlicher Arbeitsbeginn ist selbstverständlich.

SZ: Herr Maier, vielen Dank für das Interview.

5

Betrieb: Datum: Name:

Fragebogen für die Arbeitsplatz- und Berufserkundung

Beruf

1. Was sind die wichtigsten Aufgaben und Tätigkeiten des Berufes?
2. Auf welche Schulfächer wird besonders Wert gelegt?
3. Welcher Schulabschluss wird benötigt?
4. Welche Schlüsselqualifikationen sind wichtig?

Arbeitsplatz

1. Welche Geräte oder Maschinen müssen bedient werden?
2. Mit welchen Materialien wird gearbeitet?
3. Welche Sicherheitsvorschriften gibt es?
4. Mit wie vielen Mitarbeitern ist der Arbeitsplatz besetzt?

Betrieb

1. Zu welchem Wirtschaftsbereich gehört der Betrieb?
2. Seit wann besteht der Betrieb?
3. Wie ist der Betrieb gegliedert?
4. Welche Stellung hat er in der Region?
5. Was wird hergestellt oder welche Dienstleistungen werden erbracht?
6. Wie viele Mitarbeiter beschäftigt der Betrieb?
7. Wie viele Ausbildungsplätze gibt es in diesem Betrieb?
8. Für welche Berufe wird ausgebildet?

Zur Standardsicherung

1. *Erstellt im Projektteam einen Fragebogen für eure Berufserkundung.*
2. *Ergänzt den Fragebogen 5 und überlegt auch Fragen zu sozialen und ökologischen Gesichtspunkten.*
3. *Lest das Interview 4 und erstellt einen Verhaltenskatalog für eure Betriebserkundung.*
4. *Legt für eure Betriebserkundung Schwerpunkte fest.*

1

Sich erfolgreich bewerben

Jetzt geht es um den Ernstfall. Bekommst du den Ausbildungsplatz oder bekommst du ihn nicht? Ist deine Bewerbung erfolgreich?
Bewerben heißt: für sich werben. Zeige mit deinen Interessen und Fähigkeiten, warum gerade du es bist, der für diesen Ausbildungsplatz geeignet ist. Gib deiner Bewerbung eine persönliche Note und mache damit auf deine Person neugierig.
Deine Bewerbung sollte zum Ausbildungsplatz passen. Bewirbst du dich als Verkäufer in einem CD-Geschäft oder als Werbedesigner, muss deine Bewerbung sicherlich anders aussehen als bei der Bewerbung um einen Ausbildungsplatz in einer renommierten Bank.
Bei einer erfolgreichen Bewerbung musst du drei Hürden erfolgreich meistern: Erstens mit deiner persönlichen Bewerbermappe, zweitens in einem Auswahl- oder Eignungstest. Wenn du in beidem erfolgreich warst, als letztes in einem persönlichen Bewerbungsgespräch.

Kommt dann eine Absage, suche nach den Gründen. Waren deine Bewerbungsunterlagen nicht aussagekräftig genug? Welche Fähigkeiten konntest du nicht zeigen oder musst du noch trainieren? Beantworte diese Fragen und mache es beim nächsten Versuch besser.

2 **Tipps vom Personalchef**

„Jede Bewerbung ist ein Fall für sich“, sagt Rainer Rudolff, Personalchef eines mittelständischen Betriebes in Freiburg. „Mein erster Blick z. B. bei einer Bewerbermappe gilt dem Gesamteindruck. Kuvert, Mappe und Papier. Oft erkenne ich hier schon den Schlamper, mit dem ich mich dann auch nicht mehr näher befasse“, so Rudolff.
„Ein typischer Fehler beim Vorstellungsgespräch ist, dass Bewerber nicht freundlich grüßen. Ich achte auch darauf, ob der Bewerber Blickkontakt hält und wie sein Händedruck und seine Umgangsformen sind“, erläutert der Personalchef. „Wenn ich einen Menschen nicht kenne, muss ich mein erstes Urteil an Äußerlichkeiten festmachen.“

③ *Schüler trainiert ein Bewerbungsgespräch*

④ **Von Anfang an beobachtet: das Vorstellungsgespräch**

- Ein Vorstellungsgespräch ist eine Prüfungssituation und genauso solltest du dich darauf vorbereiten.
- Es gibt drei wichtige Fragen, die dir in einem Vorstellungsgespräch gestellt werden und auf die du dich vorbereiten solltest: Erstens nach der Motivation, zweitens die Frage, warum die Firma dich nehmen sollte, und drittens die zentrale Frage: Wer bist du?
- Beim Vorstellungsgespräch wirst du von Anfang an beobachtet.
- Der erste Eindruck ist sehr wichtig.
- Bei einem guten Auftreten spielen Höflichkeit und Körpersprache, aber auch Kleidung und Körperpflege eine Rolle.
- Ein Bewerbungsgespräch ist eine Anpassungsübung, die du bereit sein musst mitzuspielen.
- Ganz wichtig ist es, dass du über das Unternehmen Bescheid weißt.
- Wenn dir etwas unklar ist, frage ruhig nach. Damit zeigst du Interesse.
- Überlege dir auch Fragen, die du stellen willst.
- Auf Fragen zur Arbeitszeit und zur Bezahlung sollte man vorbereitet sein, sie aber nicht unbedingt selbst stellen.
- Wenn du Antworten aus einem Ratgeber auswendig lernst, wirst du keinen Erfolg haben.

⑤ **Tipps für die Bewerbungsunterlagen**

In die Bewerbungsunterlagen gehören normalerweise:
- das Anschreiben
- der Lebenslauf
- ein Foto des Bewerbers/der Bewerberin (oben rechts auf dem Lebenslauf)
- Kopien der Schulzeugnisse
- Praktikumsbescheinigungen

Der Text des Anschreibens sollte einer sachlich gehalten werden und nicht länger als eine Seite sein. Du musst deutlich zum Ausdruck bringen, warum du dich gerade auf diesen Ausbildungsplatz bewirbst und welche konkreten Fähigkeiten, Kenntnisse, Erfahrungen dich dafür qualifizieren.

Versuche auch herauszubekommen, wie der zuständige Sachbearbeiter oder Personalchef heißt und sprich ihn im Anschreiben mit Namen an.

Vergiss nicht, deine Schule und deinen Schulabschluss zu erwähnen. Sei dabei selbstbewusst und schreibe: „Ich werde die mittlere Reife erwerben" statt „Ich werde voraussichtlich die mittlere Reife erwerben".

Zur Standardsicherung

1 *Schreibt Bewerbungen für verschiedene Ausbildungsplätze: CD-Verkäufer, Werbedesigner, Bankkauffrau.*

2 *Löst die Testaufgaben 6.*

3 *In eurem Projektteam könnt ihr den „Ernstfall Bewerbung" proben.*

a) Gründet eine Firma und entwerft Stellenanzeigen für einen Ausbildungsplatz.

b) Jeder im Projektteam schreibt eine Bewerbung.

c) Diskutiert über eure Bewerbungen. Welcher würdet ihr den Vorzug geben, welche würdet ihr aussortieren?

d) Führt ein Vorstellungsgespräch in Form eines Rollenspiels durch. Ihr könnt das Rollenspiel auch filmen und dann gemeinsam auswerten. Wechselt dabei auch die Rollen.

⑥ ***Aus einem Eignungstest***

1. Ergänze die Reihen.

3 9 6 9 27 ?

2 5 11 23 47 ?

2 Welcher Dominostein

passt in die Dominoserie?

3. 4 Pfund und 30 Gramm sind wie viel Gramm?

4. Schreibe 90 Zentner in Tonnen.

5. Welches der Räder dreht sich am langsamsten?

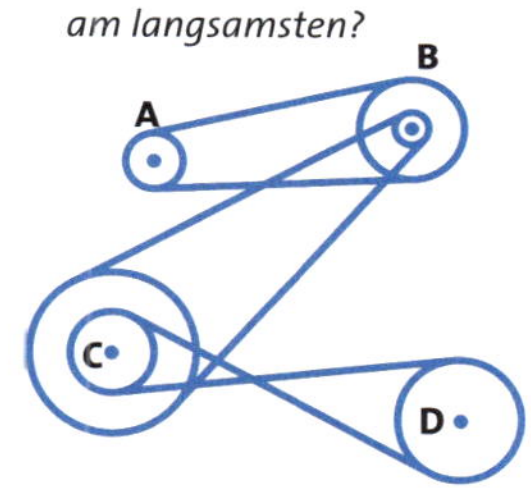

Surftipp

http://focus.msn.de/jobs/bewerbung

(weitere Testaufgaben)

TOP BORS: Berufs- und Arbeitswelt im Wandel

„Er hat ausgelernt", sagte früher die Oma, wenn ihr Enkelsohn die „Lehre" abgeschlossen hatte. Heute verändert sich die Berufs- und Arbeitswelt so schnell, dass lebenslanges Lernen angesagt ist, um mithalten zu können. Der rasante technische Fortschritt und weltweite Güter-, Informations- und Geldströme erfordern im Arbeits- und Berufsleben ständige Anpassung des Menschen an die technischen und wirtschaftlichen Anforderungen.

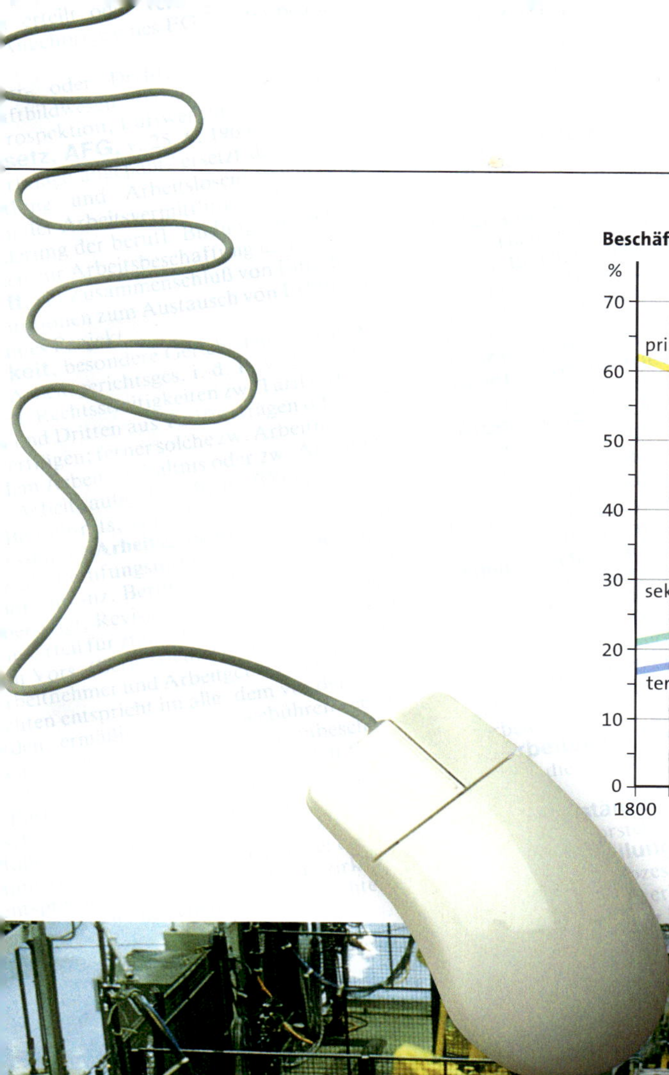

Beschäftigte in den Wirtschaftssektoren in Deutschland

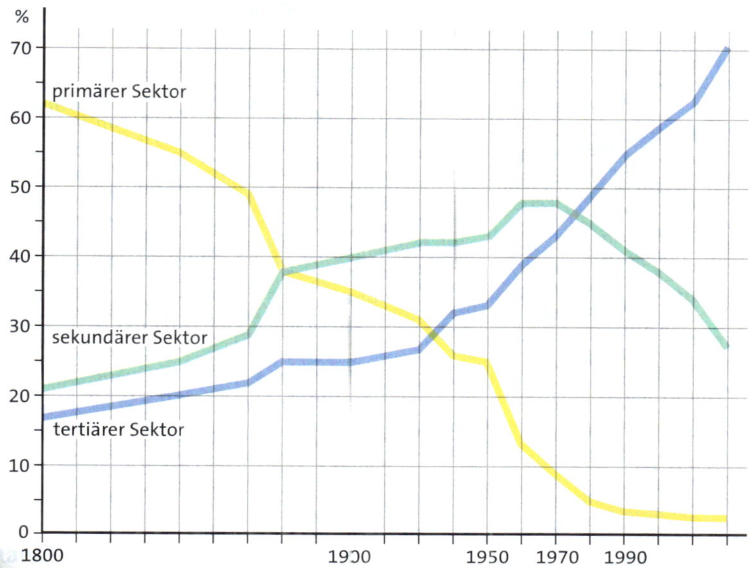

2

❶ ***Seilerbahn im 18. Jahrhundert: Herstellung von Flachs- und Hanfschnüren sowie Tauen***

❺ ***Automatisierte Produktion von Stahlseilen 2005***

Vom Hanfseil zum Edelstahlseilsystem

❷ ***Spezialseil für Mobilkran***

❸ ***Netze aus Edelstahl***

❹ **Interview mit der Geschäftsführung der Carl Stahl GmbH**

Herr Schwenger, die Firma Carl Stahl begann in Süßen im Kreis Göppingen als dörflicher Handwerksbetrieb zur Herstellung von Hanf- und Drahtseilen. Was macht Ihre Firma heute?

Wolfgang Schwenger: Wir sind heute ein weltweit operierendes Unternehmen mit Betrieben in über 16 Ländern auf drei Kontinenten, allein in Deutschland mit 20 Standorten. Das Unternehmen, das auf Seil- und Hebetechnik spezialisiert ist, beschäftigt im Jahr 2005 genau 710 Mitarbeiter, wobei rund ein Drittel in den Bereichen Außendienst, Produktion und Versand am Stammsitz beschäftigt ist.

Erinnert heute noch etwas an die Anfänge, gibt es heute noch Seiler und Hanfseile?

Wir sind eine der wenigen Firmen, die noch den Beruf des Seilers ausbilden. Trotzdem ist die Zeit der handwerklichen Produktion längst Geschichte. Die Maschinen haben immer mehr menschliche Handarbeit übernommen, die **Technisierung** ist bei der automatisierten Fertigung angelangt. Die Menschen üben nur noch Überwachungs- und Wartungsfunktionen aus. Hanfseile haben heute keine Bedeutung mehr, aber textile Anschlag- und Zurrmittel sind z.B. für das Heben und die Transportsicherung noch heute unerlässlich.

Wo liegt heute der Schwerpunkt Ihrer Produktion?

Wir haben eine Produktvielfalt. Unsere Produktpalette reicht von Stahlseilsystemen zum Heben schwerer Lasten über Edelstahlseile für Anwendungen in der Architektur und bei modernen Möbeln bis hin zu Bowdenzügen für Rennräder und Mountainbikes sowie Litzen für die Medizintechnik.

Wie kam es zur Entstehung dieser unterschiedlichen Produktionsbereiche?

In manchen Branchen ist die Auftragslage sehr abhängig von der Jahreszeit. Deshalb bieten wir Produkte für unterschiedliche Zielgruppen an, die an unterschiedlichen Standorten produziert werden.

Warum hat die Firma so viele Standorte?

Der Produktvielfalt entspricht eine **Spezialisierung** der Produktionsstandorte und der Tätigkeiten. In verschiedenen Ländern unterscheiden sich die Einkommen und der Ausbildungsstand der Mitarbeiter. Lohnintensive Produkte produziert man häufig in Ländern, wo die Lohnkosten geringer sind als bei uns.

Sie beschäftigen heute 710 Mitarbeiter, davon nur etwa ein Drittel in der Produktion. Was tun die weiteren Mitarbeiter?

Wir beschäftigen eine Vielzahl von Mitarbeitern bereits in der Entwicklung. Neue Technologien sind sehr wichtig. Zudem bauen wir unseren Dienstleistungsbereich

⑥ ***Vertrieb der Hanfseile in umliegende Orte 1930***

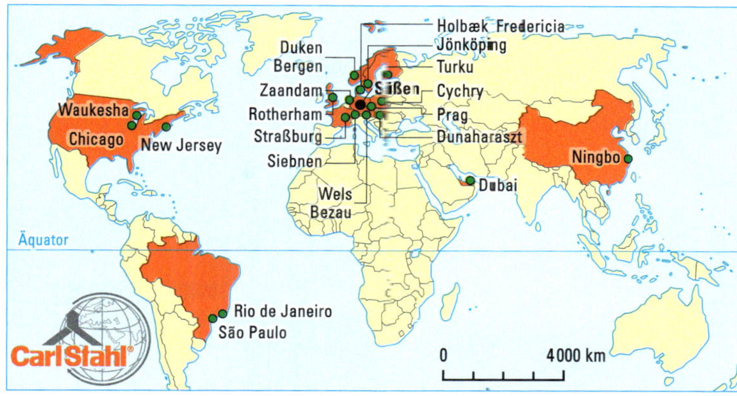

⑦ ***Vertrieb 2005: weltweite Niederlassungen***

immer weiter aus. Hier sind vor allem die Kundenberatung und Problemlösung wichtig. Zudem haben wir einen Reparaturservice und auch die Carl Stahl Akademie, wo wir unsere Kunden in dem sicheren Umgang mit unseren Produkten schulen. Allein im Außendienst arbeiten 110 Mitarbeiter. Kundenberatung und -betreuung ist ein entscheidender Bestandteil unseres Marketingkonzepts.

Welche Bedeutung hat für Sie das Auslandsgeschäft?

Es ist eines unserer wichtigsten Standbeine. Während wir derzeit in Deutschland noch den größten Teil unseres Umsatzes machen, wird es in Zukunft das Ausland sein. Der Umsatzzuwachs ist dort weit größer als in Deutschland. Daher werden die ausländischen Märkte immer wichtiger.

Carl Stahl als Ausbilder: Was sind Ihre Erwartungen an die Auszubildenden?

Das Unternehmen bildet Seilereifacharbeiter, Mechaniker, Schweißer, Schlosser und Kaufleute aus. Verknüpft mit einem Studium an der Berufsakademie sogar Betriebswirte. Wichtig in allen diesen unterschiedlichen Berufen sind die sogenannten Schlüsselqualifikationen wie Zuverlässigkeit und Ausdauer, Lust auf Leistung, auch Engagement genannt, Teamfähigkeit, Freundlichkeit und Kontaktfähigkeit, um nur die wichtigsten zu nennen.

Zur Standardsicherung

1 *Umschreibe die Begriffe Technisierung und Spezialisierung.*

2 *a) Neben der Herstellung der Produkte arbeiten immer mehr Menschen in anderen Aufgabenbereichen. Welche sind dies?*
b) Zeige, wie sich mit den Produkten auch die Berufsbilder verändert haben.

3 *a) Welche Bedeutung haben die Lohnkosten für die Wahl des Standortes?*
b) Was heißt lohnintensiv?

4 *Kundenberatung und -betreuung sind neben der Erschließung der Auslandsmärkte wichtige Marketinginstrumente. Erkläre.*

Zur Weiterarbeit

5 *Interview 4: Welche Schlüsselqualifikationen haben für Herrn Schwenger Bedeutung?*

6 *Informiere dich in deiner Umgebung über Produktionsveränderungen in der Geschichte einer Firma.*

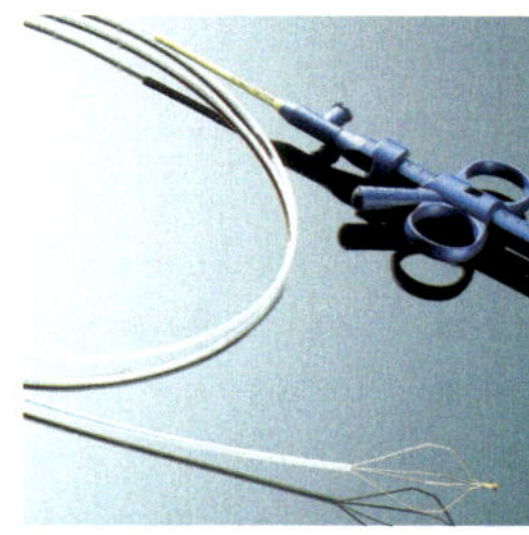

⑧ **Medizintechnik**

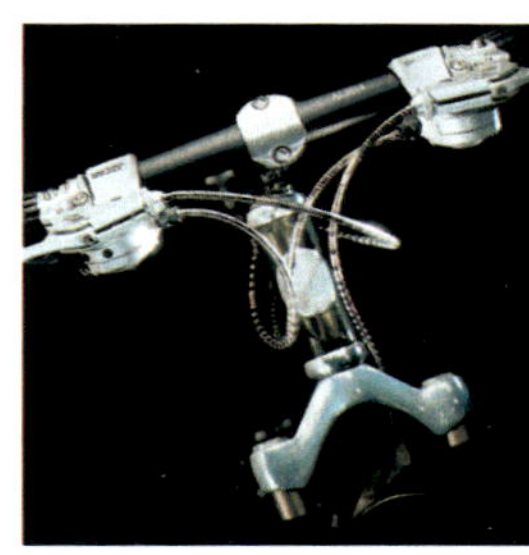

⑨ **Bowdenzüge am Fahrrad**

→ *Schlüsselqualifikationen: Seite 13*

1 ***Just-In-Time-Produktion im Eisenacher Opel-Werk***

Schlüsselwort für Erfolg: Steigende Produktivität

Der Lohnkonkurrenz aus Niedriglohnländern kann die deutsche Wirtschaft mit Lohnverzicht allein nicht begegnen. Entscheidendere Maßnahmen sind: hohe Qualitätsstandards halten, innovative, also neue, interessante Produkte entwickeln und flexible Arbeitszeiten nutzen. Grundlage dafür ist eine hohe **Produktivität**, weil dadurch die Wertschöpfung, also der von menschlicher Arbeit in einer bestimmten Zeit geschaffene Wert, groß ist. Die Produktivität kann z. B. gesteigert werden durch

- den Einsatz modernster Technik
- Rationalisierung der Produktionsabläufe und der eingesetzten Mittel
- neue Arbeitszeitmodelle
- ständige Entwicklung und Forschung.

2 *Mit **Produktivität** bezeichnet man das Verhältnis von Produktionsergebnis und dem Einsatz von Produktionsfaktoren. Die Produktivität ist gestiegen, wenn bei gleichem Einsatz von Produktionsfaktoren die Menge oder der Wert der geschaffenen Waren oder Dienstleistungen größer ist.*
Für die Berechnung der Produktivität gilt die Formel:

$$p = \frac{\text{Produktionsmenge}}{\text{Arbeitszeit}}$$

Zum Beispiel:

$$p = \frac{\text{24 Autos}}{\text{8 Stunden}}$$

$p = 3$

Würden in derselben Zeit 32 Autos zusammengebaut, würde die Formel lauten:

$$p = \frac{\text{32 Autos}}{\text{8 Stunden}}$$

$p = 4$

Die Produktivität wäre somit höher.

3 **Pro- und Kontra: Stellungnahmen von Opel-Mitarbeitern**

„Mein Arbeitsplatz ist sicher. Da unser Werk in Eisenach das produktivste Opel-Werk in Europa ist, sind wir nicht von Kündigungen und Lohnkürzungen betroffen, wenn Opel zu wenig Autos verkauft."

„Gute Leute werden belohnt. Ich konnte mir von den Prämien für mehrere kleinere Verbesserungsvorschläge schon eine Urlaubsreise für die ganze Familie finanzieren."

„Der Gruppendruck ist groß. Ich habe ein paarmal Fehler gemacht, die das Gruppenergebnis verschlechtert haben. Wegen meines Babys zuhause bin ich immer wieder unausgeschlafen und unkonzentriert. Ich habe Angst davor, dass mich mein Team nicht mehr haben will, wenn ich nicht die volle Leistung bringe."

„Der ständige Leistungsdruck ist für ältere und gesundheitlich angeschlagene Kollegen auf Dauer nicht auszuhalten."

„Wir stehen in großen Abhängigkeiten. Wenn die Lkw mit den Rädern oder Reifen aus Spanien und Rumänien auch nur eine Stunde zu spät kommen, steht bei uns die Produktion still. Wer die Lkw-Staus auf den Autobahnen sieht, wundert sich ohnehin, wie lange das noch gut gehen kann."

4 **Flexibel und schnell**

„Im neuen BMW-Werk Leipzig gilt zwar die 38-Stundenwoche, je nach Auftragslage arbeiten die Mitarbeiter aber zwischen drei und sechs Tagen die Woche in drei Schichten, die Maschinen laufen zwischen 60 und 140 Stunden pro Woche. Auch am Samstag wird regulär gearbeitet, am Sonntag läuft Instandhaltung. Die patentierte Werksstruktur, bei der Karosseriebau, Lackiererei und Montage ausgeklügelt um ein Zentralgebäude gruppiert sind, ermöglicht hohe Flexibilität und kurze Wege."
(Quelle: Stuttgarter Zeitung, 14. 05. 2005)

Beispiel Opel in Eisenach

1990: Nach der Wiedervereinigung beschließt Opel den Bau einer Autofabrik in den neuen Bundesländern. 2005: Das Werk in Eisenach ist das modernste und produktivste des Opel-Konzerns, denn Opel hat hier das Erfolgsrezept Lean Production, das in Japan von Toyota entwickelt wurde, konsequent umgesetzt.

Unter **Lean Production**, zu deutsch „schlanke Produktion“, fasst man verschiedene Maßnahmen zusammen, z. B. Gruppenarbeit, Kaizen, Just-in-time-Produktion, Outsourcing und Automatisierung. Mit all diesen Maßnahmen wird der Zeit- und Kostenaufwand in der Entwicklung und Produktion verringert. Der Einzelne erhält mehr Eigenverantwortung, die Qualitätssicherung ist Sache aller Mitarbeiter, die Firma kann flexibler auf die Erfordernisse des Markts reagieren.

Ganz entscheidende Bedeutung hat die Automatisierung in der Fertigung und der Einsatz des Computers in der Produktion. Dieser beschränkt sich nicht nur auf die reine Fertigung oder Montage, sondern umfasst die Bereiche Entwicklung und Konstruktion genauso wie Produktionssteuerung, Überwachung und Kontrolle, Lagerhaltung und Transport, Einkauf und Vertrieb.

Immer mehr Teile eines Produktes werden von Zulieferfirmen entwickelt und produziert (Outsourcing). In der Automobilindustrie wird nur etwa 20 Prozent der Leistung vom Autohersteller selbst erbracht. Dieser hohe Grad an Spezialisierung ermöglicht eine Kostenreduzierung, eine große Angebotsvielfalt, Qualität und Flexibilität. Die Zulieferer sind vertraglich verpflichtet, die Bauteile zeitgenau, also **Just In Time**, an die Fertigungsstelle anzuliefern, was Lagerhaltungs- und Transportkosten spart.

Kaizen ist ein Begriff aus dem Japanischen und bedeutet „ständige schrittweise Verbesserung der gesamten Arbeitsbereiche“. Jeder Verbesserungsvorschlag eines Betriebsangehörigen soll dazu beitragen, die Produktivität des Unternehmens zu steigern und die Kosten zu senken. Voraussetzung sind auch hier Teamgeist und Kommunikationsfähigkeit. Viele Unternehmen spornen ihre Belegschaft zur Ideenentwicklung dadurch an, dass sie gute Vorschläge mit Prämien belohnen.

Die „schlanke Produktion“ wird ergänzt durch ein „schlankes Management“, Lean Management genannt. Dies steht in erster Linie für den Abbau von Führungsebenen, neue Verantwortungs- und Entscheidungsspielräume für die Mitarbeiter sollen geschaffen werden.

Die Wettbewerbsfähigkeit soll durch Kundenorientierung und hohe Qualitätsstandards gesteigert werden.

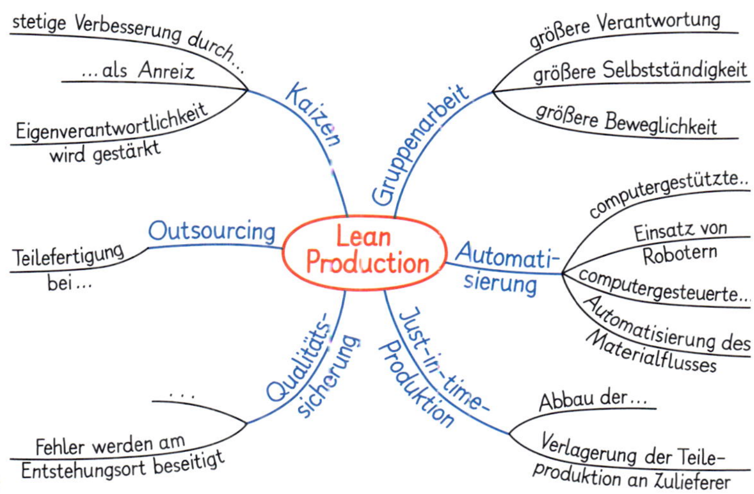

5

6 ***Produktionsfaktoren** sind Boden, Kapital und Arbeit. Boden bedeutet sowohl „Standort“ als auch „Rohstoffe“. Zur Arbeit gehören Wissen, Erfindergeist und Unternehmerleistung. Maschinen, Gebäude oder Fahrzeuge, aber auch das eingesetzte Vermögen, investierte Gewinne und Bankkredite bezeichnet man als Kapital.*

Zur Standardsicherung

1 *Erkläre, was man unter Produktivität versteht.*

2 *Texte 3 und 4: Beschreibe die Erwartungen an die Mitarbeiter von Opel und BMW.*

3 *Definiere die in der Mindmap 5 ausgewiesenen Oberbegriffe.*

4 *Lean Production bringt nicht nur Vorteile. Überlege.*

Zur Weiterarbeit

5 *Sind Elemente von Lean Production auf die Schule übertragbar?*

❷

Rationalisierung – Gewinner und Verlierer

❶ ***Im Ampelspiel ein Meinungsbild ermitteln***

Durchführung:

- *Jeder Schüler erhält je ein Pappkärtchen in den Farben rot, grün und gelb.*
- *Der Lehrer liest die Aussagen einzeln vor.*
- *Die Schüler müssen sich nach jeder Frage entscheiden: bei Zustimmung grüne, bei Ablehnung rote, bei Enthaltung/„weiß nicht" gelbe Karte.*
- *Die Zahlen der Meldungen werden aufgeschrieben.*
- *Nach der Erarbeitung des Themas im Unterricht wird eine Vergleichsumfrage durchgeführt.*

Ziele des Spiels:

- *Ihr erkennt, dass schwierige Fragen selten mit ja oder nein zu beantworten sind.*
- *Ihr bekommt einen Einblick in die Vielfalt möglicher Antworten und Meinungen.*
- *Ihr könnt durch die Vergleichsumfrage mögliche Lernergebnisse erkennen.*

Automatisierung
Einsatz technischer Anlagen bei Arbeits- und Produktionsabläufen. Der Mensch übernimmt lediglich überwachende Funktion.

❸ **Bringt uns die Rationalisierung Gewinn oder Verlust?**

- Durch Rationalisierung entsteht Überproduktion.
- Rationalisierung ermöglicht die Humanisierung am Arbeitsplatz, weil schwere körperliche Arbeit von Maschinen übernommen wird.
- Rationalisierung schafft Arbeitslosigkeit.
- Durch den rationellen Einsatz aller Produktionsfaktoren wird die Produktivität gesteigert.
- Rationalisierung ermöglicht Konkurrenzfähigkeit gegenüber anderen Firmen oder Ländern.
- Durch Rationalisierung sind hohe Löhne möglich, weil durch eine große Produktivität die Wertschöpfung der Arbeit hoch ist.
- Durch ein Überangebot an Arbeitskräften sinken die Löhne.
- Gewinne sind nötig für Investitionen.

❹ **Rationalisierung:** alle Maßnahmen, um bestehende betriebliche Regelungen und Abläufe zu verbessern, d.h. den teuren Faktor Arbeit durch Maschinen, Veränderung der Arbeitsabläufe, Zukauf von Teilen zu ersetzen. Rationalisierung dient der Kostensenkung im Betrieb, z.B. durch Verbesserung der Auftragsabwicklung, besserer Organisation der Lagerhaltung und der kostengünstigeren Produktion. Sie soll die Produktivität, die Wirtschaftlichkeit und die Rentabilität verbessern.
Rationalisierungsmöglichkeiten ergeben sich in der Fertigung z.B. durch **Automatisierung**, Beschaffung leistungsfähigerer Maschinen (gleicher Preis, doppelte Leistung), Verringerung der Lagervorräte durch ein verändertes Zuliefersystem im Rahmen der Just-in-time-Fertigung, Vereinheitlichung von Teilen durch Normung und Typisierung wie der Einsatz eines Baukastensystems, sodass bestimmte Teile zur Herstellung mehrerer Erzeugnisse verwendet werden.
(Quelle: Bundeszentrale für politische Bildung [Hrsg.]: Lexikon der Wirtschaft, Berlin 2004)

5 **Fragen an den Experten**

Die Schüler der Klasse 9b aus Göppingen haben im BORS-Praktikum zum Thema Rationalisierung unterschiedliche Erfahrungen gemacht. Sie luden deshalb Herrn Hack von der Industrie- und Handelskammer (IHK) ein.

Moritz: Ich habe mein BORS-Praktikum bei Zerspanungsmechanikern in einer Firma gemacht, die Autoteile produziert. Da hörte ich, dass früher über zehn Dreher Maschinen bedient haben, wo jetzt nur noch ein Mann die Drehautomaten einrichtet und überwacht.

Herr Hack: Das ist bestimmt richtig. Diese sogenannten CNC-Maschinen arbeiten mit größter Präzision. Ohne computerunterstützte Fertigung, auch CAM (Computer Aided Manufacturing) genannt, wäre heute keine Firma mehr konkurrenzfähig.

Kevin: Ja, aber sind die Maschinen nicht sehr teuer?

Herr Hack: Doch, natürlich, aber das ist eine Frage der Kalkulation. Wenn die Kosten für Finanzierung und Abschreibung der Maschinen unter den Arbeitskosten liegen, muss eine Firma investieren.

Manuela: Ich habe im Lebensmittelhandel erfahren, dass die Lagerhaltung heute ohne Computer gar nicht mehr möglich wäre.

Herr Hack: Die Angebotsvielfalt und die Forderung nach unverzüglicher Lieferung ist so groß, dass ohne elektronische Datenverarbeitung keine Bestellung mehr möglich ist.

Daniel: Es soll Fabriken geben, in denen alles vollautomatisch gefertigt wird. Dabei werden ja alle Arbeitplätze kaputtgemacht!

Herr Hack: So etwas gibt es nicht. Für die Entwicklung, Planung, Organisation und Überwachung der Produktion, Einkauf, Vertrieb, Kundendienst benötigt man weiterhin Arbeitskräfte, und zwar hochqualifizierte und hochbezahlte.

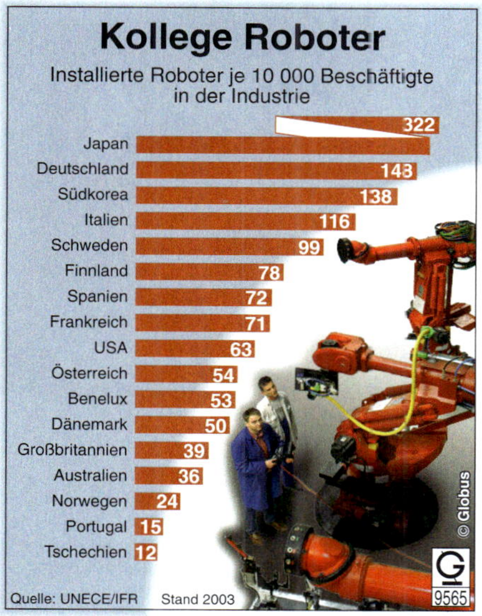

6

Zur Standardsicherung

1 *a) Führt in der Klasse das Ampelspiel 1 durch. Nutzt die Aussagen in Material 3.*
b) Wie sind die Differenzen zwischen dem ersten und zweiten Durchgang zu erklären?

2 *Nenne je drei Aussagen zu „Gewinn und Verlust durch Rationalisierung" und erkläre sie.*

3 *Was wird im Interview 5 über die Qualität der Arbeitsplätze ausgesagt?*

4 *Wäre die Arbeitslosigkeit geringer, wenn mehr Arbeit von Menschen anstatt von Maschinen erledigt würde? Diskutiert darüber.*

5 *Was sagt die Karikatur 2 aus?*

Zur Weiterarbeit

6 *Diagramm 6: Bewerte die Zahl der eingesetzten Roboter im internationalen Vergleich.*

7 *a) Sammelt weitere Fragen an den Experten.*
b) Erarbeitet mögliche Antworten.

8 *Ob die Rationalisierungsfolgen als Gewinn oder Verlust erscheinen, hängt vom jeweiligen Standpunkt ab. Eine betroffene Arbeitskraft sieht das anders als der Unternehmer. Zeige das an einem Beispiel.*

1 

Immer mehr Dienstleistungen

	Junge Frauen
Bürokauffrau	46 645
Arzthelferin	46 180
Einzelhandelskauffrau	39 780
Zahnmedizinische Fachangestellte	39 643
Friseurin	38 688
Industriekauffrau	31 650
Fachverkäuferin (Nahrungsmittelhandwerk)	27 184
Kauffrau für Bürokommunikation	26 488
Bankkauffrau	23 287
Hotelfachfrau	22 654

2 ***Beliebteste Ausbildungsberufe bei Mädchen in Deutschland 2003***

3 **Der Dienstleistungsgesellschaft in Gedanken auf der Spur ...**

Ich stelle mir vor, ich mache einen Spaziergang durch die Stadt und beobachte, was und wo die Menschen arbeiten: In der Fußgängerzone begegnen mir Menschen in allerlei Verkaufs- und Beratungstätigkeiten in Modegeschäften, Telefon- und Spielwarenläden, in der Sparkasse oder beim Optiker ...

In Straßencafés oder Imbissbuden werden Getränke und Pizza serviert ...

In Frisuren- und Kosmetikstudios ...

Firmennamen und Klingelschilder an Büro- und Praxisgebäuden verweisen auf Rechtsanwalts- und Steuerberatungskanzleien, Ärzte und Physiotherapeuten ...

Etwas abseits des Zentrums stehen Bürogebäude mit Versicherungen, Import- und Exportfirmen ...

Mein Weg führt mich bis zu den Auto- und Möbelhäusern am Stadtrand ...

4 **Neue Stellen entstehen im Sicherheitsbereich**

„‚Wir gehen davon aus, dass im nächsten Jahr bis zu 10 000 neue Jobs in der IT-Branche entstehen werden', prognostiziert der Bundesverband Informationswirtschaft, Telekommunikation und neue Medien (Bitkom). Zur Zeit sind in den Unternehmen der Informations- und Kommunikationstechnik rund 741 000 Menschen beschäftigt. ‚Die neuen Stellen entstehen vor allem an den IT-Schnittstellen, wie zum Beispiel im Automobilbau und in der IT-Sicherheit'.

‚Im Mittelstand wird zunehmend die Stelle des ‚Chief Security Officers' besetzt', stellt Dirk Fox fest. ‚Die kümmern sich um das Thema Computersicherheit', so der Geschäftsführer von Secorvo. Das Karlsruher Unternehmen berät Firmen rund um Sicherheitslösungen und sucht selbst Leute. ‚Zwei erfahrene Security Consultants haben gerade bei uns angefangen, mindestens zwei weitere würde ich gerne einstellen', hofft der Geschäftsführer. Bei der letzten Ausschreibung hatten jedoch gut 70 Bewerbungen zu drei Vorstellungsgesprächen ohne Ergebnis geführt. Es genüge nicht zu wissen, was eine Firewall sei. Man müsse schon komplexe Problemstellungen verstehen und lösen können."

(Quelle: Stuttgarter Zeitung, 16.10.2004)

Tertiärisierung: Der Weg in die Dienstleistungsgesellschaft

Von A wie Augenoptiker und Automobilkauffrau bis Z wie Zahnarzthelferin reicht die Palette der Dienstleistungsberufe. Immer mehr Menschen arbeiten im Dienstleistungssektor, in keinem anderen Bereich verändern sich Berufsbilder so stark und entstehen so viele neue Berufe wie im tertiären Sektor. Die Nachfrage nach Dienstleistungen im kaufmännischen Bereich in Büro und Verwaltung, in Beratung und Verkauf, in den Medien, im Bildungs-, Gesundheits- und Verkehrswesen, im technischen, sozialen und kreativen Bereich, in Versorgung und Entsorgung, Körperpflege und Reinigung wächst unaufhaltsam. Man bezeichnet diesen Prozess als **Tertiärisierung**.

Insbesondere im Bereich der Informations- und Kommunikationstechnologie entstehen stetig neue Berufsbilder, die sogenannten IT- oder I- und K-Berufe.

Hingegen verlieren im primären und sekundären Sektor traditionsreiche Berufe an Bedeutung. Die Zahl der Arbeitsplätze in der Industrie, im produzierenden Handwerk, auf dem Bau und in der Landwirtschaft geht stetig zurück. Ein hoher Grad an Rationalisierung und die Verlagerung der Produktion in sogenannte Billiglohnländer, aus denen die Produkte für unseren Markt importiert werden, sind Ursachen dafür.

Echte Chancen für Mädchen

Von dem Trend zu Dienstleistungen können Mädchen profitieren, denn hier sind durchaus „typisch" weibliche Stärken wie Kommunikationsfähigkeit, soziale Kompetenz, Teamgeist und Kreativität gefragt. Noch sind die traditionellen Frauenberufe Spitzenreiter unter den Ausbildungs- und Studienberufen. Doch auch im IT-Bereich haben Mädchen gute Chancen. Hier ist eine ganze Reihe von neuen Berufen entstanden, in denen sich technisch interessierte Mädchen verwirklichen können.

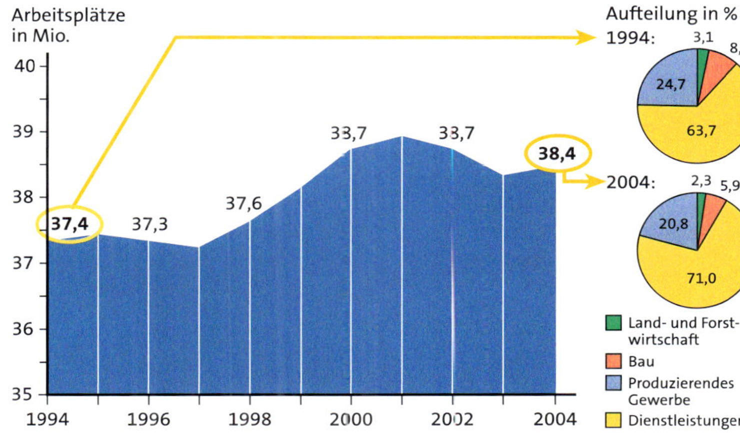

5 ***Entwicklung der Arbeitsplätze in Deutschland***

Zur Standardsicherung

1 *Ergänze Text 3 mit Arbeitsplätzen und Berufen aus dem Dienstleistungsbereich.*

2 *Erstelle eine Tabelle: Ordne folgenden Dienstleistungszweigen Berufe zu: Büro und Verwaltung, Beratung und Verkauf, Medien, Gesundheits-, Bildungs-, Verkehrswesen, technischer, sozialer, kreativer Bereich, Versorgung, Entsorgung, Körperpflege, Reinigung.*

3 *Informiere dich in „Beruf Aktuell" und den „Infos zur Berufsausbildung", die du bei der Berufsberatung erhältst, sowie im Wirtschaftsteil der Tageszeitung über Stellenangebote im tertiären Sektor.*

4 *a) Beschreibe die Diagramme 5.*
b) Nenne Gründe für diese Entwicklung.

Zur Weiterarbeit

5 *Warum bietet gerade für Mädchen und Frauen die Zunahme des Dienstleistungsbereiches gute berufliche Chancen?*

6 *In Diagramm 2 findet sich eine ganze Reihe sogenannter typischer Frauenberufe, die oft mit erheblichen Nachteilen verbunden sind, z. B. ungünstige Arbeitszeiten, schlechte Aufstiegsmöglichkeiten, geringer Verdienst. Zeige dies an Beispielen.*

Surftipps

www.berufe.net

www.bitkom.de
(Bundesverband Informationswirtschaft, Telekommunikation und neue Medien e. V.)

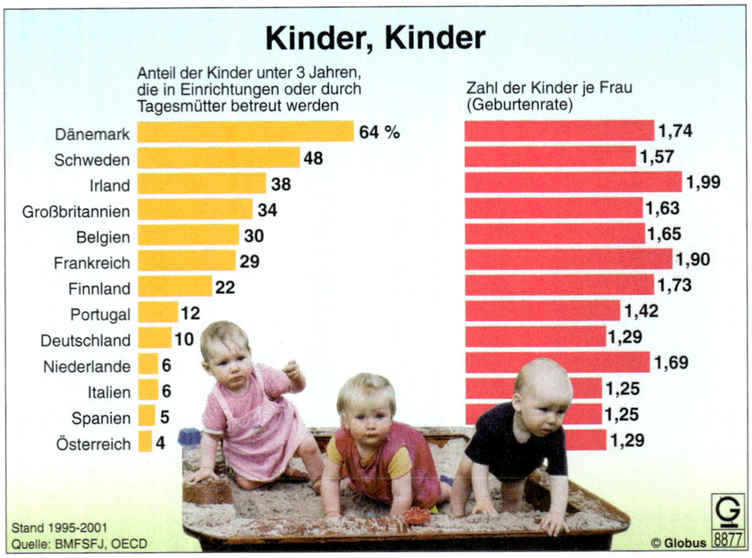

1

3 **Familienpolitik im Vergleich**

Ein Blick über die Grenzen zeigt, dass sich durch eine andere **Familienpolitik** Beruf und Familie besser vereinbaren lassen. Frankreich investiert vor allem in Betreuung. Wenn Eltern Beruf und Familie verbinden können, erfüllen sie sich auch den Wunsch nach mehreren Kindern.
In Deutschland sind insgesamt 64 % der Frauen berufstätig. Nach der Geburt eines Kindes und anschließender Elternzeit kehren aber nur 40 % ins Arbeitsleben zurück. In Frankreich sind 77 % der Frauen zwischen 25 und 29 Jahren berufstätig. In der Altersgruppe zwischen 30 und 54 Jahren ist der Anteil mit 81 % noch höher.

Beruf und Familie

Familienpolitik

Nach dem GG Art. 6 steht die Familie unter besonderem Schutz des Staates. Deshalb gibt es ein eigenes Ministerium für diese „Keimzelle der Gesellschaft". Der Staat unterstützt Familien z. B. durch Kindergeld, steuerliche Entlastungen und durch Einrichtungen. Familienpolitische Aufmerksamkeit erfahren gegenwärtig der Geburtenrückgang und die Betreuungsnöte berufstätiger Mütter. Betreuungsangebote für Kinder unter drei Jahren bestehen kaum, auch Möglichkeiten für die Ganztagsbetreuung älterer Kinder fehlen. Darüber hinaus geht an die Wirtschaft die Forderung, mehr für „familiengerechte Arbeitsplätze und Arbeitszeiten" sowie für Kinderbetreuung zu tun.

2 **Ein Arbeitstag von Martina F.**

Um 6.30 Uhr, nach dem kurzen gemeinsamen Frühstück mit ihrem Ehemann, der 40 Kilometer entfernt in einem Autohaus als Kfz-Meister arbeitet, muss Martina F. ihre Tochter aufwecken. Nadine ist vier Jahre alt und geht vormittags sowie zwei Stunden nachmittags in den Kindergarten. Da dieser zwei Stunden Mittagspause hat, muss Nadine um 12.00 Uhr von einer Tagesmutter abgeholt werden. Sie bekommt Mittagessen, wird anschließend wieder in den Kindergarten begleitet und um 16.00 Uhr abgeholt. Dafür müssen Nadines Eltern pro Tag 20 Euro bezahlen.
Die Mutter hat in der Bank sogenannte Gleitzeit, kann aber den Arbeitstag frühestens um 16.00 Uhr beenden. Nach der Arbeit holt sie Nadine bei der Tagesmutter ab, erledigt einige Einkäufe und fährt anschließend nach Hause. Dort geht ihr Arbeitstag weiter. Sie teilt sich die Hausarbeit mit ihrem Mann, der jedoch selten vor 18.00 Uhr nach Hause kommt. Die Eltern haben kaum noch Zeit zum Spielen mit Nadine, die nach dem langen Tag bald ins Bett gebracht werden muss.
Martina F., 32 Jahre alt, gehört zu den 40 Prozent der Frauen in Deutschland, die nach der Geburt ihres Kindes und der anschließenden Elternzeit ins Arbeitsleben zurückkehren. Sie hat sich nach ihrer Ausbildung zur Bankkauffrau und anschließender Berufstätigkeit in einem Studium zur Bankfachwirtin weiterqualifiziert und leitet nun die Firmenkreditabteilung einer großen Bankfiliale. Ihr macht die Arbeit Freude und sie weiß, dass sie für eine solch leitende Tätigkeit keine Stelle mehr bekäme, wenn sie mehrere Jahre beruflich „aussetzen" würde. Die lange Ausbildungszeit soll nicht „umsonst" gewesen sein. Außerdem kann die Familie zwei Einkommen gut gebrauchen, da sie ein Reihenhaus abbezahlen muss.
Gern hätte die Familie ein zweites Kind, da Nadine nicht als Einzelkind aufwachsen soll.

Betreuungsangebote schaffen!

In Frankreich werden 48 Prozent der Kinder unter drei Jahren von der Mutter betreut, rund 19 Prozent von Haushaltshilfen. Zehn Prozent der Kinder werden Kinderkrippen anvertraut. So bringt ein berufstätiges Ehepaar seine Kleinkinder morgens zur „creche“, zur Krippe, nachmittags holt ein amtlich vermittelter Babysitter die Kinder ab, und abends um halb sieben ist die Mutter zurück, um das Abendessen zu bereiten.

In Deutschland weist die Kleinkindbetreuung ein extremes Ost-West-Gefälle auf. Während in Ostdeutschland für 20 Prozent der Kinder unter drei Jahren Krippenplätze zur Verfügung stehen, gibt es in Westdeutschland entsprechende Plätze nur für 3 Prozent. Die Versorgung mit Kindergärten beträgt bundesweit rund 89 Prozent, ähnliche Zahlen gelten für Frankreich.

Ein großer Unterschied besteht auch bei der Betreuung der Schulkinder. In unserem Nachbarland Frankreich sind Ganztagesschulen die Regel, in Deutschland werden die 4800 Ganztagsschulen gerade einmal von 10 Prozent aller Schüler besucht.

Diese Unterschiede haben nicht nur Auswirkungen auf die Zahl der Ehepaare, die Berufstätigkeit und Familie verbinden, sondern auch auf die berufliche Stellung der Frauen in Deutschland und Frankreich.

Wegen fehlender **Betreuungsangebote** kommt für viele Frauen in Deutschland, solange die Kinder klein sind, nur eine meist gering bezahlte Teilzeitarbeit in Frage. Der Anteil kinderloser Frauen ist unter den Akademikerinnen besonders hoch.

In Spitzenpositionen der Wirtschaft in Frankreich findet man 30 Prozent Mütter. Deutschland dagegen, so belegte das Wall Street Journal im Jahr 2003, bringt es zu keinem solchen Eintrag in die Liste der „top female executives“.

4 **Firmen werden kinderreich**

„Fluggi-Land“ – das ist keine Kinderaufbewahrungsecke im Baumarkt oder eine neue Fruchtgummi-Kollektion. Für die Mitarbeiter des Frankfurter Flughafens ist es die Möglichkeit, ihre Kinder zwischen 6 und 22 Uhr betreuen zu lassen.

Nicht nur das Großunternehmen „Fraport“, der Betreiber des Weltflughafens Frankfurt mit Tausenden von Mitarbeitern, sondern auch kleinere und mittlere Firmen haben die Erfahrung gemacht, dass viele qualifizierte Kräfte und berufstätige Paare ihren Arbeitsplatz danach auswählen, welches Unternehmen ihnen die Balance zwischen Beruf und Familie am besten ermöglicht. Zufriedene und engagierte Mitarbeiter sind produktiver, haben geringere Fehlzeiten und identifizieren sich mit ihrem Unternehmen. Laut einer Studie übersteigt der betriebswirtschaftliche Nutzen familienfreundlicher Strukturen die dafür notwendigen Investitionen.

(Nach: Sonntag Aktuell, 15.08.2004)

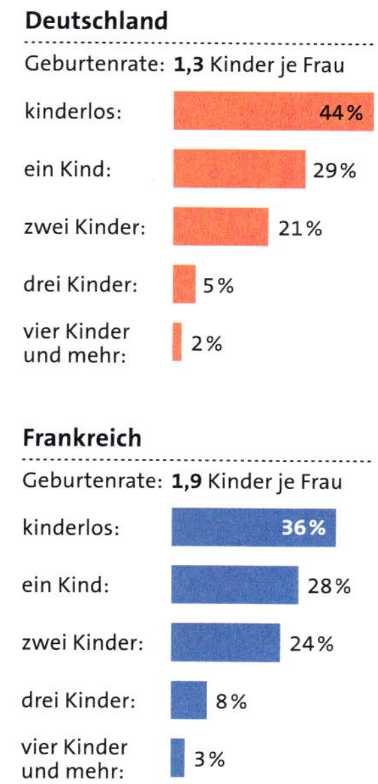

5 ***Geburtenrate und Familiengröße im Vergleich***

Zur Standardsicherung

1 a) Text 2: Nenne Gründe, warum Familie F. nicht ohne Tagesmutter auskommt.
b) Welche zusätzlichen Probleme würde sie mit einem zweiten Kind haben?

2 Nur 40 % aller Frauen kehren nach der Geburt eines Kindes ins Arbeitsleben zurück.
a) Warum gehört Martina F. dazu?
b) Vergleiche mit Frankreich (Text 3).

3 Diagramme 1: Vergleiche den Umfang von Betreuungsangeboten für Kleinkinder in Deutschland mit jenem in anderen europäischen Staaten.

→ *Geburtenrate: Seite 138/139*

Zur Weiterarbeit

4 Was könnten die Firmen und Kindergärten tun, damit Beruf und Familie leichter zu vereinbaren sind? Nutze Text 4.

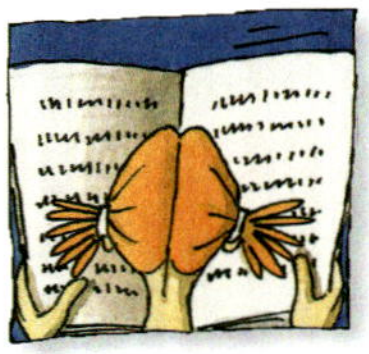

3 ***Teamtraining der Azubis im betriebseigenen Hochseilgarten***

Blick hinter die Kulissen

1 ***Robert Bosch GmbH***

1886 von Robert Bosch (1861–1942) in Stuttgart gegründet. Hauptprodukte: Elektrowerkzeuge, Haushaltsgeräte, elektronische Kfz-Ausrüstungen, z. B. Einspritzsysteme für Benzin und Diesel und Fahrsicherheitssysteme: EPS (Elektronisches Stabilitäts-Programm)

2 ***Aus der Unternehmensstatistik***

	2000	*2004*
Umsatz (in Mio. €)	*31 556*	*40 007*
Mitarbeiter	*196 880*	*238 847*
Inland	*91 110*	*109 454*
Ausland	*105 770*	*129 393*

Surftipps

www.bosch-presse.de
www.bosch.de/ausbildung

4 **Bosch-Azubi Michael S. erzählt**

„Ich bin froh, bei Bosch einen Ausbildungsplatz zum Mechatroniker bekommen zu haben. Ich habe diesen Beruf aus meinem starken Interesse an der Elektronik gewählt.

Die Ausbildung hier im Ausbildungszentrum Schwieberdingen ist sehr gut und abwechslungsreich. Unsere Ausbildungsgruppe im dritten Lehrjahr umfasst zwölf Azubis. Unser Ausbilder, Herr Krämer, begleitet unsere Gruppe vom ersten bis zum vierten Lehrjahr. Neben der Einzelarbeit spielt das Teamworking eine große Rolle. Wir haben auch die Möglichkeit, uns an freiwilligen Projekten zu beteiligen. In unserer Gruppe haben wir das Bedienteil der Button-Maschine weiterentwickelt.

Doch nicht alle Tätigkeiten sind so interessant wie die freiwillige Gruppenarbeit, z. B. manche Fächer im Berufsschulunterricht und das Führen des Berichtsheftes. Ich gebe mir aber auch hier Mühe, denn im Anschluss an meine Ausbildung zum Mechatroniker möchte ich mich an einer Technikerschule weiterbilden."

5 **Herr Krämer, Ausbilder, berichtet**

„Neben den fachlichen legen wir großen Wert auf überfachliche Ziele wie Sozialkompetenz und Teamfähigkeit. Die Ausbildung beinhaltet deshalb auch ein Teamtraining.

Da wir weit mehr Bewerbungen als Ausbildungsplätze haben, müssen wir in einem dreischrittigen Auswahlverfahren die geeignetsten Bewerber herausfinden:

1. Schulzeugnis: Hier kommt es vor allem auf die Noten in Mathematik, Physik und Technik an.
2. Eignungstest: Zu Grundkenntnissen in Rechnen, Schreiben und anderen allgemeinbildenden Fächern treten Aufgaben zum physisch-technischen Grundverständnis und zum Raumvorstellungsvermögen hinzu.
3. Bewerber, die die ersten beiden Schritte Erfolg versprechend durchlaufen haben, laden wir zu einem Eignungsgespräch ein. Dabei spielen Themen aus Politik, Geographie und Geschichte, aber auch aktuelle Themen eine Rolle.

Unsere Azubis schließen ihre Ausbildung in der Regel erfolgreich ab. Grundsätzlich erhalten alle Azubis mit erfolgreichem Abschluss in einem unserer Betriebe ein Arbeitsangebot. Jedoch macht etwa ein Viertel gleich weiter, z. B. an einer Fachhochschule oder einer Technischen Oberschule."

6 *Mechatroniker an einer Button-Maschine*

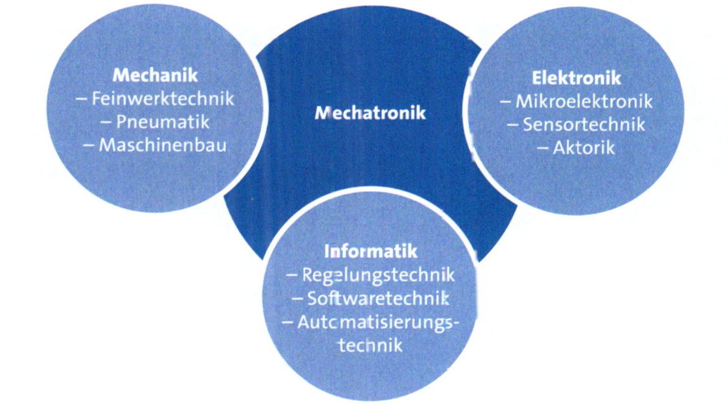

9

7 **Die Robert Bosch Stiftung**

Dem Gründer Robert Bosch war die soziale Fürsorge für seine Arbeiter ein wichtiges Anliegen. Für diese schuf er Einrichtungen wie z.B. Betriebswohnungen und Kindergärten. Sein soziales Engagement innerhalb und außerhalb der Firma ist heute noch Leitbild des Unternehmens. Jeder Bosch-Standort hat ein eigenes Sport- und Freizeitangebot. Das Engagement wird auch deutlich durch die 1964 gegründete „Robert Bosch Stiftung GmbH". Mit ihrem Stiftungskapital fördert sie Einrichtungen und Projekte im Bereich der Bildung und Ausbildung, der Jugend- und Bürgerbeteiligung am politischen Leben sowie der Völkerverständigung. Bekannte Einrichtungen sind z.B. das „Robert Bosch Krankenhaus" in Stuttgart und das „Türkei-Museum" in Berlin.

8 **Förderung durch die Robert Bosch Stiftung GmbH 2004 (in Mio. Euro)**

Gesamt	49,1
Jugend, Bildung, Bürgergesellschaft	9,2
Völkerverständigung Mitteleuropa, Osteuropa	8,6
Völkerverständigung Westeuropa, Amerika	8,4
Investitionen am Robert-Bosch-Krankenhaus	8,3
Wissenschaft in der Gesellschaft, Forschung an den stiftungseigenen Einrichtungen	5,4
Forschungsförderung am Robert-Bosch-Krankenhaus und den Institutionen	5,1
Gesundheit, Humanitäre Hilfe	3,7
unselbstständige Stiftungen	0,4

10 **Weltgrößter Autozulieferer**

New York/Stuttgart (dpa). Die Robert Bosch GmbH in Stuttgart ist der weltgrößte Autozulieferer. Bosch hatte mit einem Autoteile-Umsatz von 27,2 Milliarden Dollar (21,8 Mrd. Euro) im Jahr 2004 die Spitzenposition in der Weltrangliste der größten Zulieferer des US-Fachmagazins Automotive News übernommen.
Das deutsche Unternehmen verdrängte nicht zuletzt mit Hilfe des starken Euro den bisherigen Marktführer, die amerikanische Delphi Corporation mit ihrem schrumpfenden Umsatz von 24,1 Milliarden Dollar auf den zweiten Platz. Die kanadische Magna International Inc. kam auf Platz drei, gefolgt von der japanischen Denso Corporation.

(Quelle: Ludwigsburger Kreiszeitung, 29.06.2005)

Verbessere deine Lesekompetenz

1 *Recherchiere das Bewerber-Auswahlverfahren und das Ausbildungskonzept eines Unternehmens in deiner Nähe und vergleiche mit der Firma Bosch.*

11 ***Berufsbezeichnung Mechatroniker/Mechatronikerin***

- *1998 neu geschaffen, der Name entstand aus MECHAnik und ElekTRONIK*
- *Ausbildungsdauer: 3½ Jahre*
- *Ausbildung im Dualen System*
- *Arbeitsbereiche: Herstellung, Installierung und Instandhaltung von komplexen Maschinen und Anlagen, sogenannte „mechatronische Systeme"*

12 ***Zehn größte Industriekonzerne in Baden-Württemberg***
(Umsatz 2004 in Mrd. Euro)

DaimlerChrysler (S)	*142,1*
Robert Bosch	*40,0*
ZF Friedrichshafen	*9,9*
EnBW (KA)	*9,8*
SAP Walldorf	*7,5*
IBM (S/B)	*6,5*
Porsche (S)	*6,4*
Heidelberger Zement	*6,1*
Bilfinger & Berger (MA)	*5,6*
Hewlett Packard (BB)	*5,4*

1 ***Berufe mit Ausbildung im Dualen System***

2 ***Berufsschulen***

1. *Gewerbliche Berufsschule*
2. *Kaufmännische Berufsschule*
3. *Haus- und Landwirtschaftliche Berufsschule*

→ *Berufsausbildungsvertrag: Seiten 38 und 40*

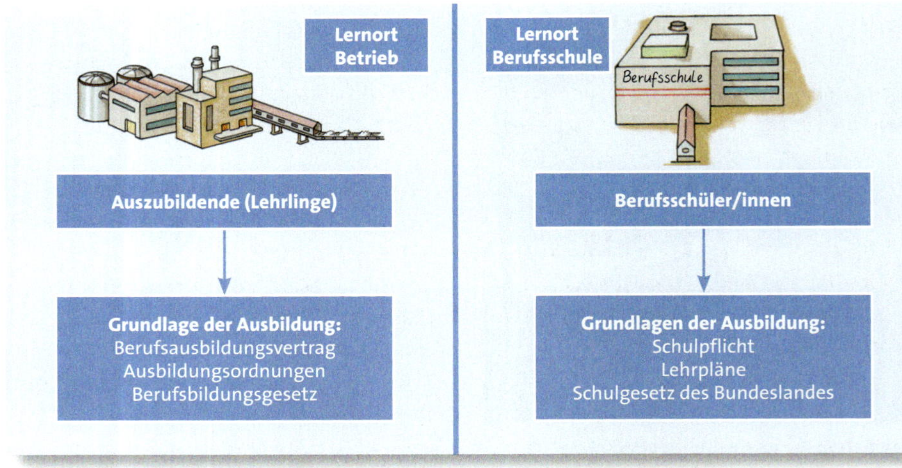

3 ***Berufsausbildung im Dualen System***

Betriebliche und schulische Berufsausbildung

4 **Nie wieder Schule**

„Lebst du schon, oder gehst du noch in die Schule?" steht auf der Autoheckscheibe über „Abi 2005". Auch der Abschlussjahrgang 2000 unserer Realschule machte mit dem Transparent „Nie wieder Schule" über dem Haupteingang auf die bestandene Abschlussprüfung aufmerksam. Fünf Jahre danach wollen wir wissen, was aus diesem Vorhaben geworden ist und haben bei einigen „Ehemaligen" nachgefragt. „So ernst haben wir es damals nicht gemeint, aber dass bei mir nach der Mittleren Reife das Lernen erst richtig losgehen würde, das hätte ich nicht gedacht," sagt der jetzige Versicherungskaufmann, der nach seiner „Lehre" bei der Allianz jetzt „fast mehr bei Fortbildungen ist als am Schreibtisch." Aber auch die Fachverkäuferin im Nahrungsmittelhandwerk hatte sich nicht träumen lassen, was sie noch alles lernen musste. „Warenkenntnisse sind ebenso wichtig wie Kenntnisse über Grundstoffe der Herstellung, über fachgerechte Lagerung und Haltbarkeit". Sie möchte so schnell wie möglich Filialleiterin werden, „da muss ich schon etwas mehr draufhaben."

(Aus einer Schülerzeitung)

Berufsausbildung im Dualen System

Von „Lehrlingen" zu „Azubis", von „Lehre" zu „Berufsausbildung im **Dualen System**". Dual, in diesem Begriff steckt die Zahl zwei, bedeutet Ausbildung in Betrieb und Berufsschule.

Im Ausbildungsbetrieb, mit dem der Auszubildende einen „Berufsausbildungsvertrag" abschließt, erfolgt auf der Grundlage der „Ausbildungsordnung" die fachpraktische Ausbildung, in der dem Azubi Fertigkeiten und Kenntnisse des Ausbildungsberufes vermittelt werden.

In der Berufsschule erfolgt meist an ein bis zwei Tagen in der Woche fachtheoretischer, fachpraktischer und allgemeinbildender Unterricht. Dieser kann auch zu mehrwöchigem Blockunterricht zusammengefasst werden. Er ergänzt und vertieft die Inhalte der betrieblichen Ausbildung.

Es gibt im gewerblich-technischen, kaufmännischen, Verwaltungs- und Dienstleistungsbereich annähernd 400 solcher „Anerkannten Ausbildungsberufe, geregelt durch das Berufsbildungsgesetz".

5 Nachschlagen und Recherchieren

Die Berufsberatung stellt jede Menge Informationsmöglichkeiten über alle Berufe zur Verfügung. Zum Teil werden dir diese in der Schule ausgegeben.

- **Mach's Richtig** (Ordner und CD-ROM), zeigt dir, wie du bei der Berufswahl vorgehen kannst

MACH'S RICHTIG

- **Beruf Aktuell** gibt dir auf über 600 Seiten Kurzbeschreibungen aller Arten von Ausbildungsberufen
- **Infos zur Berufsausbildung** aus dem Berufsinformationszentrum (BIZ) deines regionalen Arbeitsamtes informieren dich über die Ausbildungsmöglichkeiten und weiterführenden Schulen in deiner Umgebung

- Mit dem **BERUFEnet** hast du Zugriff auf detaillierte Beschreibungen von etwa 1800 geregelten Ausbildungen und 4000 beruflichen Tätigkeiten. Du wirst informiert vom Ausbildungsinhalt über Eignung, Verdienst und Beschäftigungsmöglichkeiten bis hin zu Perspektiven und Zugangsvoraussetzungen. (www.arbeitsagentur.de)

Bundesagentur für Arbeit

- Der **VAM**, der **Virtuelle Arbeitsmarkt der Bundesagentur für Arbeit**, enthält ein umfangreiches Angebot an offenen Ausbildungsstellen und Praktikumsplätzen. Die Datensätze enthalten alle Angaben, die du benötigst, um dich sofort zu bewerben. (www.arbeitsagentur.de)

Schulische Berufsausbildung

Die Ausbildung der „Berufe mit geregelten Ausbildungsgängen an beruflichen Schulen, in Betrieben und Verwaltungen" erfolgt für manche Berufe ausschließlich in Schulen, z. B. in Berufsfachschulen. In anderen Berufen ist der Unterricht in der Schule verknüpft mit beruflichen Praktika oder einer Ausbildung am Arbeitsplatz. Man spricht in diesen Fällen von **schulischer Berufsausbildung**.

Beispiele für solche Berufe sind im Gesundheits- und sozialen Bereich Krankenschwester/-pfleger (neu: Gesundheits- und Krankenpfleger/in), Physiotherapeut/in oder Erzieher/in, aber auch Berufe im naturwissenschaftlich-technischen Bereich wie z. B. der/die Chemischtechnische Assistent/in (CTA).

Auf ähnliche Weise wird auch in den Beamtenberufen ausgebildet.

Zur Standardsicherung

1 *a) Was bedeutet „dual" in der „Berufsausbildung im Dualen System"?*

b) Beschreibe das Zusammenwirken der beiden Ausbildungspartner.

2 *Wie unterscheidet sich die schulische Berufsausbildung von der Berufsausbildung im Dualen System?*

3 *Welche Möglichkeiten hast du, dich über Berufe zu informieren?*

4 *Schlage nach in „Beruf Aktuell":*

a) Nach welchen Tätigkeitsfeldern sind die anerkannten Ausbildungsberufe geordnet?

b) In welchen Tätigkeitsbereichen gibt es Berufe mit geregelten Ausbildungsgängen?

c) Ordne a) und b) je einen Beruf als Beispiel zu.

Zur Weiterarbeit

5 *Informiere dich umfassend über drei Berufe deiner Wahl in „BERUFEnet". Drucke Informationen und Bilder aus und hefte sie in deinem BORS-Ordner ab.*

6 *Suche im „VAM" nach Ausbildungsstellen in Berufen, die dich interessieren.*

6 Berufe mit schulischer Ausbildung

7 Beispiele für Berufsfachschulen

- *Fachschule für Altenpflege*
- *Krankenpflegeschule*
- *Fachschule für Sozialpädagogik*
- *Berufsfachschule für Grafik und Mediendesign*

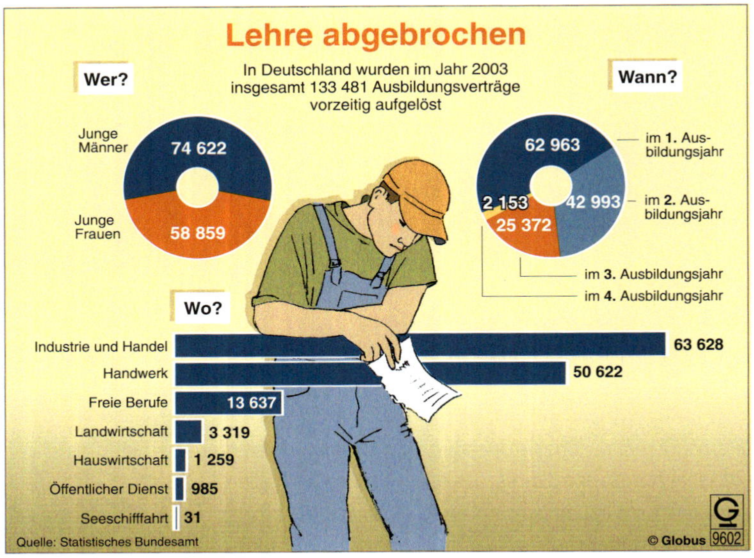

1

3

Aus dem Berufsausbildungsvertrag

§7 Kündigung

1. Kündigung während der Probezeit

Während der Probezeit kann das Berufsausbildungsverhältnis ohne Einhaltung einer Kündigungsfrist und ohne Angaben von Gründen gekündigt werden.

2. Kündigungsgründe

Nach der Probezeit kann das Berufsausbildungsverhältnis nur gekündigt werden

a) aus einem wichtigen Grund ohne Einhalten einer Kündigungsfrist,

b) vom Auszubildenden mit einer Kündigungsfrist von 4 Wochen, wenn er die Berufsausbildung aufgeben oder sich für eine andere Berufstätigkeit ausbilden lassen will.

Lehre abgebrochen

2

Ein Abbrecher erzählt

„Warum ich die Lehre abgebrochen habe? Dafür gab es jede Menge Gründe. Die Arbeit hat null Spaß gemacht, jeden Tag das Gleiche, voll langweilig. Nichts konnte ich richtig machen, der Meister hat ständig an mir herumgemosert. Fünf Minuten zu spät zu kommen, war schon ein Drama. Wenn der was gesagt hat, musste das gleich gemacht werden. Aber man kann doch auch mal was vergessen, oder? Am liebsten wäre ihm, ich hätte funktioniert, ohne dass er mir gezeigt hat, was zu tun ist. Über Kleinigkeiten wie Rechtschreibfehler in meinem Berichtsheft hat er sich aufregt, als ob die Rechtschreibung in meinem Beruf als Schreiner das Wichtigste wäre. Auch der Geselle meinte, er hätte mir was zu sagen. Mit dem bin ich schon gar nicht klar gekommen. Oder als wir eine Regalwand bei einem Kunden einbauen mussten, hätte ich mich wohl noch höflich entschuldigen müssen, dass mir aus Versehen der Hammer auf das Parkett gefallen ist? Das kann doch jedem mal passieren!

Also, mir hats gelangt! Ich habe die Lehre geschmissen und werde mich jetzt mal im BIZ nach was Besserem umschauen."

4

Ein Ausbilder erzählt

„Ja, es ist ein Widerspruch: Ausbildungsplätze sind knapp, viele Schulabgänger suchen vergeblich, und doch ist es für uns schwer, die richtigen Lehrlinge zu bekommen. Wir haben jede Menge Bewerber, aber den meisten schicken wir die Unterlagen zurück, bevor wir sie zum Vorstellungsgespräch einladen können. Wir sehen schon an den Zeugnisnoten, dass die Bewerber den Anforderungen im gewünschten Beruf nicht gewachsen sind. Mit mittelmäßigen Noten, vor allem in Mathe und Physik, kann keiner eine Ausbildung zum Mechatroniker bestehen. Bieten wir den jungen Leuten eine Ausbildung in einem Metallberuf mit niedrigeren Anforderungen an, sind sich viele ‚zu gut dafür'. Eigentlich wollen sie lieber einen Büroberuf, ‚wo man sich die Hände nicht schmutzig macht.' Manchmal zeigt sich erst während der Ausbildung, dass die Azubis den Anforderungen nicht gewachsen sind: schlechte Noten in der Berufschule, die Leistungsbereitschaft lässt nach, viele geben auf, ohne sich durchzubeißen. Freizeit, Freundin, Auto und Wochenende sind ihnen wichtiger als eine solide Ausbildung."

5 Stimmen aus der Wirtschaft

- 20 Prozent der Jugendlichen fehlt die **Ausbildungsfähigkeit**: Es fehlen oft Grundfertigkeiten wie Rechtschreiben und Rechnen.
- Die beruflichen Anforderungen steigen, die Schulleistungen sinken.
- Viele Jugendliche bewerben sich für den falschen Beruf, ihre Berufsqualifikation reicht für den Wunschberuf nicht aus.
- Berufliche Anforderungen und Fähigkeiten passen nicht zusammen.
- Oft fehlen Tugenden wie Höflichkeit, Zuverlässigkeit, Fleiß und Ordnung.
- Wir vermissen Leistungswillen.

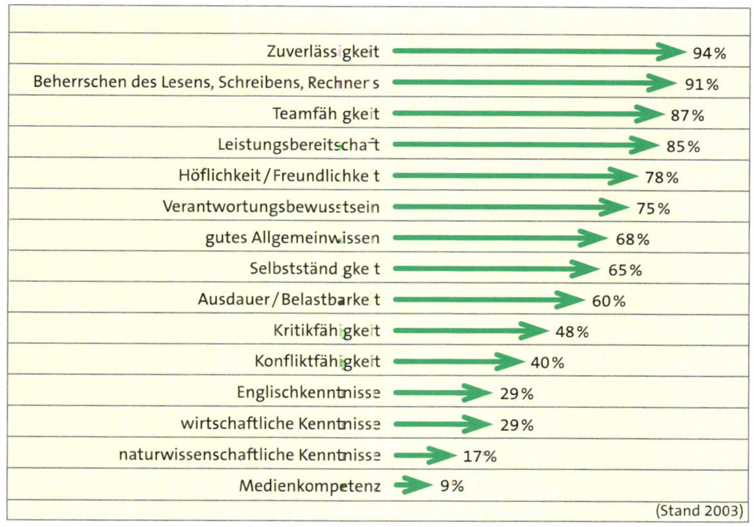

6 ***Was sich Betriebe von Auszubildenden wünschen (Mehrfachnennungen)***

Zur Standardsicherung

1 *a) Welche Gründe nennt der Ausbildungsabbrecher in Text 2?*
b) Aus der Sicht des Betriebes gilt er als nicht ausbildungsfähig. Gegen welche Anforderungen der Betriebe hat er verstoßen?

2 *a) Nenne Probleme bei der richtigen Wahl von Ausbildungsplatz und Bewerber (Text 4).*
b) Welche der Berufsqualifikationen in Grafik 6 vermisst der Ausbilder?

3 *Unter welchen Voraussetzungen kann eine Ausbildung abgebrochen werden?*

Zur Weiterarbeit

4 *Grafik 1: Erkläre den Unterschied zwischen jungen Männern und Frauen.*

5 *Diskutiert über Text 5.*

6 *Sprechblasen 7: Gestaltet ein Rollenspiel in Sveas Familien- und Freundeskreis. Verteilt dabei die Rollen von*
- *Svea*
- *ihrem berufstätigen Bruder*
- *ihrem jüngeren Bruder*
- *ihren Eltern*
- *ihrer Freundin und Mitschülern in der Berufsschule.*

7 ***Svea ist im zweiten Ausbildungsjahr und unentschlossen: Soll sie ihre Ausbildung abbrechen oder nicht?***

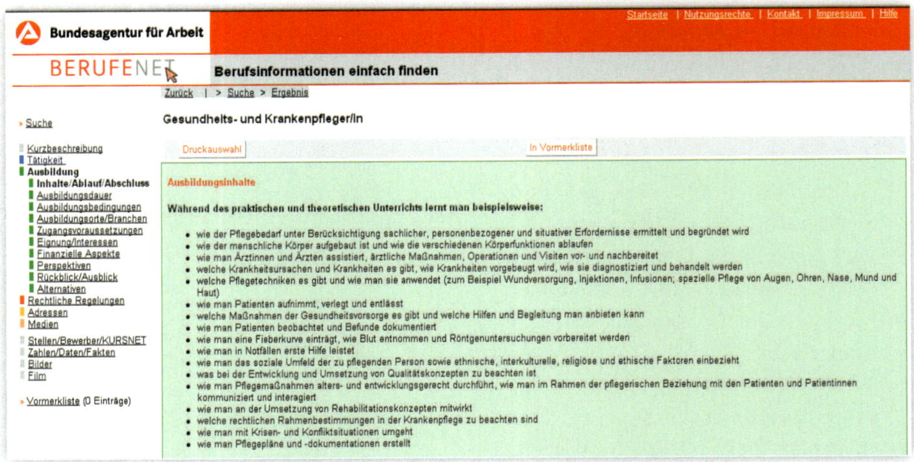

1

Im Alltagsleben begegnet uns eine Flut von Bildern, die Sachverhalte anschaulich übermitteln, auf etwas aufmerksam machen oder uns zu unterhalten versuchen.
Auf dieser Seite lernst du, wie man auch in der Schule „trockene" Texte durch Visualisierung veranschaulichen kann. Da wirkungsvolles Lernen stark über bildhafte Gestaltungen stattfindet, ist das Visualisieren eine wichtige methodische Kompetenz.

Ergebnisse visualisieren: Geregelte Berufsausbildung

Die Berufsausbildung ist nicht dem Zufall oder der Willkür der Betroffenen überlassen, sondern im **Berufsbildungsgesetz** geregelt. Für jeden Beruf gibt es eine Ausbildungsordnung, in der neben den Ausbildungsinhalten die Rechte und Pflichten des Ausbildungsbetriebes und des Auszubildenden festgelegt sind. Ein **Berufsausbildungsvertrag** begründet das Ausbildungsverhältnis.

Ergebnisse visualisieren

1. Schritt: Informationen sammeln

Dafür bieten sich das BIZ oder das Internet an. Im Internet kannst du das Berufsbildungsgesetz oder die Ausbildungsverordnung für den Beruf (www.BERUFEnet.de) herunterladen, das Formular für einen Berufsausbildungsvertrag ist bei der örtlichen Industrie- und Handelskammer (IHK) erhältlich.

2. Schritt: Informationen auswählen

Hier bieten sich Leitfragen an:
- *Was will ich darstellen? (Inhalt)*
- *Welchen Zweck verfolgt die Darstellung? (Ziel)*
- *Wen will ich informieren? (Zielgruppe)*

3. Schritt: Medien auswählen

Mit welchen Medien lassen sich diese Inhalte am besten vermitteln? Übliche Medien sind:
- *Wandplakat*
- *Transparentfolie und OH-Projektor*
- *Computer-Präsentation*

Bedenke: Das Plakat kann nach dem Vortrag an der Klassenzimmerwand hängen bleiben, die OH-Folie ist leicht zu transportieren und zu vervielfältigen, die Computer-Präsentation ist leicht zu ergänzen, zu verändern oder auszudrucken.

4. Schritt: Gestaltungselemente sorgsam auswählen

Verschiedene Gestaltungselemente wie
- *Text (in unterschiedlicher Schriftart und -größe)*
- *Bilder (Fotos, Zeichnungen, Diagramme)*
- *Symbole, Logos und andere grafische Elemente wie Pfeile, Unterstreichungen, Umrahmungen*

stehen euch zur Verfügung. Bei deren Einsatz heißt es: „Weniger ist mehr!"

5. Schritt: Visualisierung insgesamt harmonisch gestalten

Beachte dabei die Seitenaufteilung, die inhaltliche Logik der Anordnung sowie aufeinander abgestimmte Farben und Formen der Materialien.

Grafische Elemente
Überschriften oder Kernbegriffe in Wolken oder geometrische Formen wie Streifen, Ovale oder Rechtecke, Pfeile oder Linien, schreiben

Fotos
nur verwenden, wenn sie den Text ergänzen, erweitern oder veranschaulichen

Diagramme
z. B.
- Listen und Tabellen
- Kurven-, Säulen-, Balken-, Kreisdiagramme
- Schaubilder, in denen Elemente des Diagramms mit Text- und evtl. Bildelementen verknüpft sind

Inhalt
- verständliche Wörter verwenden, Fachbegriffe erklären, kurze Sätze bzw. Schlüsselwörter
- Text gliedern, Überschriften und Zwischenüberschriften verwenden
- auf`s Wesentliche beschränken
- eventuell Beispiele nennen

Gute Lesbarkeit
- geeigneter Schrifttyp, geeignete Schriftgröße, bei Handschrift: Druckbuchstaben
- von links oben nach rechts unten vorgehen
- Farben verwenden
- Textblöcke bilden

❷ ***Beispiel für ein Lernplakat***

1 *Erstellt in Gruppenarbeit ein Lernplakat zum Thema „Ausbildung in meinem Wunschberuf".*

2 *Besorgt euch das Jugendarbeitsschutzgesetz und visualisiert Bestimmungen, die euch für Jugendliche eures Alters besonders wichtig erscheinen. Dazu verteilt ihr Gruppenarbeitsaufträge zu den verschiedenen Teilen und Abschnitten des Gesetzes.*

Lisa
„Das Praktikum im Krankenhaus hat mich überzeugt. Das wird mein Beruf. Da ich für eine Ausbildung noch zu jung bin, gehe ich noch ein Jahr auf´s BK."

Katharina
„Ich will das Berufskolleg besuchen. Wenn ich im BK I gute Noten habe, möchte ich weitermachen und die Fachhochschulreife erwerben."

Thomas
„Ich werde das Technische Gymnasium besuchen und später studieren. Ich kann mich jetzt noch für keinen Beruf entscheiden."

Lorenz
„Ich habe keinen betrieblichen Ausbildungsplatz in meinem Wunschberuf gefunden. Da ist für mich das Berufskolleg der richtige Ausweg."

1

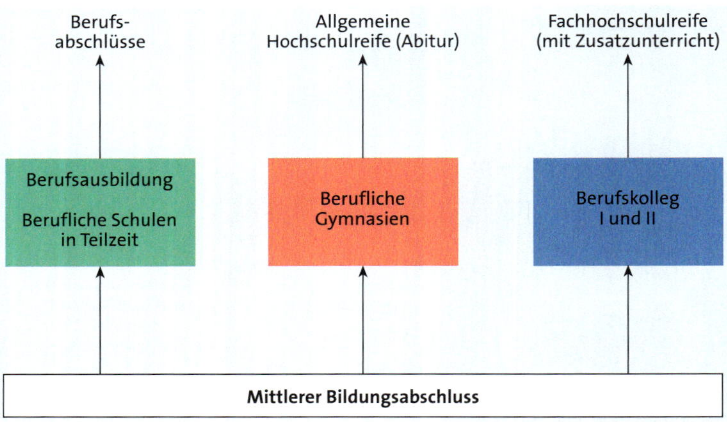

2 ***Schulen nach der Realschule***

Bildungswege in Baden-Württemberg

Weiterführende Schulen nach der Realschule
Damit sind allgemeinbildende Schulen gemeint, die mit einem höheren Schulabschluss abschließen. Dieser eröffnet die Möglichkeit, sogenannte Studienberufe anzustreben. Für Schüler mit Realschulabschluss kommt in erster Linie der Besuch eines **Berufskollegs** oder eines **Beruflichen Gymnasiums** in Frage.

Berufskollegs sind Schulen mit unterschiedlichen Richtungen, die im ersten Jahr (BK I) fachtheoretische und fachpraktische Grundkenntnisse vermitteln und die Allgemeinbildung vertiefen.

Ein Teil der Schüler nutzt das BK I, um sich für die Bewerbung um eine Ausbildungsstelle besser zu qualifizieren oder weil er nach der Realschule noch keine Ausbildungsstelle gefunden hat. Andere Schüler streben im Anschluss den Besuch des BK II an und wählen deshalb im BK I Zusatzunterricht in Mathematik.

Im BK II wird der fachtheoretische und fachpraktische Unterricht neben den allgemeinbildenden Fächern vertieft. Mit dem Zusatzunterricht in Mathematik und im naturwissenschaftlich-technischen Bereich besteht die Möglichkeit, die **Fachhochschulreife** zu erlangen.

Eine Sonderform ist das dreijährige Berufskolleg mit betrieblicher Ausbildung. Mit dem erfolgreichen Bestehen erlangt man sowohl einen Berufsabschluss als auch die Fachhochschulreife.

Berufliche Gymnasien führen in drei Jahren (Eingangsklasse sowie 11. und 12. Schuljahr) zur allgemeinen Hochschulreife (Abitur). Neben den allgemeinbildenden Fächern („Aufgabenfeldern") hat jeder Schultyp einen eigenen Schwerpunkt.

Mindestvoraussetzung für den Besuch eines beruflichen Gymnasiums ist ein Notendurchschnitt von 3,0 in den Fächern Deutsch, Mathematik und der Pflichtfremdsprache im Abschlusszeugnis der Realschule. Wobei in jedem dieser Fächer mindestens die Note „ausreichend" stehen muss.

❸ Welche Schule ist die richtige?

Melanie:
„Ich möchte Industriekauffrau werden, ich habe mich aber zu spät um einen Ausbildungsplatz beworben."

Gerald:
„Ich hatte immer sehr gute Zeugnisse und möchte später mal studieren, Ingenieur werden oder etwas ähnliches."

Marie:
„Ich möchte eine Ausbildung als Logopädin machen. Für die Schulplätze gibt es sehr viele Bewerberinnen."

David:
„Ich habe herausgefunden, dass es an der Fachhochschule einen Diplomstudiengang Mechatronik gibt."

Emanuele:
„Ich bin fasziniert von Autos und will eine Ausbildung als Kfz-Mechatronikerin machen. Mein großes Ziel ist es, später in der Autoindustrie an der Entwicklung neuester Fahrzeuge mitzuarbeiten."

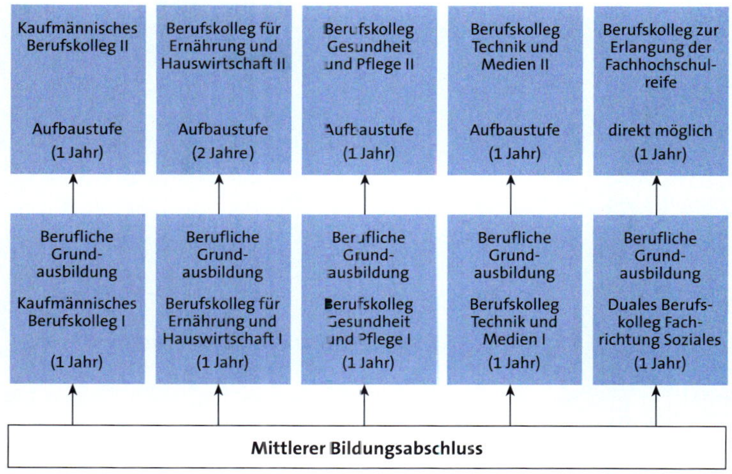

❹ ***Berufskollegs im Überblick***

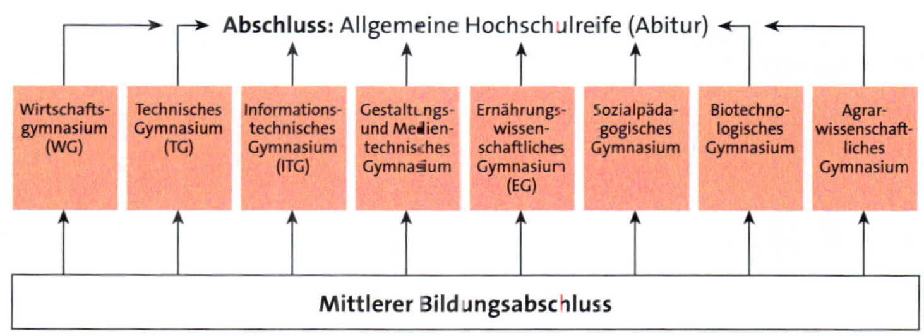

❺ ***Berufliche Gymnasien im Überblick***

Fachhochschulreife und Abitur

Mit dem Bestehen der Abiturprüfung wird die Allgemeine Hochschulreife erworben. Das berechtigt zum uneingeschränkten Studium an den Hochschulen und Universitäten in Deutschland und an vielen Universitäten des Auslandes.

Die Fachhochschulreife ermöglicht das Studium an Fachhochschulen.

Zur Standardsicherung

1 *a) Neben den beruflichen (Teilzeit-)schulen nennt Schema 2 zwei Schularten zur Erlangung der Hochschulreife. Welche sind dies?*
b) Beschreibe den Unterschied.

2 *Nenne Berufskollegs und berufliche Gymnasien an deinem Wohnort oder in der Umgebung.*

3 *Der Besuch eines Berufskollegs beinhaltet nicht automatisch die Fachhochschulreife als Abschluss. Erkläre.*

4 *Formuliere Mindestvoraussetzungen für den Besuch eines beruflichen Gymnasiums.*

5 *Welchen Bildungsweg rätst du den Jugendlichen in Text 3?*

Zur Weiterarbeit

6 *Informiere dich in „Beruf Aktuell" über Studiengänge an Fachhochschulen.*

7 *Gruppenarbeit: Für manche Berufe reicht der Realschulabschluss nicht aus. Sucht in „Beruf Aktuell" solche Berufe heraus und gebt eurer Partnergruppe den Auftrag, den dafür notwendigen Bildungsweg zu beschreiben.*

TERRATraining

TOP BORS: Berufs- und Arbeitswelt im Wandel

Wichtige Begriffe

Ausbildungsfähigkeit
Automatisierung
Berufliches Gymnasium
Berufsausbildungsvertrag
Berufsbildungsgesetz
Berufskolleg
Betreuungsangebote
Betriebliche Berufsausbildung
Dienstleistungsgesellschaft
Duales System
Fachhochschulreife
Familienpolitik
Just In Time
Lean Production
Produktivität
Rationalisierung
Schulische Berufsausbildung
Spezialisierung
Technisierung
Tertiärisierung

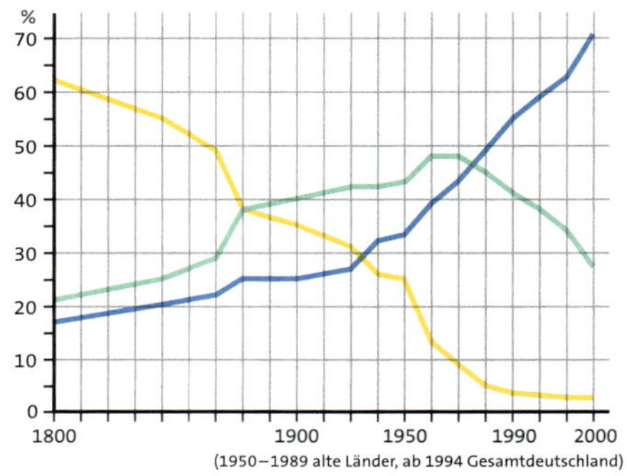

1 ***Beschäftigte in den Wirtschaftssektoren in Dtl.***

Kennen

1 Sektoren im Wandel
Benenne die drei Kurven und begründe die Entwicklung in Diagramm 1.

2 Wortsalat
Notiere zehn Dienstleistungsberufe.
ALTEN – AMME – ANGESTELLTE – ARZT – ERZIE – EURIN – FACH – FACH – FACH – FOTO – FRAU – FRAU – FRIS – GRAF – HEB – HELFERIN – HERIN – HOTEL – INFOR – KAUF – LEHRER – MATIK – PFLEGERIN – STEUER

Verstehen

3 Außenseiter
Begründe, welches Wort nicht in die Reihe passt.

a) Produktivität – Konkurrenzfähigkeit – Berufe – Automatisierung
b) Marketing – Produktvielfalt – Spezialisierung – flexible Arbeitszeiten
c) Rationalisierung – Dienstleistung – Humanisierung am Arbeitsplatz – Arbeitsplatzabbau
d) Geburtenrate – Betreuungsangebote – Frau in Familie und Beruf – Duales System
e) Ausbildungsfähigkeit – Wandel der Anforderungen – Berufskolleg – Berufsqualifikation
f) Berufsausbildungsvertrag – schulische Berufsausbildung – Berufsbildungsgesetz – „Lehre“
g) Berufliche Gymnasien – Berufskollegs – Realschule – Berufsschulen

4 Lean Production
Bestimme die Leitbegriffe in Mindmap 2.

5 Richtig oder falsch?
a) Stelle die falschen Aussagen richtig.
b) Schreibe alle Aussagen ab und erkläre sie.
- *Der Dienstleistungsbereich bietet immer weniger Arbeitsplätze.*
- *IT-Berufe ist die Abkürzung für Internationale Tourismus-Berufe.*

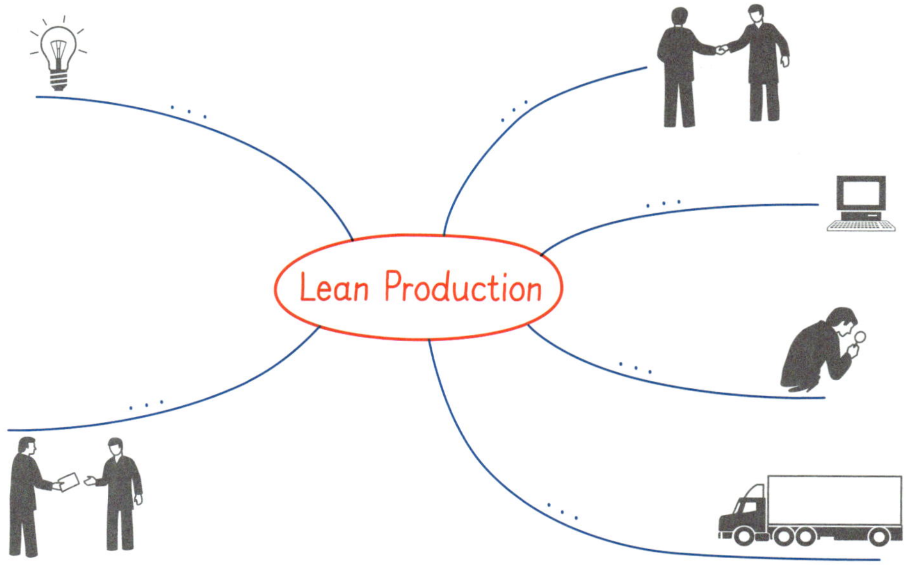

2

3

Teste dich selbst

Kannst du die Aufgaben 2 und 7b ohne Hilfe lösen?

- *Wegen des hohen Frauenanteils in den Dienstleistungen sind dort die Löhne niedriger.*
- *Steigende Produktivität bedeutet, dass für die Herstellung eines Produkts immer weniger Kosten anfallen.*
- *Während der Probezeit kann man einen Berufsausbildungsvertrag mit vier Wochen Kündigungsfrist kündigen.*

Beurteilen

6 Pro und Kontra

Nimm zu den folgenden Thesen Stellung:

***THESE 1:** Der Einsatz moderner Technik ist für die deutsche Wirtschaft überlebenswichtig.*

***THESE 2:** Rationalisierung vernichtet Arbeitsplätze.*

***THESE 3:** Wegen der hohen Löhne in Deutschland muss die Industrie Arbeitsplätze ins Ausland verlagern.*

***THESE 4:** Es ist besser, nach der Realschule eine weiterführende Schule zu besuchen als eine Berufsausbildung zu beginnen.*

***THESE 5:** Eine qualifizierte Ausbildung bietet Arbeitplatzsicherheit.*

***THESE 6:** Viele Jugendliche finden keinen Ausbildungsplatz, weil sie nicht ausbildungsfähig sind.*

7 Karikaturen auswerten

a) Beschreibe die Karikaturen 3 und 4.
b) Welche Problembereiche werden jeweils thematisiert?
c) Setze dich damit auseinander.

4 **Am Scheideweg**

Handeln

8 Firmenentwicklung in deiner Nähe

Informiere dich im Lokalteil deiner Tageszeitung über eine Firmenneugründung, Betriebsschließung oder bedeutende Veränderungen in einer Firma.
Werte den Text aus nach den Gesichtspunkten
a) Gründe und Ursachen
b) Zielsetzungen der Veränderungen
c) Probleme durch diese Maßnahmen.

Training

Gelebte Demokratie

Demokratie heißt übersetzt „Volksherrschaft". Das bedeutet, dass die Menschen in Angelegenheiten mitbestimmen, die sie selbst, aber auch andere betreffen.
Ob in der SMV oder in der Familie, deren Mitglieder über das nächste Ausflugsziel beraten: Jeder einzelne ist an demokratischen Entscheidungen beteiligt. Auch in der Politik haben Menschen vielfältige Möglichkeiten, eine lebendige Demokratie zu verwirklichen, z. B. durch Teilnahme an Wahlen oder durch Mitarbeit in einer Partei.

3

❶ ***Das Mannheimer Strandbad … und seine Zukunft?***

… in der Gemeinde: „Was wird aus unserem Strandbad?“

❷ ***Lokale Agenda 21***

Die Agenda 21 ist ein weltweites Handlungsprogramm für eine nachhaltige Entwicklung, das im Jahr 1992 in Rio de Janeiro von ca. 180 Staaten unterzeichnet wurde.
Immer mehr Städte und Gemeinden haben damit begonnen, dieses Programm als „Lokale Agenda 21“ vor Ort umzusetzen.

Gibt es etwas Schöneres, als im Sommer baden zu gehen? Besonders attraktiv ist der Badespaß im Mannheimer Strandbad, das direkt am Rheinufer liegt. Allerdings kostet der Gang zum Schwimmbad Geld – nicht nur die Besucher, sondern auch die Stadt, die das Bad betreibt. Sie muss weit mehr für den Betrieb und den Unterhalt der Anlage bezahlen als sie durch Eintrittsgelder einnimmt.

Inzwischen ist nicht einmal mehr genug Geld vorhanden, das Bad zu betreiben und das Gebäude instandzuhalten. Aus diesem Grund wird im **Gemeinderat** überlegt, das Gelände an eine große Brauerei zu verpachten. Das Unternehmen möchte das Strandbad zu einem Badezentrum mit Event-Gastronomie umbauen, das im Sommer Scharen von Besuchern anzieht.

Doch hier liegt der Haken: Das Strandbad liegt am Rand eines idyllischen Waldparks. Der Ausbau des Strandbads würde zu Lärm, großen Parkflächen und starker Verkehrsbelastung führen. Viele Bürger wollen es nicht so weit kommen lassen und möchten das Projekt verhindern, aber wie?

Eine Form der Mitbestimmung wäre es, bei der nächsten Gemeinderatswahl die Kandidaten zu wählen, die sich dagegen aussprechen, denn im Gemeinderat werden in der Regel derartige Entscheidungen getroffen. Es gibt aber auch die Möglichkeit, die Bürger der Stadt direkt abstimmen zu lassen – in einem sogenannten Bürgerentscheid. Bürgerentscheide finden jedoch selten statt.

Einige Mannheimer Bürger wollten nicht länger warten; sie gründeten die **Bürgerinitiative** „Freunde des Strandbads“. Diese Initiative erhebt nun konkrete Forderungen. Gemeinsam mit der „Lokalen Agenda 21“ wollen die Mitglieder an einer nachhaltigen Entwicklung ihrer Stadt mitarbeiten.

3 **Forderungen der Bürgerinitiative „Freunde des Strandbads“**

1. Offenlegung der Pläne und umfassende Information der Bürgerschaft
2. Keine Vertragsunterzeichnung ohne Bürgerbeteiligung bei der Neukonzeption
3. Keine Reduzierung der Grünflächen, der Spiel- und Liegeflächen
4. Keine Privatisierung des Strandbads
5. Reduzierung des Verkehrsaufkommens und Stärkung des ÖPNV
6. Wiederherstellung und Pflege des Geländes durch die Stadtverwaltung
7. Umweltgerechte Betreuung der Anlage
8. Erhalt des Gebäudes statt Abriss
9. Keine Event-Gastronomie zu Lasten von Anwohnern, Erholungssuchenden und der Natur
10. Keine Außenbewirtschaftung über das bisherige Ausmaß hinaus

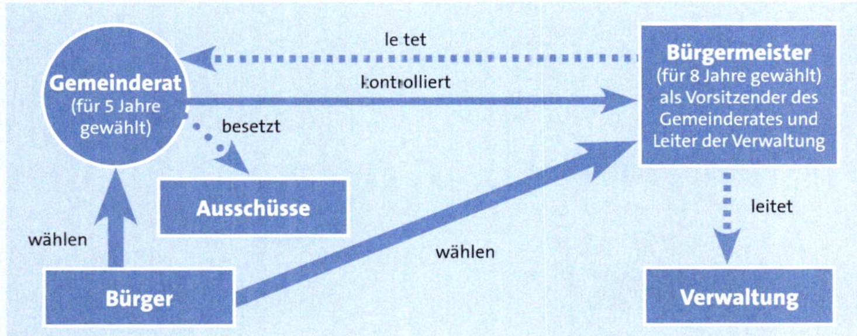

5 ***Gemeindeverfassung***

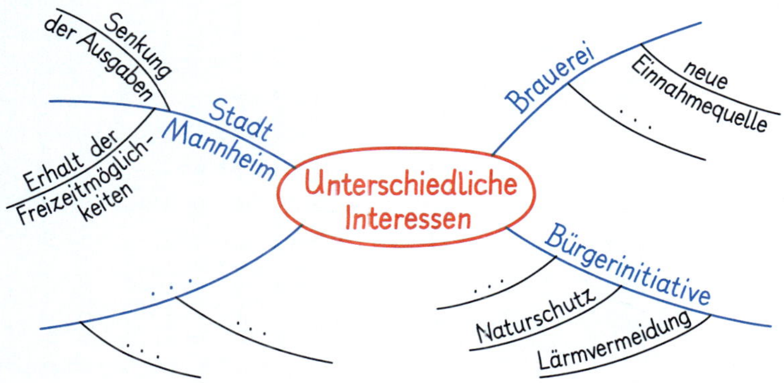

6

4 **Aus der Gemeindeordnung von Baden-Württemberg**

§ 20a Bürgerversammlung

(1) Wichtige Gemeindeangelegenheiten sollen mit den Einwohnern erörtert werden. Zu diesem Zweck soll der Gemeinderat in der Regel einmal im Jahr, im Übrigen nach Bedarf eine Bürgerversammlung anberaumen.
(2) Der Gemeinderat hat eine Bürgerversammlung anzuberaumen, wenn dies von der Bürgerschaft beantragt wird. Der Antrag muss schriftlich eingereicht werden. (...) Er muss von mindestens 10 vom Hundert der Bürger unterzeichnet sein (...)

§ 20b Bürgerantrag

(1) Die Bürgerschaft kann beantragen, dass der Gemeinderat eine bestimmte Angelegenheit behandelt (Bürgerantrag).

§ 21 Bürgerentscheid, Bürgerbegehren

(3) Über eine wichtige Gemeindeangelegenheit kann die Bürgerschaft einen Bürgerentscheid beantragen (Bürgerbegehren).
(7) Der Bürgerentscheid hat die Wirkung eines endgültigen Beschlusses. (...)

Zur Standardsicherung

1 „Vom Strandbad zum Event-Badezentrum“. Welche Gründe haben zur Gründung der Bürgerinitiative „Freunde des Strandbads“ geführt?

2 „Der Gemeinderat ist das wichtigste Entscheidungsorgan in einer Kommune.“ Begründe.

3 Material 4:
a) Welche anderen Mitbestimmungsmöglichkeiten für Bürger gibt es laut Gemeindeordnung?
b) Wie müsste die Bürgerinitiative vorgehen, wenn sie diese Möglichkeiten nutzen wollte?

4 Die verschiedenen Gruppierungen vertreten unterschiedliche Interessen. Übertrage Mindmap 6 in dein Heft und ergänze.

Zur Weiterarbeit

5 Politik in eurer Gemeinde:
a) Welche wichtigen Entscheidungen hat der Gemeinderat in der letzten Zeit getroffen?
b) Gibt es Bürgerinitiativen oder andere Mitwirkungsmöglichkeiten in eurer Gemeinde?

6 Wofür würdet ihr euch in eurer Gemeinde einsetzen? Gestaltet ein Flugblatt oder eine Broschüre, die eure Wünsche darstellt.

Mitsprache- und Mitbestimmungsmöglichkeiten der Bürger (Bürgerbeteiligung)

- *an politischen Veranstaltungen teilnehmen*
- *für den Jugendgemeinderat kandidieren*
- *an der Lokalen Agenda mitwirken*
- *einer Partei beitreten*
- *eine Bürgerinitiative gründen*
- *sein Wahlrecht ausüben*
- *einen Leserbrief schreiben ...*

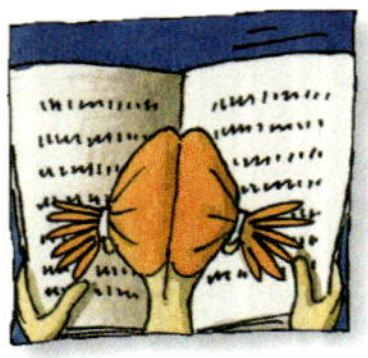

... in der Gemeinde: „Tu was!"

Die schwäbische Kommune Nürtingen mit ihren 40 000 Einwohnern könnte man auch als eine „gläserne Stadt" bezeichnen. Das liegt nicht nur daran, dass dort ein lichtdurchflutetes Rathaus mit einem Bürgertreff steht. Die Bauweise hat vielmehr Symbolcharakter: Sie steht für Offenheit. Offenheit der Verwaltung gegenüber den Bürgern und Offenheit der Bürger für die Herausforderungen, die sie selbst betreffen.

Das ist ungewöhnlich in einer Zeit, in der sich immer weniger Bürger für Politik interessieren. Viele Menschen – gerade auch Jugendliche – fühlen sich ohnmächtig und sind der Meinung, dass sie in der Politik ohnehin nichts ausrichten können. Politiker sehen sie als „die da oben", die nur nach Macht und Medienpräsenz streben. Dass dabei vernünftige Entscheidungen getroffen werden, die dem Willen der Bevölkerung wirklich entsprechen, wird immer stärker bezweifelt.

In Nürtingen dagegen hat man umgedacht: Die Menschen werden dazu aufgefordert, sich zu engagieren und daran mitzuarbeiten, dass sich das Leben in der Stadt so entwickelt, wie sie sich das vorstellen. Um dieses Ziel zu erreichen, hat man sich einiges einfallen lassen.

Das Umdenken hat beim Wichtigsten nicht Halt gemacht: dem Thema Geld. So gibt es die sogenannte „Haushaltswerkstatt", in der alle Betroffenen mitarbeiten können. Beispiel Schule: Bei den Beratungen darüber, wie das zur Verfügung stehende Geld eingesetzt werden kann, werden nicht nur die Schulleiter, sondern auch Eltern- und Schülervertreter eingeladen, um ihre Vorstellungen präsentieren zu können. In kleinen Arbeitsgruppen diskutieren die Teilnehmer dann weiter und im Anschluss werden Anträge formuliert, mit denen sich später der Gemeinderat auseinandersetzen muss.

Darüber hinaus können sich Bürger in gemischten Teams mit Fachkräften zusammensetzen und auf mehreren Gebieten – etwa in den Bereichen Soziales, Umwelt oder Wirtschaft – nach Lösungsansätzen für anstehende Probleme suchen.

In der „Sozialkonferenz" werden in Gruppen Projekte geplant, z. B. das „Lokale Netz für Ausbildungs- und Beschäftigungsförderung", in dem in Zusammenarbeit mit der IHK, dem DGB, den Kirchen und dem Arbeitsamt Schulabgänger informiert, motiviert und in Schnupperpraktika an die Arbeitswelt herangeführt werden.

Auch wird versucht, die 240 Vereine und 85 Bürgerinitiativen der Stadt mit ins Boot zu bekommen. So hat z. B. die für junge Menschen ins Leben gerufene Aktion „Basketball um Mitternacht" quer durch Cliquen und Gruppen viel Anklang gefunden. Organisiert wurde sie in Kooperation des Kultur-, Schul- und Sportamtes mit Sportvereinen, dem Jugendhaus und der Polizei. Der Nürtinger Jugendrat setzt sich aktiv für die Belange seiner Altersgenossen ein. Er hat beispielsweise erreicht, die Fahrzeiten des Anruf-Sammel-Taxis am Wochenende zu verlängern. Gute Erfahrungen haben die Nürtinger auch mit ihren „Jugendforen" gemacht. Auf diesen suchen Vertreter aus Verwaltung, Kirchen, Vereinen, aber auch der Nachbarschaft das Gespräch mit der Jugend.

1 ***Planungsgruppe zur Erstellung eines behindertengerechten Stadtplanes von Nürtingen***

2 ***Teilnehmer der Nürtinger Sozialkonferenz zum Thema „Interkulturelles Zusammenleben"***

3 ***Azubis übernehmen Patenschaften für Menschen mit Behinderung***

Ganz allgemein gilt: Wer sich engagiert, wird in Nürtingen anerkannt und belohnt – das spüren die Menschen ganz konkret: In tiativen, Gruppen und Menschen, die z. B. ihre Angehörigen pflegen, erhalten den „Nürtinger Freiwilligenpass". Mit diesem bekommen sie Gutscheine für leckeres Essen, Theaterabende, Fortbildungsveranstaltungen oder Thermalbadbesuche. Schüler und Auszubildende dokumentieren ihre Arbeit, sei es z. B. als Sporttrainer oder Mitglied im Musikverein, in einem „Tu-Was-Tagebuch". Am Ende des Schuljahres erhalten sie dafür ein Zertifikat, das ihre Leistungen belegt.

Um die Menschen dazu zu bringen, all diese Angebote wahrzunehmen, hat man sich einiges einfallen lassen. So bieten verschiedene Nürtinger Vereine ein „Bürgerpraktikum" an, in dessen Rahmen sich Menschen für einen bestimmten Zeitraum freiwillig engagieren können. Schließlich gibt es mit dem „Plan Aktiv" auch einen Freiwilligen-Stadtplan, mit dessen Hilfe sich jeder Interessierte einen schnellen Überblick über die in Nürtingen angebotenen Projekte verschaffen kann. All dies trägt dazu bei, dass sich gut 40 Prozent der Nürtinger ehrenamtlich engagieren – diese Bürgerbeteiligung liegt weit über dem Bundesdurchschnitt. Die Einwohner der Stadt haben also damit begonnen, sich – um ein Wort des Schriftstellers Max Frisch zu gebrauchen – „in ihre eigenen Angelegenheiten einzumischen".

Verbessere deine Lesekompetenz

1 *Gliedere den Text, indem du den einzelnen Abschnitten Zwischenüberschriften gibst.*

2 *Welche Anreize wurden geschaffen, die Einwohner zur Mitarbeit zu motivieren?*

3 *Vergleiche die Mitbestimmungsmöglichkeiten in Nürtingen mit denen in eurer Gemeinde.*

4

Nürtinger Tu Was Tagebuch

Wir tragen mit!

2005-2006

Hallo Du!

Du machst bei den Streitschlichtern mit? Du hilfst beim Jugendrotkreuz oder bei der DLRG? Du engagierst Dich im Jugendrat oder in der SMV? Du bist Jugendtrainer im Sportverein oder Betreuer im Panti bzw. FeLa? Du leitest eine Jugendgruppe in der Kirche oder zeigst Leuten auf der Sternwarte die Sterne? Vielleicht machst Du auch etwas ganz anderes.

Du machst das alles in Deiner Freizeit, freiwillig und vielleicht auch nur aus Spaß an der Freude. Aber hast Du auch schon mal darüber nachgedacht, dass Dein Engagement auch Dir persönlich etwas nützen kann: Du lernst, mit anderen Menschen zusammenzuarbeiten, mit Ihnen klarzukommen, und Konflikte friedlich zu lösen. Du lernst viele verschiedene Menschen kennen und machst interessante Erfahrungen.

Wusstest Du auch, dass in der heutigen Arbeitswelt gerade solche Fähigkeiten wichtig sind und bei Bewerbungsgesprächen gern gesehen werden?

Deswegen gibt es das Tu-Was-Tagebuch. Darin kannst Du Deine Aktivitäten aufschreiben und erhältst dann am Ende des Schuljahres zu Deinem Zeugnis das Tu-Was-Zertifikat mit Unterschrift des Oberbürgermeisters und der Leiterin des Staatlichen Schulamtes.
Nagelneu ist unsere Idee des Bürgerpraktikums. Wir bieten Einzelpersonen oder ganzen Schulklassen zukünftig Betätigungsfelder für ein zeitlich begrenztes Bürgerpraktikum an. Ob im Altenheim, Bürgertreff, der Behindertenarbeit oder anderen Projekten - es gibt viele interessante Praxisfelder.

Wir wünschen Dir viel Spaß bei Deiner freiwilligen Arbeit und bei der Führung Deines Tu-Was-Tagebuchs.

Stadt Nürtingen

1 **„Mülltourismus" in Baden-Württemberg**

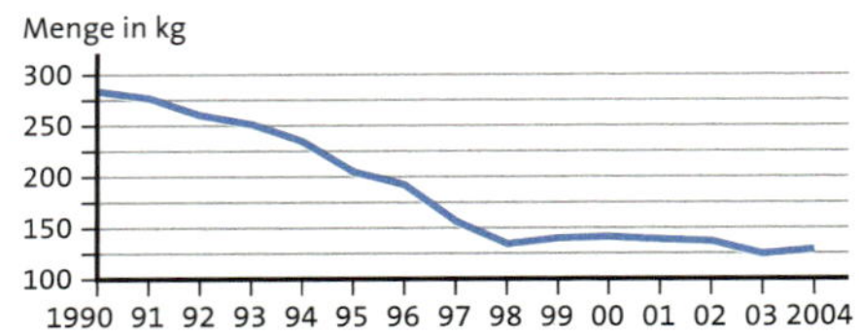

3 **Müllmengen pro Einwohner im Kreis Ludwigsburg**

4 **Zentrum für Entsorgung und Umwelttechnologie bei Buchen**

... im Kreis: Wohin mit dem Abfall?

2

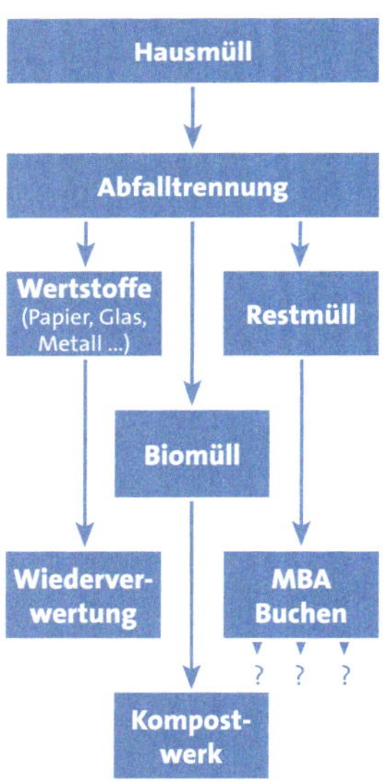

Ein Handy, das durch ein neues ersetzt wird; Zeitschriften, die ausgelesen sind; Essensreste, die in den Mülleimer wandern: Wir alle erzeugen täglich jede Menge Abfall, der entsorgt werden muss.

Städte und Gemeinden sind zu klein, um für sich allein diese Aufgabe zu meistern. Daher wird sie – neben anderen Aufgaben – vom Kreis übernommen, in dem mehrere Kommunen zusammengefasst sind.

Die **Abfallbeseitigung** ist aufwändig und verursacht hohe Kosten, die wiederum in Form von Gebühren von den Bürgern übernommen werden. Am billigsten und zugleich am umweltschonendsten ist es deshalb zu vermeiden, dass überhaupt Abfall entsteht. Da sich das nicht verhindern lässt, sind die Bürger in Deutschland dazu angehalten, ihren Abfall zu trennen. Das ermöglicht, den geeigneten Teil des Abfalls durch Recycling wiederzuverwerten. Übrig bleibt der sogenannte Restmüll. Er wurde in der Vergangenheit weitgehend unbehandelt auf Deponien gebracht. Nicht selten begann er dort nach einiger Zeit im Boden chemisch zu reagieren und erwies sich als große Gefahr für die Umwelt.

Restmüllbehandlung im Kreis Ludwigsburg

Um dies für die Zukunft zu verhindern, gilt seit Juni 2005 ein neues Gesetz, das es untersagt, unbehandelte Abfälle auf Deponien abzulagern. Dadurch sind die Kreise gezwungen, den auf ihrem Gebiet anfallenden Restmüll in speziellen Anlagen behandeln zu lassen.

Der **Kreistag** Ludwigsburg hat beschlossen, seinen Restmüll ins 90 Kilometer entfernte Buchen im Neckar-Odenwald-Kreis zu transportieren. Dort steht eine Abfallverwertungsanlage, die Abfälle nach einem neu entwickelten Verfahren behandelt. Dessen Vorteil besteht darin, dass die im Restmüll noch vorhandenen Wertstoffe herausgelöst werden können. Aus der übrig gebliebenen Menge wird Biogas gewonnen, das der Stromerzeugung dient. Auf diese Weise wird die Menge des Restmülls um die Hälfte reduziert.

Die Kehrseite der Medaille zeigt sich den Einwohnern der Gemeinden in Buchens Umgebung: Pro Jahr rollen Lkw mit insgesamt 80 000 Tonnen Müll an ihnen vorbei.

5 Mechanisch-biologische Abfallbehandlung (MBA) in der Anlage bei Buchen

Zunächst wird der angelieferte Restabfall mechanisch vorbehandelt, d. h. er wird zerkleinert und gesiebt. Dabei werden Stoffe, die biologisch nicht abbaubar sind, herausgetrennt und anschließend verwertet bzw. verbrannt. Was übrig bleibt, gelangt zur biologischen Behandlung. Der Perkolator ist das Herzstück der Anlage. Hier werden die Stoffe etwa zwei Tage lang in einer Mischung aus Kompostierung und Vergärung weiterbehandelt. Dabei entsteht hochwertiges Biogas, aus dem in einem Blockheizkraftwerk Strom und Wärme gewonnen werden. Das Material, das sich nicht in Gas umwandeln lässt, wird auf die Kreismülldeponie Buchen gebracht.

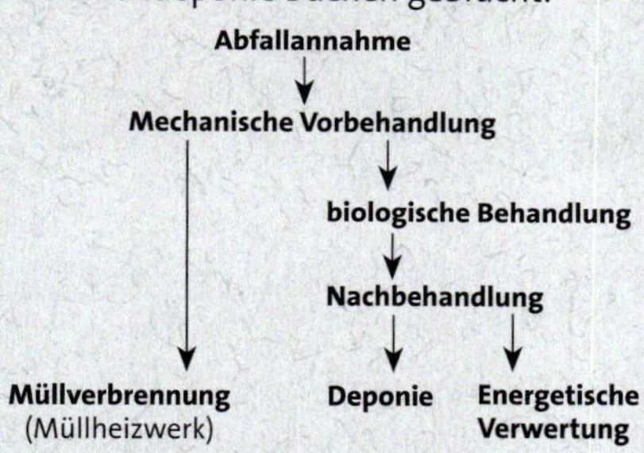

6 Die Aufgaben der Landkreise

Die Landkreise sind eine wichtige Säule in der staatlichen und kommunalen Struktur. [...] Die Landkreise unterstützen die kreisangehörigen Gemeinden bei der Erfüllung ihrer Aufgaben und tragen zu einem gerechten Ausgleich der Lasten bei. [...]

Wichtige Aufgaben der Landkreise sind
- Abfallwirtschaft
- Gesundheitswesen
- Sozial- und Jugendhilfe
- Berufs- und Sonderschulen
- Öffentlicher Personennahverkehr
- Umwelt-und Naturschutz
- Kreisstraßen

Je nach den örtlichen Gegebenheiten nehmen die Landkreise weitere freiwillige Aufgaben wahr (z. B. Kunstförderung, Freilichtmuseen).

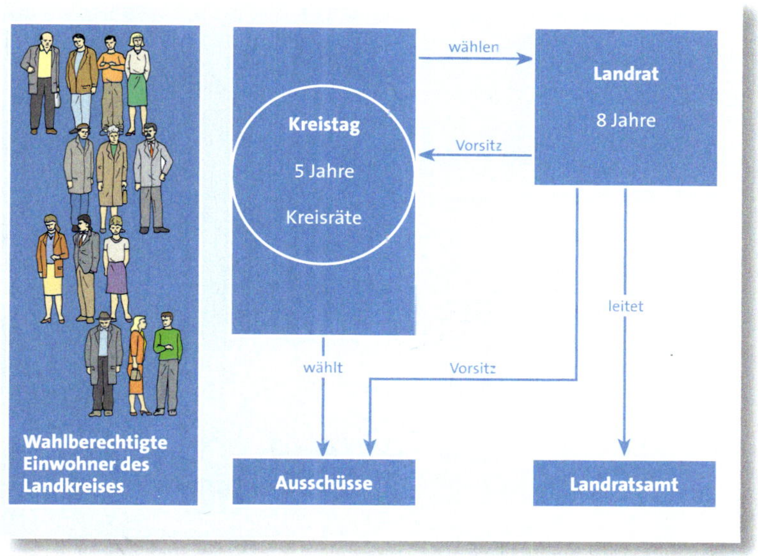

7 ***Wahl des Kreistages***

Zur Standardsicherung

1 *Abfallentsorgung im Kreis Ludwigsburg:*
   a) Erkläre, warum der Kreis Ludwigsburg seinen Restmüll in der MBA bei Buchen verwerten lässt.
   b) Wo liegen Nachteile dieses Konzepts?

2 *Grafik 3:*
   a) Erläutere, wie sich die Menge des Hausmülls pro Kopf im Kreis Ludwigsburg im dargestellten Zeitraum entwickelt hat.
   b) Stelle Vermutungen darüber an, worauf diese Entwicklung zurückzuführen sein könnte.

3 *Welche weiteren Aufgaben haben die Landkreise neben der Abfallentsorgung zu erfüllen? Suche konkrete Beispiele zu den in Text 6 beschriebenen Bereichen.*

Zur Weiterarbeit

4 *Grafik 7:*
   a) Erkundige dich nach dem Ergebnis der letzten Kreistagswahl. Wie heißt der Landrat eures Kreises?
   b) Welche Themen stehen derzeit bei der Arbeit eures Kreistages im Vordergrund?

5 *Karte 1: Recherchiere, welchen Weg der Restmüll aus dem Haushalt deiner Familie nimmt.*

6 *Sammelt Ideen, wie man an eurer Schule Müll vermeiden könnte.*

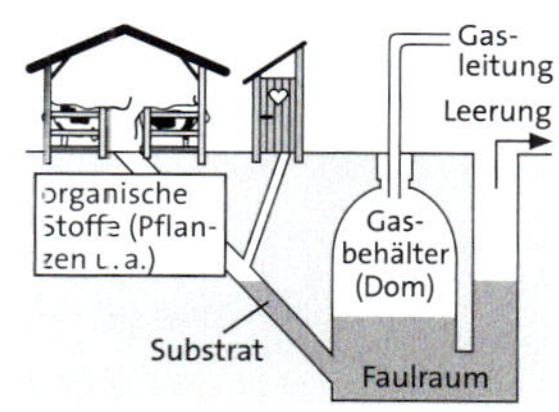

8 ***Biomassekraftwerk***

1

... im Land: Wer bestimmt, was wir lernen?

Im Internet surfen, angesagte Fernsehserien kennen – dieses Wissen hast du dir rasch und leicht angeeignet. Dass du damit etwas gelernt hast, ist dir vielleicht gar nicht bewusst, denn mit dem Wort „Lernen“ verbinden die meisten den Unterricht in der Schule. Dort ist das Lernen stärker geregelt als in der Freizeit. Das liegt daran, dass gemeinsam gelernt wird und dass der Unterricht von unserem Bundesland finanziert wird, das bestimmte Erwartungen an das Wissen der Schülerinnen und Schüler hat. Diese Erwartungen sind in einem Bildungsplan festgelegt.

Zielsetzungen im Bildungsplan

Seit dem Jahr 2004 gilt in Baden-Württemberg ein neuer Bildungsplan. Dieser hat eine Reihe von Veränderungen gebracht, die dich im Schulalltag direkt betreffen. Zum Beispiel hat sich deine Schule ein Leitbild, auch Schulprofil genannt, gegeben, das zum Ausdruck bringen soll, welche Ziele dieser Schule ganz besonders wichtig sind. Und es gibt jetzt mehr fächerübergreifenden Unterricht als früher: In EWG werden Themen aus Geographie, Politik und Wirtschaft zusammengefasst. Statt Biologie, Chemie und Physik habt ihr nun das Fach NWA auf dem Stundenplan. Hinzu kommen noch themenorientierte Projekte wie „Soziales Engagement“ oder „BORS“.

Was sind Bildungsstandards?

Die wichtigste Änderung liegt jedoch darin, dass im Vergleich zu früher nicht mehr die Lerninhalte, auch Lernstoffe genannt, an erster Stelle stehen, sondern die Leitziele und die zu erwerbenden Kompetenzen. Mit Kompetenzen sind Fähigkeiten und Fertigkeiten gemeint, die Schülerinnen und Schüler am Ende der Klassen sechs, acht und zehn erreicht haben müssen. Themen und Inhalte, an denen die Kompetenzen zu erarbeiten sind, sind teilweise vorgegeben, teilweise dem Lehrer freigestellt.

Wer setzt Bildungsstandards?

Schülerinnen und Schüler in Niedersachsen lernen zum Beispiel nach einem anderen Bildungsplan als jene in Baden-Württemberg, denn das Schulwesen ist ein Bereich, den jedes Bundesland selbstständig regelt.

Über den jetzigen Bildungsplan hat das Parlament unseres Landes entschieden: der **Landtag** von Baden-Württemberg.

Die Ausführung eines Landtagsbeschlusses liegt bei der **Landesregierung**. Sie legt die genaueren Regelungen fest und stellt so sicher, dass eine Entscheidung des Parlaments auch umgesetzt wird.

Die Gesetzgebung im Schulwesen ist nicht die einzige Aufgabe der Bundesländer. Auch in anderen Feldern liegt die Gesetzgebungshoheit bei den Ländern, etwa im Polizeiwesen, in Kultur, Presse und Fernsehen sowie im Gesundheitswesen.

Zur Standardsicherung

1 *Karikatur 1: Liste auf, welche Erwartungen gesellschaftlicher Gruppen an den Bildungsplan zum Ausdruck kommen.*

2 *Grafik 2: Erkläre, wie die Bürger Einfluss auf Entscheidungen auf Landesebene nehmen können.*

Zur Weiterarbeit

3 *Schema 3 zeigt, auf welchem Weg ein Landesgesetz zustande kommt. Welche Personen bzw. Institutionen sind beteiligt?*

4 *a) Nenne weitere Aufgabenbereiche der Bundesländer.*

b) Aus welchen dieser Bereiche sind dir politische Auseinandersetzungen zwischen den Parteien im Land bekannt? Recherchiere im Internet.

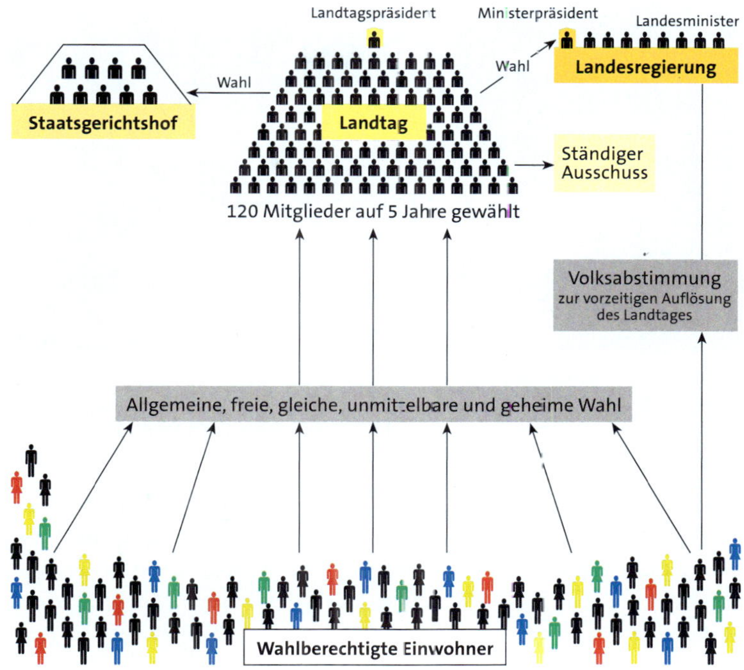

② *Verfassung des Landes Baden-Württemberg*

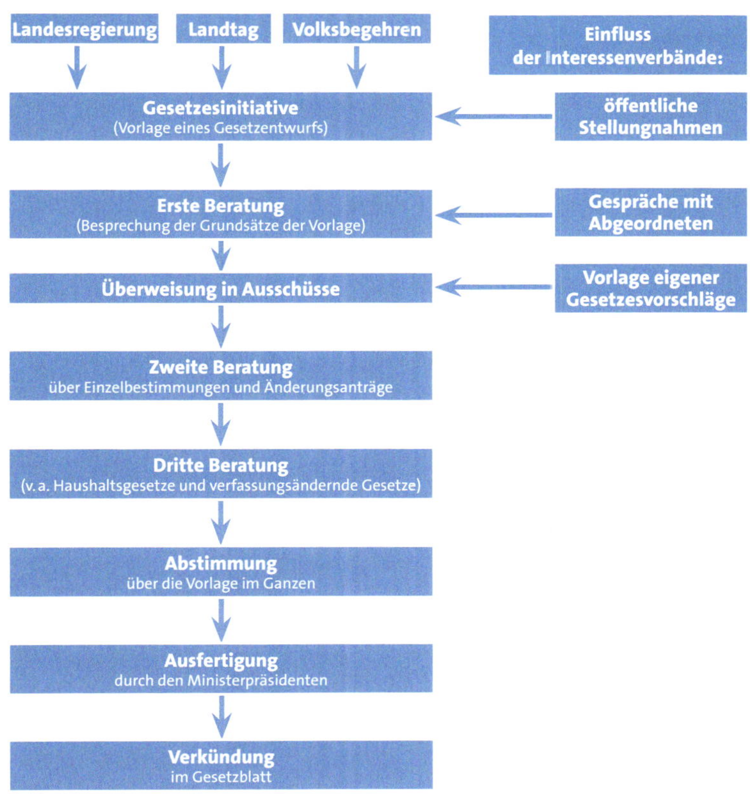

③ *Der Weg eines Landesgesetzes*

❶ ***Werbung in einem Modegeschäft***

❸ ***Kampagne der Evangelischen Kirche in Deutschland***

... in Verbänden: Wann ist Ladenschluss?

❷ ***Wichtige Etappen der Ladenschlussgesetzgebung***

Erlaubte Öffnungszeiten

1957

Wochentage bis 18.30 Uhr; Öffnung an Sonn- und Feiertagen ist verboten.

1989

Einführung des „Dienstleistungsabends“: Geschäfte dürfen donnerstags bis 20 Uhr geöffnet bleiben.

1996

Montag bis Freitag bis 20 Uhr; Samstag bis 16 Uhr

2003

auch samstags bis 20 Uhr; Sonntagsöffnung in Ausnahmefällen (in einzelnen Bundesländern unterschiedlich geregelt). Es gelten zahlreiche Ausnahmeregelungen, z. B. für Tankstellen und Bäckereien.

Ein paar Tüten Chips und die passenden Getränke dazu – mehr brauchen Alexander und Mike gar nicht für ihren gemütlichen Videoabend. Doch als sie zum Supermarkt gelangt sind, stehen sie vor verschlossenen Türen.
„So ein Mist!“, macht Mike seinem Ärger Luft, „jetzt kommt man einmal fünf Minuten zu spät und schon geht nichts mehr. Warum können denn die Läden nicht länger geöffnet sein? Als ich im Sommer in den USA war, konnte ich rund um die Uhr einkaufen.“
Alexander sieht die Sache etwas anders: „Denk´ auch mal an die, die dann auf der Matte stehen müssen. Meine Cousine arbeitet im Supermarkt und sie stöhnt jetzt schon, dass sie oft bis nach 20 Uhr und auch samstags arbeiten muss.“
Tatsächlich wird gegenwärtig viel darüber diskutiert, die Ladenöffnungszeiten zu verlängern. Manche träumen sogar vom 24-Stunden-Betrieb und das möglichst an sieben Tagen in der Woche. Mit diesem Thema beschäftigen sich auch **Interessenverbände**. Das sind Zusammenschlüsse von Personen, die durch gemeinsames Vorgehen ihre Vorstellungen besser durchsetzen wollen, z. B. Gewerkschaften wie ver.di oder Vereinigungen wie etwa der Hauptverband des deutschen Einzelhandels. All diese Organisationen vertreten Menschen, die sich durch die Mitgliedschaft in diesen Verbänden die Wahrung ihrer Interessen erhoffen.
Ihre Größe benutzen die Verbände, um auf politische Entscheidungen in ihrem Sinne Einfluss zu nehmen.

❹ **Hauptverband des deutschen Einzelhandels**

9. Juni 2004. Zum Ladenschlussurteil des Bundesverfassungsgerichts erklärte der Präsident des Hauptverbandes des Deutschen Einzelhandels (HDE), Hermann Franzen:
„Das höchste deutsche Gericht hat entschieden, die Verfassungsbeschwerde gegen das Ladenschlussgesetz zurückzuweisen. Das Ladenschlussgesetz ist mit der Verfassung vereinbar. Damit bleibt alles beim Alten: Die Einzelhandelsunternehmen können die Geschäfte an Werktagen bis 20 Uhr öffnen. An Sonn- und Feiertagen dürfen die Läden aber auch in Zukunft nur in Ausnahmefällen öffnen. Das Verfassungsgericht hat das verfassungsrechtliche Gebot der Arbeitsruhe an Sonn- und Feiertagen bestätigt. Es ist die Aufgabe des Gesetzgebers und der Behörden in Bund und Ländern, dafür zu sorgen, dass die Ausnahmeregelungen für den Sonntagsverkauf und den Verkauf nach Ladenschluss an Werktagen nicht missbraucht werden und sich keine Wettbewerbsverzerrungen für die Geschäfte an den verschiedenen Standorten ergeben.“
(Quelle: www.einzelhandel.de)

5 „Wegen der religiösen Bedeutung des Sonntags, aber auch aus gesellschaftlichen und sozialpolitischen Gründen, haben sich die Kirchen seit jeher mit Nachdruck für die im Grundgesetz garantierte allgemeine Sonntagsruhe eingesetzt. Der Sonntag als erster Tag der Woche ist der Ur-Feiertag der Christen, an dem die Auferstehung Christi gefeiert wird. Neben der Aufforderung zur Teilnahme am Gottesdienst enthält das Sonntagsgebot auch das Gebot der Arbeitsruhe. So macht es diesen Tag zum Garanten einer Freiheit, die dem Menschen und seinen religiösen und sozialen Bedürfnissen entspricht. Der Sonn- und Feiertagsschutz vereint Gedanken des sozialen Schutzes und des Schutzes der Religionsfreiheit."
(Quelle: www.katholisch.de)

6 **ver.di zum Thema Ladenschluss**
Berlin, 21.04.2004. Die Gewerkschaft ver.di hat den Vorstoß von Bundeswirtschaftsministers Clement für eine Lockerung des Ladenschlussgesetzes scharf kritisiert. Clement müsse „mit erbittertem Widerstand rechnen". Es sei völlig unerfindlich, warum der Minister den Ladenschluss erneut ändern wolle. „Er müsse wissen, dass in dem knappen Jahr der neuen Öffnungszeiten mehr Arbeitsplätze als je zuvor im Einzelhandel vernichtet worden sind", sagte ver.di-Vorstandsmitglied Wiethold. „Den Verbrauchern fehlt das Geld zum Ausgeben und nicht die Zeit." Bereits jetzt hätten etliche kleine Fachhändler und der Mittelstand die längeren Öffnungszeiten durch Umsatzverluste an die Großen der Branche zum Teil bitter bezahlen müssen.
(Quelle: www.verdi.de)

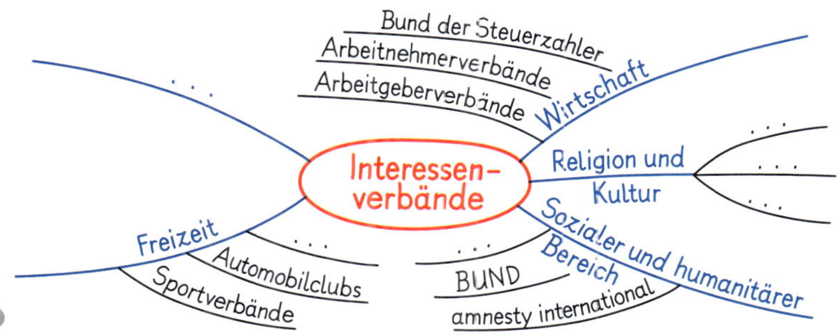

7

8 **Ein Mitglied des Naturschutzbundes Deutschland (NABU):**
„Wir sind gegen eine weitere Verlängerung der Ladenöffnungszeiten. Ein solcher Beschluss wäre nicht nur familienfeindlich, sondern auch umweltschädlich. Ich denke dabei an die vielen berufstätigen Mütter im Einzelhandel und an den hohen zusätzlichen Energieverbrauch für Beleuchtung, Heizungs- und Klimaanlagen. Hinzu kommt ein höheres Verkehrsaufkommen in den späten Abendstunden. Eine ,Rund-um-die-Uhr-Öffnung' ist deshalb die reinste Horror-Vorstellung. Sie würde nicht mehr Lebensqualität, sondern weniger bringen. Und ,mehr Freiheit' geht in diesem Falle eindeutig zu Lasten von Natur und Mensch."
(Quelle: www.nabu.de)

Zur Standardsicherung

1 *Sollten die Geschäfte in Deutschland rund um die Uhr geöffnet sein dürfen? Diskutiert darüber.*

2 *Texte 4–6 und 8:*
a) Vergleiche die Positionen der einzelnen Verbände zum Thema „Ladenschluss".
b) Welche Argumente bringen sie vor, um ihre Ansichten zu untermauern?

3 *Übertrage und ergänze Mindmap 7.*

4 *Die Lokale Agenda 21 verfolgt Nachhaltigkeit in den Bereichen Ökonomie, Ökologie und Soziales. Wie würde sich eine Aufhebung des Ladenschlusses auf die drei Bereiche auswirken?*

Zur Weiterarbeit

5 *Tempolimit auf deutschen Autobahnen? Erhöhung der Tabaksteuer?*
a) Welche Verbände werden wohl jeweils versuchen, Einfluss zu nehmen?
b) Sucht in Presse und Internet die Positionen der Verbände zu diesen Themen.

6 *Wo siehst du Chancen, wo Gefahren des Einflusses von Interessenverbänden?*

① ***Bundestagsabgeordneter Peter Götz (CDU) im Gespräch mit Schülern***

② ***Organisationsschema der SPD***

... in Parteien: Wen vertreten Abgeordnete?

Schülerinnen und Schüler der zehnten Klasse der August-Renner-Realschule in Rastatt hatten die Gelegenheit, mit ihrem direkt gewählten Bundestagsabgeordneten Peter Götz ins Gespräch zu kommen. Sie diskutierten mit ihm u.a. über die Frage, ob es ein soziales Pflichtjahr für alle jungen Menschen geben sollte.

Die Bundesrepublik ist eine repräsentative Demokratie, das heißt: Die Bürger drücken ihren politischen Willen dadurch aus, dass sie an Wahlen teilnehmen. Bei diesen Wahlen können sie eine Auswahl unter mehreren Kandidaten treffen, die im Regelfall jeweils von einer **Partei** aufgestellt wurden.

Die Rolle der Parteien

Parteien haben eine wichtige Funktion. Sie bündeln politische Meinungen und vertreten so jeweils unterschiedliche Strömungen in der Gesellschaft. Jede Partei besitzt ein Programm, in dem ihre Vorstellungen und Ziele festgehalten sind.

Wird der Kandidat einer Partei in ein Parlament gewählt, bezeichnet man ihn als **Abgeordneten**. Ein Politiker, der auch bei der nächsten Wahl von seiner Partei als Kandidat aufgestellt werden will, tut gut daran, sich in seinen Entscheidungen an die Linie seiner Partei zu halten und Parteidisziplin zu üben. Bei Abstimmungen im Bundestag gilt nämlich oft Fraktionszwang.

Vertreter des Volkes

Im Grundgesetz ist festgehalten, dass Abgeordnete in ihren Entscheidungen nur ihrem Gewissen verpflichtet und an keine Aufträge und Weisungen gebunden sind. Sie besitzen ein sogenanntes **freies Mandat** und sind „Vertreter des ganzen Volkes“. Politiker leben also in einem Spannungsfeld: Sie müssen auf verschiedene – zum Teil gegensätzliche – Wünsche und Forderungen eingehen und sollen dennoch unabhängig sein.

Artikel 21 (1) Grundgesetz
Die Parteien wirken bei der politischen Willensbildung des Volkes mit. Ihre Gründung ist frei. Ihre innere Ordnung muss demokratischen Grundsätzen entsprechen. Sie müssen über die Herkunft und Verwendung ihrer Mittel sowie über ihr Vermögen öffentlich Rechenschaft geben.

§ 1 Parteiengesetz
(1) Die Parteien sind ein verfassungsrechtlich notwendiger Bestandteil der freiheitlichen demokratischen Grundordnung. Sie erfüllen mit ihrer freien, dauernden Mitwirkung an der politischen Willensbildung des Volkes eine ihnen nach dem Grundgesetz obliegende und von ihm verbürgte öffentliche Aufgabe.
(2) Die Parteien wirken an der Bildung des politischen Willens des Volkes auf allen Gebieten des öffentlichen Lebens mit, indem sie insbesondere auf die Gestaltung der öffentlichen Meinung Einfluss nehmen, die politische Bildung anregen und vertiefen, die aktive Teilnahme der Bürger am politischen Leben fördern, zur Übernahme öffentlicher Verantwortung befähigte Bürger heranbilden, sich durch Aufstellung von Bewerbern an den Wahlen in Bund, Ländern und Gemeinden beteiligen, auf die politische Entwicklung in Parlament und Regierung Einfluss nehmen, die von ihnen erarbeiteten politischen Ziele in den Prozess der staatlichen Willensbildung einführen und für eine ständige lebendige Verbindung zwischen dem Volk und den Staatsorganen sorgen.

Zur Standardsicherung

1 *Texte 3:*
a) Welche Aufgaben haben die Parteien laut Gesetz zu erfüllen?
b) Nenne für jede Aufgabe ein konkretes Beispiel.

2 *Erkläre die Begriffe „freies Mandat“ und „Fraktionszwang“.*

3 *a) Grafik 4: Welche Einnahmequellen haben Parteien?*

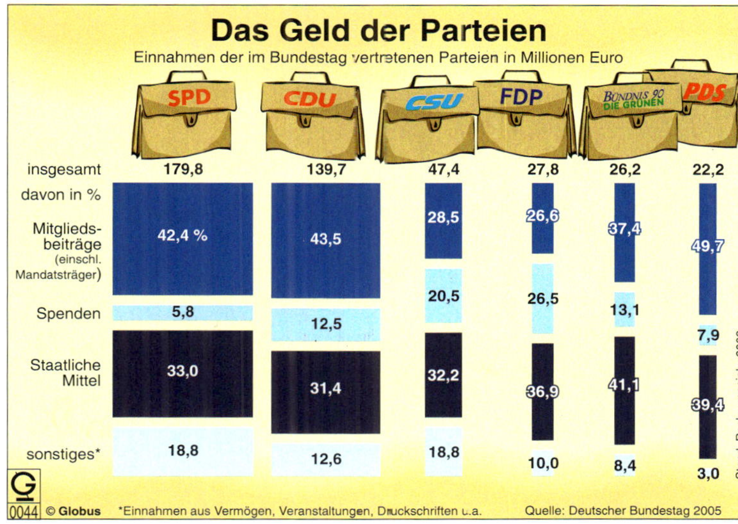

4

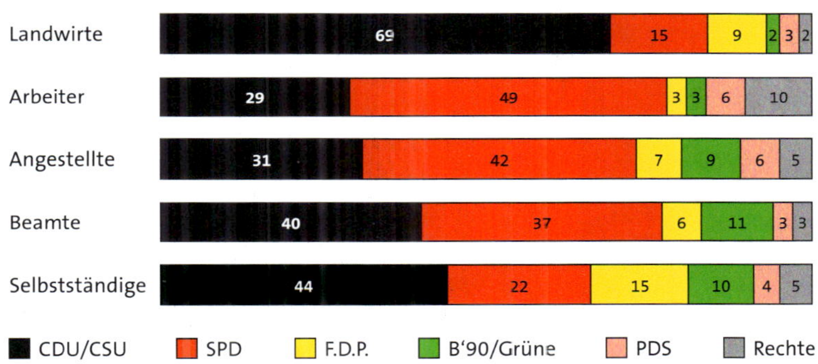

5 **_Stimmabgabe bei einer Bundestagswahl nach Berufsgruppen_**

b) Erkläre, weshalb der Staat Parteien mit Geld unterstützt bzw. Parteispenden steuerlich begünstigt.

→ Bundestagswahl: Seite 72/73

Zur Weiterarbeit

4 *Diagramm 5:*
a) Welche Berufsgruppen wählen verstärkt die Partei von Herrn Götz?
b) Welche Erwartungen haben diese Gruppen wohl an die von ihnen gewählte Partei?

5 *Foto 1: In welchen von den Schülerinnen und Schülern genannten Bereichen kann Herr Götz als Bundestagsabgeordneter überhaupt mitentscheiden?*

6 *Nehmt selbst mit einem Landtags- oder Bundestagsabgeordneten eures Wahlkreises Kontakt auf und bittet ihn um eine Fragestunde.*

1 

2 

Meinungen überzeugend vertreten: das Statement

Um seine Auffassung wirkungsvoll darzustellen, genügt es nicht, gute Argumente für sie zu finden. Genauso wichtig ist es, seinen Zuhörern diese Argumente überzeugend darzulegen. In einem Statement kann man den eigenen Standpunkt kurz und prägnant zum Ausdruck bringen. Es dauert nicht länger als eine Minute und enthält eine Stellungnahme zu einem umstrittenen Thema.

Manche Menschen finden wir einfach überzeugend. Es gelingt ihnen, so mitreißend zu reden, dass sie ihre Zuhörer regelrecht in ihren Bann ziehen. Damit schaffen sie es eher als andere, ihre Mitmenschen für den eigenen Standpunkt zu gewinnen.

Gerade in der Politik ist diese Fähigkeit von größter Bedeutung: Denn was nützt es, die besten Argumente für seine Auffassung zu haben, sie aber nicht klar und schlagkräftig darstellen zu können? Wer sich kein Gehör verschaffen kann, läuft Gefahr, seine Interessen nicht mehr durchzusetzen.

Für ein gutes Statement gilt deshalb, dass ein Redner nicht nur das „Was" seines Vortrages, sondern auch das „Wie" gut überlegt hat.

1. Schritt: Argumente finden

Zunächst muss der Rahmen abgesteckt werden, in dem das Statement abgegeben werden soll: Wie lautet das Thema? Aus welchem Anlass wird das Thema behandelt? Wer sind die Adressaten des Statements?

- *Mache dir klar, welche Aspekte das Thema beinhaltet, zu dem du das Statement abgeben möchtest.*
- *Notiere dir in Form eines Clusters bzw. einer Mindmap die wichtigsten Gesichtspunkte und Schlüsselwörter.*
- *Überlege nun, welche Behauptungen du aufstellen willst.*
- *Wie lassen sich die einzelnen Behauptungen begründen?*
- *Suche konkrete Beispiele, die deine Behauptungen und Begründungen anschaulich machen.*

2. Schritt: Gliederung erstellen

- *Ordne nun deine Argumente, indem du auf eine der in Tabelle 4 vorgestellten Gliederungshilfen zurückgreifst.*
- *Suche für dein Statement einen passenden Schluss.*

3. Schritt: Statement sprachlich gestalten

Überprüfe, ob dein Statement für die Zuhörer verständlich ist. Stelle dir dabei folgende Fragen:

- *Ist die Wortwahl angemessen?*
- *Sind die Sätze einfach gebaut?*
- *Wird das Statement durch den Einsatz rhetorischer Figuren (Vergleiche, bildhaftes Sprechen ...) eingängiger?*
- *Schließt der Vortrag mit deiner eigenen Meinung und einem markanten Schlusssatz ab?*

4. Schritt: Statement einüben

Dein Ziel sollte es sein, das Statement nicht abzulesen, sondern es möglichst frei abzugeben. Gehe dabei folgendermaßen vor:

- *Präge dir den Text und den Aufbau des Statements so gut wie möglich ein, lerne ihn aber nicht auswendig.*

3

5

4 **Möglichkeiten zur Gliederung eines Statements**

Gliederungsform	Zwei-Punkt-Gliederung	Drei-Punkt-Gliederung
Aufbau	1. Aussage 2. Gegensatz zu dieser Aussage	1. Aussage 2. Gegensatz 3. Synthese
Beispiel	1. Schein 2. Wirklichkeit 1. Theorie 2. Praxis 1. Negatives 2. Positives	1. Forderung der Gegenseite 2. Meine Forderung 3. Meine Begründung 1. Das Problem 2. Die Lösung 3. Der Weg zur Lösung

- *Übe nun mehrmals das Vortragen vor vertrauten Personen oder vor dem Spiegel. Versuche dabei, den Blickkontakt mit den Zuhörern zu halten.*
- *Lass dir von einem Beobachter Rückmeldung über deine Körpersprache geben.*
- *Achte darauf, auf keinen Fall länger als eine Minute zu sprechen.*

1 *Bereite ein Statement zu einem der folgenden Themen vor. Beachte dabei die Schritte 1 bis 4. Überlege, welche Gliederungsform jeweils am besten für das Statement geeignet ist.*
   a) Du forderst mehr Radwege, um die Fahrt zu deiner Schule sicherer zu machen.
   b) Du machst Vorschläge, wie die Gemeinde die Jugendarbeit sinnvoll gestalten könnte.
   c) Du versuchst, deine Mitschüler von einer Mitgliedschaft im Jugendgemeinderat zu überzeugen.

2 *Fotos: Was sagen die Schülerinnen und Schüler jeweils durch ihre Körpersprache aus? Begründe.*

Behauptung „Es lohnt sich für uns, in der SMV mitzuarbeiten ...“

↓

Begründung „... weil wir so unsere Interessen besser durchsetzen können.“

↓

konkretes Beispiel „Das jährliche Volleyballturnier z. B. findet nur statt, weil wir es gefordert haben.“

6 ***Aufbau eines Arguments***

Kaum zu glauben

Der berühmteste Redner der Antike, Demosthenes, hatte ursprünglich einen Sprachfehler. Er verbesserte seine Aussprache angeblich dadurch, dass er seine Reden mit Kieselsteinen im Mund einübte.
Mit einem Sektkorken lässt sich das gleiche Resultat erzielen: Nimm ihn zunächst fest zwischen die Zähne und sprich deinen Text. Nimm nun den Korken heraus und sprich sofort denselben Text noch einmal.

1

... im Bund: Mehr direkte Demokratie?

2 ***Was spricht für direkte Demokratie?***

- *Die Bürger können sich stärker mit der Politik und ihren Vertretern identifizieren.*
- *Diejenigen politischen Entscheidungen, die auf schlechten Kompromissen beruhen, werden seltener.*
- *Bestechung und persönliche Beziehungen bei den Berufspolitikern haben nicht mehr den Stellenwert, den sie in einer repräsentativen Demokratie besitzen.*
- *...*

Die öffentliche Bücherei oder das Schwimmbad – in welche städtische Einrichtung soll das knappe Geld fließen? Solche Entscheidungen treffen in der Mehrzahl der Berliner Bezirke nicht mehr allein die Stadträte: Die Bürger entscheiden mit. Die Idee, die dahinter steht, ist der sogenannte Bürgerhaushalt. Die Einwohner einer Gemeinde sollen mitreden und mitentscheiden dürfen, wenn es darum geht, öffentliche Gelder zu verteilen.
Wenn solche demokratischen Entscheidungen im Kleinen funktionieren, können sie dann auch im Großen – also auf Bundesebene – möglich sein? Ob mit den Steuereinnahmen die soziale Sicherung gestärkt werden soll oder militärische Rüstungsprojekte Vorrang haben: Viele Bürger würden derartige Fragen gern selbst durch Mehrheitsbeschluss entscheiden, statt sie den Berufspolitikern zu überlassen.

Was ist direkte Demokratie?
Wer sich mehr Beteiligung bei politischen Entscheidungen wünscht, kann sogar auf die Ursprünge der Demokratie verweisen. Denn in Athen, der ersten Volksherrschaft überhaupt, entschieden die freien Bürger – Frauen und Sklaven ausgenommen – durch Abstimmung sämtliche wichtigen Fragen. Es gab keine Parteien, die Kandidaten für das Parlament aufstellten. Stattdessen beschloss der stimmberechtigte Teil der Bevölkerung direkt, was jeweils zu geschehen hatte.

Eine solche Form der Demokratie wird daher auch **direkte Demokratie** genannt. Darunter sind Formen der **Bürgerbeteiligung** zu verstehen, bei denen ausgewählte politische Themenbereiche durch Volksabstimmungen direkt entschieden werden können. Eine solche Abstimmung kann ein bestimmtes Thema zum Gegenstand haben, z. B. die Frage, ob die Wehrpflicht in einem Staat abgeschafft werden soll. In diesem Fall handelt es sich um ein sogenanntes „Referendum“. Wird dagegen über Personen abgestimmt, etwa darüber, ob ein Minister in seinem Amt verbleiben darf, spricht man von einem „Plebiszit“.
In ihrer Reinform findet man die direkte Demokratie heute nur noch selten vor. Insbesondere in Deutschland gibt es direkte Demokratie fast nur auf der Ebene der Gemeinde – etwa bei einem Bürgerentscheid. Allerdings gibt es Staaten, in denen man diesem Ideal näher kommt. So wurde z. B. im Jahr 2005 in Frankreich und in den Niederlanden ein Volksentscheid über den Entwurf der Verfassung für die EU durchgeführt. Da in beiden Staaten die Mehrheit der Bürger gegen den Entwurf stimmte, konnte die Verfassung nicht wie geplant in Kraft treten.

Was ist repräsentative Demokratie?
Den Gegensatz zur direkten Demokratie bildet die indirekte bzw. **repräsentative Demokratie**. Sie stellt in unserer Zeit den

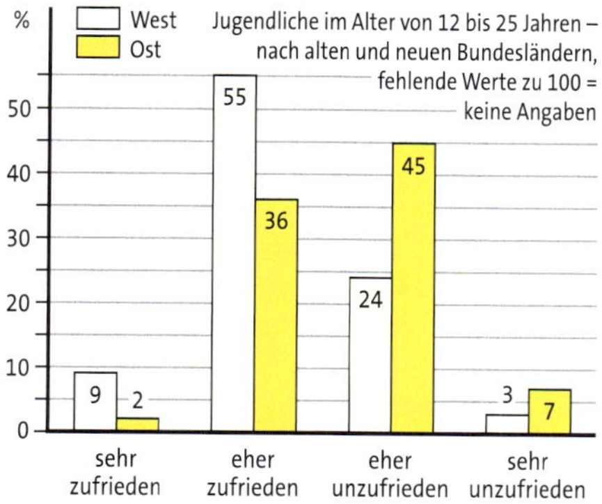

3 ***Zufriedenheit mit der Demokratie hierzulande***

4 ***„Sind wir uns ja einig – bin auch für den bundesweiten Volksentscheid."***

Normalfall dar. Hier treffen die Bürger nicht selbst die politischen Entscheidungen, sondern sie wählen die Abgeordneten der Parlamente, die dann wiederum als Vertreter des Volkes abstimmen und Gesetze beschließen. Sämtliche große Demokratien sind heute als repräsentative verfasst. Viele Bürger stellen sich jedoch die Frage, ob es nicht sinnvoll wäre, mehr direkte Demokratie zuzulassen.

Zur Standardsicherung

1 *Erkläre, was mit „direkter Demokratie" und „repräsentativer Demokratie" gemeint ist.*

2 *Texte 2 und 6:*

a) Suche weitere Argumente für und gegen direkte Demokratie. Erstelle eine Tabelle.

b) Welche Position vertrittst du in Bezug auf diese Streitfrage? Bereite ein Statement vor.

3 *Worauf spielt die Karikatur 4 an?*

Zur Weiterarbeit

4 *Lies den Text 5. Stimmst du mit dieser Auffassung von Demokratie überein? Begründe.*

5 *Diagramm 3:*

a) Stimmt das Diagramm mit eurer Auffassung zur Politik überein? Führt eine Umfrage an eurer Schule durch.

b) Recherchiert, wie zufrieden Bürger in Ländern mit mehr direkter Demokratie mit der Politik sind.

6 *Informiere dich über Bürgerinitiativen und Organisationen, die für eine Stärkung direkter Demokratie in Deutschland eintreten. Was fordern sie genau und wie begründen sie ihre Forderungen?*

5 „Wie ein jeder weiß, heißt ‚Demokratie' auf deutsch ‚Volksherrschaft' oder ‚Volkssouveränität', im Gegensatz zu ‚Aristokratie' (Herrschaft der Besten oder der Vornehmsten) und ‚Monarchie' (Herrschaft eines einzelnen). Aber der Wortsinn hilft uns nicht weiter. Denn nirgends herrscht das Volk: Überall herrschen die Regierungen, das heißt die Beamten, die nur schwer oder gar nicht zur Verantwortung gezogen werden können. [...]
Worauf kommt es denn wirklich an? Es gibt eigentlich nur zwei Staatsformen: Solche, in denen es möglich ist, die Regierung ohne Blutvergießen durch eine Abstimmung loszuwerden, und solche, in denen das nicht möglich ist. Darauf kommt es an, nicht aber darauf, wie man diese Staatsform benennt. Gewöhnlich nennt man die erste Form ‚Demokratie' und die zweite Form ‚Diktatur' oder ‚Tyrannei'. Aber es steht nicht dafür, über Worte [...] zu streiten. Das Entscheidende ist allein die Absetzbarkeit der Regierung ohne Blutvergießen."

(Quelle: Popper, K.: Zur Theorie der Demokratie. In: DER SPIEGEL 32/1987, S. 54 f.)

6 ***Was spricht für indirekte Demokratie?***

- *Die Bürger besitzen oft nicht den nötigen Sachverstand und das entsprechende Hintergrundwissen, um schwierige politische Streitfragen entscheiden zu können.*
- *Manche Maßnahmen sind notwendig, führen aber zu höheren finanziellen Belastungen der Bürger. Würden sie diesen Maßnahmen trotzdem zustimmen?*
- *Oft würden aktuelle Ereignisse und einseitige Darstellungen in den Medien das Verhalten der Bürger bei Abstimmungen sehr beeinflussen.*
- *...*

Surftipps

www.buergerhaushalt-berlin.de
www.mehr-demokratie.de
www.omnibus.org

Wichtige Begriffe
Abfallbeseitigung
Abgeordneter
Bürgerbegehren
Bürgerbeteiligung
Bürgerentscheid
Bürgerinitiative
Direkte Demokratie
Freies Mandat
Gemeinderat
Interessenverbände
Kreistag
Landtag
Landesregierung
Partei
Repräsentative Demokratie

1 Was die Stadt Bergtal für einzelne Einrichtungen ausgibt

	Heimatmuseum	Schwimmbad	Bücherei	Theater	Sporthallen
Personalausgaben	30 000 €	80 000 €	70 000 €	200 000 €	150 000 €
Sonstige Ausgaben	20 000 €	50 000 €	30 000 €	20 000 €	30 000 €
Gesamtausgaben	50 000 €	130 000 €	100 000 €	220 000 €	180 000 €

Kennen

1 Bilderrätsel
Löse das Bilderrätsel und erkläre den Begriff.

2 Rätselringe
In den Rätselringen 2 verstecken sich 7 Begriffe: 5 Einwort- und 2 Zweiwortbegriffe. Schreibe sie auf. Nach welchen Gesichtspunkten lassen sich einzelne Begriffe zusammenfassen?

Verstehen

3 Möglichkeiten der Bürgerbeteiligung
Material 3: Löse das Logik-Rätsel, indem du die Tabelle in dein Heft überträgst und ausfüllst.

4 Richtig oder falsch?
a) Wichtige Fragen zum Bildungs- und Polizeiwesen werden in Baden-Württemberg durch Volksbefragungen entschieden.
b) „Freies Mandat" bedeutet: Der Abgeordnete ist bei Abstimmungen nur seinem Gewissen verpflichtet und kann nicht zu einer bestimmten Entscheidung gezwungen werden.
c) Den größten Teil der Einnahmen der großen Parteien in Deutschland machen Mitgliedsbeiträge aus.
d) Die Mitglieder des Kreistags eines Landkreises werden direkt von den Bürgern gewählt.
e) „Bürgerhaushalt" bedeutet, dass für jeden Bürger im Haushalt ein bestimmter Ausgabenbetrag festgesetzt wird.
f) In Deutschland ist es verboten, dass Interessenverbände Einfluss auf politische Entscheidungen nehmen.

Beurteilen

5 Über Bergtal kreist der Pleitegeier ...
Die Gemeinde Bergtal ist bis über beide Ohren verschuldet. Im neuen Haushalt müssen bei den freiwilligen Leistungen 50 000 Euro eingespart werden. In Tabelle 1 siehst du, wie viel einzelne Einrichtungen, bei denen eingespart werden könnte, die Stadt jeweils kosten.
a) Teilt eure Klassen in fünf Gruppen ein, die jeweils eine Bürgerinitiative zum Erhalt einer Einrichtung darstellen. Sucht Argumente, die gegen die Schließung der betreffenden Einrichtung sprechen.
b) Stellt euch gegenseitig eure Argumente vor. Findet ihr eine Kompromisslösung, die es ermöglicht, dass keine der Einrichtungen geschlossen werden muss?

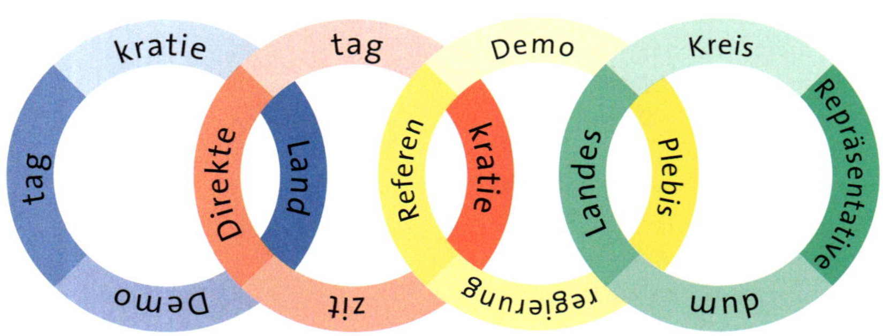

2

3 Wer macht was, wo und wie?

Fünf junge Leute sind auf unterschiedliche Weise aktiv am Gemeindeleben beteiligt. Jeder der fünf hat fünf unterschiedliche Merkmale:

1. Sie heißen mit Vornamen: Doris, Klaus , Michaela, Peter, Stephanie.
2. Sie sind alt: 14, 16, 18 und 24 Jahre.
3. Sie alle sind Mitglied in einer Gruppierung: Bürgerinitiative, BUND-Gruppe, Gemeinderat, Jugendgruppe, Partei.
4. Sie nehmen verschiedene Mitwirkungs- und Handlungsmöglichkeiten wahr: Bürgerbegehren, Bachpatenschaft, Mitgliederversammlung, Ratssitzung, Woche des ausländischen Mitbürgers.
5. Jeder nutzt ein bestimmtes Mittel der Mitwirkung: Abstimmung, Gespräch (mit einem Abgeordneten), Info-Stand, Podiumsdiskussion, Unterschriftensammlung.

Name					
Alter	14 Jahre	16 Jahre	17 Jahre	18 Jahre	24 Jahre
Gruppierung					
Mitwirkungsmöglichkeit					
Mittel					

Lösungshilfe

a Wer Mitglied im Gemeinderat ist, muss volljährig sein.
b Michaela ist ein Jahr jünger als Doris.
c Der Landtagsabgeordnete beantwortet eine Frage von Doris.
d Peter ist jünger als Klaus.
e Stephanie ist vier Jahre jünger als Peter.
f Michaela sammelt Unterschriften für ein Bürgerbegehren.
g Der Landtagsabgeordnete steht Rede und Antwort auf der Mitgliederversammlung einer Partei.
h Peter erläutert am Info-Stand interessierten Bürgern, in welchem Maße der Bach verschmutzt worden ist.
i Die Jugendgruppe in der Pfarrgemeinde beschließt, sich an der „Woche der ausländischen Mitbürgers“ zu beteiligen.
k Das Bürgerbegehren wird von einer Bürgerinitiative angestrebt, die den Bau einer Tiefgarage verhindern will.
l In der Ratssitzung stimmt Klaus für den Bau einer Tiefgarage.
m Stephanie wird den Standpunkt der Jugendgruppe bei der Podiumsdiskussion vertreten.
n Die BUND-Gruppe übernimmt eine Bachpatenschaft.
o Den Auftakt für die „Woche des ausländischen Mitbürgers“ bildet eine Podiumsdiskussion.

Teste dich selbst

Kannst du die Aufgaben 1, 2 und 3 ohne Hilfe lösen?

Handeln

6 Lokale Agenda

Informiert euch über Lokale-Agenda-Gruppen in eurer Gemeinde. Ladet ein Mitglied einer Gruppe zu einem Gespräch ein.

7 Sich informieren – sich einmischen

a) Informiere dich, über welches Projekt in deiner Gemeinde zur Zeit diskutiert wird.
b) Verfolge die Diskussion einen Monat lang und schreibe vorgebrachte Argumente auf.
c) Bilde dir selbst eine Meinung. Entscheide nun, wem du deine Meinung auf welche Weise vortragen willst:
– Du gibst ein Statement vor der Klasse ab.
– Du schreibst einen Leserbrief in der Zeitung.

8 Ehrenamtliche Tätigkeiten

Entwerft für den internationalen Tag des Ehrenamts (5. Dezember) eine Werbekampagne für ehrenamtliches Engagement und stellt die besten Ergebnisse an eurer Schule oder sogar vor Vertretern der Gemeinde vor.

Deutschland – ein demokratischer Bundesstaat

Im politischen Prozess werden die „Spielregeln“ für die Gesellschaft festgelegt und durchgesetzt. Auf der Basis des Grundgesetzes arbeiten die Verfassungorgane arbeitsteilig an dieser Aufgabe und sie kontrollieren sich auch gegenseitig. Politik wirkt oft undurchschaubar und wird durch die Medien nicht selten verzerrt dargestellt.

Als Bürger sollte man die wichtigsten Zusammenhänge kennen, weil Demokratie nur durch mündige Bürger gestaltet werden kann. In Berlin haben vier Verfassungsorgane ihren Sitz. Das fünfte, das Bundesverfassungsgericht, hat seinen Sitz in Karlsruhe.

1 Schloss Bellevue – Sitz des Bundespräsidenten

2 Bundeskanzleramt

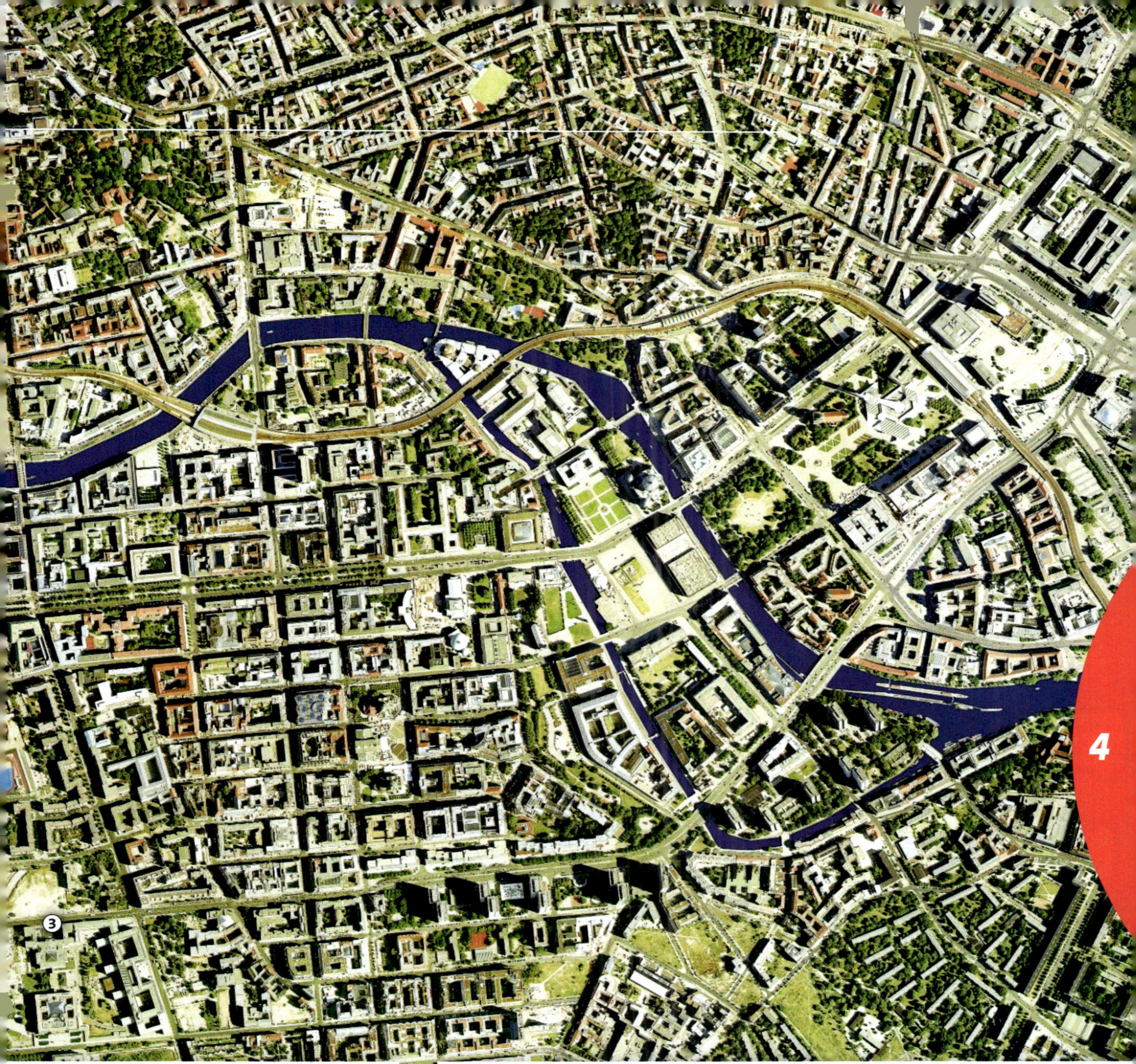

③ *Bundesratsgebäude*

④ *Reichstagsgebäude – Sitz des Deutschen Bundestages*

Politik – puzzle dich durch!

Auf den ersten Blick scheint die Politik schwer durchschaubar zu sein.
Die Aufgaben dieser Seite können euch bei einer ersten Orientierung helfen, so dass sich zum Schluss aus den Puzzleteilen ein Ganzes ergibt und ihr Politik besser versteht.

Die Aufgaben bauen auf dem Schulbuch auf, gehen aber auch darüber hinaus. Es empfiehlt sich, die Aufgaben in Gruppen zu bearbeiten. Die genaue Organisationsform müsst ihr mit eurem Lehrer festlegen.

Die Basis: Grundgesetz
Methode: Einen Schülervortrag gestalten
Aufgabe:
Bereitet in Schülergruppen eine Präsentation zu folgenden Schwerpunkten vor:
- Entstehung des Grundgesetzes
- Die Rechte der Bürger im Grundgesetz (Art. 1–19)
- Die Kontrolle der Macht
- Aktuelle Themen mit Bezug zum Grundgesetz (z. B. Sozialstaat, Föderalismusdiskussion, Gentechnik, Sterbehilfe u. a.)

Quellen:
- www.bundestag.de
- www.bundesverfassungsgericht.de
- www.aktion-grundgesetz.de
- Tagespresse

Die Macher: Politiker und Parteien
Methode: Eine Recherche durchführen
Aufgabe: Informiert euch über die Arbeit der/des Bundestagsabgeordneten eures Wahlkreises. Dokumentiert die Ergebnisse auf einem Poster.
Schwerpunkte können sein:
- Daten zur Person
- Information über die Partei, der er / sie angehört
- Funktionen im Parlament / in der Partei
- Positionen und Initiativen zu Gesetzesvorhaben

Quellen:
- Homepage / Wahlkreisbüro des/der Abgeordn
- www.bundestag.de
- evtl. persönlicher Kontakt
- Lokalpresse

Die Zielgruppe: Bürgerinnen und Bürger

Methode: Eine Befragung durchführen

Aufgabe: Führt eine anonyme Befragung durch. Tragt die Auswertung und Interpretation in der Klasse vor und diskutiert darüber.

Vorgehensweise:
- Festlegen des zu befragenden Personenkreises
- Erarbeiten des Fragebogens
- Durchführung und Auswertung der Befragung
- Interpretation der Ergebnisse

Inhaltliche Schwerpunkte können sein:
- politisches Interesse des Befragten
- Meinung über die Politiker
- genutzte Informationsquellen
- Kenntnis über aktuelle Gesetzesvorhaben
- eigenes politisches Engagement

Der Apparat: Verfassungsorgane

Methode: Ergebnisse visualisieren

Aufgabe: Entwerft auf einem Lernposter oder auf einer Folie ein Schema zu den Verfassungsorganen
- Bundestag
- Bundesrat
- Bundesregierung
- Bundespräsident
- Bundesversammlung
- Bundesverfassungsgericht.

Stellt Verbindungen zwischen diesen Organen (Kontrollbeziehungen, Wahlbeziehungen) durch beschriftete Pfeile dar. Kennzeichnet die Zuordnung der Verfassungsorgane zu den drei Gewalten.

Quellen: Lehrbuch und Grundgesetz

Die Vermittler: Medien

Methode: Eine Medienanalyse durchführen

Aufgabe: Analysiert das Medienecho während einer Sitzungswoche des Bundestages. Dokumentiert die Ergebnisse in einem Referat, einer Computerpräsentation oder auf einem Poster.

Inhaltliche Schwerpunkte können sein:
- Tagesordnung des Bundestages
- behandelte Gesetze
- Hauptredner
- Nachrichtenauswahl durch die Medien
- Kommentierung durch die Medien

Quellen:
- lokale und überregionale Zeitungen
- TV-Nachrichten, Nachrichtenmagazine, Talkshows
- www.bundestag.de

Spurensuche

Horst Köhler, Bundespräsident seit 2004

Auch der Bundespräsident symbolisiert in gewisser Weise Deutschland. Er repräsentiert die Bundesrepublik nach innen und nach außen. Er verfügt über wenig politische Macht, wohl aber über Einfluss.
Der Bundespräsident ernennt und entlässt die Bundesregierung, unterzeichnet die Gesetze und übt das Begnadigungsrecht aus.

Nationalwappen

Römische Kaiser führten den Adler schon als Wappentier. Daran knüpfte Karl der Große (742–814 n. Chr.) an, als er das römische Kaiserreich erneuerte. Deutsche Könige waren in der Folgezeit zumeist gleichzeitig römische Kaiser. Für die deutsche Herrschaft stand der einköpfige Adler – für die römische Kaiserwürde der Doppeladler.
1806 übernahm Österreich den Doppeladler und der einköpfige Adler wurde 1871 deutsches Staatswappen.
Der erste Bundespräsident der Bundesrepublik Deutschland, Theodor Heuss, bestimmte 1950 den Adler als offizielles Wappen. Es ist auch der Begriff „Bundesadler“ gebräuchlich.

Nationalfarben

Unsere heutigen Nationalfarben Schwarz-Rot-Gold wurden erstmals 1817 von den deutschen Burschenschaften auf dem Wartburgfest bei Eisenach in politischer Absicht gezeigt. Vor allem durch das Hambacher Fest 1832 wurden die Farben zum Symbol des Kampfes für die deutsche Einheit. Die Frankfurter Nationalversammlung bestimmte die Farben für die Fahne des Deutschen Bundes. Nach der Reichsgründung 1871 wurden andere Nationalfarben verwendet.
Bei der Gründung der Bundesrepublik Deutschland gab es keinen Zweifel an Schwarz-Rot-Gold, da diese Farben für das Einheitsstreben der Deutschen, vor allem aber für demokratische Traditionen standen und stehen.

413. Teutschland über Alles.

3. Einigkeit und Recht und Freiheit
Für das teutsche Vaterland!
Darnach laßt uns Alle streben
Brüderlich mit Herz und Hand!
Einigkeit und Recht und Freiheit
Sind des Glückes Unterpfand —
Blüh' im Glanze dieses Glückes,
Blühe, teutsches Vaterland!

Hoffmann v. Fallersleben.

Nationalhymne

Zu einer Melodie von Joseph Haydn schrieb 1841 Hoffmann von Fallersleben auf der Insel Helgoland das „Lied der Deutschen“. Es spiegelt seine Sehnsucht nach einem geeinten Deutschland wider und ist in guter patriotischer Absicht geschrieben worden. Die erste Strophe mit dem Refrain „Deutschland, Deutschland über alles ...“ ist oft missdeutet und von den Nationalsozialisten auch missbraucht worden.
Als die junge Bundesrepublik eine Nationalhymne suchte, entschied man sich für das „Lied der Deutschen“. Es wird in seiner Gesamtheit als ein historisches Dokument angesehen, gesungen wird jedoch nur die dritte Strophe.

2 Symbole der Bundesrepublik Deutschland

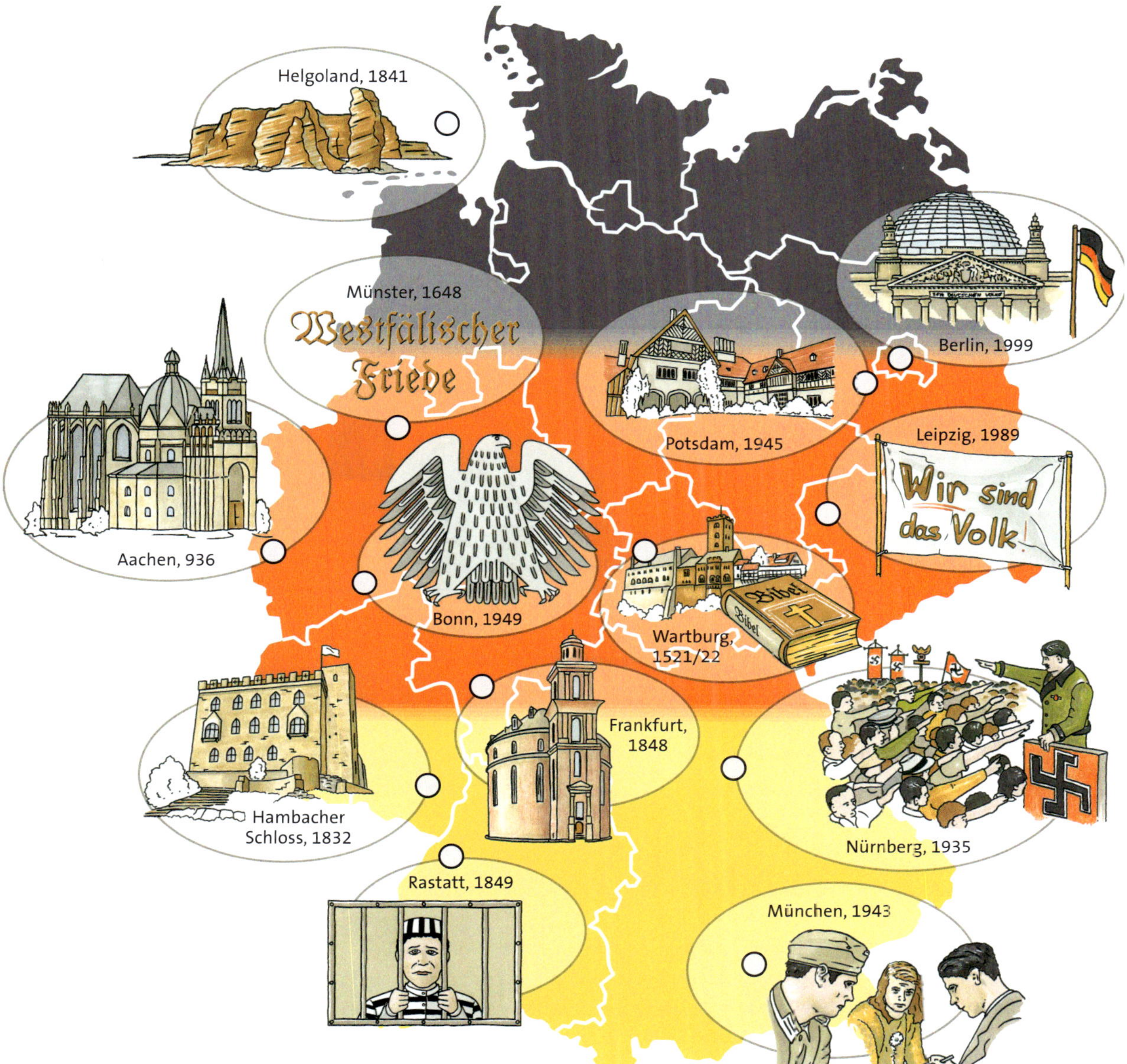

3 *Ausgewählte Ereignisse der deutschen Geschichte, die wichtig für die Herausbildung der Nation und der Demokratietradition waren*

Zur Standardsicherung

1 *Erläutere in einem Kurzvortrag Herkunft und Bedeutung der nationalen Symbole der Bundesrepublik Deutschland.*

2 *Suche die in den Texten genannten Orte im Atlas.*

Zur Weiterarbeit

3 *a) Ordne die in Karte 3 genannten Orte den heutigen Bundesländern zu (Atlas).*

b) Ordne die aufgeführten Ereignisse auf einem Zeitstrahl an.

c) Mit welchen historischen Ereignissen stehen die Orte in Verbindung?

d) An welche demokratischen Traditionen knüpft die Bundesrepublik unmittelbar an?

4 *Diskutiert in der Gruppe, welche Bedeutung nationale Symbole für euch haben. Vergleicht, wie Menschen in anderen Ländern damit umgehen.*

1

5 ***Bürger wählen ...***

2 ***GG Art. 20***

(2) Alle Staatsgewalt geht vom Volke aus. Sie wird vom Volke in Wahlen und Abstimmungen und durch besondere Organe der Gesetzgebung, der vollziehenden Gewalt und der Rechtsprechung ausgeübt.

3 ***GG Art. 38***

(1) Die Abgeordneten des Deutschen Bundestages werden in allgemeiner, unmittelbarer, freier, gleicher und geheimer Wahl gewählt.

Folgende Begriffe werden sinngleich verwendet: Mandat, Abgeordneter, Sitz (im Bundestag)

4 **Mehrheitswahl und Verhältniswahl**

Wahlverfahren	Mehrheitswahl	Verhältniswahl
Anwendung bei Bundestagswahlen	Erststimme	Zweitstimme
Worüber wird abgestimmt?	über Wahlkreiskandidaten	über Parteien anhand von Landeslisten
In welchem Gebiet wird gewählt?	im Wahlkreis (z. Zt. 299)	im Bundesland
Was wird ermittelt?	ein Wahlsieger je Wahlkreis	Stimmenanteil der Parteien pro Bundesland und im Bundesgebiet

Bundestagswahl

Nach dem Grundgesetz geht die Macht vom Volke aus. Das Volk übt sie aber nicht selbst aus, sondern übergibt durch demokratische Wahlen diese Macht an Volksvertreter.
Daraus leitet sich der Begriff repräsentative Demokratie ab. Diese Form der Demokratie schließt die demokratischen Rechte des Einzelnen sowie direktdemokratische Elemente wie Volksbegehren oder Volksentscheide nicht aus. Im wichtigsten Bereich der Machtausübung, der Gesetzgebung des Bundes, ist jedoch die Entscheidung durch Volksvertreter zwingend vorgeschrieben.
Grundlage der Wahlen sind die **Wahlgrundsätze**.

Bei der Bundestagswahl werden **Mehrheitswahl** und **Verhältniswahl** kombiniert. In jedem der 299 Wahlkreise wird ein Wahlsieger durch Mehrheitswahl ermittelt, wobei derjenige gewählt ist, der die meisten **Erststimmen** erhält. Weitere 299 Abgeordnete werden über die Landeslisten der kandidierenden Parteien mit den **Zweitstimmen** gewählt. Hierbei wird das Verhältniswahlrecht angewandt.
Die Kombination von Mehrheitswahl und Verhältniswahl wird auch als „personalisierte Verhältniswahl“ bezeichnet. Maßgebend für die Zusammensetzung des Bundestages sind jedoch die Zweitstimmen. Deshalb ist im Wahlkampf häufig der Slogan „Auf die Zweitstimme kommt es an“ zu hören.
Für eine Partei wird die Zahl der errungenen Sitze folgendermaßen ermittelt:

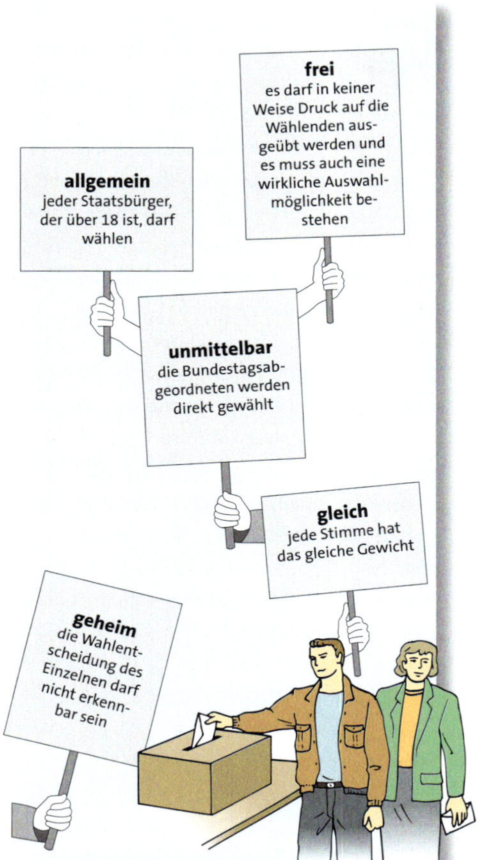

6 ***Wahlgrundsätze laut Grundgesetz***

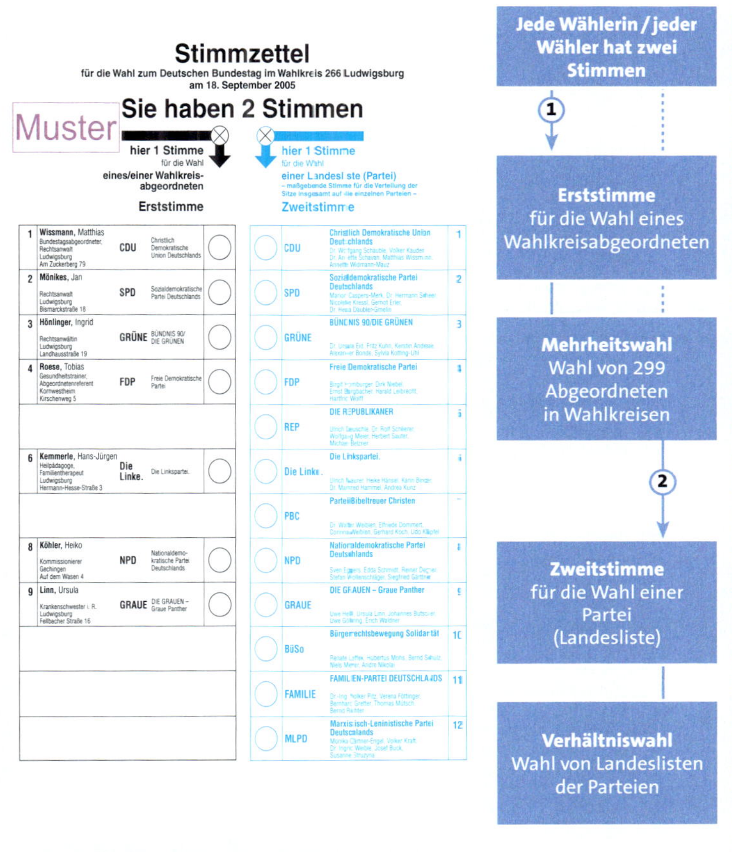

7 ***Stimmzettel zum 16. Deutschen Bundestag***

1. Anhand des Zweitstimmenanteils wird die Anzahl der Mandate für die Partei bestimmt.
2. Zuerst erhalten die Wahlkreissieger der Partei ihre Mandate (Erststimme).
3. Danach werden die noch offenen Mandate der Partei durch Kandidaten der Landesliste dieser Partei aufgefüllt (Zweitstimme).

Zur Standardsicherung

1 Erläutere deinem Nachbarn mit eigenen Worten die Mehrheits- und die Verhältniswahl.

2 Wie werden in den folgenden Fällen die Mandate einer Partei bestimmt?

a) Einer Partei stehen nach dem Zweitstimmenanteil 23 Mandate zu und sie gewinnt 23 Wahlkreise.

b) Einer Partei stehen 32 Mandate zu und sie gewinnt 13 Wahlkreise.

c) Einer Partei stehen 54 Mandate zu und sie gewinnt keinen Wahlkreis.

d) Einer Partei stehen 17 Mandate zu und sie gewinnt 18 Wahlkreise.

3 a) Zeige, wie die fünf Wahlgrundsätze beim Wählen umgesetzt werden.

b) Welcher Grundsatz ist bei einer Briefwahl gefährdet?

Zur Weiterarbeit

4 Überlege dir, welche Vor- und welche Nachteile die beiden Wahlverfahren haben.

5 Recherchiere das Wahlsystem bei Landtags- und Kommunalwahlen.

Überhangmandat

Wenn eine Partei über die Erststimme mehr Sitze im Parlament erkämpft, als ihr nach dem Zweitstimmenanteil zustehen, so entstehen Überhangmandate. Jedem Wahlkreissieger ist also ein Sitz garantiert.

5%-Klausel

Es kommen nur die Parteien in den Bundestag, die mindestens 5 % der Zweitstimmen erhalten. Ausnahme: Wenn mindestens drei Wahlkreise über die Erststimme gewonnen werden.

1 GG Art. 39
(1) Der Bundestag wird vorbehaltlich der nachfolgenden Bestimmungen auf vier Jahre gewählt.

2 GG Art. 40
(1) Der Bundestag wählt seinen Präsidenten, dessen Stellvertreter und die Schriftführer. Er gibt sich eine Geschäftsordnung.
(2) Der Präsident übt das Hausrecht und die Polizeigewalt im Gebäude des Bundestages aus.

3 GG Art. 38
(1) (...) Die Abgeordneten des Deutschen Bundestages sind Vertreter des ganzen Volkes, an Aufträge und Weisungen nicht gebunden und nur ihrem Gewissen unterworfen.

4

Anna Lührmann, jüngste Abgeordnete seit 2002
Ich bin 22 Jahre alt und seit der Bundestagswahl am 22. September 2002 die jüngste Abgeordnete im Deutschen Bundestag. Im Bundestag vertrete ich die Fraktion von Bündnis 90/DIE GRÜNEN im Europa-Ausschuss und stellvertretend im Ausschuss für wirtschaftliche Zusammenarbeit und Entwicklung und im Auswärtigen Ausschuss. Außerdem will ich mich um die Belange meiner Generation kümmern – zum Beispiel für mehr Generationengerechtigkeit in der Rentenversicherung sorgen. Ich bin eigentlich schon seit der Grundschule politisch aktiv. Dort habe ich mich in einer Jugendgruppe von Greenpeace engagiert. In der Schule bin ich dann in die Schülervertretung gegangen. Als ich 1998 zum ersten Mal an grünen und junggrünen Treffen teilgenommen habe, wurde mir schnell klar, dass die Grünen einen großen Teil meiner Werte und politischen Ziele teilen. (...) Daraufhin habe ich bei den Grünen Verantwortung übernommen – etwa als Mitglied im Bundesvorstand der Grünen Jugend – und einige interessante Projekte auf die Beine gestellt. Ja, und dann bin ich im letzten November gefragt worden, ob ich es mir nicht vorstellen könne, mit meiner politischen Erfahrung und meiner Frische als Kandidatin für die Grünen anzutreten. Nach langem Überlegen habe ich zugesagt und freue mich jetzt über meine spannende Aufgabe hier in Berlin. (...) Wenn ihr noch weitere Fragen habt oder mir was mitteilen wollt – zögert nicht mir eine E-Mail zu schreiben! Bitte habt aber Verständnis, wenn die Antwort nicht sofort kommt: Das ist dann keine böse Absicht, sondern liegt vielmehr an der hohen Arbeitsbelastung hier.
(Anna Lührmann gehört im 16. Deutschen Bundestag dem Haushaltsausschuss an.)

www.anna-luehrmann.de

Der Bundestag

5 ***Bundestagssitzung im Plenarsaal des Reichstagsgebäudes in Berlin***

Der **Bundestag** ist das wichtigste und das einzige vom Volk direkt gewählte Verfassungsorgan des Bundes. Hier werden vor allem die Gesetze beschlossen.
Die Versammlung aller Abgeordneten im Bundestag wie auch der Versammlungsraum selbst werden als Plenum bezeichnet. Alle Abgeordneten einer Partei oder einer Parteienverbindung werden in Fraktionen zusammen gefasst. Dennoch haben sie durch Artikel 38 (1) GG eine unabhängige Stellung. Im Parlamentsalltag ist die Bindung eines Abgeordneten an seine Partei sinnvoll und zweckmäßig. Kommt es aber zu Konflikten, kann der Abgeordnete frei nach seinem Gewissen entscheiden.

6 Funktionen des Bundestages

- Erarbeiten und Beschließen von Gesetzen
- Kontrolle der Regierung
- Forum der politischen Meinungsbildung
- Wahlfunktionen:
  Wahl des Bundeskanzlers,
  Wahl der Richter des Bundesverfassungsgerichts (im Wechsel mit dem Bundesrat),
  Wahl des Bundespräsidenten als Teil der Bundesversammlung

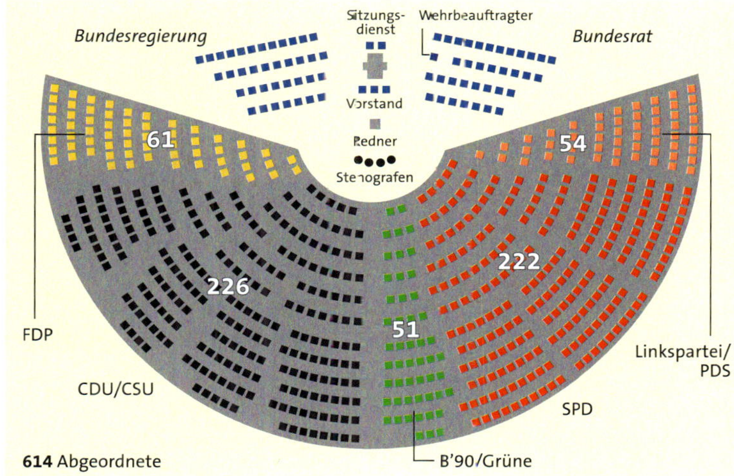

8 ***Sitzverteilung im 16. Deutschen Bundestag 2005***

7 Wolfgang Thierse (Bundestagspräsident von 1998–2005) über die Arbeit des Parlaments

Der Deutsche Bundestag ist ein fleißiges, ein zusammenführendes, ein Arbeitsparlament. Die Abgeordneten wühlen sich in die Materien hinein, bis sie von Experten nicht mehr zu beeindrucken sind. (...)
Im Deutschen Bundestag gibt es mehr Einigkeit, werden mehr Kompromisse gefunden, als vielfach vermutet. Die Berichterstatter der Fraktionen in den Ausschüssen, die Fraktionsführungen sorgen dafür. (...)
Das darf nicht darüber hinwegtäuschen, dass die Plenarsitzung vor allem ein Ort des Wettbewerbs ist. Hier zeigen die Parteien, wo sie sich unterscheiden, wer die bessere Idee zu haben glaubt. Wenn kein Kompromiss zu Stande kommt, entscheidet immer die Mehrheit. Bleibt eine Entscheidung zu lange aus, wird meist die Regierung verantwortlich gemacht: ihr mangele es an Führungskraft, heißt es dann. Stabile Verhältnisse, frühe Kompromisse, Ausgleich von Interessen statt über Monate ausgetragene Gegensätze sind beim Wähler beliebt, bei den Medien weniger, denn es gibt nichts Aufregendes zu berichten.

Thierse, W.: Gesetzgeber bleibt das Parlament. Berlin 2003.

9 Anwendung des Verhältniswahlrechts

Die Verteilung der Abgeordnetensitze auf die einzelnen Parteien erfolgt nach folgendem Auszählverfahren:
Beispiel: Gesamtzahl der abgegebenen Zweitstimmen 44 620 479.
Partei A erhielt 18 488 667 Zweitstimmen.
Zu vergebende Sitze: 598.
Anzahl der Sitze für die Partei A:

$$\frac{18\,488\,467 \times 598}{44\,620\,479} = 247{,}78...$$

Aufgrund der hohen Dezimale hinter dem Komma erhält die Partei A 248 Sitze.

Ausschüsse
Gremien des Bundestages, in denen die Endfassungen der Gesetze erarbeitet werden. Sie sind auf Fachbereiche spezialisiert und umfassen Abgeordnete aller Fraktionen.

Zur Standardsicherung

1 *Informiere dich anhand der Sitzordnung*
a) über die Zusammensetzung des 16. Deutschen Bundestages
b) über weitere Verfassungsorgane, die an einer Plenarsitzung teilnehmen.

2 *Welche Aufgaben hat der Bundestag?*

Zur Weiterarbeit

3 *Text 4: In welcher Weise war Anna Lührmann schon vor ihrer Wahl politisch aktiv?*

4 *Informiere dich im Internet über die/den Bundestagsabgeordnete/n deines Wahlkreises.*

Surftipp
www.bundestag.de

❶ ***GG Art. 62***
Die Bundesregierung besteht aus dem Bundeskanzler und den Bundesministern.

❷ ***GG Art. 63***
(1) Der Bundeskanzler wird auf Vorschlag des Bundespräsidenten vom Bundestag ohne Aussprache gewählt.

❸ ***GG Art. 64***
(1) Die Bundesminister werden auf Vorschlag des Bundeskanzlers vom Bundespräsidenten ernannt und entlassen.

❹ ***GG Art. 65***
Der Bundeskanzler bestimmt die Richtlinien der Politik und trägt dafür die Verantwortung. Innerhalb dieser Richtlinien leitet jeder Bundesminister seinen Geschäftsbereich selbstständig und unter eigener Verantwortung. (...)

❺ ***Altbundeskanzler Schröder stellt die Vertrauensfrage***

❼ ***Vereidigung von Bundeskanzlerin Merkel***

❻ **Ablauf der Regierungsbildung**

- Die Parlamentsmehrheit bzw. die stärkste Fraktion benennt einen Kanzlerkandidaten.
- Der Bundespräsident schlägt dem Bundestag diesen Kandidaten vor.
- Der Bundestag wählt den Bundeskanzler mit absoluter Mehrheit.
- Der Bundeskanzler bestimmt seine Minister.
- Der Bundespräsident ernennt den Bundeskanzler und die Bundesminister.

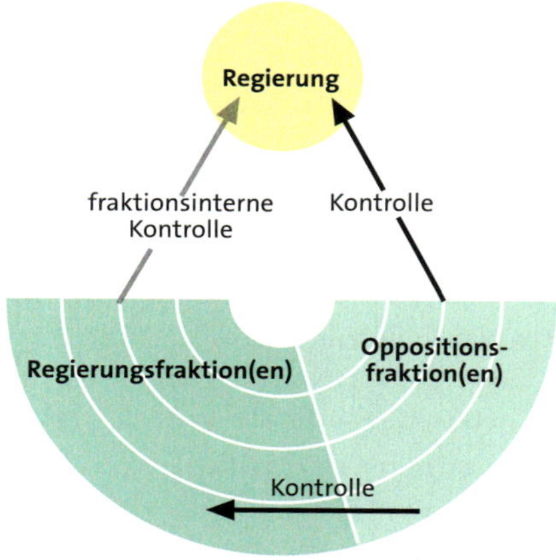

❽ ***Heute übliche Form der Gewaltenkontrolle***

Bundesregierung und Opposition

Koalition
Verbindung von Parteien zum Zweck der Mehrheitsbildung, z. B. einer Regierungsmehrheit

Opposition
Zusammenfassung der Parteien, die nicht der Koalition angehören

Die **Bundesregierung** verkörpert die Exekutive, die ausführende Gewalt. Ihre wichtigste Aufgabe ist es, den Willen des Parlaments zu verwirklichen. Die Bundesregierung muss also die Gesetze in die Praxis umsetzen und deren Einhaltung kontrollieren.
Dazu ist ein umfangreicher Behördenapparat erforderlich. Den einzelnen Arbeitsbereichen werden Ministerien zugeordnet, die jeweils von einem Minister geleitet werden. Der **Bundeskanzler** als Gesamtverantwortlicher hat das Bundeskanzleramt zur Seite. Bundeskanzler und Bundesminister bilden gemeinsam die Regierung.

Die Macht der Regierung und besonders die des Bundeskanzlers wird vielfach überschätzt, denn auch die Minister haben Handlungsspielräume bei der Umsetzung der Gesetze. Der Bundeskanzler steht keinem Fachbereich vor, besitzt aber die sogenannte **Richtlinienkompetenz**. Diese ermöglicht ihm, seinen Ministern verbindliche Vorgaben zu machen, wobei denen aber noch Gestaltungsmöglichkeiten bleiben müssen.
Damit diese Handlungsspielräume nicht gegen den Willen des Gesetzgebers genutzt werden, hat der Bundestag eine Reihe von Kontrollmöglichkeiten gegenüber der Bundesregierung.
Die Parlamentsmehrheit der Regierungskoalition trägt die Regierung und arbeitet

9 **Die Bundeskanzlerin mit einigen ihrer Minister**

11 **Richtlinienkompetenz der Bundeskanzlerin**

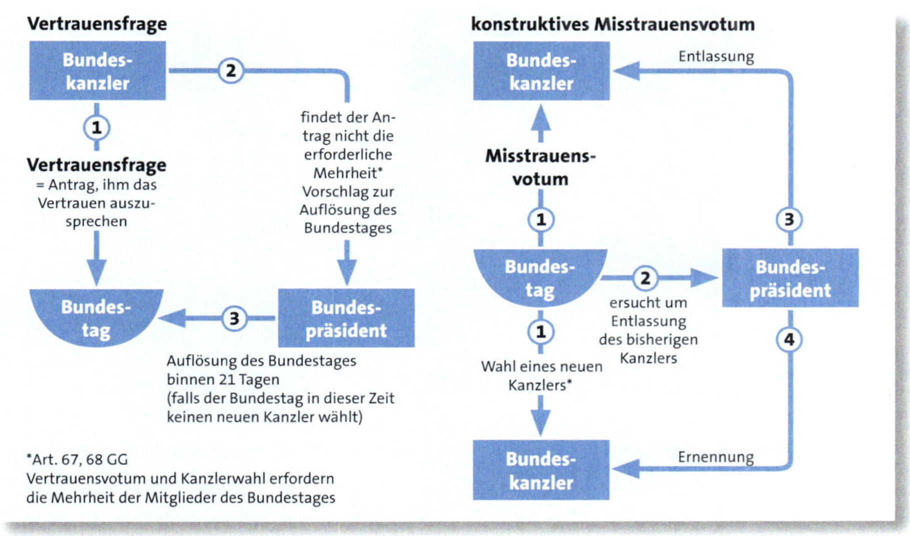

10 **Wenn die Regierung zerbricht**

12 ***Wie wird das Kontrollrecht des Parlaments gegenüber der Regierung umgesetzt?*** *(Auswahl)*

Jeder Abgeordnete hat ...
... die Garantie des freien Mandats
... das Recht der Herbeirufung von Ministern
... das Recht der Fragestunde
... das Recht der Zwischenfrage

$1/4$ der Abgeordneten ist ...
... Hearing-berechtigt
... Mitglied der Enquete-Kommission
... in Untersuchungsausschüssen vertreten

Mindestens 5% der Abgeordneten sind zur Großen und Kleinen Anfrage berechtigt.

im Allgemeinen einvernehmlich mit dieser zusammen. Deshalb nimmt in der Regel nur die Opposition diese Kontrollrechte wahr.
Ist das Vertrauensverhältnis von Parlamentsmehrheit und Regierung gestört oder haben sich die Mehrheitsverhältnisse geändert, kann es zur Vertrauensfrage oder zum konstruktiven Misstrauensvotum kommen.

Zur Standardsicherung

1 *Erläutere die Regierungsbildung anhand der Art. 62–64 des Grundgesetzes.*
2 *Welche Aufgaben hat die Regierung als Exekutive?*
3 *Wie und durch wen wird die Regierung kontrolliert?*
4 *Erkläre deinen Mitschülern, wie die Vertrauensfrage des Bundeskanzlers und das konstruktive Misstrauensvotum ablaufen.*
5 *Warum ist es sinnvoll, dem Bundeskanzler eine Richtlinienkompetenz zuzugestehen?*

Zur Weiterarbeit

6 *Spielt folgende Situationen in einem Rollenspiel durch:*
- *Regierungsbildung*
- *Vertrauensfrage*
- *Konstruktives Misstrauensvotum*

7 *Informiere dich darüber, wann und unter welchen Umständen es in der deutschen Geschichte ein konstruktives Misstrauensvotum gegeben hat.*

❶ ***GG Art. 77***

(1) Die Bundesgesetze werden vom Bundestag beschlossen. Sie sind nach ihrer Annahme durch den Präsidenten des Bundestages unverzüglich dem Bundesrat zuzuleiten.

(3) Soweit zu einem Gesetz die Zustimmung des Bundesrates nicht erforderlich ist, kann der Bundesrat (...) gegen ein vom Bundestag beschlossenes Gesetz binnen zwei Wochen Einspruch einlegen.

❷

Gesetzgebung: einfache Gesetze

Einfache Gesetze

Diese Gesetze bedürfen nicht der Zustimmung des Bundesrates. Jedoch werden sie im Bundesrat behandelt und dieser kann Einspruch erheben. Der Einspruch kann mit Bundestagsmehrheit zurückgewiesen werden und das Gesetz kommt trotz Einspruchs zustande.

Beispiel Jugendschutzgesetz

Das alte Jugendschutzgesetz stammte von 1985 und galt als überholt. Vor allem im Bereich der neuen Medien hat sich seitdem Grundlegendes verändert, so dass ein Regelungsbedarf entstand. Die Regierung wollte darüber hinaus den Diskobesuch bis 23.00 Uhr schon für 14-jährige erlauben. Die Diskussion darüber zog sich in die Länge.

Der Anstoß kam vom Verbrechen am Erfurter Gutenberg-Gymnasium. Ende April 2002 ermordete dort ein von der Schule verwiesener Schüler 16 Menschen und tötete sich selbst. Als eine der Ursachen wurde der exzessive Konsum von Gewalt verherrlichenden Computerspielen durch den Täter ausgemacht.

Die Bundesregierung beschloss deshalb, die lange Zeit aufgeschobene Neufassung des Jugendschutzgesetzes sofort in Angriff zu nehmen. Hauptansatzpunkt war die Überarbeitung des „Umgangs mit jugendgefährdenden Medien". Andere Passagen des alten Gesetzes wurden nicht wesentlich verändert.

Der Gesetzesvorschlag wurde von der Bundesregierung in den Bundestag eingebracht und am 23.07.2002 von diesem mehrheitlich beschlossen.

Gemessen an den vielfältigen Erwartungen hat sich mit dem neuen Gesetz nur wenig geändert:

- Es können Produkte aller Medien, also auch Internetseiten und Videospiele, verboten werden.
- Die Verbotslisten sollen nicht mehr veröffentlicht werden.
- Verstöße gegen das Gesetz können mit Strafen bis 50 000 € geahndet werden.
- Computerspiele müssen mit einer Altersfreigabe gekennzeichnet sein und dürfen nur entsprechend dieser Festlegung verkauft oder verliehen werden.

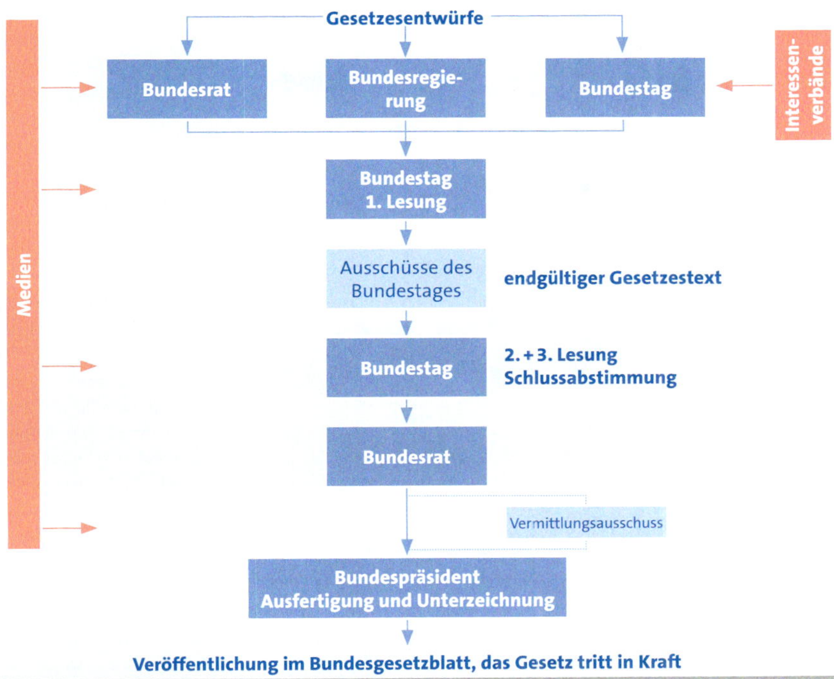

Bundestag, Bundesrat und Bundesregierung haben das Recht, Gesetzentwürfe vorzuschlagen, aber nur der Bundestag kann darüber entscheiden.

Die Ausschüsse tagen nicht öffentlich, sodass durchaus Kompromisse gefunden werden können.

Die Gegenzeichnung und Ausfertigung durch den Bundespräsidenten sind im Regelfall nur formale Vorgänge.

③ ***Gesetzgebungsverfahren (vereinfachte Darstellung)***

– Der Zugang zu Tabakwaren und alkoholhaltigen Getränken für unter 16-jährige wird erschwert.

Gesetzgebung als Prozess

Die Gesellschaft verändert sich unentwegt. Bestehende Gesetze genügen dann oft den aktuellen Anforderungen nicht mehr vollständig. Desweiteren entstehen neue Situationen, für die es keine Regelungen gibt, zum Beispiel zur Internetkriminalität oder zur Bedrohung durch Terrorismus. Daraus ergibt sich die Notwendigkeit, fortlaufend Gesetze zu überarbeiten oder neu zu formulieren, wobei man der Wirklichkeit meist hinterherhinkt.

In der repräsentativen Demokratie der Bundesrepublik kommt dem Bundestag das Recht zur Gesetzgebung zu. Im System der Gewaltenteilung bildet er somit die **Legislative**.

Nach dem Grundgesetz ist der Bundesrat als Vertretungsorgan der Länder am **Gesetzgebungsverfahren** beteiligt.

Zur Standardsicherung

1 *Erläutere anhand des Schemas 3 den Ablauf des Gesetzgebungsverfahrens bei einfachen Gesetzen.*

2 *Überlegt gemeinsam, wovon es abhängen kann, dass neue gesetzliche Regelungen getroffen werden müssen.*

Zur Weiterarbeit

3 *Bewerte Umfang und Wirksamkeit der Neuerungen im Jugendschutzgesetz. Was schlussfolgerst du daraus?*

4 *Verschaffe dir einen Überblick, welche weiteren Sachverhalte im Jugendschutzgesetz geregelt sind.*

5 *Diskutiert grundsätzlich über die Wirksamkeit gesetzlicher Regelungen zum Jugendschutz.*

Surftipp

www.bundespruefstelle.de (Bundesprüfstelle für jugendgefährdende Medien)

❶ ***Neubaugebiet am Stadtrand***

Zustimmungspflichtige Gesetze

❷ ***GG Art. 77***

(1) Die Bundesgesetze werden vom Bundestag beschlossen. Sie sind nach ihrer Annahme durch den Präsidenten des Bundestages unverzüglich dem Bundesrat zuzuleiten.
(2a) Soweit zu einem Gesetz die Zustimmung des Bundesrates erforderlich ist, hat der Bundesrat (...) in angemessener Frist über die Zustimmung Beschluss zu fassen.

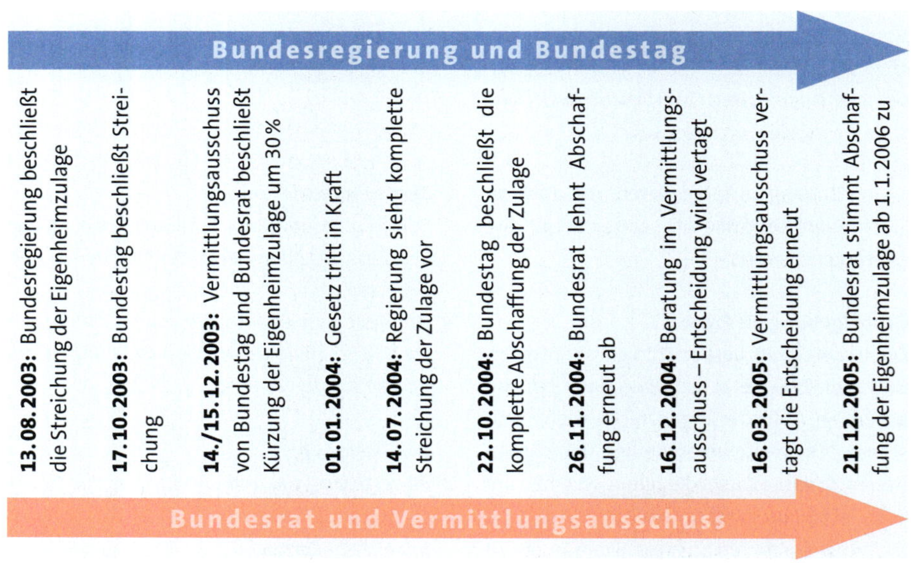

❸ ***Der Streit um die Eigenheimzulage***

Den Traum von der eigenen Wohnung oder vom eigenen Haus träumen viele. Damit dieser Traum auch für Menschen mit niedrigem Einkommen Wirklichkeit werden konnte, gab es lange Zeit eine staatliche Unterstützung zur Anschaffung von Wohneigentum. Hierzu gehörte die Eigenheimzulage. Nach dem Eigenheimzulage-Gesetz vom 1.1.1996 hatte jeder Bürger einen Anspruch auf Eigenheimzulage, sofern er kein zu hohes Einkommen bezog. 2005 betrug die Förderung pro Jahr 1250 €, zusätzlich 800 € pro Kind. Schon seit 2003 wird diese staatliche Förderung des Wohnungsbaus in Frage gestellt, da in Deutschland kaum mehr Wohnraummangel herrscht. Der Weg bis zur Streichung aber war lang, weil sich Bundestag und Bundesrat wegen unterschiedlicher Mehrheitsverhältnisse gegenseitig blockierten.

Mitwirkung des Bundesrates

Föderalismus bedeutet unter anderem, dass die Bundesländer auch auf Bundesebene an der Gesetzgebung mitwirken. Diese Aufgabe nimmt der Bundesrat wahr. Doch dabei ist zwischen **zustimmungspflichtigen Gesetzen** und einfachen Gesetzen zu unterscheiden. Zustimmungspflichtig sind alle Gesetze, die die Interessen der Länder berühren. Diesen muss der **Bundesrat** zustimmen. Verweigert er seine Zustimmung, versucht ein **Vermittlungsausschuss**, einen Kompromiss zu finden. Der Vermittlungsausschuss besteht aus je 16 Vertretern von Bundesrat und Bundestag. Die Zusammensetzung entspricht dabei den jeweiligen Mehrheitsverhältnissen. Kommt kein Kompromiss zustande, kann das Gesetz nicht in Kraft treten.

Auch bei einfachen Gesetzen, bei denen die Zustimmung des Bundesrates nicht zwingend erforderlich ist, wird der Standpunkt der Länder eingeholt und im Einspruchsfall nach Kompromissen gesucht. Die Länder können sich hier aber nicht gegen den Bundestag durchsetzen.

Änderungen des Grundgesetzes bedürfen grundsätzlich der Zustimmung des Bundesrates.

Zur Standardsicherung

1 Stelle den Ablauf des Gesetzgebungsverfahrens bei zustimmungspflichtigen Gesetzen dar.

2 Erläutere die Zusammensetzung und die Rolle des Vermittlungsausschusses.

3 Ermittle die Zahl der Bundesratsmitglieder und erkläre die Zusammensetzung dieses Verfassungsorgans.

Zur Weiterarbeit

4 Informiere dich an Hand der Artikel 70–75 des Grundgesetzes über die Zuständigkeiten bei der Gesetzgebung.

5 Ist der Föderalismus noch zeitgemäß? Diskutiert pro und kontra Föderalismus. Haltet das Ergebnis in einer Mindmap fest.

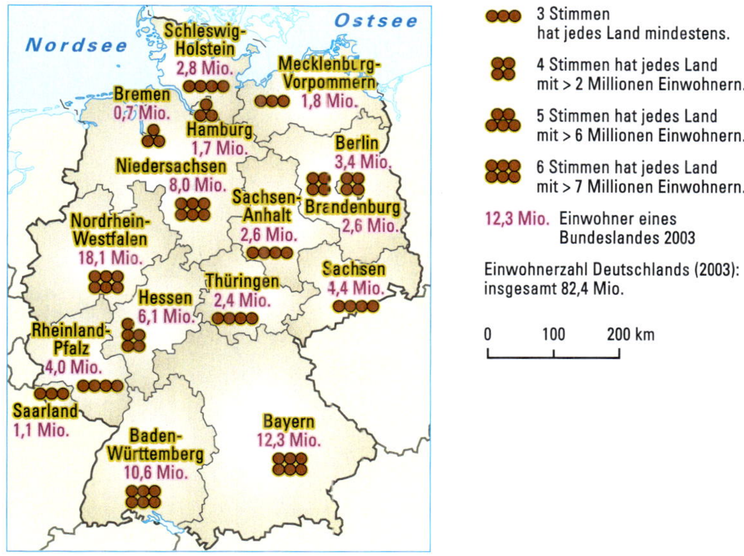

4 ***Bundesratsstimmen der Bundesländer***

5 **Rechte der Bundesländer**

Im Grundgesetz Art. 20 ist eine bundesstaatliche Ordnung für Deutschland festgeschrieben. Ein anderer Begriff dafür ist **Föderalismus**. Er beschreibt eine staatliche Ordnung, bei der die Teilstaaten gegenüber dem Gesamtstaat eine gewisse Eigenständigkeit haben.

So haben alle Bundesländer eine eigene Verfassung, ein eigenes Parlament, sowie eine Landesregierung und eigene Gerichte. Der Kernbereich ist dabei eine eigene Gesetzgebungskompetenz (GG Art. 70). Dazu zählt beispielsweise der Bildungsbereich.

Das Organ zur Wahrnehmung der Länderinteressen auf Bundesebene ist der Bundesrat. Neben der Beteiligung an der Gesetzgebung hat er das Recht, abwechselnd mit dem Bundestag, Richter des Bundesverfassungsgerichtes zu wählen. Der Präsident des Bundesrates, der jährlich wechselt, ist zudem Stellvertreter des Bundespräsidenten.

Die Länderparlamente bestimmen außerdem die Hälfte der Mitglieder der Bundesversammlung, die den Bundespräsidenten wählt.

6 ***GG Art. 30***

Die Ausübung der staatlichen Befugnisse und die Erfüllung der staatlichen Aufgaben ist Sache der Länder, soweit dieses Grundgesetz keine andere Regelung trifft oder zulässt.

7 ***GG Art. 50***

Durch den Bundesrat wirken die Länder bei der Gesetzgebung und Verwaltung des Bundes und in Angelegenheiten der Europäischen Union mit.

Eine Debatte hat das Ziel, durch die Darlegung von Pro- und von Kontra-Argumenten eine Meinungsbildung zu fördern und zu sachlich begründeten Entscheidungen zu führen.
Im Unterschied zur Diskussion endet eine Debatte mit einem Ergebnis.
Es gibt unterschiedliche Möglichkeiten, eine solche Debatte zu führen. Die hier dargestellte Form hat den Vorzug, dass man die unmittelbare Wirkung der Argumentation gut nachvollziehen kann.

1 ***Schüler debattieren***

Eine politische Debatte führen

1. Schritt: Themenfindung

- *Einigt euch in der Klasse auf ein Thema, das Gegenstand der Debatte sein soll und formuliert dieses als Frage.*
- *Das Thema muss kontrovers sein und ihr solltet schon Pro- und Kontra-Argumente kennen.*

2. Schritt: Rollen verteilen

- *Wählt die Jury (fünf oder sieben Mitglieder) und den Moderator aus.*
- *Benennt zwei Pro- und zwei Kontra-Anwälte.*

3. Schritt: Debatte vorbereiten

- *Ordnet den Anwälten beider Seiten Schülergruppen zu.*
- *Beratet und legt die Argumentation fest. Jeder Anwalt darf die gleiche Zahl von Argumenten vorbringen (Empfehlung: fünf).*
- *Stimmt die Argumente mit dem anderen Anwalt der gleichen Seite ab, um Doppelungen zu vermeiden.*
- *Ordnet die Argumente nach Schlagkräftigkeit.*

4. Schritt: Debatte durchführen

1. *Der Moderator führt in das Thema ein. Insbesondere sollte er aktuelle Bezüge herstellen.*
2. *Der Moderator lässt die Jury über die Frage abstimmen und hält das Ergebnis fest.*
3. *Die Anwälte I beider Seiten tragen nach Aufforderung abwechselnd ihre Argumente vor, wobei sie mit dem schwächsten Argument beginnen und mit dem stärksten abschließen.*
4. *Das gleiche Verfahren wird mit den Anwälten II durchgeführt.*
5. *Die Jury berät sich.*
6. *Die Jury stimmt erneut ab.*
7. *Sie vergleicht mit der ersten Abstimmung.*
8. *Die Jury begründet das Abstimmungsverhalten.*
9. *Der Moderator hält das Schlusswort.*

❷

Moderator

1. Einführung in das Thema:
   - Problem exakt formulieren
   - Gründe für die unterschiedlichen Standpunkte benennen
   - Aktualität des Themas verdeutlichen
   - neutral bleiben
2. Eingangsabstimmung der Jury vornehmen:
   Ergebnis festhalten
3. Leitung der Debatte:
   abwechselnd den Anwälten das Wort erteilen
4. Abschluss der Debatte:
   - Debatte beenden, Jury beraten lassen
   - Schlussabstimmung der Jury durchführen
   - Vergleich beider Abstimmungen; Jury begründet Abstimmungsverhalten
   - Schlusswort

❸

Jury

1. Vorbereitung der Debatte:
   - Benennung eines Jurysprechers
   - Jurymitglieder notieren eigene Meinung, sowie eigene Pro- und Kontra-Argumente
   - Eingangsabstimmung ohne Beratung
2. Während der Debatte:
   - Notieren der Argumente, ordnen nach Überzeugungskraft
3. Auswertung der Debatte:
   - Vergleich der eigenen Meinung mit den vorgetragenen Argumenten der Anwälte
   - Entscheidung über eigenes Abstimmungsverhalten in der Schlussabstimmung
   - Begründung des Abstimmungsverhaltens
4. Schlussabstimmung
   - Begründung der Entscheidung der Jury durch den Jurysprecher

5. Schritt: Nachbereitung

1. *Besprecht in der Klasse folgende Fragen:*
   - *War die Argumentation der Anwälte überzeugend?*
   - *Ist die Juryentscheidung nachvollziehbar?*
   - *War die Fragestellung präzise genug?*
   - *Hat der Moderator seine Rolle korrekt ausgefüllt?*
   - *Hat die Debatte in der Klasse zu Meinungsveränderungen geführt?*
2. *Zur Vertiefung der Thematik kann sich eine Diskussion anschließen.*

❹

Anwälte

1. Vorbereitung der Debatte:
   - eigene Argumente notieren
   - Argumente der Beratergruppe erfassen
   - Ordnen der Argumente nach Überzeugungskraft
   - Abstimmung mit dem anderen Anwalt der gleichen Seite
   - Notieren der geordneten Argumente auf Karteikarten
2. Durchführung der Debatte:
   - Darlegung der Argumente nach Aufforderung durch den Moderator

Zur Standardsicherung

1 *Führt eine Debatte zur Fragestellung „Führerschein mit 16?" durch. Nutzt die Rollenkärtchen 2–4.*

2 *Übt die politische Debatte anhand eines weiteren Themas, z. B.*
- *Wahlrecht mit 16?*
- *Cannabis legalisieren?*
- *Rauchverbot in der Schule?*

❺ ***Checkliste für die eigene Argumentation***

1. Herkunft der Argumente
- *eigene Beobachtungen/Erkenntnisse → hohe Überzeugungskraft*
- *aus Quellen übernommene Argumente → Verlässlichkeit der Quelle bestimmt den Wert der Fakten*
- *vom Hörensagen → wenig überzeugend*

2. Adressat der Argumente

Um zu „punkten", musst du wissen, wem du die Argumente vorträgst.
- *Wie ist der Wissensstand meines Adressaten bezüglich des Themas?*
- *Ist er geübt im Argumentieren?*
- *Wie kritisch geht er mit Quellen um?*
- *Lässt er sich beeindrucken?*

3. Platzierung der Argumente

Im letzten Schritt überlegst du, in welcher Folge du die Argumente einsetzt.
- *Du kannst mit einer Provokation beginnen.*
- *Ebenso ist ein vermutlich überraschender Fakt oder eine unerwartete Sichtweise ein guter Einstieg.*
- *Bringe die besten Argumente nicht gleich am Anfang.*
- *Vermeide, deine Argumentationskette zu verlassen.*

→ Statement: Seite 60/61

1 457 804 8

❸ ***Gesamtverschuldung der Bundesrepublik Deutschland (Stand: 24. Juni 2005, 20:00 Uhr)***

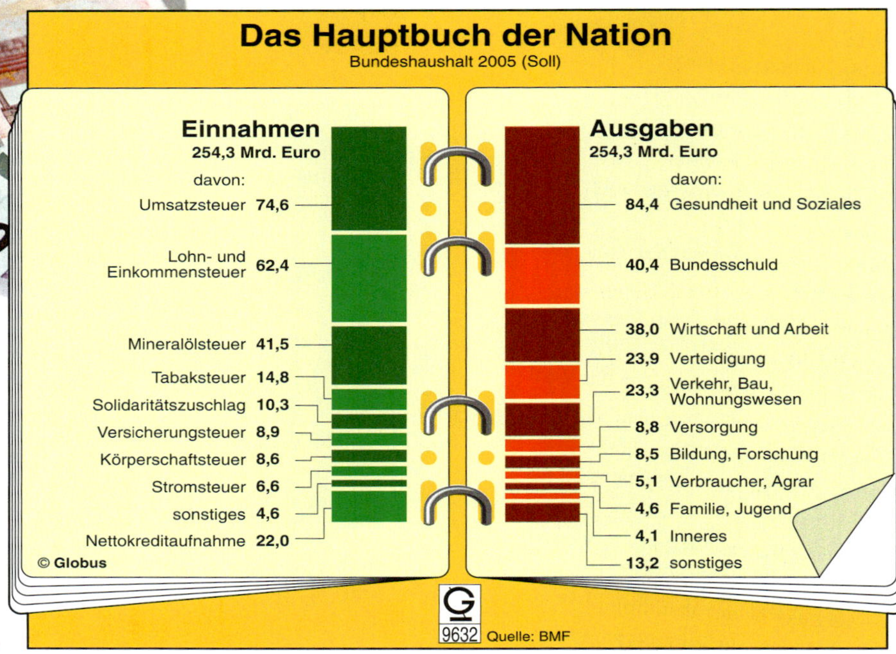

❹

Der Bundeshaushalt

❶ ***GG Art. 110***
(1) Alle Einnahmen und Ausgaben des Bundes sind in den Haushaltsplan einzustellen (...). Der Haushaltsplan ist in Einnahme und Ausgabe auszugleichen.

❷ ***GG Art. 112***
Überplanmäßige und außerplanmäßige Ausgaben bedürfen der Zustimmung des Bundesministers der Finanzen. Sie darf nur im Falle eines unvorhergesehenen und unabweisbaren Bedürfnisses erteilt werden. Näheres kann durch Bundesgesetz bestimmt werden.

Im **Bundeshaushalt**, auch Etat genannt, werden Einnahmen und Ausgaben des Bundes zusammengestellt.
Der Finanzminister erarbeitet einen Entwurf, der nach Überarbeitung von der Regierung als Gesetzentwurf in den Bundestag eingebracht und als Gesetz beschlossen wird. Das Etatrecht des Bundestages ist von zentraler Bedeutung, weil damit die Handlungsfähigkeit der Regierung entscheidend bestimmt und kontrolliert wird.

Staatseinnahmen

Die wichtigste Einnahmequelle des Staates sind die Steuern. Wichtige Steuern sind die Einkommensteuer (einschließlich Lohnsteuer), die Umsatzsteuer, auch Mehrwertsteuer genannt, und die Mineralölsteuer. Es gibt rund 70 verschiedene Steuerarten, darunter sehr außergewöhnliche wie z.B. die Kaffeesteuer, die Feuerschutzsteuer oder die Versicherungssteuer. Es ist jedoch zu beachten, dass die Steuereinnahmen in der Regel zwischen Bund, Ländern, Gemeinden und der EU aufgeteilt werden. Vom gesamten Steueraufkommen gehen derzeit etwa 43 % an den Bund, 40 % an die Länder, 12 % an die Gemeinden und 5 % an die EU.
Weitere Einnahmequellen des Bundes sind:
- Gewinne aus Wirtschaftsunternehmen, an denen der Staat beteiligt ist
- Überschüsse der Bundesbank.

Staatsausgaben

Mit seinen Einnahmen finanziert der Staat
- die gesamte Verwaltung
- die ihm vom Grundgesetz und dem Gesetzgeber übertragenen Aufgaben
- Maßnahmen zur Zukunftsvorsorge wie Bildung, Forschungs- und Innovationsförderung
- Entwicklungszusammenarbeit
- Beiträge für internationale Organisationen
- Tilgungen und Zinszahlungen für Staatsschulden

5839 Euro

Das Problem der Staatsverschuldung

Grundsätzlich besteht nach dem Grundgesetz die Verpflichtung, einen ausgeglichenen Haushalt zu gestalten. Das heißt, die Ausgaben dürfen die Einnahmen nicht übersteigen. In der Realität gelingt das aber schon lange nicht mehr. Fehlende Einnahmen können nur durch Schuldenaufnahme des Staates abgedeckt werden. Gegenwärtig beträgt der Schuldenstand von Bund, Ländern und Gemeinden über 1,4 Billionen €, ausgeschrieben 1 400 000 000 000! Das sind etwa 17 500 € pro Kopf der Bevölkerung.

Der Schuldenberg wächst auch deshalb an, weil der Staat für die Kredite nicht unerhebliche Zinszahlungen leisten muss. Für 2005 ergibt sich, dass aufgrund geplanter Schuldenaufnahme und der fälligen Zinsen die Staatsverschuldung pro Sekunde um 1714 € steigt. Die Verschuldung ist damit so groß, dass sie kurzfristig nicht abgebaut werden kann, also auch den nachfolgenden Generationen aufgebürdet wird.

Aktuell besteht das Problem vor allem darin, dass zu wenig Gelder für die Zukunftsvorsorge zur Verfügung stehen. Nicht zuletzt ist der Staat auch ein wichtiger Auftraggeber für die Wirtschaft (z. B. Straßenbau, Ausrüstungen für die Bundeswehr). In Zeiten knapper Kassen kann der Staat aber nur wenig investieren.

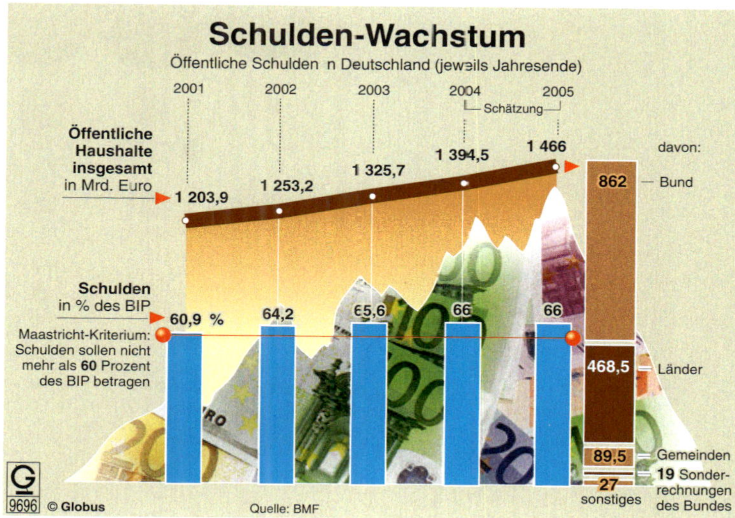

5

6

Zur Standardsicherung

1 *Der Staat muss vielfältige, wichtige Aufgaben finanzieren. Berichte und liste auf.*

2 *Die Staatsausgaben sind durch Staatseinnahmen „auszugleichen“. Erstelle eine Mindmap zu den Einnahmen.*

3 *Begründe die Notwendigkeit, den Bundeshaushalt durch den Bundestag zu beschließen.*

4 *Wie viel Prozent des Haushaltes werden für den Bereich Gesundheit/Soziales ausgegeben?*

Zur Weiterarbeit

5 *Interpretiere Karikatur 6.*

6 *Diskutiert: Sollte man auf Investitionen und/oder Sozialausgaben ganz verzichten, um weniger Schulden machen zu müssen?*

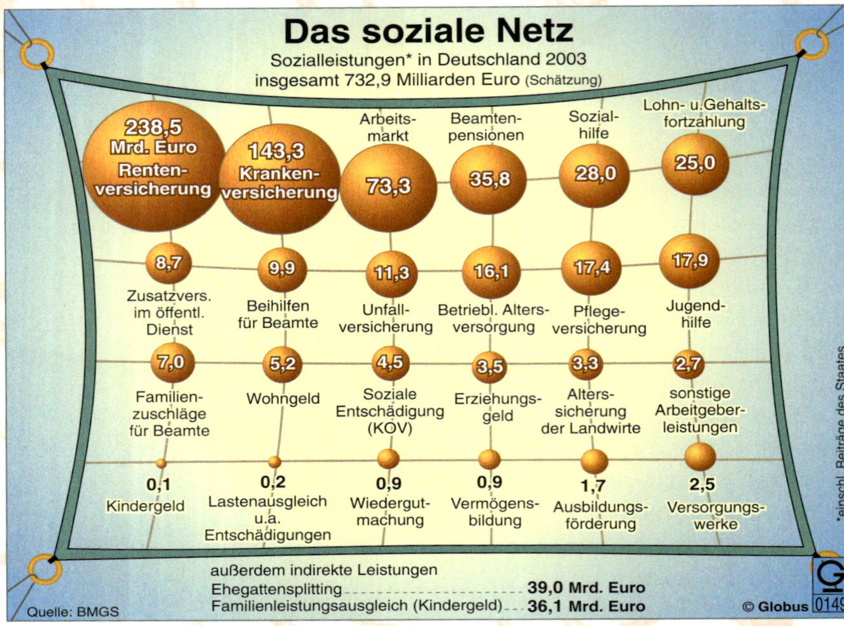

3

1 ***GG Art. 20***

(1) Die Bundesrepublik Deutschland ist ein demokratischer und sozialer Bundesstaat.

2 ***GG Art. 14***

(2) Eigentum verpflichtet. Sein Gebrauch soll zugleich dem Wohle der Allgemeinheit dienen.

Verfassungsprinzipien

In den Art. 20 und 28 des GG werden vier Prinzipien genannt, deren Umsetzung eine bindende Verpflichtung für die politisch Handelnden ist:

- *Demokratieprinzip,*
- *Sozialstaatsprinzip,*
- *Bundesstaatsprinzip und*
- *Rechtsstaatprinzip*

→ *Soziale Marktwirtschaft: Seite 196/197*

4 **Familie F. ist verzweifelt**

Gerd F. ist vor einem Jahr arbeitslos geworden. Seine Frau arbeitet wegen der Kinder (drei und sechs Jahre alt) schon seit Jahren nicht mehr. Im ersten Jahr der Arbeitslosigkeit kam die Familie mit dem Arbeitslosengeld I noch einigermaßen zurecht, da Gerd ganz gut verdient hatte. Jetzt folgt der Abstieg in das Arbeitslosengeld II. Die Familie wird monatlich nur noch 1 036 € Regelleistungen erhalten. Hinzu kommen 538 € für Heizkosten und Miete. Auf einen Tag umgerechnet sind das für alle vier Personen rund 35 € für Essen, Kleidung, Strom, Wasser und was sonst noch lebensnotwendig ist. Für Ausflüge oder Urlaub bleibt da wenig übrig. Und das Auto ist noch nicht abbezahlt. Gerd wird es verkaufen müssen.
Ob sie in ihrer Wohnung bleiben können, ist auch noch unklar, weil sie größer ist, als ihnen „von Amts wegen" zusteht.
Die Kinder merken es noch nicht, aber Gerd und seine Frau packt die Angst vor der Zukunft. Nur eine neue Arbeitsstelle kann Rettung bringen.

Schwere Zeiten für den Sozialstaat

Grundlagen des Sozialstaates

Familie F. ist durch die Arbeitslosigkeit des Vaters und die Familienaufgaben der Mutter in eine soziale Notlage geraten. Wie gut, wenn in solch einem Fall vorgesorgt ist. Neben der Möglichkeit privater Vorsorge tritt die Sozialversicherung, genauer gesagt die Arbeitslosenversicherung, in Kraft.
Nach dem sogenannten **Sozialstaatsprinzip** des Grundgesetzes hat der Staat die Aufgabe, notwendige Regelungen zu erlassen, um die wichtigsten Lebensrisiken wie Altersversorgung, Krankheit und Arbeitslosigkeit abzusichern.
Ein zentrales Element des Sozialstaates ist der Solidaritätsgedanke. Wer wirtschaftlich leistungsfähig ist, wird herangezogen, um die sozial Schwachen zu unterstützen.

Aktuelle Herausforderungen

Der Sozialstaat steht heute vor dem Problem der Finanzierbarkeit der Sozialausgaben. Jahr für Jahr sind die Ausgaben für soziale Leistungen gestiegen. Hauptursache ist die hohe Arbeitslosigkeit. Durch diese sind nicht nur Beiträge zu den Sozialversicherungen

⑤ ***Soziale Gegensätze***

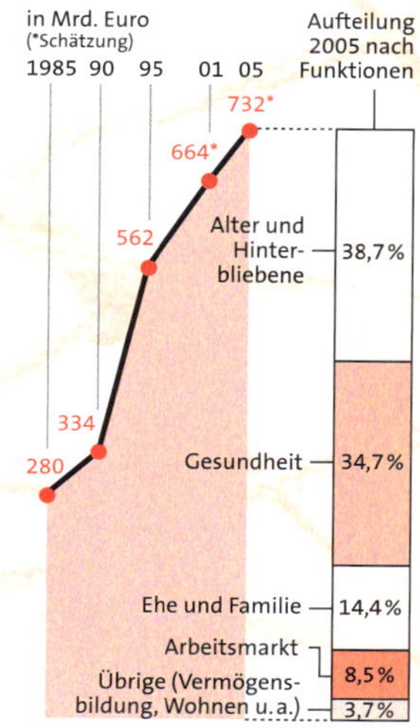

⑥ ***Sozialleistungen in Deutschland***

und Steuereinnahmen des Staates zurückgegangen, sondern vor allem die Sozialausgaben so stark gestiegen, dass sie nur noch durch Kreditaufnahmen finanziert werden konnten. Ein zweites Problem ist die Überalterung der Gesellschaft, der sogenannte „demografische Wandel".

Der Sozialstaat steckt in einer Krise. Parteien und Verbände fordern einen „Umbau des Sozialstaates" oder anders gesagt: einen Abbau von Sozialleistungen. Es stellt sich die Frage: Wie viel Sozialstaat können wir uns eigentlich noch leisten? Erste Reformmaßnahmen sind bereits vollzogen, z. B. eine stärkere Beteiligung der Patienten an den Krankheitskosten.

Wie kann das Problem gelöst werden?

Das Sozialstaatsprinzip des Grundgesetzes gibt dem Staat den Auftrag, leistungsschwache und unverschuldet in Not geratene Menschen zu unterstützen. Leistungskürzungen haben ihre Grenzen: Eine Operation kann nicht zum Billigtarif durchgeführt und die Kostenbeteiligung nicht beliebig erhöht werden. Für Erwerbslose darf das Existenzminimum nicht beliebig abgesenkt werden. Deshalb müssen Wege gefunden werden, die Einnahmen des Staates zu erhöhen, damit er seinen sozialen Auftrag erfüllen kann.

Zur Standardsicherung

1 Grafik 3: Welche Leistungen umfasst das „soziale Netz"?

2 Grafik 6: Vergleiche die Sozialausgaben von 1985, 1995 und 2005 miteinander.

3 Erläutere, wie die soziale Sicherung in der Bundesrepublik geregelt ist.

Zur Weiterarbeit

4 a) Nenne – über den Text hinausgehend – Gründe für den Kostenanstieg im sozialen Bereich.
b) „Auf der anderen Seite brechen die Einnahmen weg." Erläutere die Aussage.

5 „Ein gut funktionierendes Sozialsystem stabilisiert die Demokratie." Finde Argumente für diese Aussage und diskutiere mit deinen Mitschülern darüber.

6 Informiere dich über aktuelle Reformpläne im Sozialbereich.

7 Die BRD zählt zu den „reichen Staaten" und hat doch Probleme, ihre sozialen Aufgaben zu finanzieren. Diskutiert hierüber in der Klasse.

⑦ ***Finanzierung des Sozialstaatsprinzips***

Versicherungsprinzip: *Der Versicherte zahlt Beiträge und erwirbt sich damit einen Anspruch auf Leistungen, z. B. in der Renten-, Kranken- und Arbeitslosenversicherung.*

Fürsorgeprinzip: *Bei Vorliegen einer individuellen Notlage, die geprüft wird, werden Leistungen aus Steuermitteln gezahlt, z. B. Sozialgeld, Wohngeld, Erziehungsgeld.*

Versorgungsprinzip: *Bürger, die besondere Opfer oder besondere Leistungen für das Gemeinwesen erbracht haben, werden aus Steuermitteln versorgt, z. B. Leistungen für Kriegs- und Wehrdienstopfer, Kindergeld.*

❶ ***Medieninteresse am Untersuchungsausschuss des Bundestages***

❷ ***Drei Staatsgewalten***

In der Staatslehre werden drei Gewalten unterschieden: die gesetzgebende Gewalt (Legislative), die ausführende Gewalt (Exekutive) und die richterliche Gewalt (Judikative). Diese Gewalten kontrollieren sich gegenseitig und sichern damit die Demokratie.
Die freiheitliche Gesellschaft verfügt über ein weiteres Mittel der Kontrolle: die Medien. Weil diese die drei Staatsgewalten kontrollieren, bezeichnet man die Medien oft auch als „Vierte Gewalt".

Die „Vierte Gewalt"

Am 23. Mai 2005 wurde der ehemalige Staatssekretär Volmer zu Unregelmäßigkeiten bei der Visum-Vergabe in osteuropäischen Botschaften der Bundesrepublik befragt. Das Besondere daran: Zum ersten Mal erfolgte eine Live-Übertragung der Sitzung eines Bundestags-Untersuchungsausschusses im Fernsehen.
Medien haben in einer Gesellschaft wichtige Aufgaben: Sie informieren, bilden, unterhalten, lassen uns an fernen Ereignissen und am politischen Geschehen teilhaben. Indem Medien die Bürgerinnen und Bürger über das politische Geschehen informieren und diese kritisch kommentieren, tragen sie zur politischen Meinungsbildung bei. Andererseits sind Politiker und Parteien darauf angewiesen, ihre Positionen in den Medien darzustellen. Medien kontrollieren aber auch die Politik, indem sie Missstände, z. B. Bestechungsaffären, aufdecken. Man bezeichnet deshalb die Medien auch als die **„Vierte Gewalt"** im Staat.

Damit Information und Kontrolle ungehindert erfolgen können, ist im Grundgesetz die **Pressefreiheit** festgeschrieben. Dazu gehört, dass Journalisten besondere Rechte haben. Sie müssen beispielsweise ihre Informanten nicht nennen und Behörden sind ihnen gegenüber auskunftspflichtig. Das Recht zur freien Berichterstattung und die Kontrolle der Politik sind für das Funktionieren der Demokratie äußerst wichtig.

Grenzen und Gefahren

Der Artikel 5 des Grundgesetzes setzt im Absatz 2 der freien Berichterstattung aber auch Grenzen. Zum Beispiel müssen Gesetze eingehalten und die Privatsphäre geachtet werden. Es sind weder Unwahrheiten und Vorverurteilungen erlaubt noch Aufrufe zur Gewalt. In seinem „Pressekodex" hat der Deutsche Presserat hierzu weitere Verhaltensregeln benannt.
Medien müssen für ihre Berichterstattung unter der täglichen Informationsflut auswählen. Durch ihre Auswahl begrenzen und steuern sie die Informationsvermittlung zugleich. Geschieht dies sehr einseitig, zum Beispiel mit dem Ziel der „Stimmungsma-

3 „Volksabstimmung“

Im Frühjahr 2005 wurde in Frankreich und in den Niederlanden bei Volksabstimmungen gegen die EU-Verfassung gestimmt. Da in Deutschland kein Volksentscheid im Grundgesetz vorgesehen ist, rief die BILD-Zeitung zu einer Telefonabstimmung auf, an der sich mehr als 390 000 Anrufer beteiligten.
Am 4. Juni 2005 veröffentlichte BILD das Ergebnis und schrieb dazu: „An diesem Ergebnis kommt kein Politiker vorbei.“ Der Bundestag und der Bundesrat hatten indes bereits mit großen Mehrheiten der EU-Verfassung zugestimmt.

5 GG Art. 5

(1) Jeder hat das Recht, seine Meinung in Wort, Schrift und Bild frei zu äußern und zu verbreiten. (...) Die Pressefreiheit und die Freiheit der Berichterstattung durch Rundfunk und Film werden gewährleistet. Eine Zensur findet nicht statt.

(2) Diese Rechte finden ihre Schranken in den Vorschriften der allgemeinen Gesetze, den gesetzlichen Bestimmungen zum Schutze der Jugend und in dem Recht der persönlichen Ehre.

che“, so behindert dies die freie Meinungsbildung der Bürger. Ebenso gefährlich sind wissentliche Verfälschungen, um wirtschaftliche Interessen oder die Sensationsgier zu befriedigen, parteiliche Berichterstattung hinter dem Deckmantel der „Überparteilichkeit“ und versteckte Werbung.
Ein Problem ist auch gegeben, wenn Politiker sich der Massenmedien bedienen, um Menschen zu beeinflussen. Mediennutzer haben ein Anrecht auf ungefilterte, seriöse Information, um sich ihre Meinung selbst bilden zu können.

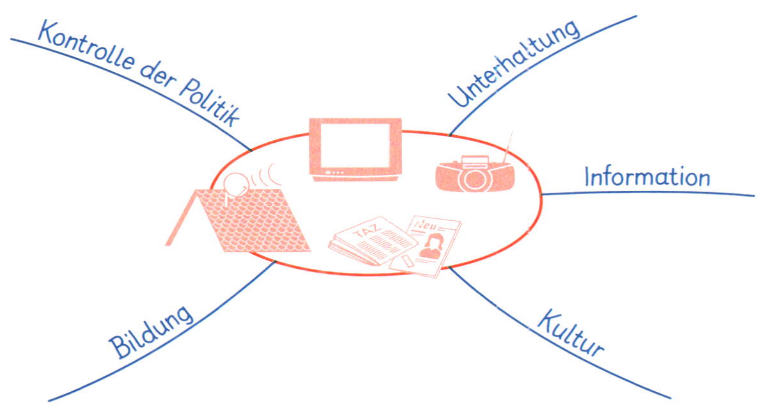

4 *Aufgaben der Medien*

Zur Standardsicherung

1 *a) Stelle dar, weshalb Medien für eine Demokratie wichtig sind.*
b) Welche Bedeutung hat hierbei die Pressefreiheit?

2 *Erkläre den Begriff „Vierte Gewalt“.*

3 *Beschreibe Foto 1 und setze dich kritisch damit auseinander.*

4 *Material 3:*
a) Welche Absicht verfolgt die BILD-Zeitung?
b) Bewerte ihre Vorgehensweise.

5 *Stelle in einer Mindmap die Gefahren einseitiger Berichterstattung dar.*

Zur Weiterarbeit

6 *Die Pressefreiheit ist keine „unbegrenzte Freiheit“. Erläutere.*

7 *Sucht in Medien Beispiele für einseitige Darstellung von Politikern bzw. politischen Ereignissen.*

8 *„Wir leben heute in einer Mediendemokratie.“ Interpretiere diese Aussage.*

Surftipp

www.presserat.de

1

5 **Fereshta Ludin vor dem Bundesverfassungsgericht**

Hüter des Grundgesetzes

2 ***GG Art. 92***

Die rechtsprechende Gewalt ist den Richtern anvertraut; sie wird durch das Bundesverfassungsgericht, durch die in diesem Grundgesetz vorgesehenen Bundesgerichte und durch die Gerichte der Länder ausgeübt.

3 ***Aufbau der Gerichte***

Bund Bundesverfassungsgericht Bundesgerichte (z. B. Bundesarbeitsgericht)
Land Staatsgerichtshöfe Gerichte der Länder (z. B. Verwaltungsgericht)
Kreis Amtsgerichte

Jeder Bürger hat das Recht, sich an das **Bundesverfassungsgericht** (BVerfG) zu wenden, wenn er sich durch staatliches Handeln in seinen Grundrechten beeinträchtigt fühlt. Voraussetzung ist aber, dass die zuständigen Gerichte des betreffenden Bundeslandes durchlaufen wurden und gegen das Anliegen des Bürgers entschieden haben.

4 **Der Kopftuchstreit**

Fereshta Ludin wurde 1972 in Kabul geboren, verbrachte aber den größten Teil ihres Lebens in Deutschland und erwarb 1995 die deutsche Staatsbürgerschaft. Sie ließ sich als Lehrerin ausbilden und unterrichtete als Referendarin an einer Stuttgarter Schule.

1998 sollte die Übernahme in den Schuldienst erfolgen, doch das Oberschulamt lehnte ab, weil Frau Ludin darauf bestand, auch im Unterricht das Kopftuch zu tragen. Mit dem Kopftuch als Symbol des muslimischen Glaubens sei die von einer Beamtin geforderte Neutralitätspflicht verletzt, so die Begründung.

Nach einem jahrelangen Rechtsstreit in verschiedenen Instanzen landete der Fall schließlich vor dem Bundesverfassungsgericht. Das Urteil von 2003 enthält folgende Feststellungen:

- Das Tragen eines Kopftuches ist grundsätzlich statthaft.
- Weil das Land Baden-Württemberg keine gesetzlichen Regelungen zum Umgang mit religiösen Symbolen in den Schulen getroffen hat, kann die Übernahme in den Schuldienst aus diesem Grund nicht verweigert werden.
- Es steht in der Macht des Landes, ein diesbezügliches Gesetz zu erlassen.

Somit war Frau Ludin einzustellen. Der baden-württembergische Landtag verabschiedete im Januar 2004 eine Ergänzung zum Schulgesetz, in der das Tragen von Kopftüchern als religiöses Symbol für Lehrende verboten wurde. Das hieße dann: keine Anstellung für Frau Ludin.

Diese Regelung ließ Frau Ludin nun 2005 vor dem Bundesverwaltungsgericht in Leipzig überprüfen. Auf der Grundlage dessen Urteils wurde nun in letzter Instanz gegen Frau Ludin entschieden: Das Kopftuchverbot ist rechtskräftig.

6

7 **Verfahren des BVerfG 1951–2003**

Verfassungsbeschwerden	141 023
Bund-Länder-Streitigkeiten	2 106
Normenkontrollverfahren (Verfassungsgemäßheit von Gesetzen)	3 377
Parteiverbotsverfahren	8

Aufgaben des Bundesverfassungsgerichtes

Das höchste Gericht im Gerichtswesen, dem System der Judikative, ist das Bundesverfassungsgericht. Sein Sitz ist in Karlsruhe. Das BVerfG entscheidet alle Streitigkeiten, die unsere Verfassung, also das Grundgesetz, betreffen. In der Hauptsache sind dies Streitfälle über grundgesetzlich garantierte Rechte. Man bezeichnet das Gericht deshalb auch als „Hüter unserer Verfassung". Für Rechtsfälle, die keine Verfassungsstreitigkeiten sind, gibt es andere oberste Gerichte, z. B. das Bundesverwaltungsgericht.

Die Aufgaben des Bundesverfassungsgerichtes lassen sich in vier Bereiche einteilen: Verfassungsbeschwerden, Bund-Länder-Streitigkeiten, Überprüfung von Gesetzen auf Verfassungsgemäßheit und Parteiverbotsverfahren. Schwerpunktmäßig ist für die ersten beiden Bereiche der Erste Senat, für die letzten beiden Bereiche der Zweite Senat zuständig. Jedem Senat gehören acht Richter an.

Die Richter des Bundesverfassungsgerichtes werden je zur Hälfte vom Bundestag und vom Bundesrat gewählt und vom Bundespräsidenten ernannt: Amtszeit zwölf Jahre jedoch längstens bis zur Vollendung des 68. Lebensjahres (Altersgrenze).

Zur Standardsicherung

1 *Schema 6: Erläutere die Wahl und Zusammensetzung des Bundesverfassungsgerichts.*

2 *Begründe, warum das BVerfG auch „Hüter des Grundgesetzes" genannt wird.*

3 *Der Fall Ludin beschäftigte folgende Gerichte: Verwaltungsgericht Stuttgart, Verwaltungsgerichtshof Mannheim, BVerfG Karlsruhe, Bundesverwaltungsgericht Leipzig.*
a) Ordne diese Gerichte der Aufstellung 3 zu.
b) Welche Rolle spielte dabei das BVerfG?

Zur Weiterarbeit

4 *a) Stellt mithilfe der Artikel 2, 3 und 4 des Grundgesetzes dar, welche „Rechtsgüter" im Fall Ludin eine Rolle spielten.*
b) Führt eine Pro- und Kontra-Diskussion zum Thema „Kopftuchtragen im Unterricht" durch.
c) „Jedes Freiheitsrecht stößt an Grenzen, auch die Religionsfreiheit." Setzt euch mit dieser These auseinander.

5 *Politische Meinungsverschiedenheiten werden häufig vor dem BVerfG ausgetragen.*
a) Stellt ein aktuelles Beispiel dar.
b) Weshalb ist dieser Tatbestand auch kritisch zu bewerten?

Surftipp
www.bverfg.de
(Bundesverfassungsgericht)

1 GG Art. 9

(1) Alle Deutschen haben das Recht, Vereine und Gesellschaften zu bilden.
(2) Vereinigungen, deren Zwecke oder deren Tätigkeit den Strafgesetzen zuwiderlaufen oder die sich gegen die verfassungsmäßige Ordnung oder gegen den Gedanken der Völkerverständigung richten, sind verboten.

2 GG Art. 18

Wer die Freiheit der Meinungsäußerung (...) (Artikel 5 Abs. 1), die Lehrfreiheit (Artikel 5 Abs. 3), die Versammlungsfreiheit (Artikel 8), die Vereinigungsfreiheit (Artikel 9), das Brief-, Post-, und Fernmeldegeheimnis (Artikel 10), das Eigentums- (Artikel 14) oder das Asylrecht (Artikel 16 a) zum Kampfe gegen die freiheitliche demokratische Grundordnung missbraucht, verwirkt diese Grundrechte. (...)

3 GG Art. 21

(2) Parteien, die nach ihren Zielen oder nach dem Verhalten ihrer Anhänger darauf ausgehen, die freiheitliche demokratische Grundordnung zu beeinträchtigen oder zu beseitigen oder den Bestand der Bundesrepublik Deutschland zu gefährden, sind verfassungswidrig. (...)

4 ***Lichterkette gegen rechte Gewalt***

5 ***Demonstration von Neonazis***

Wehrhafte Demokratie

Maßnahmen gegen Extremismus

Eine moderne menschliche Gemeinschaft kann ihren Mitgliedern nur dann Freiheit und Sicherheit garantieren, wenn sie sich einen Staat schafft, der seine Rechtsordnung garantieren kann. Gewaltausübung muss dem Staat vorbehalten bleiben, um einen Krieg aller gegen alle zu verhindern. Im freiheitlichen Staat muss diese Machtausübung aber auch kontrollierbar sein.

Der **Extremismus** stellt sowohl die Staatsordnung, als auch die Rechtsordnung in Frage und beansprucht das Recht auf Gewaltausübung für sich, um eine andere, nicht freiheitliche Ordnung, zu schaffen.

In der Bundesrepublik sind die Polizei, das Bundesamt für Verfassungsschutz, die Landesämter für Verfassungsschutz und die Justiz die wichtigsten Instrumente zur Bekämpfung des Extremismus.

Der wehrhafte Staat kann aber die Auseinandersetzung der Gesellschaft mit den Feinden der Demokratie nicht ersetzen. Bürgerschaftliches Engagement und Zivilcourage sind erforderlich, um die freiheitliche Gesellschaft zu erhalten.

Demokratiemüdigkeit kann hier gefährlich werden.

Zur Standardsicherung

1 *Text 7: Wie versucht die NPD, Anhänger und Mitglieder zu gewinnen?*
2 *Informiere dich über rechtsextreme Elemente in den Jugendkulturen (z. B. Musik, Kleidung, Symbole).*
3 *Durch welche Bestimmungen schützt das Grundgesetz vor dem Missbrauch der Grundrechte?*
4 *Definiere den Begriff Extremismus.*

Zur Weiterarbeit

5 *Führt die Mindmap 6 weiter und diskutiert darüber.*
6 *Informiere dich anhand des letzten Verfassungsschutzberichtes über die Mitgliederzahl und die Aktivitäten extremistischer Gruppierungen.*

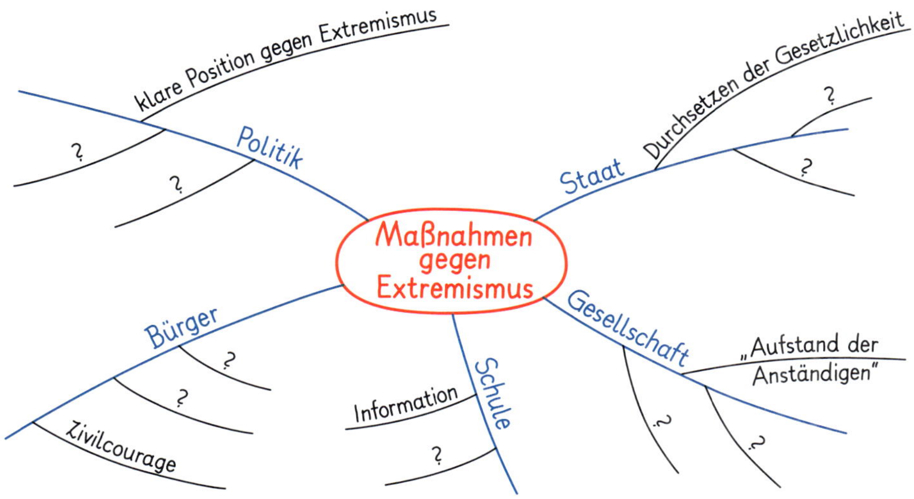

6

7 **Interview mit dem Experten für Rechtsextremismus Bernd Wagner (Diplom-Kriminalist)**

Was war für Sie die wichtigste Entwicklung im Bereich Rechtsextremismus im Jahr 2004?

Wagner: Die wichtigste Zäsur war der Einzug der NPD in den sächsischen Landtag. Der zeitgleiche Einzug der DVU in den brandenburgischen Landtag ist auch unschön. Die NPD hat eine relativ feste Organisationsstruktur, ist ideologisch entwickelter und jugendkulturell gefestigter. In ihrer Politik ist die NPD mehr auf die Masse orientiert und versucht, Wähler weit über ihr Stammpotenzial hinaus zu mobilisieren.

Wie macht die NPD das?

Wagner: Sie besetzt aktuelle, in Deutschland von allen Seiten stark diskutierte Themen. Sie klinkt sich stark ein in die Diskussion um soziale Fragen, vertritt massive Kritik an der Globalisierung, schürt in der Integrationsdebatte Überfremdungsängste und die Angst vor der Arbeitslosigkeit.

Und was ist mit den Wählern?

Wagner: Wenn demokratische Parteien davon ausgehen, die NPD-Wähler in Sachsen hätten nur den etablierten Parteien einen Denkzettel verpassen wollen, nehmen sie zugleich an, dass die NPD-Wähler dem demokratischen Grundkonsens zustimmen. Dabei handelt es sich hier um Menschen, die grundsätzlich mit dem System Demokratie nichts mehr am Hut haben und die sich bewusst für eine systemfeindliche Partei entschieden haben.

Haben sich die Sympathisanten rechtsextremer Parteien verändert?

Wagner: Ja, es geht nicht mehr nur um eine Randgruppe. Die Sympathisanten kommen zunehmend aus unterschiedlichen Schichten der Bevölkerung. Die NPD hat in den letzten Jahren stark auf Jugendliche und junge Erwachsene als Zielgruppe gesetzt. Und der Wahlerfolg der NPD zeigt auch deutlich, dass rechtsextremer Lifestyle, rechtsextreme Jugendkultur eben doch bündelbar ist.

Gab es auch erfolgreiche Gegenstrategien 2004?

Wagner: Nach einigen Jahren der Arbeit ist jetzt deutlich sichtbar: Investitionen in die Zivilgesellschaft lohnen sich. Es macht einen enormen Unterschied, ob es demokratische Netzwerke gibt oder nicht. In Orten, in denen es noch in den neunziger Jahren eine starke rechtsextreme Präsenz in der Öffentlichkeit gab, existieren jetzt deutlich sichtbare, selbst organisierte Gegenorganisationen, die auch von Entscheidungsträgern wahrgenommen werden.

8 ***Parteien verbieten?***

Parteien können nur vom Bundesverfassungsgericht verboten werden (GG Art. 21). Bislang hat es in der Bundesrepublik zwei solcher Verbote gegeben, wobei die Verfahren mehrere Jahre dauerten. Gegen die NPD haben 2001 der Bundestag, der Bundesrat und die Bundesregierung ein Verbot beantragt. Das Verfahren wurde 2002 gestoppt, da die Rolle von verdeckten Informanten des Verfassungsschutzes vom Bundesverfassungsgericht beanstandet wurde. Das Verfahren wurde eingestellt. Über den Verbotsantrag selbst ist keine Entscheidung getroffen worden.

Surftipps

www.bpb-aktiv.de
www.mut-gegen-rechte-gewalt.de
www.netzgegenrechts.de
www.farbe-bekennen-nrw.de

TERRATraining

Deutschland – ein demokratischer Bundesstaat

	Gesetzgebende Gewalt	Vollziehende Gewalt	Rechtsprechende Gewalt
Bundes-ebene	Bundestag Bundesrat	Bundesregierung	Bundesverfassungs-gericht Oberste Gerichtshöfe
Länder-ebene	Parlamente der Länder	Länderregierungen	Gerichte der Länder

1 Teilung der Staatsgewalt

Wichtige Begriffe

Bundeshaushalt
Bundeskanzler
Bundespräsident
Bundesrat
Bundesregierung
Bundestag
Bundesverfassungsgericht
Einfache Gesetze
Erststimme
Extremismus
Föderalismus
Gesetzgebungsverfahren
Legislative
Mehrheitswahl
Pressefreiheit
Richtlinienkompetenz
Solidaritätsprinzip
Sozialstaatsprinzip
Verfassungsprinzipien
Verhältniswahl
Vermittlungsausschuss
Vierte Gewalt
Wahlgrundsätze
Zustimmungspflichtige Gesetze
Zweitstimme

Kennen

1 *Begriffe gesucht*

a) Er bestimmt die Richtlinien der Politik.
b) Er muss vielen Gesetzen des Bundestages zustimmen.
c) „Hüter des Grundgesetzes"
d) Es gibt 16 an der Zahl.
e) Bundeskanzler + Bundesminister = ?
f) Er wird vom Volk gewählt.

2 *Richtig oder falsch?*

Begründe deine Entscheidungen.

a) Mit der Erststimme werden die Abgeordneten gewählt und mit der Zweitstimme der Bundeskanzler.
b) Jedes Gesetz wird im Vermittlungsausschuss beraten.
c) Alle vom Bundestag beschlossenen Gesetze können vom Bundesverfassungsgericht überprüft und ihr In-Kraft-Treten gegebenenfalls verhindert werden.
d) Die Überalterung der Bevölkerung führt zu großen Problemen bei der Finanzierung der Sozialausgaben.
e) Die Medien haben die Aufgabe, die Regierung bei ihrer schwierigen Arbeit zu unterstützen.

3 *Begriffe erklären*

Erkläre mit eigenen Worten die Begriffe

a) Föderalismus
b) Sozialstaatsprinzip
c) Extremismus

Verstehen

4 *Bundestagswahl*

a) Worüber entscheidet die Erststimme?
b) Worüber entscheidet die Zweitstimme?
c) Wie kommt es zu Überhangmandaten?
d) Was steckt hinter der Regelung „5 % oder drei Direktmandate"?

5 *Welcher Begriff passt nicht dazu? Begründe.*

a) Arbeitslosenversicherung – Ausbildungsversicherung – Krankenversicherung – Rentenversicherung
b) allgemein – indirekt – geheim – gleich
c) Landesliste – Erststimme – Zweitstimme – 5 %-Klausel
d) Bundesstaat – Rechtsstaat – Solidarstaat – Sozialstaat
e) Exekutive – Judikative – Medikative – Legislative
f) Sozialismus – Gewaltenteilung – Parteienprinzip – Volkssouveränität

Gewaltenteilung

6 *a) Ordne mithilfe von Schema 1 die Staatsorgane den Gewalten zu.*
b) Trotz der Aufgabenteilung stehen die Gewalten nicht isoliert, sondern es gibt Querverbindungen. Suche Beispiele dafür.

2 Meinungen zur Demokratie

„Ohne Streit funktioniert unsere Demokratie nicht."

„Eine Demokratie ist nur dann etwas wert, wenn Minderheiten nicht einfach überstimmt werden."

„Mit den ewigen Streitereien in der Politik wird die Demokratie noch kaputt gemacht."

„Unser Grundgesetz lässt sehr viel zu, deshalb muss man trotz aller Streitereien das Grundgesetz als kleinsten gemeinsamen Nenner anerkennen."

„Die Demokratie muss sich auch schützen können, deshalb gilt: keine Toleranz gegenüber den Intoleranten."

„Die Mehrheit muss souverän entscheiden können, sonst ist es keine Demokratie."

3

4

Beurteilen

7 *Meinungen zur Demokratie*

Diskutiert die in Text 2 vorgetragenen Meinungen zur Demokratie. Stellt am Ende der Diskussion die aus eurer Sicht unverzichtbaren Merkmale der Demokratie zusammen.

8 *Dürfen Künstler alles?*

Plakate 4: Klaus Staeck verfremdet nationale Symbole Deutschlands. Wie interpretiert und bewertet ihr die beiden Plakate?

9 *Wird Politik in Talkshows gemacht?*

a) Zeichnet eine politische Talkshow auf und schaut sie euch im Unterricht an.

b) Notiert die Hauptargumente der Diskussionsteilnehmer.

c) Stellt fest, was ihr Neues erfahren habt.

d) Diskutiert darüber, welche Rolle solche Talkshows für die politische Meinungsbildung haben können.

Handeln

10 *Medienanalyse*

Verfolgt das Geschehen im Bundestag in einer Sitzungswoche.

Bildet dazu Gruppen, die sich jeweils einem Massenmedium zuwenden:

- *Fernsehen (privat/öffentlich-rechtlich)*
- *Tageszeitung (regional/überregional)*
- *Radio (Servicesender/Deutschlandfunk)*
- *Internet (Homepage des Bundestages/andere Anbieter)*

Führt eine Präsentation der Ergebnisse durch.

11 *Der Bundespräsident*

a) Informiere dich über das Wahlverfahren bei der Wahl des Bundespräsidenten (GG Art. 54).

b) Arbeite aus den Artikeln 58, 59 und 60 des Grundgesetzes heraus, welche Aufgaben der Bundespräsident hat.

c) Der Bundespräsident hat wenig politische Macht. Diskutiert über Sinn und Zweck dieses Amtes.

Teste dich selbst

Kannst du die Aufgaben 1, 2 und 5 ohne Hilfe lösen?

Training

Die Europäische Union

Wir zahlen und rechnen täglich mit dem Euro und reisen durch Europa ohne unseren Reisepass vorzuzeigen. Wer möchte kann nach Italien ziehen oder in Spanien arbeiten. Die Vorzüge des Lebens in der Europäischen Union sind für uns schon fast selbstverständlich. Schon längst sind wir zu EU-Bürgern geworden. Viele Gesetze, die für unser Zusammenleben in Deutschland gelten, haben ihren Ursprung in der Europäischen Union. In diesem Kapitel könnt ihr einiges von den Anfängen bis zu den Zukunftsperspektiven der Europäischen Union erfahren.

Sverige
Suomi / Finland
Eesti
Latvija
Lietuva
(Ross.)
Polska
Rossijskaja Federacija
(Российская Федерация)
Belarus
(Беларусь)
Ukraïna
(Україна)
Qazaqstan
(Қазақстан)
Slovenská republika
Magyarország
Rep. Moldova
România
Srbija i Crna Gora
(Србија и Црна Гора)
Bǎlgarija
(България)
Makedonija
(Македонија)
Shqipëria
Elláda
(Ελλάδα)
Türkiye
Kýpros/
(Κύπρος)
Kıbrıs
EUROPÄISCHE GEMEINSCHAFT
BUNDESREPUBLIK DEUTSCHLAND
REISEPASS
FÜHRERSCHEIN BUNDESREPUBLIK DEUTSCHLAND
Bundes-republik Deutschland
FRANCE

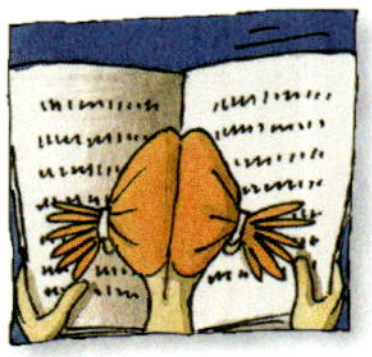

1 *Kriegsgräber aus dem Zweiten Weltkrieg*

2 *Winston Churchills Rede in der Schweiz 1946*

Niklas fragt nach

Anlässlich des 90. Geburtstages von Niklas´ Urgroßvater Anton findet eine große Familienfeier statt. Niklas ist guter Laune: Heute ist Geburtstagsfeier und morgen geht es gleich nach Frankreich zum Schüleraustausch.
„Gab es zu deiner Schulzeit eigentlich auch schon einen Schüleraustausch?“ möchte Niklas von seinem Urgroßvater wissen.
„Oh nein Niklas. Zu meiner Schulzeit wäre das nicht nur finanziell unmöglich gewesen. Mein Vater ist als junger Soldat im Ersten Weltkrieg in Belgien gefallen und ich war im Zweiten Weltkrieg in französischer Gefangenschaft. Nicht nur die Schatten dieser beiden Kriege haben Europa so schwer belastet, dass ein Schüleraustausch zu der Zeit absolut undenkbar gewesen wäre. Das Verhältnis zwischen Deutschland und Frankreich war durch tiefe Feindschaft geprägt, deren Wurzeln lange Zeit zurückreichen.“
Niklas, der in der Schule vom vereinigten Europa hörte, ist irritiert. Klar weiß er, dass es die Europäische Union noch nicht lange gibt. Und vom Ersten und Zweiten Weltkrieg, als Deutschland fast mit ganz Europa Krieg führte, hat er natürlich auch schon eine Menge gehört. Nun fragt er sich aber zum ersten Mal, wie aus Feinden ein gemeinsames und friedliches Europa werden konnte.

Hoffnung auf Frieden und Stabilität

„Man hoffte, dass ein vereintes Europa Kriege in Zukunft verhindern kann“, erklärt Urgroßvater Anton. „Außerdem hatte Europa, das vor dem Zweiten Weltkrieg neben der USA und der UdSSR eine wichtige Rolle in der Weltpolitik spielte, sich im Krieg zerfleischt. Die westeuropäischen Staaten hofften, durch die politische Einigung Macht zurückzugewinnen. Über viele Jahre hinweg konnten Menschen nicht in andere Länder reisen, auch der Warenhandel war eingeschränkt. Da kann man sich den Wunsch nach Freiheit und Mobilität gut vorstellen. Mitte der 50-er Jahre sind wir mit deinem Opa in den Urlaub nach Italien gefahren. Das war ein Ereignis, das zehn Jahre vorher noch undenkbar gewesen wäre. Für dich ist es ja heute selbstverständlich, Urlaub überall in Europa zu machen.
Natürlich versprach man sich vom Zusammenschluss der europäischen Staaten auch wirtschaftlichen Wohlstand. Nach dem Zweiten Weltkrieg ging es vielen Menschen in Europa schlecht. Handel und Warenaustausch unter den Ländern brachte Hoffnung auf wirtschaftliche Stabilität.“

Europarat

„Klar“, sagt Niklas, „ich kann gut verstehen, dass Europa wieder zusammenhalten wollte. Gab es denn bestimmte Ereignisse oder Menschen, die diesen europäischen Gedanken besonders gefördert haben?“
„Ja, natürlich. Allerdings kamen viele Einflüsse und Ereignisse zusammen. Winston Churchill hat 1946 eine Rede in der Schweiz

3 ***Historischer Händedruck: Mitterand und Kohl 1984***

4 ***Schüleraustausch Deutschland – Polen 2005***

gehalten, die mich sehr beeindruckt hat. Churchill war Premierminister in Großbritannien. Europa lag noch in Trümmern und die Wunden des letzen Krieges waren tief, da forderte er die westeuropäischen Länder zur Bildung der Vereinigten Staaten von Europa auf. Er sprach von der Bildung einer europäischen Völkerfamilie. Churchill schlug vor, dass die Erzfeinde Deutschland und Frankreich eine Partnerschaft aufbauen sollen. Das sollte der erste Schritt für die Vereinten Staaten von Europa sein. Außerdem schlug er die Gründung eines Europarates vor, dem alle europäischen Staaten beitreten können."

„Europarat, das habe ich schon mal gehört," unterbricht Niklas seinen Uropa, „der wurde dann damals also auch gegründet?"

„Richtig, du darfst den Europarat aber nicht mit dem Rat der Europäischen Union verwechseln. Der Europarat wurde bereits 1949 gegründet und er hat nichts mit dem Rat der Europäischen Union zu tun. Mittlerweile gehören dem Europarat 46 Mitgliedsstaaten an."

„Aus welchem Grund hat er sich denn gebildet?" erkundigt sich Niklas.

„Die Gründung des Europarates war der erste Schritt, die europäischen Länder näher zusammenzubringen. Die Mitglieder des Europarates verpflichten sich auf den Schutz und die Förderung gemeinsamer Ideale und Grundsätze. Der Europarat hat zum Beispiel die Europäische Menschenrechtskonvention geschaffen. Das ist ein Katalog von Menschen- und Grundrechten, die alle Mitgliedsländer einhalten müssen."

Die Montanunion entsteht

„Und aus dem Europarat entwickelte sich später die Europäische Union, also die EU?" mutmaßt Niklas.

„Nein, nein. Die EU, so wie du sie kennst, gibt es erst seit 1993. Sie ist aber aus anderen Organisationen hervorgegangen. Der französische Außenminister Robert Schuman schlug 1950 vor, die Kohle- und Stahlproduktion der Franzosen und Deutschen einer gemeinsamen Behörde zu unterstellen. Belgien, Italien, Luxemburg und die Niederlande schlossen sich dem Plan an. Diese sechs Staaten gründeten dann 1952 die Europäische Gemeinschaft für Kohle und Stahl, die man auch Montanunion nennt. Sie war der erste Schritt zur heutigen EU. Leider werde ich die Weiterentwicklung der EU wohl nicht mehr erleben."

„Aber ich werde es erleben, Uropa. Und ich bin gespannt, was ich meinen Enkeln mal erzählen werde ..."

Verbessere deine Lesekompetenz

1 *Erstelle eine Zeittafel mit wichtigen Daten und Ereignissen der europäischen Einigung.*

2 *Welche Wünsche und Hoffnungen in Bezug auf Europa hatte man nach dem Zweiten Weltkrieg? Erstelle eine Liste.*

3 *Warum sprach Churchill 1946 in seiner Rede davon, dass eine Partnerschaft zwischen Deutschland und Frankreich der erste Schritt der Europäischen Staatengemeinschaft sein muss? Finde eine Begründung im Text und schreibe sie auf.*

1 *Auf einem Gleis nach Europa*

Stationen des Einigungsprozesses

¡Holá! Anfangs war Denise (16) begeistert, als ihre Familie beschloss, von Köln nach Spanien zu ziehen. Doch je näher der Abschied von den Freundinnen rückte, desto unheimlicher wurde ihr der Gedanke, sich in einer neuen Umgebung mit einer fremden Sprache zurechtfinden zu müssen. Zum Glück hatte sie in der Volkshochschule an einem Spanischkurs teilgenommen.

Dann ging alles sehr schnell: Kein Grenzbeamter stoppte ihre Fahrt, kein Zöllner kontrollierte den Möbelwagen mit der Wohnungseinrichtung. Problemlos hatte die Familie vorher in Alicante ein Haus erwerben und einen Handwerksbetrieb für Elektrotechnik gründen können. Werkzeuge, Einrichtung und einen Teil des Warenbestandes importierten ihre Eltern ohne Schwierigkeiten aus Deutschland.

Die Kölner Schulzeugnisse gelten auch in Spanien. So begann Denise in Alicante eine Ausbildung zur Bankkauffrau, wodurch ihr die Sprache rasch geläufig wurde. Freundinnen hatte sie ebenso schnell gefunden.

Nach der Ausbildung wird Denise in ihrem spanischen Betrieb bleiben. Wegen ihrer Sprachkenntnisse ist sie der Bank willkommen, die zahlreiche Geldgeschäfte mit Deutschland abwickelt. Mit dem ersten „richtigen“ Verdienst will sie dann den Führerschein machen. Ihre Eltern haben nämlich versprochen, ihr zum 18. Geburtstag ein Auto zu schenken. Doch die Steuern und Versicherungsbeiträge für das Auto muss sie selber tragen.

Ob Denise nach Deutschland zurückkehren wird, weiß sie noch nicht. Warum auch? Schließlich besitzt sie in Alicante fast die gleichen Rechte wie ihre spanischen Nachbarn. Die **Europäische Union** ermöglicht ihr sogar, an den spanischen Kommunalwahlen teilzunehmen. Und der Euro gilt auch hier.

2 Aus einem Europa-Lexikon

Binnenmarkt
Raum ohne einschränkende Binnengrenzen, in dem die vier Freiheiten herrschen.

Europäische Gemeinschaft (EG)
1967 erfolgte Vereinigung der Institutionen von Montanunion, EWG und EURATOM durch gemeinsame Organe.

Europäische Atomgemeinschaft (EURATOM)
Bündnis zur friedlichen Nutzung der Kernenergie durch gemeinsame Forschung und einheitliche Sicherheitsnormen.

Euro
Seit dem 1.1.2002 ist der Euro Währungseinheit und Zahlungsmittel in der EU.

Europäische Integration
Prozess der voranschreitenden europäischen Einigung zur Friedenssicherung.

Europäische Union (EU)
Politischer und wirtschaftlicher Zusammenschluss der Mitgliedsstaaten der EG. Ziele: Weiterentwicklung der europäischen Integration über eine reine Wirtschaftsgemeinschaft hinaus durch neue Felder der gemeinsamen Politik wie Währungsunion, Verbraucher- und Umweltschutz, Gesundheitswesen, Bildung, Sozialpolitik, Unionsbürgerschaft, Außen- und Sicherheitspolitik, Asyl- und Einwanderungspolitik, polizeiliche und justizielle Zusammenarbeit.

Europäische Wirtschaftsgemeinschaft (EWG)
Überstaatliche Gemeinschaft zur europäischen Integration. Ziele: Binnenmarkt, Zollunion, gemeinsame Agrarpolitik (GAP).

Freiheiten im Binnenmarkt
Kurzbezeichnung für den freien Personenverkehr, den freien Warenverkehr, den freien Dienstleistungsverkehr und den freien Kapitalverkehr. In der EU 1993 vollendet.

→ *Binnenmarkt: Seite 102/103*

Maastrichter Vertrag
Bezeichnung für den am 7.2.1992 in Maastricht unterzeichneten und am 1.11.1993 in Kraft getretenen Vertrag über die Europäische Union (EU).

Montanunion
Von Belgien, Deutschland, Frankreich, Italien, Luxemburg und den Niederlanden am 18.4.1951 in Paris vereinbarte Organisation zur Errichtung eines gemeinsamen Marktes für Kohle und Stahl.

Römische Verträge
Am 25.3.1957 von den sechs Montanunionstaaten unterzeichnete Verträge über die Gründung der EWG und der EURATOM, seit 1.1.1958 in Kraft.

Währungsunion
Zusammenschluss von Staaten zur Bildung eines gemeinsamen Währungsgebietes mit einheitlicher Währung und Währungspolitik.

Zollunion
Zusammenschluss von Staaten zu einem gemeinsamen Zollgebiet ohne Binnenzölle, das von einer gemeinschaftlichen Zollgrenze umschlossen wird. Die Außenzölle gegenüber Drittstaaten werden unter den Mitgliedsländern nach einem einheitlichen Schlüssel verteilt.

1 Arbeite mit Grafik 1 und dem Lexikon 2.
a) Fertige ein Referat „Von der Montanunion zur EU“ an. Erstelle dazu eine politische Karte „Etappen der europäischen Integration“. Benutze die vorgegebenen Farben.
b) Man spricht von einer Nord-, einer Süd-, einer Ost- und einer West-Erweiterung der EU. Was ist damit gemeint und wann fanden diese Erweiterungen statt?

2 a) Erläutere an Beispielen, welche Möglichkeiten Denise durch die vier Freiheiten im Binnenmarkt hat.
b) Erkundige dich bei deinen Eltern, was sich seit ihrer Kindheit durch den Binnenmarkt für sie verändert hat.

❶ ***Schülergruppe aus Nürtingen***

❸ **Aufgaben und Ziele der EU**

1993 hat die europäische Einigung zwei wichtige Ziele erreicht: Der Binnenmarkt ist verwirklicht, die Europäische Union ist gegründet. Mehr als die Hälfte der 45 europäischen Staaten gehören der Union an. Wie viele Staaten werden noch dazu kommen? Wird eines Tages ein „Europäischer Bundesstaat" entstehen? Dieser könnte die Zielsetzungen noch wirksamer verfolgen:

- Frieden und Sicherheit in Europa und in der Welt
- Steigerung des wirtschaftlichen Wohlstandes und der sozialen Sicherheit
- Kampf gegen Drogenhandel und gegen illegale Einwanderung
- mehr Einfluss in der Weltpolitik
- Steuerung des Globalisierungsprozesses

Freier Personenverkehr
Wegfall von Grenzkontrollen
Harmonisierung der Einreise-, Asyl-, Waffen-, Drogengesetze
Niederlassungs- und Beschäftigungsfreiheit für EG-Bürger
Verstärkte Außenkontrollen

Freier Warenverkehr
Wegfall von Grenzkontrollen
Harmonisierung der gegenseitigen Anerkennung von Normen und Vorschriften
Steuerharmonisierung

Freier Dienstleistungsverkehr
Liberalisierung der Finanzdienste
Harmonisierung der Banken- und Versicherungsaufsicht
Öffnung der Transport- und Telekommunikationsmärkte

Freier Kapitalverkehr
Größere Freizügigkeit für Geld- und Kapitalbewegungen
Schritte zu einem gemeinsamen Markt für Finanzleistungen
Liberalisierung des Wertpapierverkehrs

❷ ***Vier Freiheiten im Binnenmarkt***

Wir sind EU-Bürger

Mit der Zusammenarbeit in der Kohle- und Stahlindustrie hat es begonnen. Schritt für Schritt haben sich die Zusammenarbeit vertieft und die Staatengemeinschaft erweitert. Zollschranken sind gefallen und innerhalb der Gemeinschaft ist immer mehr Freizügigkeit eingekehrt. Städtepartnerschaften sind entstanden.

Den bisher größten Schritt im Einigungsprozess brachte der „Vertrag über die Europäische Union", allgemein **Vertrag von Maastricht** genannt. Mit diesem Vertrag wandelte sich die Wirtschaftsgemeinschaft zur Währungsunion und zugleich zur politischen Union. Es wurden der Euro als EU-Währung und die **Unionsbürgerschaft** eingeführt. Zeugnisse der Unionsbürgerschaft sind: Europapass, EU-Autokennzeichen und EU-Führerschein sowie das Kommunalwahlrecht der EU-Bürger am ausländischen Wohnort. Zeugnis der Währungsunion ist neben dem Euro die Einrichtung einer Europäischen Zentralbank mit Sitz in Frankfurt.

Darüber hinaus wurden die Bedingungen für den freien Güter-, Dienstleistungs- und Kapitalverkehr sowie für die Mobilität von Arbeitnehmerinnen und Arbeitnehmern verbessert und damit der **Binnenmarkt** vollendet. Dieser endet nicht an den Grenzen der Union, er schließt auch die EFTA-Staaten Island, Norwegen und Liechtenstein ein.

Im Vertrag von Maastricht wurden die Mitwirkungsrechte des Europäischen Parlaments ausgeweitet und die Zusammenarbeit der EU-Staaten auf zwei wichtige Politikbereiche ausgedehnt: auf eine „Gemeinsame Außen- und Sicherheitspolitik" und eine „Gemeinsame Asyl- und Einwanderungspolitik". Daneben wurde das Vertragswerk der drei Gemeinschaften EWG, EGKS und EURATOM überarbeitet. Man unterscheidet seitdem drei große Aufgabenbereiche, auch die „Drei Säulen der EU" genannt.

4 **Schengener Abkommen**

1985 beschlossen Frankreich, Deutschland und die BENELUX-Staaten den Wegfall der Personenkontrollen an den Binnengrenzen, um das Problem der Warteschlangen zu beenden. An den Außengrenzen wird dafür umso strenger kontrolliert, um Zollvergehen und illegale Einwanderungen zu bekämpfen.

Im Laufe der Jahre traten dem Abkommen weitere EU-Staaten sowie die Nicht-EU-Staaten Island, Norwegen, Schweiz und Liechtenstein bei.

Betrachtet ein Staat seine nationale Sicherheit als gefährdet, so kann er für einen begrenzten Zeitraum Binnenkontrollen einführen, z. B. um die Einreise von Hooligans oder Terroristen zu verhindern.

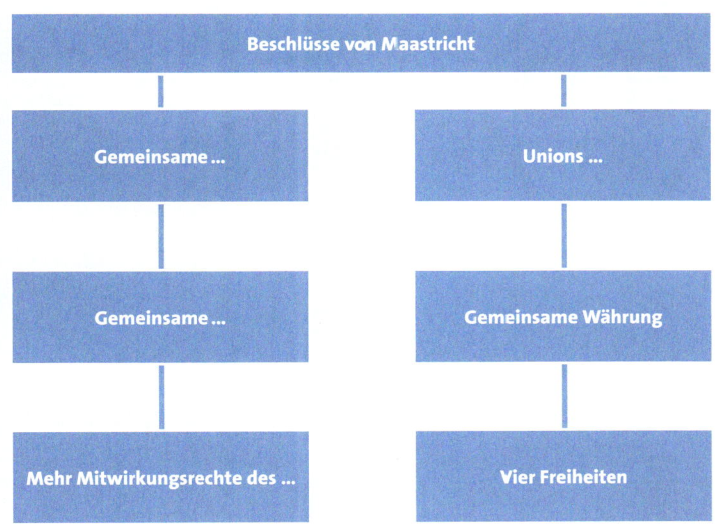

5 ***Beschlüsse von Maastricht***

Modell Europa

Nun sind wir also Europäer, Deutsche und Baden-Württemberger zugleich. Immer mehr Namen beginnen mit „Europa", „Euro" oder „EU". Die einen finden den Einigungsprozess gut, genießen die Reisefreizügigkeit und die partnerschaftlichen Beziehungen. Die anderen sind skeptisch: „Werden wir von Brüssel bevormundet? Geht unsere nationale Identität verloren?" Weltpolitisch betrachtet stellt der europäische Einigungsprozess einen einmaligen Vorgang dar. Und das in einem Kontinent, von dem zwei Weltkriege ausgingen. Man spricht in diesem Zusammenhang vom „Modell Europa" und ist der Meinung, dass es ein Vorbild für das Zusammenleben der Völker in der Welt sein kann.

6 ***Zollkontrolle am Flughafen***

7 *„Kaum einer der heute lebenden Europäer war jemals freier, kaum einer hat jemals in größerem Wohlstand gelebt – eine große Leistung? Dass sich 500 Millionen Europäer, gegliedert in 25 Nationen mit 20 in Jahrhunderten und Jahrtausenden gewachsenen nationalen Sprachen, aus ihrem eigenen freien Willen und frei von fremder Gewalt zu einer Union vereinigt haben, bleibt in der Weltgeschichte einmalig."*
(Helmut Schmidt. In: DIE ZEIT 24/2005.)

Zur Standardsicherung

1 *Politische Union und Währungsunion:*
   a) Nenne mindestens vier Merkmale der Unionsbürgerschaft.
   b) Nenne zwei Auswirkungen der gemeinsamen Währungspolitik.

2 *Der Binnenmarkt enthält „vier Freiheiten". Erstelle anhand der Grafik 2 eine Mindmap.*

3 *Die Zusammenarbeit der EU-Staaten wurde auf zwei weitere Bereiche ausgedehnt. Erläutere.*

Zur Weiterarbeit

4 *„Erleichterung an den Binnengrenzen, Erschwerung an den Außengrenzen": Erläutere das Abkommen von Schengen.*

5 *„Der Binnenmarkt ist verwirklicht, die politische Union ist gegründet": Welche Aufgaben stehen noch bevor?*

Das neue Bio-Siegel
für Produkte des ökologischen Landbaus

Was hat Schokolade mit der EU zu tun?

Richtlinien und Verordnungen

Kaum zu glauben

Viele Angelegenheiten des täglichen Lebens sind durch die EU geregelt. Die Schokoladen-Richtlinie z. B. regelt, wie Schokolade zusammengesetzt sein darf.
Es gibt Richtlinien, die regeln, wie Müll entsorgt werden muss und wie viel Schadstoffe in die Luft geblasen werden dürfen.
Es gibt eine Richtlinie, wie Hühner gehalten werden müssen und eine, die Spam-Mails verbietet.

„Was hab´ ich mit der Europäischen Union zu tun? Was geht es mich an, was in Brüssel oder Straßburg passiert?" Dass du mit dem Euro zahlst, dass du später vielleicht einmal im europäischen Ausland studieren oder arbeiten wirst, ja selbst die Zusammensetzung der Schokolade hat etwas mit den Gesetzen der Europäischen Union zu tun.
In der EU werden viele Gesetze beschlossen, die für alle Mitgliedsstaaten gleichermaßen gelten und an die sich alle halten müssen. 70 % aller Gesetze, die in Deutschland erlassen werden, sind auf Gesetze der EU zurückzuführen. Solche Gesetze auf der Ebene der EU werden Verordnungen und Richtlinien genannt.

Verordnungen und Richtlinien

Wenn eine **Verordnung** in der EU beschlossen wird, gilt diese sofort nach ihrer Verabschiedung in allen EU-Mitgliedsstaaten. Sie wird dort automatisch zum Gesetz.
Verordnungen werden selten erlassen. Ein Beispiel für eine EU-Verordnung ist die Kennzeichnungspflicht ökologisch angebauter Lebensmittel. Durch die einheitliche Kennzeichnung sollen ökologisch hergestellte Produkte gegenüber Nachahmern geschützt werden. Viele Firmen hatten ihre Produkte mit „Bio" oder „Öko" gekennzeichnet, obwohl sie gar nicht ökologisch erzeugt wurden. Mit der 1991 erlassenen Verordnung hat man erreicht, dass ökologisch hergestellte Produkte eindeutig zu erkennen sind.

In EU-**Richtlinien** sind Ziele festgelegt, die in nationales Recht umgesetzt werden müssen. Für die Umsetzung in Gesetze haben die Länder einen festgelegten Zeitraum von mehreren Jahren. Eine Richtlinie gilt also erst dann, wenn die nationalen Parlamente sie in ein Gesetz umgewandelt haben.
Wie wichtig gemeinsame Richtlinien und Verordnungen sind, wird im Bereich Wasser und Luft besonders deutlich: Denn dies sind Güter, die sich Menschen über Grenzen hinweg teilen. Versucht ein Land, durch strenge Gesetze die Umwelt möglichst sauber zu halten, und das angrenzende Land tut das nicht, so bringt Umweltschutz nichts. Nur wenn alle Mitgliedsstaaten gleiche Regeln haben, kann man auch etwas erreichen.

Subsidiaritätsprinzip

Natürlich ist es nicht sinnvoll, alle Angelegenheiten auf EU-Ebene zu beschließen. Die Bildungspolitik ist beispielsweise Aufgabe der Mitgliedsstaaten. So darf die EU keine Vorgaben dazu machen, was in den Lehrplänen steht und wie das Schulsystem aufgebaut ist. Die EU handelt nach dem **Subsidiaritätsprinzip**. Das bedeutet, dass Beschlüsse nur dann auf EU-Ebene gefasst werden, wenn es sinnvoll ist und der Gemeinschaft dient. Denn Beschlüsse sollen möglichst bürgernah gefasst werden. So weiß ein Land am besten, welches Schulsystem und welche Lehrinhalte es bevorzugt.

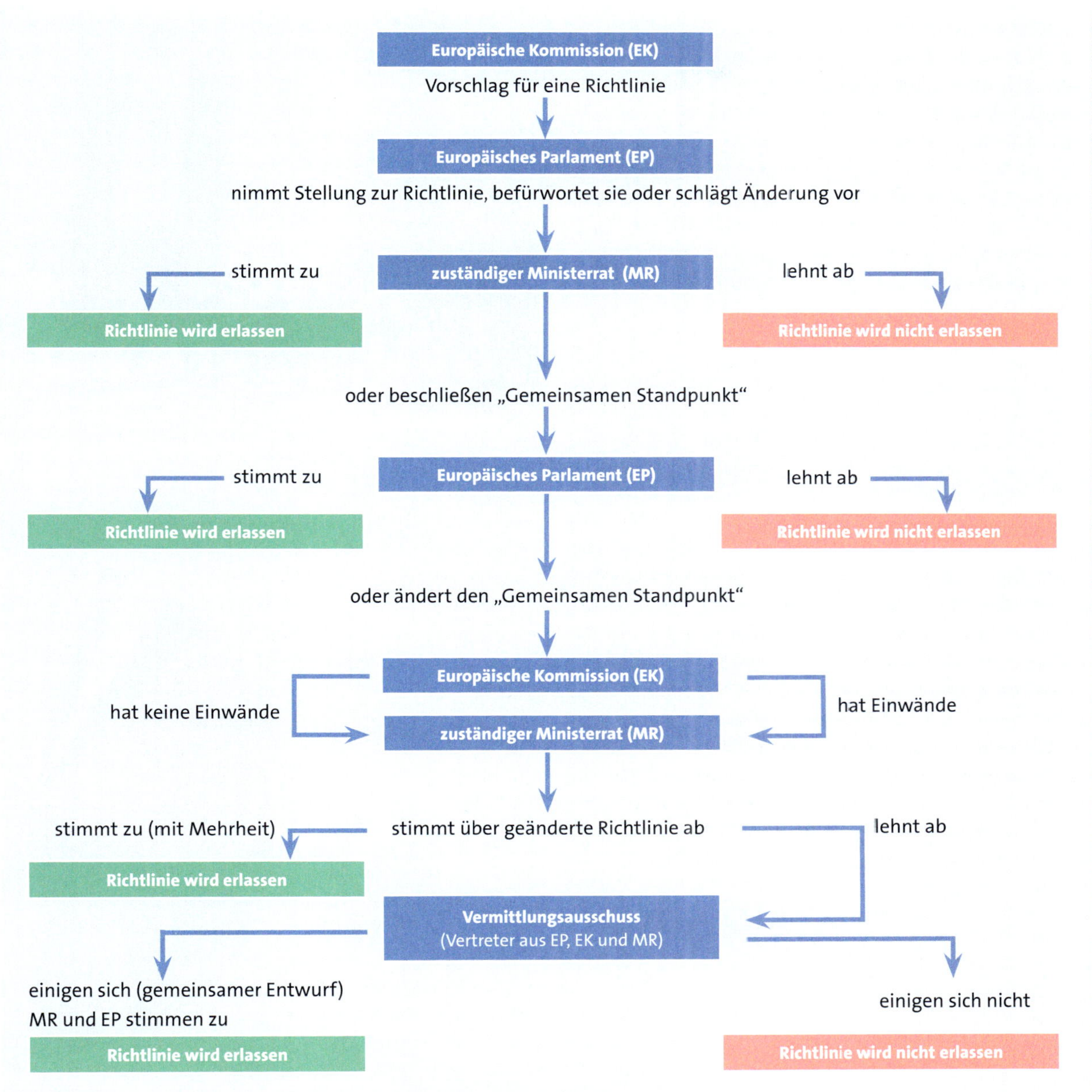

3 ***Weg einer Richtlinie – das Mitentscheidungsverfahren (vereinfacht)***

Zur Standardsicherung

1 *Beschreibe den Unterschied zwischen einer Richtlinie und einer Verordnung.*

2 *Erkläre deinem Nachbarn anhand des Schemas 3, wie das Mitentscheidungsverfahren der EU funktioniert. Wenn du dafür noch weitere Informationen brauchst, benutze auch die nachfolgende Seite.*

3 *Erkläre, was das Subsidiaritätsprinzip bedeutet, und gib ein Beispiel.*

Zur Weiterarbeit

4 *Gruppenarbeit: Findet andere Beispiele für Richtlinien und Verordnungen der EU, die bei uns gelten.*

Gemeinsamer Standpunkt

bedeutet, dass sich der Ministerrat mehrheitlich auf eine Änderung der vorgeschlagenen Richtlinie einigt.

❶ **Europäische Kommission**

Sie besteht 2006 aus 25 Mitgliedern, den EU-Kommissarinnen und -Kommissaren. Aus jedem Mitgliedsstaat der EU stammt eine Kommissarin oder ein Kommissar. Der Sitz der EU-Kommission ist Brüssel.

Nur die EU-Kommission hat das Recht, Vorschläge dafür zu machen, was für die EU einheitlich geregelt werden soll. Deshalb sagt man auch, dass die EU-Kommission der „Motor der Europäischen Union" ist. Wenn es zu einer einheitlichen Regelung gekommen ist, setzt die Kommission die Beschlüsse in die Tat um und überwacht deren Einhaltung in allen Mitgliedsstaaten.

❷ **Europäisches Parlament**

Das Europäische Parlament befindet sich in Straßburg. Es besteht 2006 aus 732 Mitgliedern, die aus allen Mitgliedsstaaten kommen. Das Europäische Parlament wird alle fünf Jahre von den Bürgerinnen und Bürgern der EU gewählt. Es besitzt drei wichtige Aufgaben: Es ist an der Gesetzgebung beteiligt. Das Parlament stellt jedes Jahr einen Haushaltsplan auf, in dem festgelegt ist, wie viel Geld zur Verfügung steht und wofür es ausgegeben werden darf. Darüber hinaus kontrolliert das Parlament alle anderen politischen Tätigkeiten der EU. So kann das Parlament zum Beispiel überprüfen, ob der Ministerrat oder die EU-Kommission gegen Recht und Ordnung verstoßen. Wenn der Verdacht eines Verstoßes aufkommt, kann das Parlament einen Untersuchungsausschuss zur Klärung einsetzen.

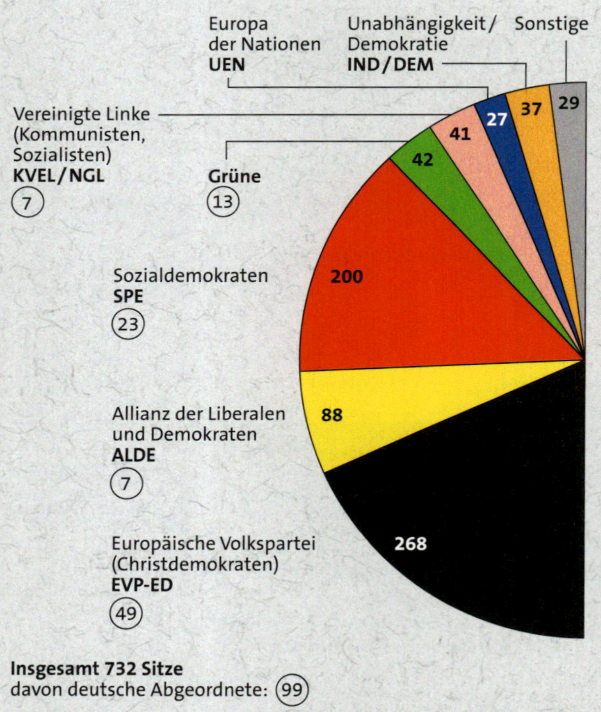

Organe der EU

Richtlinien und Verordnungen gelten in 25 Mitgliedsstaaten. Damit gelten die EU-Gesetze für 450 Millionen Einwohner auf vier Millionen Quadratkilometern.

Allein bei diesen Zahlen wird schon deutlich, dass eine so große Organisation wie die EU zentrale Einrichtungen braucht, um sich zu leiten. Diese Einrichtungen nennt man auch die **Organe der Europäischen Union**.

Um Entscheidungen auf europäischer Ebene nachvollziehen zu können, musst du verstehen, wie die EU funktioniert, sollst ihre wichtigsten Organe kennen und wissen, wie diese zusammenarbeiten.

❸ **Rat der europäischen Union (Ministerrat)**

Der Rat der europäischen Union setzt sich aus je einer Ministerin oder einem Minister jedes Mitgliedsstaates zusammen. Er wird auch Ministerrat genannt und tagt in Brüssel.
Dabei handelt es sich um verschiedene Räte. Je nach Themenbereich treffen sich die entsprechenden Fachminister der Mitgliedsstaaten, z. B. Verkehrsminister, Finanzminister oder – wie hier im Bild – die Umweltminister (Jahr 2001).
Der Rat ist der Hauptgesetzgeber der Europäischen Union. Nachdem eine Richtlinie von der Kommission vorgeschlagen und vom Europäischen Parlament befürwortet wurde, stimmt der Ministerrat ebenfalls darüber ab. Ist der Ministerrat dafür, dass die einheitliche Regelung für die EU wichtig ist, tritt die Richtlinie in Kraft.

❹ **Europäischer Rat**

Der Europäische Rat setzt sich aus den Staats- bzw. Regierungschefs der EU zusammen. In unserem Fall gehört die Bundeskanzlerin diesem Rat an. Der Europäische Rat hat keinen festen Sitz. Die Regierungschefs treffen sich mindestens zweimal im Jahr. Gastgeber ist immer ein anderes Land. Der Europäische Rat ist nicht an der Gesetzgebung beteiligt, aber es werden wichtige politische Ziele der EU festgelegt. Wichtige Fragen der Außen- und Sicherheitspolitik, der wirtschaftlichen Zusammenarbeit und der Beschäftigungspolitik werden geklärt. Beschlüsse, die aus diesen Gesprächen entstehen, werden dann wiederum in Form von Verordnungen oder Richtlinien von den anderen Organen der EU (Europäische Kommission, Europäisches Parlament und Ministerrat) auf den Weg gebracht.

❺ **Europäischer Gerichtshof**

Dem Europäischen Gerichtshof mit Sitz in Luxemburg gehören etwa 30 Richterinnen und Richter aus allen Mitgliedsstaaten an. Sie sorgen dafür, dass das EU-Recht eingehalten wird. So überprüft der Europäische Gerichtshof, ob erlassene Richtlinien in nationales Gesetz umgewandelt werden. Geschieht das nicht, können Mitgliedsstaaten, EU-Organe, Bürger oder Unternehmen klagen. Die Urteile des Europäischen Gerichtshofes haben einen starken Einfluss auf das Leben in den Mitgliedsstaaten. So führte ein Urteil im Jahr 2000 dazu, dass auch Frauen in Deutschland bei der Bundeswehr zum Dienst an der Waffe ausgebildet werden können.

Zur Standardsicherung

1 *Erstelle ein Tabelle, in der die EU-Organe mit Sitz, Aufgaben und Mitgliedern dargestellt sind.*

2 *Erstelle eine Skizze mit beschrifteten Pfeilen, in der deutlich wird, wie die einzelnen Organe der EU zusammenarbeiten. Tipp: Du kannst die Grafik auf der vorigen Seite zu Hilfe nehmen.*

Zur Weiterarbeit

3 *Erkundige dich, wie viele Abgeordnete aus den verschiedenen Ländern derzeit im EU-Parlament sitzen.*

4 *Der Europäische Rat und der Europarat sind zwei ganz unterschiedliche Einrichtungen. Finde den Unterschied heraus und erkläre ihn. Tipp: Seite 104/105 hilft dir dabei.*

1 **Bericht zum Besuch im Europaparlament in Straßburg**

Das imposante Gebäude, in dem das EU-Parlament tagt, ist sehr streng bewacht. Es war schon ein irres Gefühl, mit dem Bus davor anzuhalten. Mit Besucherausweis an der Jacke erlebten wir eine Führung zu Geschichte und Arbeitsweise der EU. Danach ging es in den Plenarsaal; vom Besucherbalkon aus konnten wir uns eine Sitzung „live" anschauen. Seit der letzten Wahl 2004 arbeiten dort 732 Abgeordnete aus 25 Ländern. Die haben sich zu sieben Fraktionen zusammengeschlossen. Deutschland hat mit 99 übrigens die meisten Abgeordneten im Parlament. Besonders beeindruckend fanden wir die vielen Simultandolmetscher, die in Logen oberhalb der Politiker sitzen.

Jeder Abgeordnete kann in seiner Muttersprache sprechen, alle Beiträge werden dann direkt in alle nötigen Sprachen übersetzt. Danach trafen wir noch Frau Gebhardt, die aus Künzelsau in Baden-Württemberg kommt und im EU-Parlament sitzt. Sie hat uns über ihre Tätigkeit erzählt. Wir fanden es ganz schön aufwändig, dass sie für ihre Arbeit ständig zwischen Straßburg und Brüssel pendeln muss.

Markus Radtke, 10 C

2 ***Sitz des Rates der Europäischen Union in Brüssel***

3 ***EU-Parlament in Straßburg***

4 ***Europäischer Gerichtshof in Luxemburg***

EU-Hauptstädte

Klassenlehrerstunde in der 10 C. Es geht um die Planung der Abschlussfahrt in Klasse 10. Ein Ziel muss her. „Wohin soll die Reise gehen?" fragt Herr Schlese, der Klassenlehrer, und sammelt Ideen. „Wir haben jetzt so lange das Thema Europäische Union behandelt, lasst uns doch einfach in die Hauptstadt der EU fahren!" schlägt Andreas vor. Herr Schlese ist sprachlos – irgendetwas ist da wohl nicht richtig verstanden worden.

Brüssel, Straßburg und Luxemburg

Jeder Staat hat eine Hauptstadt – die EU auch? Es gibt viele Städte, die für die Europäische Union eine wichtige Funktion erfüllen. Als die drei wichtigsten gelten Brüssel, Straßburg und Luxemburg. Dort sind wichtige Organisationen der EU beheimatet. In Brüssel, also in Belgien, befindet sich der Sitz des Ministerrates der EU. Zu bestimmten Themen treffen sich hier die Fachminister aller EU-Staaten. Ebenso hat die Europäische Kommission ihren Sitz in Brüssel.

Das Europäische Parlament hingegen arbeitet in Straßburg. Abgeordnete des Parlaments, die gleichzeitig in einem Fachausschuss arbeiten, müssen für Ausschuss-Tagungen nach Brüssel pendeln – und das sind weit über 400 km.

Die Stadt Luxemburg ist Standort zahlreicher EU-Einrichtungen. Das Sekretariat des Europäischen Parlaments, einige Dienststellen der Kommission der EU, der Europäische Gerichtshof, der Europäische Rechnungshof und die Europäische Investitionsbank haben hier ihren Sitz.

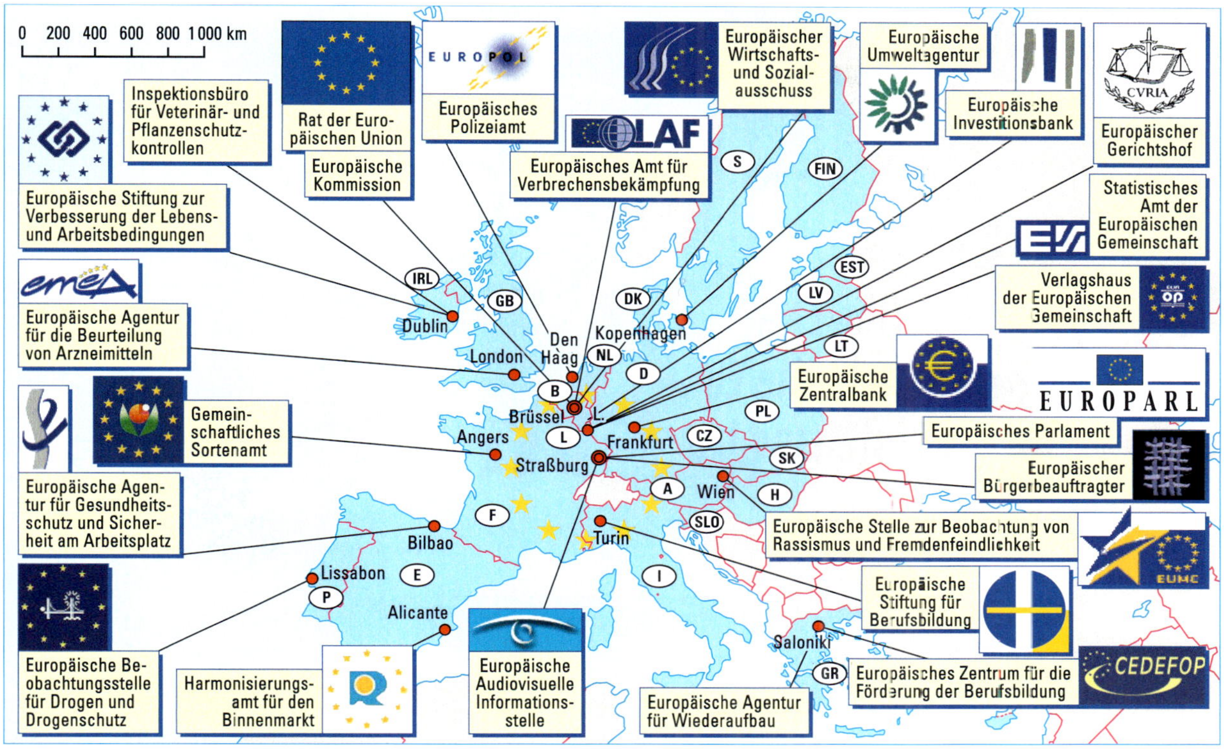

5 ***Einrichtungen der Europäischen Union***

Europäische Zentralbank

Alle Staaten der EU, die an der Europäischen Währungsunion teilnehmen und den Euro als Zahlungsmittel führen, haben eine gemeinsame Bank. Die **Europäische Zentralbank**, kurz EZB genannt, wurde 1998 gegründet und hat ihren Sitz in Frankfurt am Main. Sie ist unabhängig, das heißt, keine Regierung darf ihr Weisungen geben oder Vorschriften machen. Die wichtigste Aufgabe der EZB ist es, für die Stabilität des Euro zu sorgen, dass dieser also seinen Wert behält. Dazu beobachtet sie die Entwicklung der Preise in allen „Euro-Ländern".

Die Ausgabe der Euro-Banknoten und die Genehmigung von Euro-Münzen gehören ebenfalls zu den Aufgaben der EZB. Die EZB darf keiner Regierung in der EU Kredite oder Vergünstigungen gewähren. Zusammen mit den nationalen Zentralbanken, in Deutschland ist das die Deutsche Bundesbank, bildet die EZB das Europäische System der Zentralbanken (ESZB).

Zur Standardsicherung

1 *Liste auf, welche Institutionen und Organe in den drei Hauptstädten der EU ihren Sitz haben.*

2 *Erstelle mithilfe der Karte eine Route für eine Klassenfahrt. In welche fünf Städte, die Einrichtungen der Europäischen Union beheimaten, würdest du gern fahren? Begründe deine Entscheidung.*

3 *Welche Aufgaben hat die Europäische Zentralbank in Frankfurt? Erstelle eine Liste.*

Zur Weiterarbeit

4 *In welchen Ländern der Europäischen Union wird mit dem Euro bezahlt? Fertige eine Liste aller Länder an, die zum „Euroraum" gehören.*

5 *Karte 5: Suche mithilfe eines Lexikons oder mithilfe des Internets Informationen über eine Einrichtung der EU, die dir nicht bekannt ist. Welche Aufgaben hat sie? Erstelle ein Kurzreferat.*

Surftipps

www.europarl.eu.int

www.eu-kommission.de

❶ ***Bauerndemonstration im Herbst 2004***

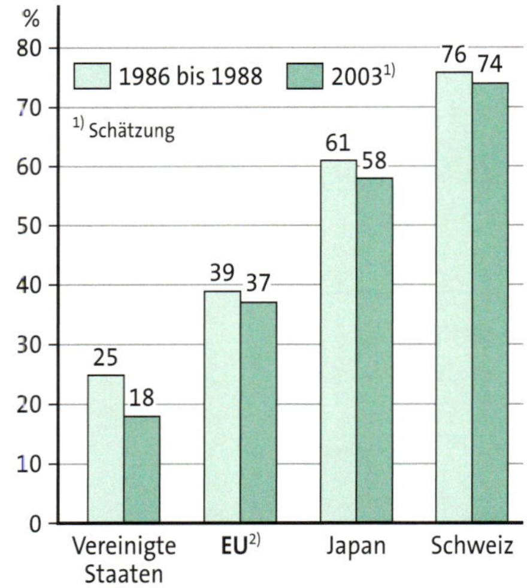

❹ ***Anteil der Subventionen an den Einnahmen der landwirtschaftlichen Betriebe***

Problemfeld Agrarpolitik

❷ *„Für uns Landwirte kommt es immer schlimmer", so ein Landwirt im September 2004 bei einer Protestveranstaltung. „Bisher hat uns Brüssel vor den Billigangeboten des Weltmarktes geschützt. Mit der Zuckermarkt-Reform liefert es uns jetzt dem Welthandel aus. Die Einnahmeverluste werden zu einem weiteren Hofsterben führen."*

Im Laufe der 50 Jahre Agrarpolitik der EU bzw. deren Vorläuferinnen EWG und EG sahen sich Europas Bauern immer wieder veranlasst zu demonstrieren. Weshalb?
Bei der Gründung der Gemeinschaft war die **Gemeinsame Agrarpolitik** (GAP) eine wichtige Zielsetzung. Diese sollte die Ernährung der Europäer sicherstellen, denn damals mussten viele Nahrungsmittel eingeführt werden und die Erinnerung an die „Hungerzeit" nach dem 2. Weltkrieg war noch sehr lebendig. Um das Ziel der Selbstversorgung zu erreichen und um Bauern ein angemessenes Einkommen zu sichern, wurden für landwirtschaftliche Erzeugnisse Mindestpreise und Abnahmemengen garantiert.

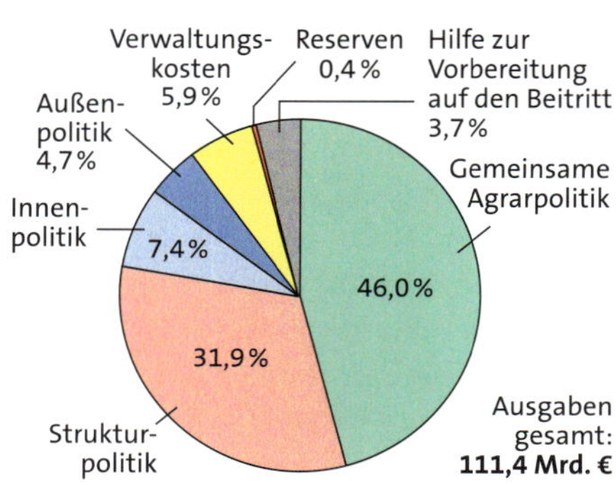

❸ ***EU-Haushalt 2006 (Entwurf)***

Dieses „System der zwei Garantien" zeigte Erfolg. Die Gemeinschaft konnte sich sehr bald bei vielen Produkten selbst versorgen. Im Zuge der Mechanisierung ihrer Betriebe steigerten die Bauern ihre Produktion stetig weiter – und das vollkommen unabhängig von der Nachfrage. Schließlich war die Kommission in Brüssel immer häufiger mit Überschüssen, mit „Getreide- und Butterbergen" bzw. mit „Milch- und Weinseen" konfrontiert.
Ein Teil der Überschüsse wurde eingelagert oder vernichtet, der Rest auf dem Weltmarkt verkauft. Da die Weltmarktpreise erheblich niedriger lagen als die Garantiepreise der EG, musste jeder Verkauf subventioniert werden. Die „Entsorgung der Überschüsse" und das System der zwei Garantien waren mit der Zeit so kostspielig, dass der Agrarhaushalt der EG mehr als die Hälfte des Gesamthaushaltes ausmachte. Erste Reformmaßnahmen wurden in Kraft gesetzt, um die gewaltigen Überschüsse und die **Subventionen** abzubauen. Bauerndemonstrationen in vielen Staaten waren die Folge. Doch die Maßnahmen zeigten zu wenig Erfolg. Der Zwang zu drastischen Einschnitten wurde größer und größer.

5 Ohne Subventionen geht es nicht

Nach Aussage des Präsidenten des Deutschen Bauernverbandes Gerd Sonnleitner würde es ohne Subventionen in Deutschland kaum mehr Bauern geben. Von den im EU-Binnenmarkt oder gar auf dem Weltmarkt zu erzielenden Preisen könne kein Landwirt leben. Subventionen seien notwendig, um Betriebe und Arbeitsplätze zu erhalten, aber auch um die Kulturlandschaft zu pflegen und eine nachhaltige Landwirtschaft zu ermöglichen. Die Pflege von Streuobstwiesen, Weinbergen, Heidegebieten und Feldfluren „ist nicht zum Nulltarif zu haben, ebenso wenig wie Lebensmittelqualität, Tier- und Umweltschutz."

(Quelle: Das Parlament, Nr. 48/2002)

6 Agrarreform der EU („Agenda 2000")

Um das Problem der Überschüsse besser in den Griff zu bekommen, beschloss die EU eine „radikale und umfassende" Reform:

- Das System der Preis- und Mengengarantie gilt fortan nur noch für wenige Produkte.
- Die EU-Marktpreise müssen sich schrittweise den Weltmarktpreisen annähern.
- Einkommensbeihilfen gibt es nicht mehr für Produktionsmengen, sondern für Betriebsflächen.
- 10 % der Betriebsflächen müssen dauerhaft stillgelegt werden.
- Dort, wo Preise noch garantiert sind, gilt eine Quotenregelung, d. h. eine Produktionsbeschränkung.

Druck auf die Subventionspolitik der EU kommt heute verstärkt auch von der Welthandelsorganisation (WTO). Diese strebt einen freien Weltmarkt der Produkte an, in dem Subventionen, Schutzzölle und andere Handelshemmnisse weitgehend abgebaut sind.

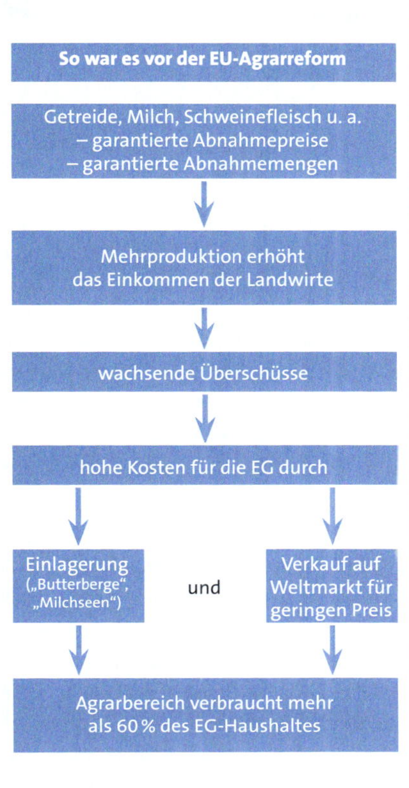

7 *Gemeinsame Agrarpolitik der EG bis 1992*

Zur Standardsicherung

1 *Text und Schema 7: Erläutere das „System der zwei Garantien" mit ihren Auswirkungen.*

2 *Die zwei Garantien werden Schritt für Schritt abgebaut.*
a) Erkläre, weshalb.
b) Weshalb führte dies immer wieder zu Bauerndemonstrationen?

3 *Flächenstilllegungen und Quotenregelungen haben dasselbe Ziel. Erläutere dieses.*

Zur Weiterarbeit

4 *Die EU-Landwirte klagen und auch die WTO ist unzufrieden mit der EU-Agrarpolitik. Wie ist das zu erklären?*

→ *WTO: Seite 205*

5 *Materialien 4 und 5: „Ohne Subventionen geht es in der EU-Landwirtschaft nicht." Begründe.*

8 *EWG-Vertrag von 1957*

Artikel 3:

Die Tätigkeit der Gemeinschaft umfasst ...
d) die Einführung einer gemeinsamen Politik auf dem Gebiet der Landwirtschaft ...

9 *Reformmaßnahmen*

1968	*Marktordnung*
1984	*Milchquote*
1992	*1. Agrarreform*
2000	*2. Agrarreform: „Agenda 2000"*
2003	*3. Agrarreform*
2006	*Zuckermarktreform*

Marktordnung

Marktordnungen regeln das Marktgeschehen, so auch in der EU. Es gibt dort mehr als 20 Marktordnungen, z. B. die Zuckermarktordnung.
Zu den Instrumenten von Marktordnungen gehören finanzielle Unterstützungen, Steuerermäßigungen, Ausfuhrerstattungen, Erhebung von Schutzzöllen, Einfuhrbeschränkungen und anderes.

Ein Merkbild erstellen: EU-Agrarmarkt

Die Marktordnung der EU zu verstehen, ist nicht einfach; sie stellt „ein Buch mit sieben Siegeln“ dar. Allein bei den Preisen schwirren fünf Begriffe durch die Gegend. Diese sind Teil eines Systems (siehe Text 1).

Ein Merkbild erstellen

1. Schritt: Erarbeitung des Sachverhaltes

- *Texte und Abbildungen lesen, dabei die Techniken der Textauswertung anwenden: Unterstreichen, Notizen machen, Unbekanntes klären*
- *das Thema festlegen, z. B. das EU-Agrarpreissystem*

2. Schritt: Sachverhalt strukturieren

- *Form der Skizze auswählen und Strukturskizze erstellen, z. B. Profilskizze, Kartenskizze, Diagramm, Kausalkette*
- *Skizze mit Schlüsselwörtern oder Stichwörtern beschriften*
- *Darauf achten, dass alle wesentlichen Aspekte des Themas enthalten sind*
- *Die Überschrift nicht vergessen.*

3. Schritt: „Skizze zum Sprechen bringen“

Eine Strukturskizze ist nur dann einprägsam, wenn sie nicht mit Text und Symbolen überfrachtet ist.

Manchmal ist es notwendig, Erläuterungen außerhalb der Skizze anzubringen und z. B.

- *Begriffe, Linien und Symbole, die einer Erläuterung bedürfen, in der Skizze mit Zahlen oder Buchstaben zu versehen.*
- *zu den Zahlen bzw. Buchstaben eine Legende mit Erklärungstexten anzulegen.*

Damit du dir komplizierte Sachverhalte vorstellen kannst, musst du die Informationen verstanden und sie auf ihren wesentlichen Gehalt reduziert haben. Anschließend kannst du sie in knapper und anschaulicher Form darstellen. Eine Möglichkeit der Darstellung ist das Merkbild.

1 **Preissystem der EU-Marktordnung**
Beispiel: Zuckermarktordnung

Für den in der EU erzeugten Zucker gilt, wie auch für einige andere Produkte, immer noch das „System der zwei Garantien“: die Preisgarantie und die Abnahmegarantie. Allerdings werden beide ab 2006 Schritt für Schritt abgebaut.

Bis zum völligen Abbau gilt weiterhin folgende Vorgehensweise:

- Der Rat der EU, in diesem Fall der Rat der Agrarminister, legt jedes Jahr aufs Neue den sogenannten *Richtpreis* für Weißzucker fest. Das ist der Verkaufshöchstpreis, der nicht überschritten werden darf.
- Der Richtpreis liegt über dem üblichen *EU-Marktpreis*, zu dem der Weißzucker innerhalb der Mitgliedsländer gehandelt wird.
- Für den EU-Marktpreis wird eine Grenze festgelegt, die nicht unterschritten werden darf. Es ist der Preis, den die Bauern mindestens erhalten. Er wird *Garantiepreis* oder Mindestpreis genannt. Die EU kauft den Zucker zu diesem Preis auf und lagert ihn ein oder verkauft ihn auf dem Weltmarkt.
- Für die Einfuhr von Zucker aus dem Weltmarkt gilt ein *Schwellenpreis*. Da Weltmarktzucker in der Regel wesentlich billiger ist, wird der *Weltmarktpreis* auf Garantiepreis-Niveau angehoben, also künstlich verteuert. Man schützt auf diese Weise die EU-Landwirte vor Billigprodukten. In der EU-Sprache heißt die Preisanhebung „Abschöpfung“. Der Preisgewinn fließt in die EU-Agrarkasse. Beim Export in den Weltmarkt ist es umgekehrt: Die EU erstattet dem Exporteur die Preisdifferenz.

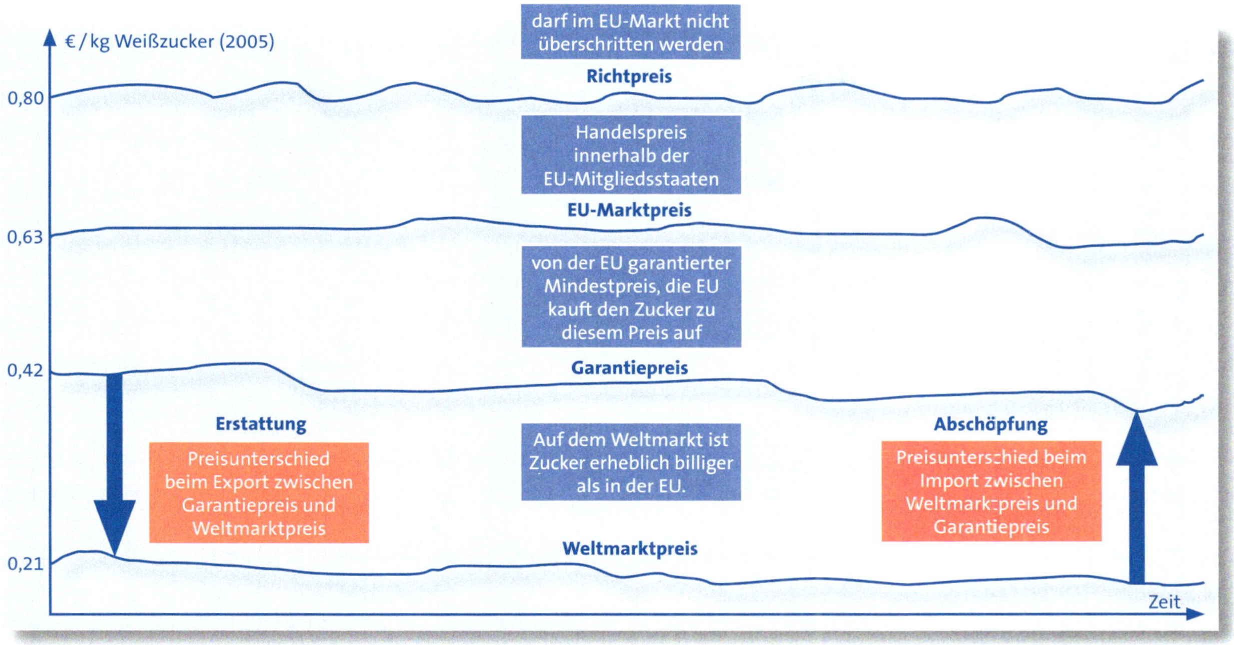

❷ ***EU-Agrarpreissystem***

❸ **Reform der Zuckermarktordnung**

Die EU muss ihren Zuckermarkt für den Weltmarktzucker öffnen und den Export von subventioniertem Zucker in den Weltmarkt einstellen. Am 30. Juni 2006 muss der erste Schritt vollzogen sein:

- Abbau der in der EU erzeugten Menge von 20 Mio. t auf 15 Mio. t
- Einstellen der Exportsubventionen, d. h. Überschüsse können nicht mehr auf dem Weltmarkt verkauft werden
- Senkung des Garantiepreises von 0,63 Euro pro kg auf 0,42 Euro pro kg Weißzucker
- stärkere Öffnung des EU-Marktes für Weltmarktzucker (0,21 Euro/kg). Für diesen gilt weiterhin ein Schwellenpreis.

Für die Zuckerrübenanbauer und für die Zuckerindustrie in Deutschland läutete die Alarmglocke. „Die Reform der Zuckermarktordnung bedeutet für uns Landwirte einen doppelten Verlust: Der Garantiepreis sinkt um ein Drittel und die Anbaufläche um ein Viertel. Nicht nur in der Landwirtschaft, auch in der Zuckerindustrie werden Arbeitsplätze verloren gehen!“

„Den billigen brasilianischen Zucker lehnen wir aus moralischen und ökologischen Gründen ab. Dort werden bei einem Tagesverdienst von einem Euro nur die Zuckerbarone reich. Der Regenwald wird brandgerodet und Abwässer werden ungereinigt in die Natur geleitet“, so der Verbandsvorsitzende der Rübenanbauer im Kreis Ludwigsburg.

(Quelle: Ludwigsburger Kreiszeitung, 15. 09. 2004)

Begriffe zu Aufgabe 2b

Weltmarktpreis für Rübenzucker (0,21 €/kg)
EU-Marktpreis für Rübenzucker
Garantiepreis der EU (0,42 €/kg)
früherer EU-Marktpreis (0,63 €/kg)
Zuckerexport
Zuckerimport
Exportverlust
Importgewinn

Partnerarbeit

1 *a) Betrachtet das Merkbild 2 gründlich.*
b) Erklärt euch gegenseitig – gegebenenfalls mithilfe des Textes 1 – das Preissystem der EU-Agrarmarktordnung.

2 *a) Lest den Text 3 durch und macht euch Notizen.*
b) Erstellt nun ein Merkbild zur Zuckermarktordnung ab dem 30. 6. 2006. Verwendet die in der Randspalte stehenden Begriffe.

Methode

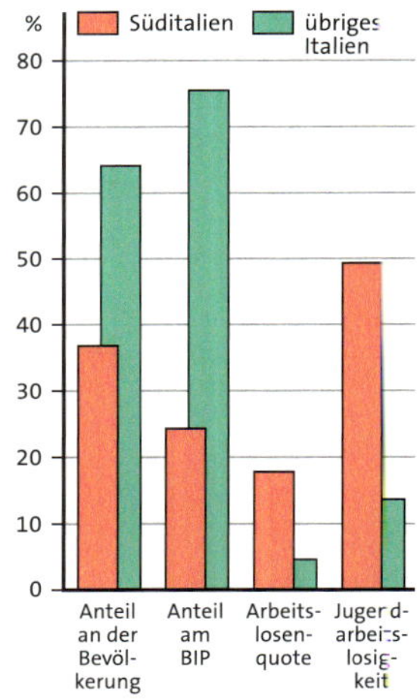

1 **Süditalien im Vergleich**

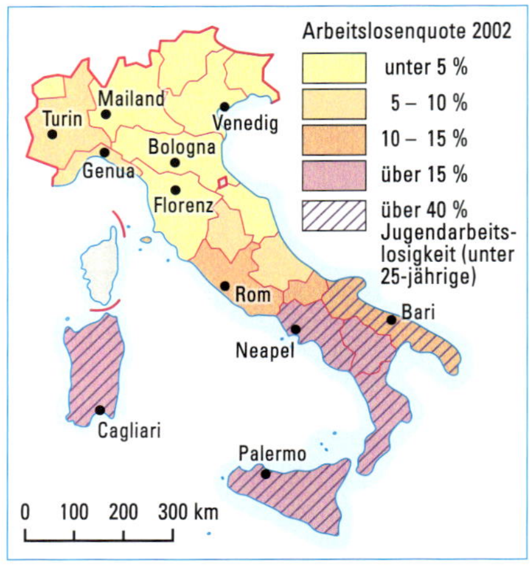

2 **Arbeitslosenquote in Italien 2002**

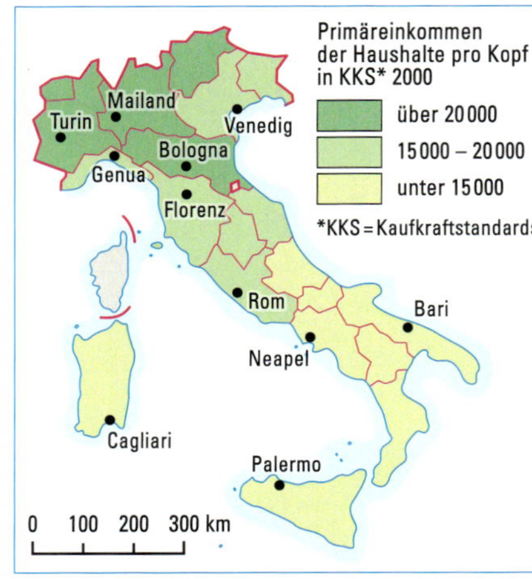

3 **Primäreinkommen der Haushalte in Italien 2000**

Entwicklungsunterschiede verringern

Wer denkt bei Italien nicht an das Modezentrum Mailand, an beeindruckende Architektur in Venedig oder an die hinreißende Urlaubsregion der Toskana? Nach der Wirtschaftsleistung gemessen, steht Italien weltweit an der siebten Stelle. Daran sind die Regionen Italiens allerdings sehr unterschiedlich beteiligt. Der Norden ist eine der stärksten, der Süden Italiens hingegen gehört zu den strukturschwächsten Regionen der EU. In keinem Land der EU gibt es so große wirtschaftliche Unterschiede. Diese Ungleichheit zwischen dem Norden und dem Süden bezeichnet man als **regionale Disparität**.

Reicher Norden, armer Süden

Die Geschichte Italiens und die natürlichen Vorraussetzungen haben zu unterschiedlichen Entwicklungen geführt. Der Norden profitierte von der günstigen Lage zu den europäischen Märkten. Es siedelten sich verstärkt Industriebetriebe an. Es wurden Arbeitsplätze und Wohnraum geschaffen. Menschen aus südlichen Regionen zogen in den Norden, um dort ihr Geld zu verdienen. Die Ballungsräume wuchsen. Es entstanden gut ausgebaute Verkehrswege für den Transport von Waren und die Möglichkeit, mit anderen Unternehmen zusammenzuarbeiten. Diese Standortvorteile führten dazu, dass sich immer mehr Unternehmen im Norden ansiedelten. Solche Selbstverstärkung in industriellen Zentren nennt man Agglomerationseffekt.

Der Süden ist stark ländlich geprägt. Heiße, trockene Sommer und der hohe Anteil an Starkregenfällen wirken sich nachteilig auf die Landwirtschaft aus. Die periphere Lage des Südens und die schlechte Verkehrsanbindung zum europäischen Zentrum erschweren den Handel. Für Firmen ist es uninteressant, sich im Süden anzusiedeln. Durch abwandernde Arbeitskräfte geht Kaufkraft verloren.

Mit der Gründung der Südkasse 1950 versuchte man, die wirtschaftliche und soziale Lage im Süden zu verbessern. Steuererleichterungen, günstige Kredite und öffentliche Investitionen sollten die Disparitäten ausgleichen. Der erhoffte Effekt aber blieb aus. 1985 wurde die Südkasse aufgelöst.

Doch Italien erhält auch Mittel der EU aus dem Fond für regionale Entwicklung (EFRE), die zum Abbau der Unterschiede zwischen Nord und Süd führen sollen. Ein grundlegender Abbau der regionalen Disparität konnte bis heute allerdings nicht erzielt werden.

4 **Fördergebiete der EU im Jahr 2005**

5 ***Ziele der EU-Strukturpolitik***

Ziel 1: *Förderung der Regionen, in denen die Wirtschaftsleistung je Einwohner unter 75 % des EU-Durchschnitts liegt oder die extrem dünn besiedelt sind*

Ziel 2: *Umstellung von Regionen mit einzelnen Problemen, z. B. in der Fischerei, in „alten" Industriegebieten oder in städtischen Problemvierteln*

6 ***EU-Strukturfonds***

EFRE: Europäischer Fonds für Regionale Entwicklung

ESF: Europäischer Sozialfonds

EAGFL: Europäischer Ausrichtungs- und Garantiefonds für die Landwirtschaft

FIAF: Europäischer Fischereifonds

Strukturpolitik

Die EU ist eine Solidargemeinschaft, in der wohlhabendere Staaten den schwächeren helfen und strukturschwache Regionen gezielt gefördert werden. Ziel ist es, regionale Disparitäten zu verringern und die Lebensbedingungen für die Menschen in den verschiedenen Regionen der EU anzugleichen. Die Förderung von benachteiligten Personengruppen und Regionen in der EU nennt man **Strukturpolitik**. Über Förderziele und Verfahren entscheiden das Europäische Parlament und der EU-Ministerrat gemeinsam. Um zu erkennen, welche Regionen in der EU eine besondere Förderung benötigen, werden vom Statistischen Amt der Europäischen Union viele Daten erhoben, mit deren Hilfe Fördergebiete der EU ausgewiesen werden.

Zur Standardsicherung

1 *Liste Ursachen auf, die zu Entwicklungsunterschieden in Italien geführt haben.*

2 *Analysiere die räumlichen Unterschiede in Italien mithilfe der Grafik 1 und der Karten 2 und 3.*

3 *Schreibe in dein Heft eine Definition für den Begriff „regionale Disparität".*

4 *Welche Ziele verfolgt die Strukturpolitik der EU? Liste auf.*

Zur Weiterarbeit

5 *Finde mithilfe der Karte 4 zehn Fördergebiete der EU heraus. Schreibe diese auf.*

6 *Erkundige dich mithilfe des Internets, welche Ziele die einzelnen Strukturfonds der EU verfolgen.*

1 *Entwicklung der Größe landwirtschaftlicher Betriebe in Polen*

ha	*1988*	*1996*	*2000*
1–2	*19%*	*23%*	*24%*
2–5	*35%*	*33%*	*33%*
5–10	*29%*	*26%*	*24%*
10–15	*11%*	*11%*	*10%*
>15	*6%*	*9%*	*10%*

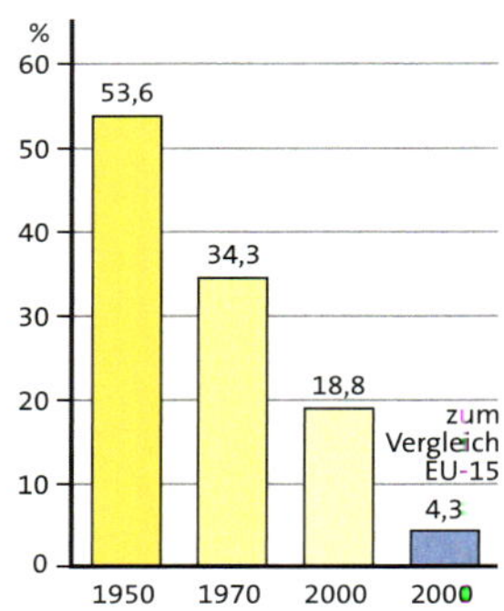

2 *Anteil der Beschäftigten in der Landwirtschaft Polens*

3

Wojtek Wasowski, 37 Jahre, ist einer der etwa zwei Millionen polnischen Kleinbauern. Sein Hof liegt im Dorf Jedrzejów, 50 km östlich von Warschau, 80 km vor der weißrussischen Grenze, in der schon immer relativ armen Region Masowien. Er bewirtschaftet den Hof mit den alten Eltern, seiner Frau und einem Bruder. Er baut Kartoffeln und Gemüse an, hat neun Kühe. Aber es ist nicht genug Geld da, um die Gebäude zu modernisieren, denn den erwirtschafteten Überschuss hat Wasowski in Land investiert. Von den paar zugekauften Hektar erhofft er sich eine Überlebenschance nach dem EU-Beitritt. Kleinbauern wie ihm rät die EU dringend, sich zu Kleingenossenschaften zusammenzuschließen, aber das wollen die meisten nicht. Wasowski ist der einzige Bauer in seinem Dorf, der diplomierter Landwirt ist. Er ist Mitglied der Kreis-Landwirtschaftskammer und Vertreter der Bauernpartei im Gemeinderat. Auf Informationsreisen des Bauernverbandes hat er Betriebe in Frankreich, Deutschland und Dänemark besichtigt. Dort hat er manches gesehen, was nicht den EU-Normen entspricht, aber durch leicht erteilte Ausnahmegenehmigungen gestattet wird. Seine Befürchtungen sind, dass an die neuen Beitrittsländer strengere Maßstäbe angelegt werden, vielleicht um unliebsame Konkurrenz auszuschalten: „Wir müssen in fünf Jahren das nachholen, wozu die Bauern im Westen 50 Jahre Zeit hatten."

Polen: Chancen und Risiken für ein neues EU-Mitglied

Von allen polnischen Erwerbstätigen arbeitet fast ein Fünftel in der Landwirtschaft. Die Hälfte des Landes ist landwirtschaftlich genutzter Boden. Wegen des befürchteten Strukturwandels waren die Bauern die schärfsten Gegner der EU-Mitgliedschaft. Sie befürchteten, dass Ausländer sich Land aneignen würden. Man sah die Gefahr, dass billige landwirtschaftliche Produkte aus der EU auf den polnischen Markt drängen und somit die polnischen Bauern ruinieren würden.

Aber bereits ein Jahr nach dem EU-Beitritt zeigt sich ein anderes Bild. Die Nachfrage nach Fleisch und Milchprodukten aus Polen ist seit Öffnung der Zollgrenzen stark gestiegen. Statt drei Zloty pro Kilogramm Schweinefleisch bekommen die Bauern nun fünf Zloty (etwa 1,22 €). Rund 100 Euro Unterstützung stehen den Landwirten pro Hektar im Jahr zur Verfügung. Es sind keine ausländischen Investoren, die polnisches Land kaufen wollen, sondern die Polen selbst. Mehr Land bedeutet höhere Umsätze und auch mehr Geld aus Brüssel. Agrarexperten meinen, dass das Einkommen der Landwirte bis zu 30 % steigen kann. Viele Bauern nutzen das Geld, um ihre Höfe zu modernisieren oder sich neue landwirtschaftliche Maschinen anzuschaffen. Eine Chance besteht für die polnischen Bauern in artgerechter, ökologischer Viehzucht, denn 95 % der Bauern betreiben keine Intensivhaltung, sondern treiben ihre Kühe auf die Weide. Viele Fehler, die in der Massentierhaltung in der EU gemacht werden, lassen sich in Polen vermeiden. Und die Nachfrage nach ökologischen Produkten steigt stetig.

④ ***Tourismusregion Masuren***

⑤ ***Altstadt von Krakau: Weltkulturerbe***

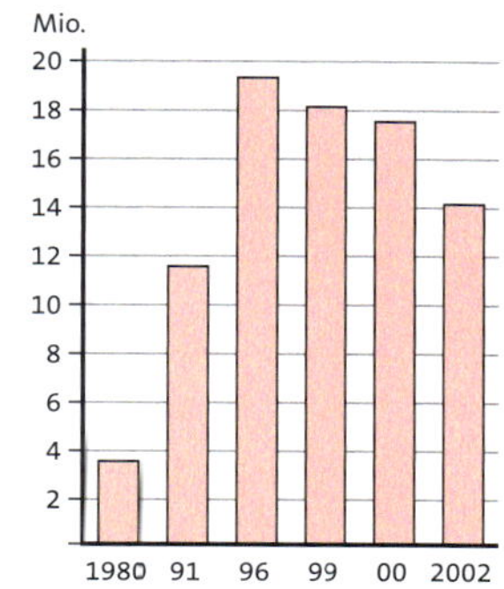

⑥ ***Einreisende Touristen nach Polen***

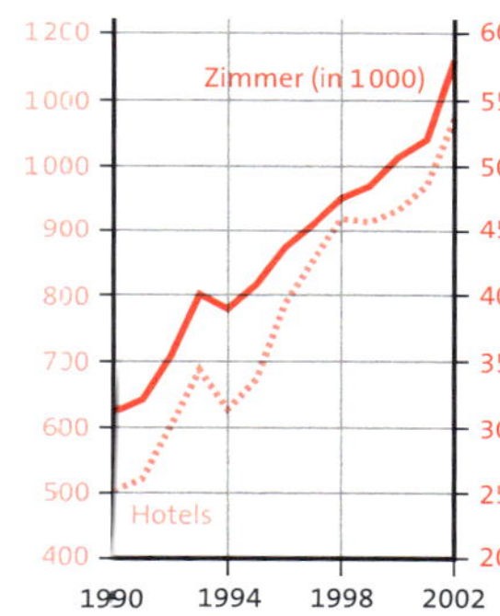

⑦ ***Hotels und Zimmer in Polen***

Tourismus als Chance

Durch den EU-Beitritt verspricht man sich einen Anstieg des Tourismus. Polen besitzt eine große Anzahl naturbelassener und geschützter Gebiete. Etwa ein Drittel der Landesfläche besteht aus Naturschutz- und Landschaftsschutzgebieten. Seltene und bedrohte Tierarten wie Weißstorch, Bison und Wolf finden hier ihren Lebensraum. Besonders die Deutschen entdecken das Nachbarland mehr und mehr als Urlaubsziel. Denn Polen hat viel zu bieten.

Für den Ausbau des Tourismus muss die Infrastruktur verbessert werden. Im Vergleich zu den 15 alten EU-Staaten ist das Verkehrsnetz Polens stark unterentwickelt. Die EU stellt daher Gelder in Milliardenhöhe für dessen Ausbau zur Verfügung.

Zu den Hauptreisezielen zählen die Strandbäder an der Ostsee, die Masuren mit Wäldern und Seen. Gebirge wie die Hohe Tatra und die Karpaten laden zum Wandern und Ski fahren ein. Die 23 Nationalparks ziehen ebenso Touristen an wie die schönen alten Städte Warschau und Krakau.

Polens Chance als Fremdenverkehrsland liegt neben der Preisgunst in seiner Vielfalt an Reisezielen, mit Angeboten für den Massentourismus einerseits und zahlreichen Möglichkeiten für den sanften Tourismus anderseits.

Zur Standardsicherung

1 Erkläre, warum die EU den Kleinbauern rät, sich zu Genossenschaften zusammenzuschließen. Welche Risiken bestehen für die Kleinbauern?

2 Beschreibe mithilfe der Materialien 1 und 2 den Strukturwandel in der Landwirtschaft.

3 Stelle in einer Tabelle gegenüber, welche Chancen und Risiken für Polen durch den EU-Beitritt
a) im Bereich Landwirtschaft und
b) im Tourismus entstehen können.

4 Schreibe einen Dialog zwischen einem EU-Befürworter und einem EU-Skeptiker aus Polen.

Zur Weiterarbeit

5 Erstelle mithilfe der Materialien einen Steckbrief über Polen. Weitere Informationen findest du z. B. in den Strukturdaten im Anhang und im Internet.

6 Gruppenarbeit: Erstellt einen Werbeprospekt für das Reiseland Polen. Stellt darin eine Urlaubsregion, z. B. Masuren, genauer dar.

Surftipps

www.auswaertiges-amt.de
www.tourismus-polen.de

① Bundeskanzler Schröder und Außenminister Fischer unterschreiben die EU-Verfassung für Deutschland 2004

TEIL 1, TITEL 1, DEFINITION UND ZIELE DER UNION

[...]

Artikel I-2
Die Werte der Union

Die Werte, auf die sich die Union gründet, sind die Achtung der Menschenwürde, Freiheit, Demokratie, Gleichheit, Rechtsstaatlichkeit und die Wahrung der Menschenrechte einschließlich der Rechte der Personen, die Minderheiten angehören. Diese Werte sind allen Mitgliedsstaaten in einer Gesellschaft gemeinsam, die sich durch Pluralismus, Nichtdiskriminierung, Toleranz, Gerechtigkeit, Solidarität und die Gleichheit von Frauen und Männern auszeichnet.

Artikel I-3
Die Ziele der Union

(1) Ziel der Union ist es, den Frieden, ihre Werte und das Wohlergehen ihrer Völker zu fördern.

(2) Die Union bietet ihren Bürgerinnen und Bürgern einen Raum der Freiheit, der Sicherheit und des Rechts ohne Binnengrenzen und einen Binnenmarkt mit freiem und unverfälschtem Wettbewerb.

(3) Die Union wirkt auf die nachhaltige Entwicklung Europas auf der Grundlage eines ausgewogenen Wirtschaftswachstums und von Preisstabilität, eine in hohem Maße wettbewerbsfähige soziale Marktwirtschaft, die auf Vollbeschäftigung und sozialen Forschritt abzielt, sowie ein hohes Maß an Umweltschutz und Verbesserung der Umweltqualität hin. Sie fördert den wissenschaftlichen und technischen Fortschritt.
Sie bekämpft soziale Ausgrenzung und Diskriminierungen und fördert soziale Gerechtigkeit, die Gleichstellung von Frauen und Männern, die Solidarität zwischen den Generationen und den Schutz der Rechte des Kindes.
Sie fördert den wirtschaftlichen, sozialen und territorialen Zusammenhalt und die Solidarität zwischen den Mitgliedsstaaten.
Sie wahrt den Reichtum ihrer kulturellen und sprachlichen Vielfalt und sorgt für den Schutz und die Entwicklung des kulturellen Europas.

(4) In ihren Beziehungen zur übrigen Welt schützt und fördert die Union ihre Werte und Interessen. Sie leistet einen Beitrag zu Frieden, Sicherheit, globaler nachhaltiger Entwicklung, Solidarität und gegenseitiger Achtung unter den Völkern, zu freiem und gerechtem Handel, zur Beseitigung der Armut und zum Schutz der Menschenrechte, insbesondere zur Wahrung der Grundsätze der Charta der Vereinten Nationen.

(5) Die Union verfolgt ihre Ziele mit geeigneten Mitteln entsprechend den Zuständigkeiten, die ihr in der Verfassung übertragen sind. [...]

② *Ausschnitt aus dem „Vertrag über eine Verfassung für Europa“*

Die EU-Verfassung

Damit das Zusammenleben in der Europäischen Union funktioniert, sind im Laufe der Jahre viele Verträge zwischen den Mitgliedsstaaten abgeschlossen worden. Man nennt sie auch das „EU-Vertragswerk“.
Die Staats- und Regierungschefs der einzelnen Mitgliedsstaaten haben sich darauf geeinigt, sich anstelle des Vertragswerkes eine gemeinsame **EU-Verfassung** zu geben. Diese soll das Vertragswerk ersetzen.
Für die Ausarbeitung dieser Verfassung wurde der Europäische Konvent gebildet. Am 29. Oktober 2004 haben die 25 Staats- bzw. Regierungschefs der EU-Staaten sowie deren Vertreter die Verfassung in Rom unterschrieben, ebenso die Regierungschefs der Türkei, Bulgariens, Kroatiens und Rumäniens. Diese Länder wollen der EU beitreten. Der Festakt fand in Rom statt, weil dort bereits 1957 wichtige Verträge der damaligen Europäische Wirtschaftsgemeinschaft (EWG) unterschrieben wurden.
Durch die Unterschriften der Staats- bzw. Regierungschefs in Rom ist die Verfassung aber noch nicht gültig. Damit sie in Kraft treten kann, müssen alle Mitgliedsstaaten der Verfassung zustimmen. Diese Zustimmung nennt man auch Ratifizierung. In einigen Mitgliedsstaaten entscheiden darüber die nationalen Parlamente, in anderen stimmen die Bürgerinnen und Bürger in einer Volksabstimmung ab. Erst wenn alle EU-Staaten die Verfassung ratifiziert haben, kann sie in Kraft treten. Das soll im Jahr 2007 sein.

3 Symbole der Europäischen Union
In der Verfassung der Europäischen Union sind auch deren Symbole festgelegt.

Flagge
Der Kreis mit den goldenen Sternen soll die Solidarität und die Harmonie zwischen den europäischen Völkern darstellen.
Die Zahl der Sterne hat nichts mit der Anzahl der Mitgliedsstaaten zu tun, sondern weil die Zahl 12 das Symbol der Vollkommenheit, Vollständigkeit und Einheit ist.

Europatag
Der 9. Mai ist der Europatag. An diesem Tag finden in allen EU-Staaten Festlichkeiten und Veranstaltungen rund um die EU statt. „In Vielfalt geeint" ist die Devise der Europäischen Union und des Europatages.

Hymne
Offizielle Hymne der Europäischen Union ist die „Ode an die Freude". Dieser letzte Satz der 9. Symphonie wurde von Ludwig van Beethoven komponiert. Die Hymne kannst du dir unter *www.entdeckeeuropa.de* anhören.

Verfassung
Die Verfassung legt die grundsätzliche Ordnung und Funktionsweise eines Staates fest. Sie bildet die Grundlage für alle Gesetze. Kein Gesetz darf den „Spielregeln" der Verfassung widersprechen. So stehen in der Europäischen Verfassung die Menschenrechte an erster Stelle. Die EU-Verfassung enthält auch Regelungen, wie die Politik der EU funktioniert und um welche Themen sich EU-Politiker kümmern müssen.

Zur Standardsicherung
1 *Erkläre deinem Nachbarn, was eine Verfassung ist.*
2 *Erstelle eine Ablaufskizze, die darstellt, wie die Verfassung der Europäischen Union entsteht und ratifiziert wird.*
3 *Lies den Ausschnitt aus der EU-Verfassung 2 durch.*
   a) Erstelle je eine Mindmap zu den Werten und zu den Zielen der EU.
   b) Welche Aspekte werden für ein friedvolles Zusammenleben genannt? Liste auf.

Zur Weiterarbeit
4 *Bilde fünf Fragen rund um die Verfassung der EU und lasse sie von deinem Nachbarn beantworten. Benutze dazu das Material auf dieser Seite. Beispiel: Wann soll die EU-Verfassung in Kraft treten?*
5 *Erkundige dich, wie die Symbole der Europäischen Union entstanden sind.*
6 *Die Devise der Europäischen Union lautet: „In Vielfalt geeint". Erkläre die Bedeutung dieses Mottos.*

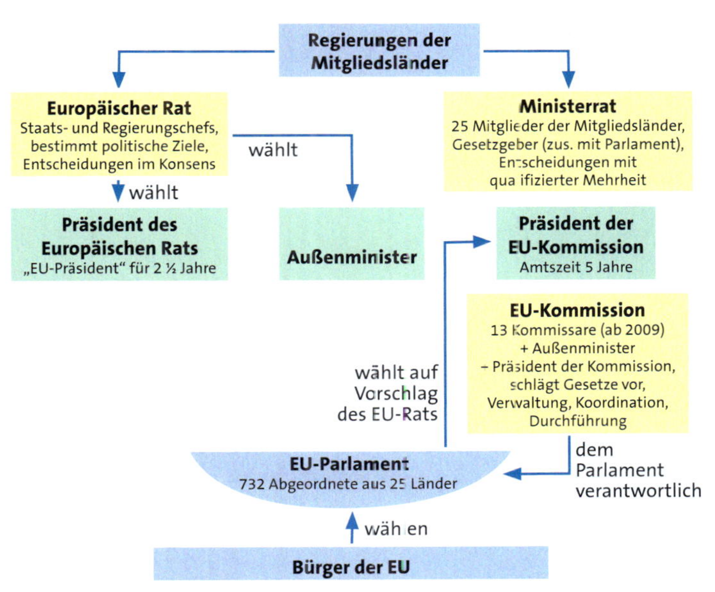

4 EU-Organe der neuen Verfassung

TERRATraining

Die Europäische Union

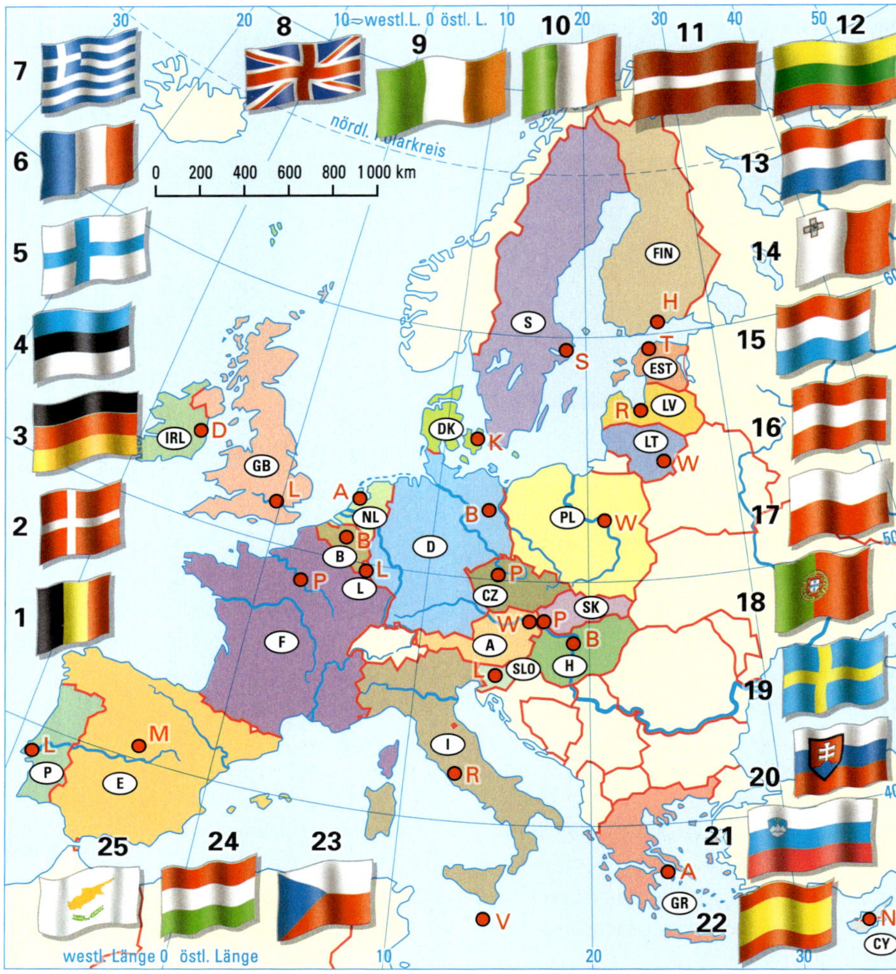

1

Wichtige Begriffe

Binnenmarkt
Europäische Union (EU)
EU-Verfassung
Gemeinsame Agrarpolitik
Organe der EU
- *Gerichtshof*
- *Kommission*
- *Ministerrat*
- *Parlament*
- *Rat*
- *Zentralbank*

Regionale Disparität
Richtlinie
Strukturpolitik
Subventionen
Subsidiaritätsprinzip
Unionsbürgerschaft
Verordnung
Vertrag von Maastricht

Kennen

1 Staaten, ihre Flaggen und Autokennzeichen

Karte 1: Kennst du die Mitgliedsländer der EU? Ordne zu: Autokennzeichen, Staat, Hauptstadt, Flagge.

Beispiel: D, Deutschland, Berlin, Flagge 3

2 Wichtige Ereignisse

Ordne den Jahreszahlen Ereignisse zu, die mit der EU oder ihrer Entstehung zu tun haben.

a) 1958
b) 1993
c) 2002
d) 2004
e) 2007

Verstehen

3 Harte Nüsse und Fachbegriffe

Erkläre deinem Nachbarn ...

a) ... was der Unterschied zwischen einer EU-Verordnung und einer EU-Richtlinie ist
b) ... welche Aufgabe der Europäische Gerichtshof hat
c) ... was man in der EU als regionale Disparitäten bezeichnet
d) ... was das Subsidiaritätsprinzip bedeutet
e) ... was die Strukturpolitik der EU ist und welche Ziele sie verfolgt

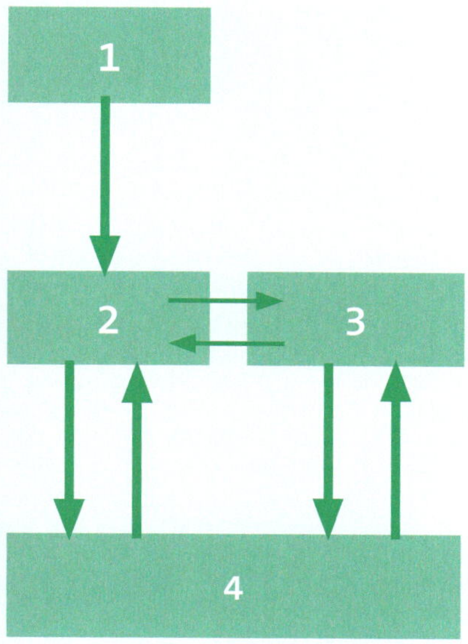

3

2 *So funktioniert die EU*

4 Richtig oder falsch?
Welche Aussagen sind richtig? Verbessere die falschen Aussagen.
a) Polen, Schweden, Italien und Spanien haben die Montanunion gegründet, aus der die heutige EU hervorgeht.
b) Wenn eine EU-Verordnung verabschiedet wird, gilt sie sofort für alle Mitgliedsstaaten.
c) Das Europäische Parlament wird alle fünf Jahre von den Bürgern der EU gewählt.
d) Die Förderung von benachteiligten Personengruppen und Regionen in der EU nennt man Hilfspolitik.
e) Die offizielle Hymne der EU ist das Lied „Ein bisschen Frieden" von Nicole.

5 Wissen oder Nachschlagen
Erkläre die drei Begriffe „Europäischer Rat", „Rat der Europäischen Union" (EU-Ministerrat) und „Europarat".

Beurteilen

6 Deine Meinung ist gefragt!
a) Beschreibe die Karikatur 3.
b) Welches Problem spricht sie an?
Tipp: Doppelseite 116/117 hilft dir.

7 EU-Organe zuordnen
Schaubild 2: Übernimm die Zeichnung in dein Heft und ordne den Zahlen die entsprechenden EU-Organe zu. Beschrifte die Pfeile.
Tipp: Die Seiten 106/107 können dir helfen.

Handeln

8 Sich informieren und mitreden
Über EU-Richtlinien findet man fast täglich etwas in der Zeitung.
a) Sammelt Zeitungsartikel, die sich mit EU-Richtlinien befassen.
b) Befasst euch mit einer der gesammelten Richtlinien genauer.
Was will man mit der Richtlinie erreichen?

9 Die EU – ein Zeitsprung
Dein Sohn schreibt dir im Jahre 2030 einen Brief. Er berichtet, wie sich die EU entwickelt hat. Schreibe auf, was in dem Brief stehen könnte.

Teste dich selbst
Kannst du die Aufgaben 2 und 4 ohne Hilfe lösen?

Eine Erde – viele We

Der Einmarsch der Nationen zur Eröffnung der Olympischen Spiele vermittelt das Empfinden von der Gemeinschaft aller Menschen der Erde. „Leben in der Einen Welt" vermitteln Fernsehen, Internet, die weltweite Verbreitung von Markenartikeln und die Möglichkeit, in fast jeden Winkel der Erde reisen zu können. Doch die Lebensbedingungen der Menschen in den 194 Staaten der Erde sind sehr unterschiedlich. In welche Welt ein Kind hineingeboren wird, hängt von der dort herrschenden Kultur und den Lebensverhältnissen ab.

ten

6

unicef adidas Coca-Cola

1 **Einfamilienhaus in Los Angeles**

4 **Maschinelle Verarbeitung der Tomatenernte**

USA – Land des Wohlstands

2 ***Strukturdaten USA (2003)***

Bevölkerung	
1986	*239 Mio.*
2003	*291 Mio.*
Anteil der Bevölkerung	
unter 15 Jahre	*21 %*
über 65 Jahre	*12 %*
Lebenserwartung	*77 Jahre*
Menschen mit Zugang zu Trinkwasser	*100 %*
Alphabetisierungsrate	*99 %*
Städtische Bevölkerung	*78 %*
Religion	
Christen	*52 %*
BSP pro Kopf	*37 870 US $*
BIP in Kaufkraftparität pro Kopf	*37 562 US $*
HDI-Rang	*7*

→ *Kaufkraftparität und HDI: Seite 132/133*

3 **Laura und Mike**

Laura ist zehn Jahre alt, ihr Bruder Mike fünf. Sie wohnen im Norden von Los Angeles im US-Bundesstaat Kalifornien. Ihr Einfamilienhaus hat neben dem großen Wohnzimmer ein Kaminzimmer und vier Schlafzimmer. Im großen Garten mit hohen Bäumen ist auch ein Swimmingpool, der bei dem milden Klima das ganze Jahr über genutzt werden kann. Weil beide Eltern tagsüber in der Filmindustrie im Stadtteil Hollywood beschäftigt und deshalb häufig abwesend sind, kümmert sich nach der Schulzeit das Hausmädchen Josefine um die beiden Kinder. Außerdem erledigt sie weitere Hausarbeiten.

In ihrer Freizeit spielt Laura in der Mädchen-Fußballmannschaft ihrer Schule. Sie malt auch gerne und möchte einmal Künstlerin werden. Mike liebt den Familienhund Boomer über alles. Seine Vorbilder spielen bei den Los Angeles Lakers, dem führenden Team in der nationalen Basketball-Liga.

USA – das Land der unbegrenzten Möglichkeiten! Diese Aussage trifft in vielerlei Hinsicht zu. Die USA sind eines der reichsten Länder der Erde. Der „American Way of Life" gilt vielen Menschen als Vorbild und wird durch die Medien weltweit verbreitet.

Die Wirtschaft der USA ist in allen Bereichen hoch technisiert und spezialisiert. In der Landwirtschaft werden zum Beispiel Nahrungsmittel in Agrofabriken produziert. Führend in der Welt sind die USA in den Hightech-Industrien und in der Luft- und Raumfahrt. Auch im Dienstleistungssektor führen die USA weltweit in der Unterhaltungs- und Vergnügungsbranche. Die USA sind das am weitesten entwickelte **Industrieland** der Welt.

Infolgedessen ist auch der Lebensstandard am höchsten entwickelt. Dies zeigt sich am hohen Energieverbrauch und in der täglichen Nahrungsversorgung der Bevölkerung. Allerdings gibt es auch eine Schattenseite in der Wohlstandsgesellschaft: Wer keine Arbeit hat oder nur Geringverdiener ist, erfährt die Härte der Armut selbst in einem reichen Land.

5 **USA – mehr Tote durch Fettsucht**

Die US-Amerikaner werden immer dicker. Schon fast zwei Drittel der US-Bürger gelten als übergewichtig, Millionen als fettleibig. Die Folgen von Übergewicht und Bewegungsmangel sind in den USA inzwischen fast so häufige Todesursachen wie die des Rauchens. Im Jahr 2000 starben 435 000 Menschen an den Folgen des Rauchens und 400 000 an denen schlechter Ernährung und körperlicher Inaktivität. Während die Industrie mit Produkten wie XXL-Särgen reagiert, treibt der Schlankheitswahn immer neue Blüten. Doch neue Gesetze sollen der Fett-Plage begegnen.

(Quelle: Online-Ärztezeitung vom 11.03.2004 und 19.04.2004)

Armut in einer reichen Stadt

In den USA gilt als arm, wessen Jahreseinkommen bei Alleinstehenden unter 9 039 Dollar und bei einer vierköpfigen Familie unter 18 104 Dollar liegt. New York hat die höchste Armutsrate der USA. Sie betrug 2001 rund 20 % oder 1,6 Millionen Arme. Allerdings ist die Armut ungleich verteilt: Unter der weißen Bevölkerung betrug die Armutsrate 12 %, bei den Schwarzen 25 % und bei den aus Lateinamerika stammenden Hispanics sogar bei 28 %.

Von Armut betroffen sind vor allem junge alleinstehende Mütter, Ungelernte, Angehörige von Minderheiten, Einwanderer. Ihnen stehen nur schlecht bezahlte Jobs offen und ihnen kann schnell gekündigt werden. Arbeitslosenunterstützung gibt es in New York höchstens sechs Monate lang. Der Verlust des Arbeitsplatzes führt in der Regel in die Armut.

Der Staat und die Stadt New York gewähren Bedürftigen zwar maximal 60 Monate lang finanzielle Unterstützung und Obdach, aber sie verbinden dies mit der Verpflichtung, eine Arbeitsstelle anzunehmen. Auch alleinstehende Mütter mit mehreren kleinen Kindern müssen einen Job annehmen, um die Sozialhilfe nicht zu verlieren.

Zur selbstständigen Erarbeitung des Kapitels in Einzel-, Partner- oder Gruppenarbeit

1. Lege zu den Seiten 124–129 eine Vergleichstabelle in DIN A4-Größe an:

	USA	Thailand	Äthiopien
Bevölkerung 1986			
Bevölkerung 2003			
weitere Vergleichsaspekte			

2. Begriffserklärungen: Erkläre auf einem DIN A4-Blatt folgende Begriffe: Industrieland, Schwellenland, Entwicklungsland, Kultur, Kulturerdteil, BSP, KKP, HDI, Segregation, Integration.

3. Vertiefende Betrachtung der Aspekte:

a) Armut in reichen Staaten, Reichtum in armen Staaten

b) Ursachen und Folgen von Armut

c) kulturelle Bereicherung als Bereicherung einer Gesellschaft

Zur Standardsicherung

1 *Der Lebensstandard vieler US-Bürger ist hoch entwickelt. Erläutere dies mithilfe der Materialien.*

2 *Die USA sind das führende Industrieland der Welt. Belege diese Aussage mit konkreten Beispielen aus den drei Wirtschaftsbereichen.*

Zur Weiterarbeit

3 *In den USA leben Menschen auf der „Sonnenseite“ und andere auf der „Schattenseite“ des Lebens. Erläutere, weshalb.*

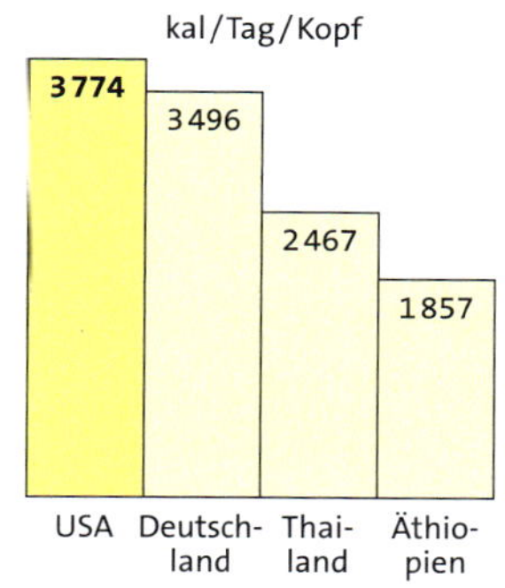

6 ***Kalorien pro Tag und Kopf 2002***

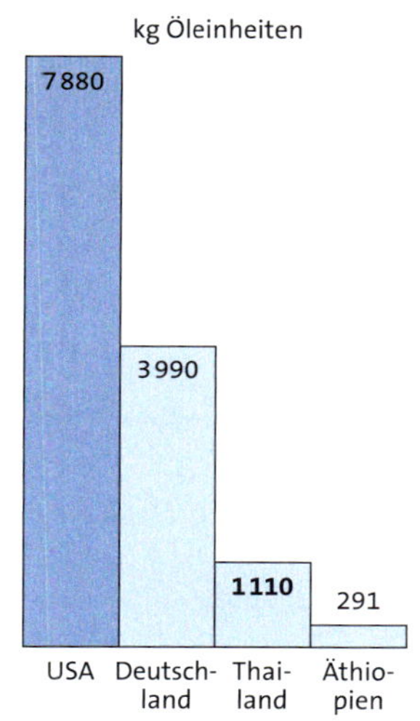

7 ***Energieverbrauch pro Kopf 2002***

❶ ***Reisanbau im Norden Thailands***

❹ ***Buddhistische Mönche***

Thailand – ein Land im Aufschwung

❷ ***Strukturdaten Thailand (2003)***

Bevölkerung	
1986	*56 Mio.*
2003	*62 Mio.*
Anteil der Bevölkerung	
unter 15 Jahre	*23 %*
über 65 Jahre	*7 %*
Lebenserwartung	*69 Jahre*
Bevölkerung mit Zugang	
zu Trinkwasser	*85 %*
Alphabetisierungsrate	
männlich	*97 %*
weiblich	*94 %*
Städtische Bevölkerung	*20 %*
Religion	
Buddhisten	*95 %*
Muslime	*5 %*
BSP pro Kopf	*2 190 US $*
BIP in Kaufkraftparität	
pro Kopf	*7 595 US $*
HDI-Rang	*76*

❸ **Thi Lien und Van Minh**

Thi Lien ist neun Jahre alt, ihr Bruder Van Minh 14. Die Familie lebt in einem Dorf bei Nong Khai in der Flussebene des Mekongs im Norden Thailands, sie sind Reisbauern. Ihr Wohnhaus ist aus Stein, die weiteren Hofgebäude für Wasserbüffel, Kleinvieh und Geräte sind aus Holz gebaut. Es gibt Wasser- und Stromanschluss. Thi geht morgens zur Grundschule im Ort, wo sie auch Mittagessen bekommt. Nach der Schule muss sie helfen, Teigröllchen anzufertigen, die ihre Eltern verkaufen, um zu Geld zu kommen. Thi Lien möchte später als Agrar-Ingenieurin neue Techniken des Reisbaus entwickeln.

Van Minh lebt derzeit im Kloster Wat Tanot. Denn für die männlichen Buddhisten ist es in Thailand üblich, ein Jahr lang als Mönch zu leben. Er trägt nur die gelbe Mönchskutte und Sandalen. Um fünf Uhr morgens geht er zum Betteln auf den Markt, die Dorfbewohner legen Nahrungsmittel oder Geld in seine Opferschale. Gegen sieben wird gefrühstückt, um elf gibt es Mittagessen, danach darf er nichts mehr essen. In seiner Hütte lebt er allein. Fußball spielen mit anderen Mönchen ist erlaubt, Fernsehen aber nur einmal pro Woche.

Die Thais sehen im Umriss ihres Staates den Kopf eines Elefanten: Im Nordosten umschließt der Mekong – als Rand des „Ohres" – das Koratplateau, auf dem die Bauern während der Regenzeit eine Reisernte einbringen. Im Norden bilden Ausläufer des Himalaya das „Haupt des Elefanten". Dort leben die Bergstämme noch in einfachen Hütten. Aus Schlafmohn stellen sie Roh-Opium her, weshalb das unzugängliche Grenzgebiet aus als „Goldenes Dreieck" bezeichnet wird. Im Westen reicht das Staatsgebiet weit nach Süden auf die Halbinsel Malakka und bildet den 1 200 km langen „Rüssel" des Elefanten. Das Zentrum des Staates bildet das fruchtbare Schwemmland des Nan-Flusses, die Kornkammer Thailands. Dort liegt die Hauptstadt des Königreiches Krung Thep, das frühere Bangkok.

Und welch ein Gegensatz besteht zwischen den ländlichen Regionen Thailands und seiner pulsierenden Hauptstadt! In der Sechs-Millionen-Metropole zeigt sich der Aufschwung, den Thailands Wirtschaft genommen hat, am deutlichsten. Zwar lebt die Hälfte der Bevölkerung Thailands noch von der Landwirtschaft, aber die Industrialisierung ist in den Städten bereits weit voran-

5 **Bangkok**

geschritten. Die staatliche Wirtschaftspolitik zielte seit 1984 besonders darauf ab, den Export von Industrieprodukten zu fördern. Textilien, Nahrungsmittel, Computer und Computerteile, Schmuck- und Edelsteinwaren führen die Exportliste an. Die hohen Zuwachsraten der Exportwirtschaft führten Thailand in den Kreis der sogenannten Tigerstaaten. So werden die ost- und südostasiatischen **Schwellenländer** bezeichnet, die den Schritt vom Entwicklungs- zum Industrieland erfolgreich schafften.

Dem Reiz seiner tropischen Landschaften, der Freundlichkeit seiner Menschen, der politischen Stabilität des Landes sowie der Bereitschaft ausländischer Unternehmen, in Thailand zu investieren, verdankt der Tourismus seinen Aufschwung. Die über zehn Millionen Auslandsgäste bringen Thailand Deviseneinnahmen in Höhe von 10 % seines Exporterlöses.

6

Kanchana Ketkawa (14 Jahre, Phuket)
Ich lebe an einem wunderschönen Ort in Thailand, den viele deutsche Urlauber als Traumstrand bezeichnen. Ich arbeite hier in einer Bar mit vielen anderen Frauen und Mädchen zusammen. Ich verdiene ganz gut und schicke einen Großteil meines Geldes an meine Familie. Diese lebt auf dem Land. Ich habe oft Sehnsucht nach meiner Heimat, aber ich bin auch sehr angesehen dafür, dass ich meine Familie so unterstütze!

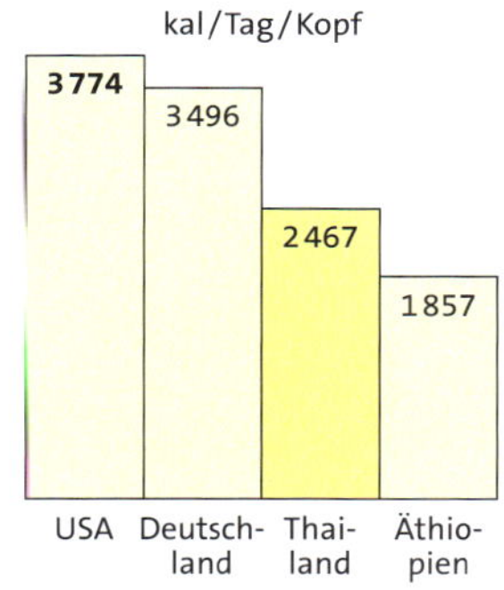

7 ***Kalorien pro Tag und Kopf 2002***

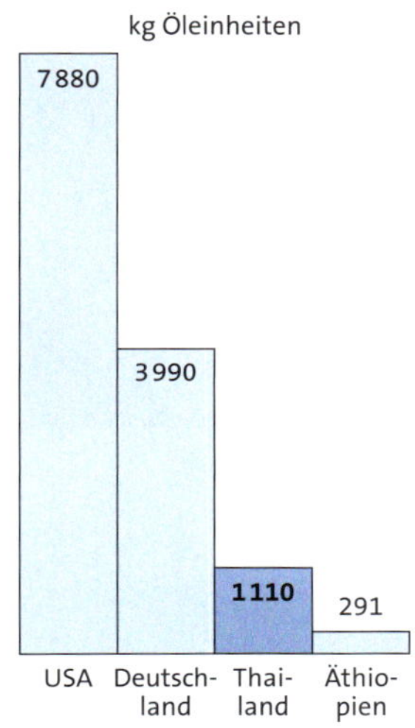

8 ***Energieverbrauch pro Kopf 2002***

9 ***Thailands Wirtschaft (in Mrd. US $)***

	BSP	*Export*	*Import*
1983	*40*	*6*	*9*
1987	*48*	*12*	*13*
1991	*90*	*28*	*39*
1995	*160*	*54*	*69*
1999	*124*	*68*	*62*
2003	*143*	*96*	*94*

Zur Standardsicherung

1 *Trage die Werte in Auflistung 2 in deine Vergleichstabelle ein.*

2 *Elefant und Tiger: Erläutere die zwei Symbolfiguren für Thailand. Nutze auch den Atlas.*

3 *a) Stelle Tabelle 9 grafisch dar.*
b) Beschreibe den Wirtschaftsaufschwung Thailands.

4 *Begründe, weshalb vom Wirtschaftsaufschwung Thailands auch die Landbevölkerung profitiert.*

Zur Weiterarbeit

5 *Kennzeichne mithilfe der Strukturdaten im Anhang Merkmale der Tigerstaaten.*

6 *Der Tourismus in Thailand hat auch seine Schattenseite. Erläutere, weshalb.*

10 ***Asiatische Schwellenländer oder Tigerstaaten***

1. *Generation: Singapur, Hongkong, Taiwan, Südkorea*
2. *Generation: Thailand, Malaysia*
3. *Generation: China, Vietnam*

1 **Äthiopische Familie**

4 **Getreideernte**

Äthiopien – Land der Armut

2 ***Strukturdaten Äthiopien (2003)***

Bevölkerung	
1986	*51 Mio.*
2003	*69 Mio.*
Anteil der Bevölkerung	
unter 15 Jahre	*45 %*
über 65 Jahre	*3 %*
Lebenserwartung	*42 Jahre*
Bevölkerung mit Zugang zu Trinkwasser	*22 %*
Alphabetisierungsrate	
männlich	*49 %*
weiblich	*34 %*
Städtische Bevölkerung	*17 %*
Religion	
Muslime	*45 %*
Christen	*40 %*
BSP pro Kopf	*90 US $*
BIP in Kaufkraftparität pro Kopf	*711 US $*
HDI-Rang	*170*

3 **Mumina Fhara**

Mumina ist 17 Jahre alt. Sie lebt in Denan, 670 km südlich der Hauptstadt Addis Abeba. Mumina zieht mit ihrer Familie wegen des Krieges und wegen der langen regenlosen Zeit von Ort zu Ort. Jetzt leben sie in einem Lager einer Hilfsorganisation. Ursprünglich lebten sie auf dem Land, Mumina ging selten zur Schule, weil sie auf ihre kleinen Geschwister aufpassen musste. Nun hat sie selbst Kinder und wird wohl nie mehr in die Schule gehen. Sie hofft, dass ihr Mann aus dem Krieg wiederkommt, denn sie kann ihre Kinder nicht alleine ernähren. Mumina hat keinen Beruf und keine Chance, ausreichend Geld zu verdienen. Wenn ihre Kinder größer sind, können sie helfen, ein paar Früchte zu verkaufen. Das haben Mumina und ihre Geschwister für ihre Mutter früher auch getan.

Äthiopien ist eines der ärmsten Länder der Erde. Das wirtschaftliche Rückgrat ist nach wie vor die Landwirtschaft. Sie wird größtenteils nur zur Selbstversorgung der Bauern betrieben. Für Notzeiten haben sie keine Reserven und die Altersvorsorge müssen ihre Kinder übernehmen.

Die rasch wachsende Bevölkerung führt zu Ernährungsproblemen, wie zum Beispiel bei der Hungersnot 1984 mit einer Million Toten. Seither wird das Land bei der Bekämpfung der Armut in Afrika durch die internationale Staatengemeinschaft besonders gefördert. Im Rahmen der Entwicklungshilfe erhält Äthiopien jährlich eine Milliarde US-Dollar, das sind 40 Prozent des Staatshaushaltes. Darüber hinaus wurde 2005 beschlossen, dem Staat Schulden in Höhe von 4,4 Milliarden zu erlassen. Doch die Probleme des rückständigen **Entwicklungslandes** können nicht von „außen", sie müssen von „innen" gelöst werden.

5 **Wasser für Ada Woreda**

Seit 1991 arbeiten die Schwestern der „Medical Mission Sisters“ in Äthiopien, um mit Unterstützung von MISEREOR die Gesundheitsversorgung der Menschen zu verbessern. Obwohl die ärztliche Betreuung sehr schlecht ist, hatten die Bewohner der Projektregion Ada Woreda – 60 km von der äthiopischen Hauptstadt Addis Abeba entfernt – zunächst einen anderen Wunsch, wie sich bei einer Befragung zu Beginn des Projektes herausstellte: sauberes Wasser. Das kann man verstehen. Wenn in der Trockenzeit die ersten Wassertümpel ausgetrocknet sind, sind die Frauen und Mädchen hier viele Stunden unterwegs, um Wasser zu holen. Weil die Wassertümpel und deren Umfeld auch vom Vieh stark verunreinigt sind und das Wasser oft verseucht ist, ist diese Form der Wasserversorgung auch die Hauptursache für viele Krankheiten.

In der Projektregion leben rund 17000 Menschen. Die meisten sind Kleinbauern, die während der Regenzeit Getreide anbauen. Ein paar Rinder und einige Ziegen sind oft ihr ganzer Besitz. Wenn genügend Wasser da wäre, könnte die Region ein Garten Eden sein. Gemüse und Obstbäume würden hier wachsen. Es könnte mehrmals im Jahr geerntet werden.

Durch das Projekt soll mit der Sicherung des Trinkwassers die allgemeine Gesundheitsversorgung der Menschen verbessert werden.

6 **Äcker, auf denen die Armut gedeiht**

„Die Äthiopier werden immer ärmer, trotz der vielen Hilfen. Das jährliche Pro-Kopf-Einkommen liegt heute bei 100 Dollar, vor dreißig Jahren waren es noch 110. Wir haben sehr viel Geld aus dem Ausland bekommen, aber gebracht hat es nichts“, so äußert sich ein Wissenschaftler in Addis Abeba. Den Grund sieht er in einer falschen Agrarpolitik, die immer noch auf die Kleinbauern setzt, aber Privatbesitz an Boden verhindert. Dabei leben 85 Prozent der Bevölkerung von der Landwirtschaft, trotzdem reichen die Ernten selbst in guten Jahren nicht aus.

Die Kleinbauern könnten vieles verbessern, wenn man sie ließe. Äthiopien hat so viel fruchtbares Land, dass es ohne Probleme den Staat versorgen könnte. Aber in Äthiopien darf kein Bauer den Boden besitzen, den er bearbeitet. So können sie jederzeit von ihren Äckern vertrieben werden. Aber so investieren sie nichts und arbeiten mit dem altertümlichen Holzpflug. Hinzu kommt, dass das bewirtschaftete Land beim Tod der Eltern unter den Kindern aufgeteilt wird. So werden die Ackerflächen kleiner und kleiner. Weil die Bevölkerung mit 3 % schnell wächst, müssen immer mehr Menschen von den kleineren Ackerflächen ernährt werden.

(Nach einer Reportage von Michael Bital. Süddeutsche Zeitung vom 06.07.2005)

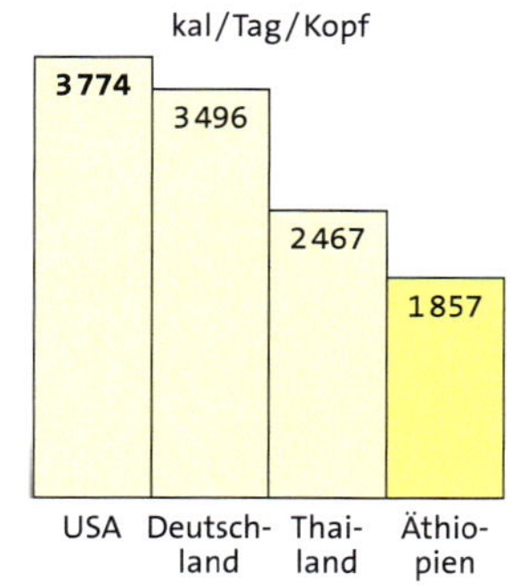

8 ***Kalorien pro Tag und Kopf 2002***

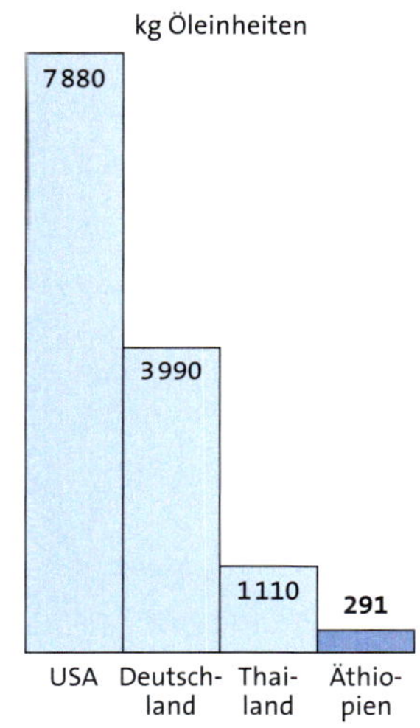

9 ***Energieverbrauch pro Kopf 2002***

Zur Standardsicherung

1 *Trage die Werte der Strukturdaten 2 in deine Vergleichstabelle ein.*

2 *Beschreibe, aus welchen Gründen Äthiopien zu den ärmsten Staaten der Welt gehört.*

3 *Beschreibe Formen der Entwicklungshilfe und bewerte deren Wirksamkeit.*

Zur Weiterarbeit

4 *„Wer arm ist, stirbt früher.“ Begründe diese Aussage mithilfe der Materialien.*

7 **Gesundheitsvorsorge und Lebenserwartung in ausgewählten Staaten (2003)**

	USA	Thailand	Äthiopien	Deutschland
Einwohner pro Arzt	381	3194	32650	298
Kindersterblichkeit in %	0,8	2,6	16,9	0,5
Anteil der Bevölkerung mit Zugang zu Sanitäreinrichtungen in % (2002)	100	99	6	100
Anteil der Bevölkerung mit Zugang zu Trinkwasser in %	100	85	22	100
Lebenserwartung in Jahren	77	69	42	78

(1) Ndebelefrau aus Südafrika in traditioneller Festtagskleidung

(4) Auf einem Basar in Marokko

Eine Welt – viele Kulturen

(2) Kultur

Die Kultur eines Volkes wird vor allem geprägt durch seine
- *Religion*
- *Sprache*
- *Kunst, z. B. Musik, Malerei, Architektur*
- *Tradition, z. B. Sitten und Bräuche, Feiern und Feste*
- *Essgewohnheiten*
- *Wirtschaftsweise und*
- *Geschichte*

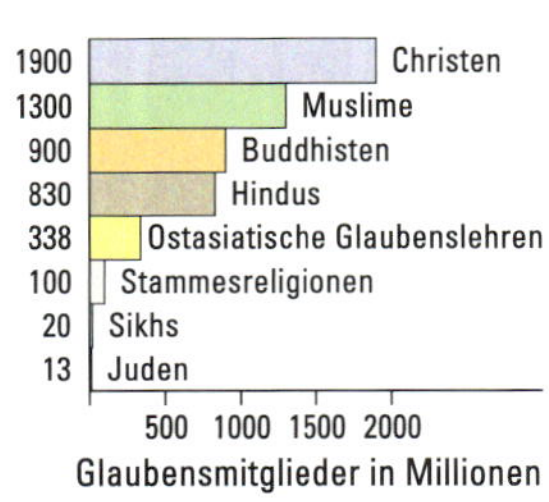

(3) Verbreitung der Weltreligionen

„Marokko: die arabische Welt, Peru: das Land der Inkas, China: älteste Kultur der Welt, Myanmar: das Land der Pagoden, Indonesien: ein Mosaik der Völker", so lauten zum Beispiel Ankündigungen in Prospekten für Fernreisen. Länder unterschiedlicher **Kultur**, fremdartiger Sitten und Religionen locken Reisende in viele Winkel der Welt. Es gehört zu den Besonderheiten der Erde, dass sich die Menschheit in viele Kulturen gliedert. Leben in der „Einen Welt" – das heißt Leben in kultureller Vielfalt!

Ein Kontinent – zwei Kulturerdteile

Der Norden des Kontinentes Afrika wird ganz von der arabisch-islamischen Kultur geprägt. Hellhäutige Araber verbreiteten im 7. Jahrhundert den Islam und mit ihm die orientalischen Lebensgewohnheiten in ganz Nordafrika. Südlich der Sahara wird der Kontinent von dunkelhäutigen Menschen bewohnt und deshalb Schwarzafrika genannt. Dort leben viele ethnisch und sprachlich zu unterscheidende Völker wie die Sudan- oder Bantuvölker, die Buschmänner oder Pygmäen. Wenn man einen Kontinent oder einen kontinentalen Großraum nach gemeinsamen Merkmalen von Geschichte, Kultur, Religion, Wirtschaft oder Siedlungsweise bestimmt, dann spricht man von einem **Kulturerdteil**. Man unterscheidet auf der Erde zehn Kulturerdteile.

Weltreligionen

Ein wesentliches Merkmal innerhalb der Kulturerdteile ist die dort vorherrschende Religion. Sie prägt die Glaubensvorstellungen, das Wertebewusstsein und damit auch die Lebensweise der Menschen. In Japan zum Beispiel bestimmen die im Schintoismus verankerten Werte wie Pflichttreue, Ehrgefühl und Selbstbeherrschung das Leben.

Den meisten Religionen liegt die Vorstellung zugrunde, dass es eine oder mehrere Gottheiten gibt und dass der Mensch seine Lebensweise gottgewollten Regeln unterwirft. Neben einer Vielzahl von kleineren Glaubensgemeinschaften, Stammes- und Naturreligionen unterscheidet man fünf **Weltreligionen**. In Palästina entstanden vor rund 4000 Jahren das Judentum, 2000 Jahre später das Christentum. 600 Jahre danach verbreitete sich von Arabien aus der Islam. In der Indusregion, im heutigen Pakistan, stand vor etwa 3500 Jahren die Wiege des Hinduismus. Das Gangestal in Nordindien war vor 2600 Jahren das Ursprungsgebiet für den Buddhismus. Aus ihm entwickelten sich vor 2500 Jahren die in Ostasien verbreiteten Religionen des Konfuzianismus und Daoismus und als Sonderform daraus der Schintoismus in Japan.

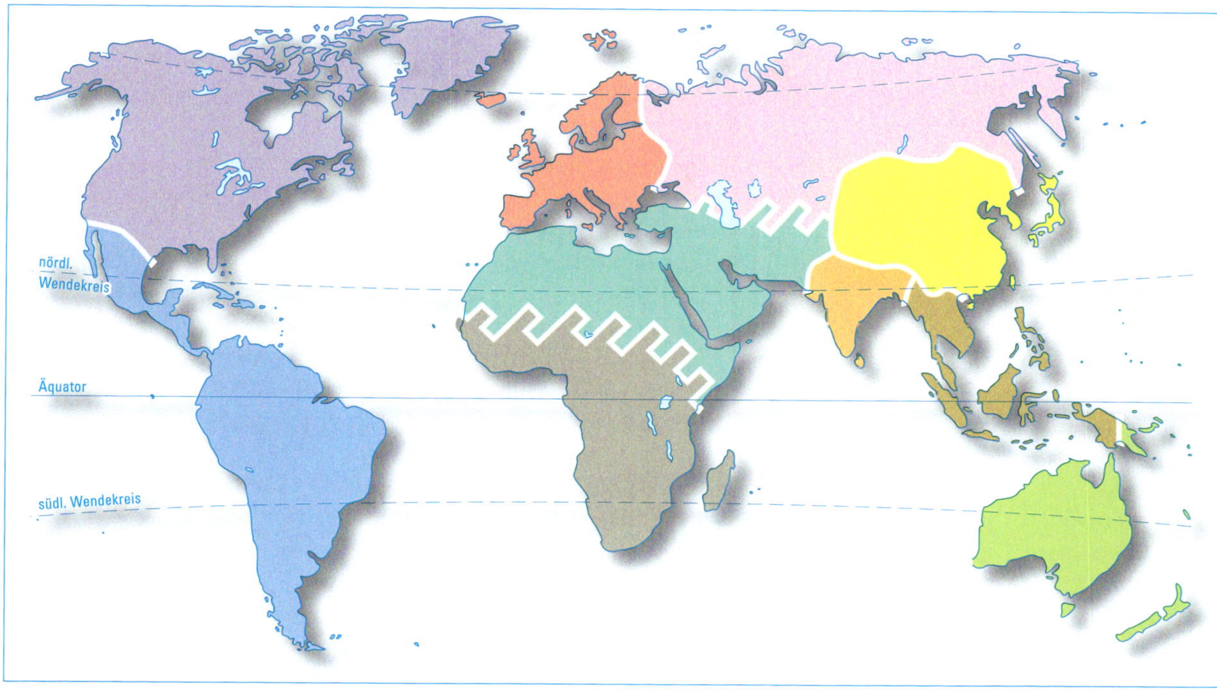

⑤ ***Kulturerdteile***

	Angloamerika
	Lateinamerika
	Europa (Okzident)
	Russland
	Orient
	Schwarzafrika
	Südasien
	Ostasien
	Südostasien
	Australien/Ozeanien

⑥ ***Buddhistische Mönche auf Sri Lanka***

⑦ ***Juden an der Klagemauer in Jerusalem***

Zur Standardsicherung

1 *Beschreibe die Fotos dieser Doppelseite und ordne sie den Kulturerdteilen zu.*

2 *Diagramm 3 und Atlas: Beschreibe die Verbreitung der vier wichtigsten Weltreligionen.*

3 *Beschreibe die Merkmale des Kulturerdteils Europa.*

Zur Weiterarbeit

4 *a) Erkläre die Bezeichnungen Anglo- und Lateinamerika.*

b) Vergleiche die Kulturerdteile Orient und Schwarzafrika nach Lage, Religion und weiteren Aspekten.

5 *Gruppenarbeit: Jede Gruppe erstellt ein Informationsplakat zu einer der fünf Weltreligionen.*

Arme Länder – reiche Länder

Wann ist ein Land arm, wann reich? Die Frage ist leicht gestellt, aber schwer zu beantworten. Es gibt verschiedene Wege, die Staaten der Erde nach dem Stand ihrer Entwicklung einzuteilen.

BSP und KKP

Eine Möglichkeit dazu bietet die Höhe des Bruttosozialproduktes (BSP) pro Kopf. In den ärmsten Staaten wie Äthiopien oder Burundi lag dieses 2003 bei 100 US $. Die Liste der reichsten Staaten führte Luxemburg mit 39 470 US $ an, dahinter folgten Norwegen und die Schweiz. Auf der Basis des durchschnittlichen Pro-Kopf-Einkommens ermittelte die Weltbank eine Einteilung der Staaten in vier Gruppen.

Das BSP der verschiedenen Staaten wird nach dem Wechselkurs zum US-Dollar errechnet. In den einzelnen Staaten hat aber der Dollar eine sehr unterschiedliche Kaufkraft. Um besser vergleichen zu können, wird das BSP in seine Kaufkraftparität (KKP) umgerechnet. Zum Beispiel betrug in China das BSP nur 960 US $, dies entsprach 2003 aber einer Kaufkraft von 4 520 US $ pro Kopf.

NIC

Anfang der 1950er Jahre bestand auf der Erde der West-Ost-Konflikt zwischen den kapitalistischen Industrieländern und den kommunistischen Staaten. Neben diesen Wirtschaftsblöcken der „Ersten und Zweiten Welt“ wurden alle übrigen blockfreien Staaten als „Dritte Welt“ zusammengefasst. Man bezeichnete diese Staaten auch als Entwicklungsländer. Nahmen solche Staaten einen wirtschaftlichen Aufschwung, vor allem durch Industrialisierung und zunehmendem Export, so wurden sie als **Schwellenländer** oder Newly Industrialising Countries (NIC) bezeichnet.

① ***Einteilung der Staaten durch die Weltbank nach dem BSP pro Kopf***

Staaten mit
- *niedrigem Einkommen: unter 745 US $*
- *mittlerem Einkommen (untere Gruppe): 746 bis 2 975 US $*
- *mittlerem Einkommen (obere Gruppe): 2 976 bis 9 205 US $*
- *hohem Einkommen: über 9 205 US $*

② ***BSP der Schwellenländer (NIC) 2003 (in Mrd. US $)***

*1. China**	*1 219*
*2. Brasilien**	*773*
*3. Russland**	*404*
*4. Indien**	*374*
5. Mexiko	*349*
6. Argentinien	*306*
7. Indonesien	*222*
8. Türkei	*200*
9. Thailand	*170*
10. Südafrika	*130*
11. Malaysia	*98*

(„BRIC-Staaten“)*

③ **Berechnung des HDI am Beispiel Deutschlands 2003**

1. Lebensdauer
(25 Jahre = 0; 85 Jahre = 1)
Lebenserwartung bei der Geburt:
78 Jahre, daraus folgt: *Index = 0,88*
2. Bildungsniveau
(kombinierter Wert von Alphabetisierungsgrad und Schuleinschreibungsquoten); *Index = 0,97*
3. Lebensstandard:
BSP in KKP: 26 980 US $ (gestaffelt berechnet vom globalen Mittel 5 771 US $); *Index = 0,925*

HDI = (0,88 + 0,97 + 0,925) : 3 = 0,925
HDI-Rang: 18

④ **Der Reichtum der Nationen**

Der Reichtum eines Staates wird von der Weltbank seit 1996 in drei Wertgruppen betrachtet:
- Naturkapital (wie Luft, Böden, Wasser, Wälder, Bodenschätze)
- Sachkapital (wie Sachgüter, Infrastruktur) und
- Humankapital (Ausgaben in Bildung, Gesundheit, Ernährung).

Diese Kapitalien wurden von Experten in Geldwerten ausgedrückt. Für alle Staaten der Erde errechneten sie einen Durchschnittswert des Vermögens von 86 000 US $ pro Kopf und Lebenszeit.
Als reiche Staaten gelten große, bevölkerungsarme, ressourcenreiche Staaten wie Kanada und Australien (Werte über 700 000 US $) und Staaten mit hohem Humankapital wie Luxemburg, die Schweiz und Japan (Werte über 560 000 US $). Am unteren Ende der Skala stehen übervölkerte, ressourcenarme, politisch instabile Länder wie Äthiopien, Burundi, Malawi und Nepal (Werte unter 2 500 US $). Die wichtigste Erkenntnis ist, dass für die Zukunftsentwicklung eines Volkes das Humankapital und die Bildung am bedeutungsvollsten sind.

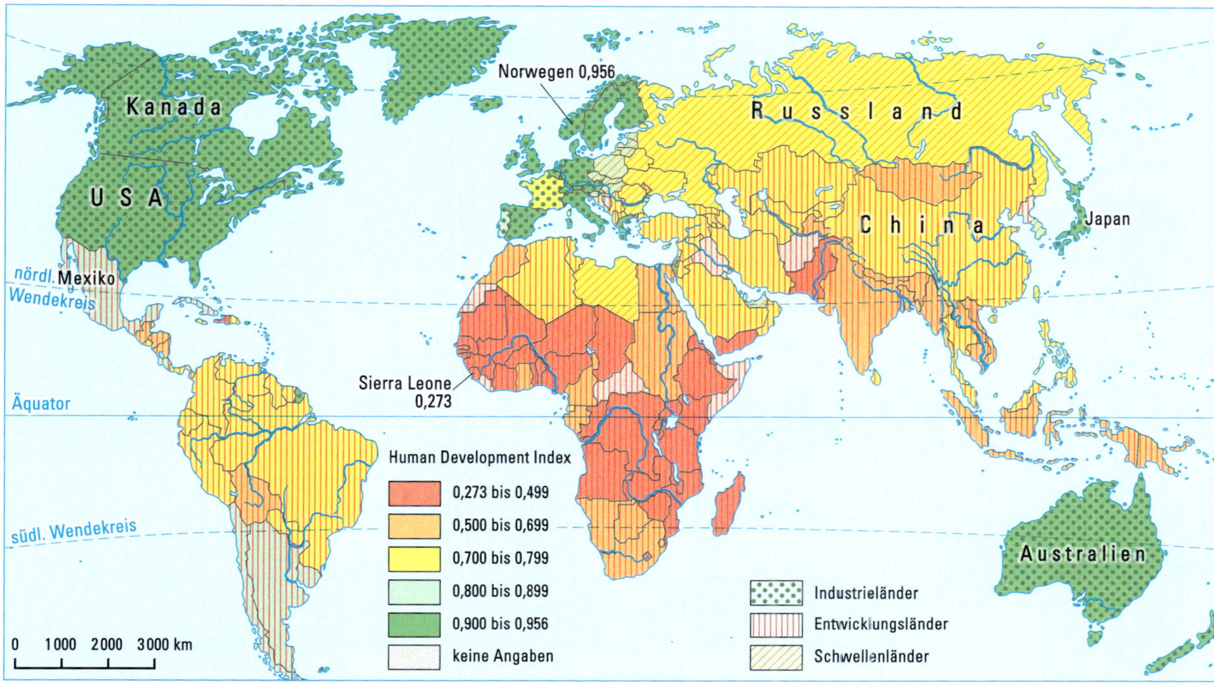

5 ***Industrie-, Schwellen- und Entwicklungsländer sowie HDI***

HDI

Allerdings darf man den Entwicklungsstand eines Staates nicht nur nach dem wirtschaftlichen Aspekt des Einkommens bewerten. Deshalb liegt dem UN-Entwicklungsbericht seit 1990 der **Human Development Index (HDI)** zugrunde. Er drückt aus, wie weit die Bevölkerung eines Staates von drei Entwicklungszielen entfernt ist: 1. Lebenserwartung von 85 Jahren, 2. schulische Bildung und angemessener Lebensstandard und 3. BSP annähernd dem globalen Mittelwert. Bei diesen Indikatoren wird der Abstand zum Idealwert jeweils durch eine Indexzahl zwischen 0 und 1 berechnet. Die Mittelung dieser Indexwerte ergibt den HDI. In der Rangfolge aller Staaten der Erde nimmt Norwegen mit einem HDI von 0,956 den ersten Platz ein.

Zur Standardsicherung

1 *Rechenbeispiel 3: Vollziehe schrittweise die Berechnung des HDI-Wertes nach.*

2 *Vergleiche den HDI für die USA, Thailand und Äthiopien mittels der Strukturdaten.*

3 *Karte 5:*
  a) Benenne für jede der fünf Gruppen drei Staaten von verschiedenen Kontinenten.
  b) Beschreibe und begründe den Entwicklungsstand auf den drei Südkontinenten.

4 *Tabelle 2:*
  a) Ordne die Schwellenländer den Kontinenten zu.
  b) Recherchiere: Was steckt hinter der Bezeichnung „BRIC-Staaten"? Begründe ihre Bedeutung. Nutze dabei die Strukturdaten im Anhang.

5 *Die Bezeichnung „Dritte Welt" ist nicht treffend und sollte vermieden werden. Begründe, weshalb.*

Zur Weiterarbeit

6 *a) Arbeite mit den Strukturdaten im Anhang: Suche fünf Staaten, in denen sich BSP und KKP besonders unterscheiden.*
  b) Begründe, weshalb dies so ist.

7 *Diskutiere über den Sinn des Zitates 6 und äußere dich zu Konsequenzen daraus.*

1

Viele Welten in deiner Stadt

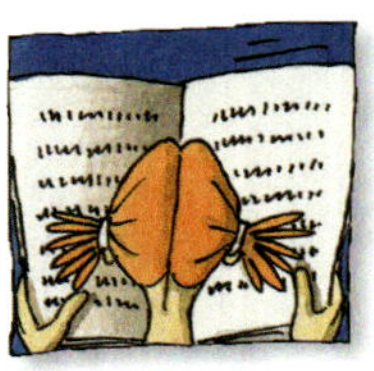

Um auf Menschen ausländischer Herkunft, unterschiedlicher Kulturzugehörigkeit zu treffen, musst du nicht weit gehen. Sie leben in deiner Stadt. Geschäfte und Gaststätten mit ausländischer Ware und Kost, ausländische Kulturvereine und ausländische Sportler sind wertgeschätzt.

In manchen Stadtvierteln, z. B. in Mannheim, häufen sich Wohnungen und Geschäfte von Türken, auch eine Moschee gibt es in der City. Hier leben Ausländer konzentriert. Diese räumliche Trennung von Bevölkerungsgruppen nennt man **Segregation**. In solchen Vierteln können Ausländer leichter ihr kulturelles Eigenleben führen.

Im Zusammenleben in einer Gemeinde stellt sich die Frage nach der Eingliederung der Menschen mit fremder Kultur, das heißt nach deren **Integration**. Einbürgerungswillige sollten vor allem die deutsche Sprache beherrschen, das Grundgesetz Deutschlands anerkennen und keiner terroristischen Vereinigung angehören.

Verbessere deine Lesekompetenz

1 *Ordne die Beispiele 3–6 den Dimensionen der Integration (2) zu.*

2 *Nimm Stellung zum Text 7.*

3 *Beschreibe und interpretiere die Karikatur 1.*

4 *Ausländer in Deutschland – erwünscht oder nicht erwünscht? Führe Beispiele an.*

2 **Vier Dimensionen der Integration**

1. Die strukturelle Integration beinhaltet z. B. Staatsbürgerschaft, Rechtslage, Ausbildung, Arbeitsmöglichkeiten u. ä.
2. Die soziale Integration verringert die Distanz zwischen den Gruppen durch gemeinsame Arbeit, Bekanntschaft, Freundschaft u. ä.
3. Die kulturelle Integration vollzieht sich beim Erwerb der Sprache, aber auch durch Einstellungsänderung.
4. Die emotionale Integration vollzieht, wer denkt und handelt wie die andere Gruppe oder ein Zusammengehörigkeitsgefühl entwickelt.

3 **Beispiel Irgendwo in Deutschland**

In der XY-Straße und Umgebung wohnen sehr viele Menschen türkischer Abstammung. Durch viel Engagement und Arbeit der Türken hat sich im Laufe der Zeit diese Straße verändert. Ein türkisches Einkaufszentrum ist entstanden, ein Bazar außerhalb der Türkei. Hier versorgen sich die türkischen Menschen des Viertels, hier treffen sie sich, haben sie Gebetshäuser und Versammlungsräume, hier wollen sie unter sich sein. Wer als Deutscher einmal richtig türkisch essen gehen möchte, geht hierher.

④ ***Herkunft der Spieler des VfB Stuttgart (Stand März 2006)***

⑤ **Beispiel Xavier Naidoo**, Sänger, geboren in Deutschland, Eltern aus Südafrika: Ich war früher selbst erschrocken, als ich dunkelhäutige Menschen deutsch sprechen hörte. Dass ich selbst dunkelhäutig bin, ist mir erst durch Erlebnisse von außen bewusst geworden – etwa, wenn mich jemand als „Bimbo" bezeichnet hat. Ich erlebe Menschen, die ihre Handtasche festhalten, wenn ihnen ein dunkelhäutiger Mensch entgegenkommt. Ich bin so deutsch wie alle anderen. Ich könnte in einem Lied sogar singen, dass ich stolz bin, ein Deutscher zu sein, und hätte damit weniger Probleme als ein weißhäutiger Deutscher.

⑥ **Beispiel Helena**, Spätaussiedlerin aus Kasachstan: Wir sind hierher gekommen, weil unsere Vorfahren aus Deutschland stammten. Wir bekamen einen deutschen Pass, die Kinder gingen zur Schule, mein Mann bekam eine Anstellung. Die Kinder lernten bald Deutsch, die Älteste bekam einen Ausbildungsplatz. Wir zogen mit anderen Familien aus Kasachstan zusammen in eine Siedlung, wo wir oft die Freizeit miteinander verbringen. Uns geht es besser als früher und wir wollen nicht mehr zurück. Aber immer noch sind wir die „Russen", wenn Deutsche von uns reden.

⑦ **Kulturelle Vielfalt auch bei uns**

„Mit den Menschen kommt auch ihre Kultur zu uns: ihre Kleidung und Lebensweise, ihre Sprache und Religion. Man muss ihnen diese lassen, sonst nimmt man ihnen ihre Identität, also all jene Dinge, die für sie im Leben wichtig geworden sind. Sie müssen einerseits unsere Verfassung und unsere Gesetze achten, andererseits müssen wir ihnen dabei helfen, ihre eigene kulturelle Identität zu bewahren."

Viele von uns erleben kulturelle Vielfalt als Bereicherung. Sie suchen Kontakt mit Fremden, wollen deren Einstellungen und Verhaltensweisen besser kennen- und verstehen lernen. Manche sehen sich durch eine kulturelle Vielfalt bedroht und befürchten, dass sich „Parallelgesellschaften", also unterschiedliche Lebenswelten, entwickeln. Unser Grundgesetz regelt das Zusammenleben von Menschen unterschiedlicher Herkunft und Kultur: „Niemand darf wegen seines Geschlechts, seiner Abstammung, seiner Rasse, seiner Sprache, seiner Heimat und Herkunft, seines Glaubens, seiner religiösen und politischen Anschauungen benachteiligt oder bevorzugt werden."

⑧ ***Zuwanderungsgesetz***

Seit dem 1. Januar 2005 gilt das Zuwanderungsgesetz, das erstmals den Grundsatz der Integration bundeseinheitlich regelt. Viele Aufgaben wurden an das Bundesamt für Migration und Flüchtlinge übertragen, z. B. die Durchführung von Integrationskursen. Diese umfassen einen Basis- und Aufbausprachkurs in sechs Modulen (600 Stunden) sowie einen Orientierungskurs zur Vermittlung von Kenntnissen der deutschen Rechtsordnung, Kultur und Geschichte. Sprachprüfung und Wissenstest bilden den Abschluss.

Bevölkerungswachs

6 504 594 054 Menschen. In der Zeit, in der du diese Zahl liest, hat die Erdbevölkerung schon wieder um 12 Menschen zugenommen: 2,5 in der Sekunde, 153 in der Minute, 9 158 in der Stunde oder 219 792 pro Tag. Allerdings wächst die Bevölkerung in den Staaten der Erde unterschiedlich schnell und es gibt Staaten, in denen sie sogar schrumpft. Um angemessen leben zu können, wandern viele Menschen aus ihrer Heimat ab. Ziel dieser Migration sind oft die Städte.

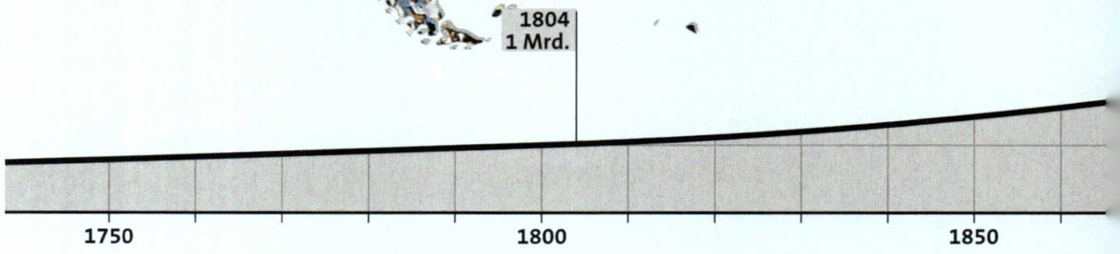

um und Migration

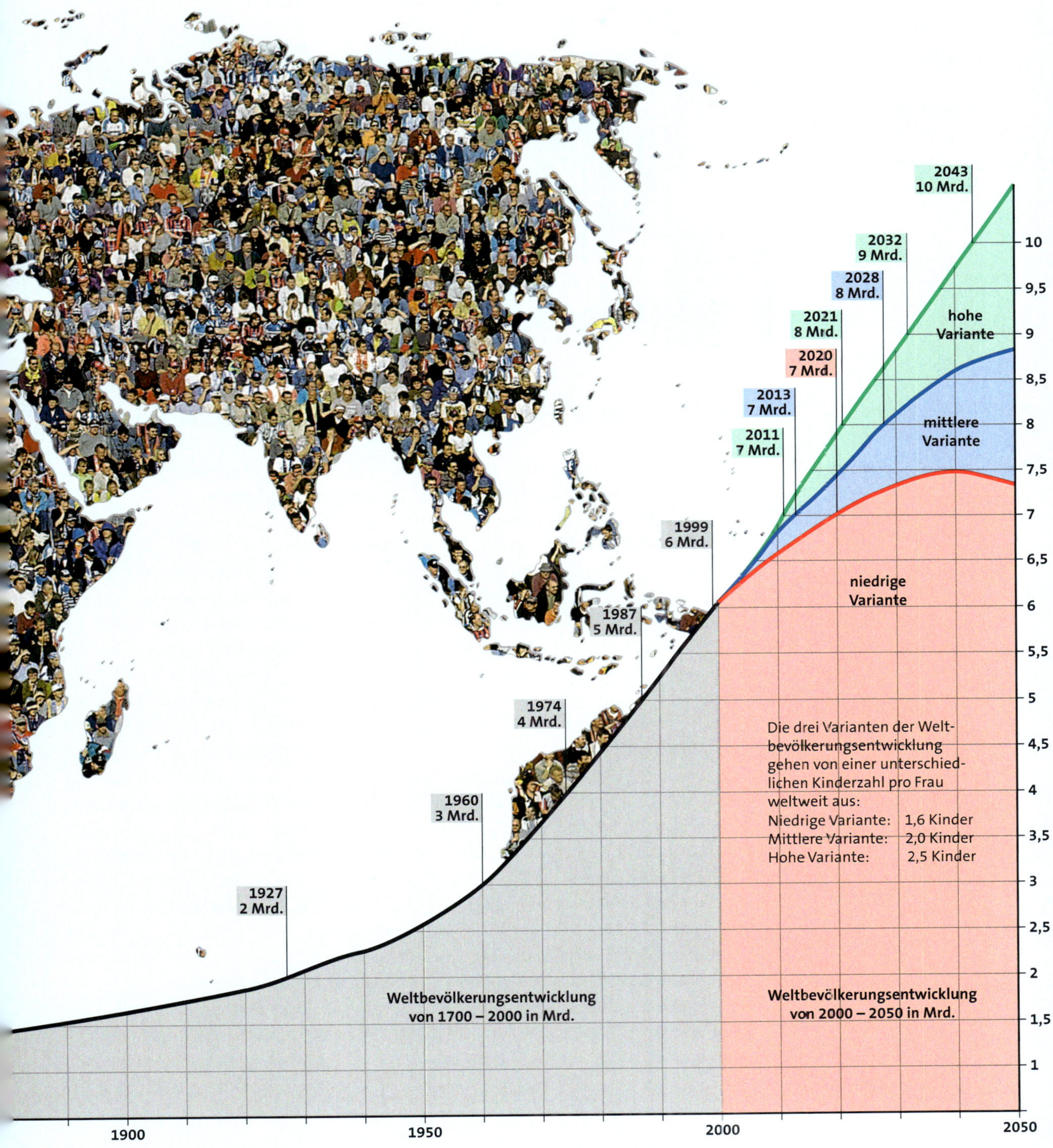

7

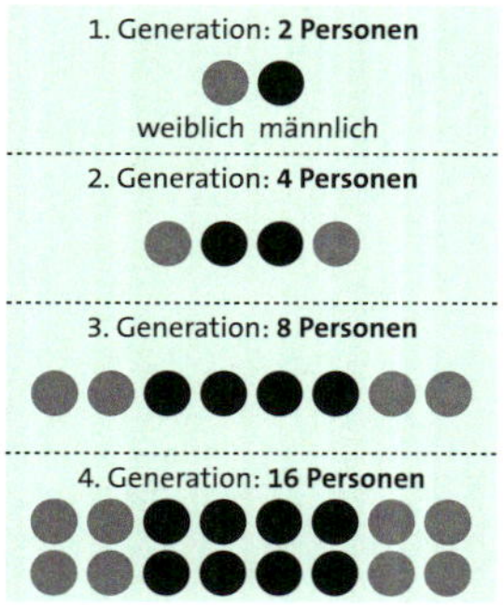

❶ ***Bevölkerungsentwicklung bei vier Geburten je Frau***

❸ ***Indische Großfamilie***

Indien: Zu viele Kinder – ein Problem?

❷ ***Entwicklung der Bevölkerung in Indien 1901–2003***

1901	*238 Mio.*
1911	*252 Mio.*
1921	*251 Mio.*
1931	*279 Mio.*
1941	*319 Mio.*
1951	*361 Mio.*
1961	*439 Mio.*
1971	*548 Mio.*
1981	*683 Mio.*
1991	*844 Mio.*
2001	*1 027 Mio.*
2003	*1 064 Mio.*

Indiens Bevölkerung wächst und wächst. 2004 lebten zwar mehr Menschen in China als in Indien, aber im Jahr 2050 wird es umgekehrt sein: Indiens Bevölkerung wird mit 1,6 Milliarden diejenige Chinas mit 1,4 Milliarden überholt haben. Im Durchschnitt liegt die Zahl der Kinder je Familie in Indien zwischen drei und fünf, in China zwischen eins und zwei. Indiens Bevölkerung wächst also schneller.

Wie die Bevölkerung wächst

Wachstum einer Bevölkerung ist nur möglich, wenn pro Familie mindestens zwei Kinder geboren werden. Die Zahl der Lebendgeborenen je Tausend Einwohner ist die **Geburtenrate**. Andererseits kommt es auch zu Sterbefällen, deren Anzahl je Tausend Einwohner als **Sterberate** bezeichnet wird. Die Differenz beider Werte bildet die **Wachstumsrate**, sie wird in Promille oder in Prozent angegeben. Liegt die Sterberate über der Geburtenrate, so ist die Wachstumsrate negativ, die Bevölkerung schrumpft. In der Regel ist sie positiv und je höher der Wert, desto größer ist das **Bevölkerungswachstum**.

„Garibi Hatao"...

... zu deutsch: „Schlagt die Armut". Dies war die Parole in den Wahlkämpfen der 1970er Jahre in Indien. Armut ist noch heute das Hauptproblem, nicht für alle Inder, aber für viele – und von denen gibt es immer mehr. Armut herrscht auf dem Lande unter den landlosen Arbeitern, Landpächtern und Kleinbauern. Armut herrscht auch in den Städten unter den Arbeitslosen und Gelegenheitsarbeitern. Indiens Regierung behauptet, nur noch 19 % der Bevölkerung würden unter der Armutsgrenze leben. Misst man Armut aber nicht nur an der täglich verfügbaren Nahrungsration, sondern berücksichtigt auch andere Grundbedürfnisse wie Kleidung und Wohnung, dann schätzen Experten den Anteil der Armen auf über 50 %.

Die Ernährungslage hat sich in Indien von 1951 bis 1991 deutlich gebessert: Die täglich verfügbare Menge an Getreide stieg von 395 Gramm pro Kopf auf 510 Gramm und

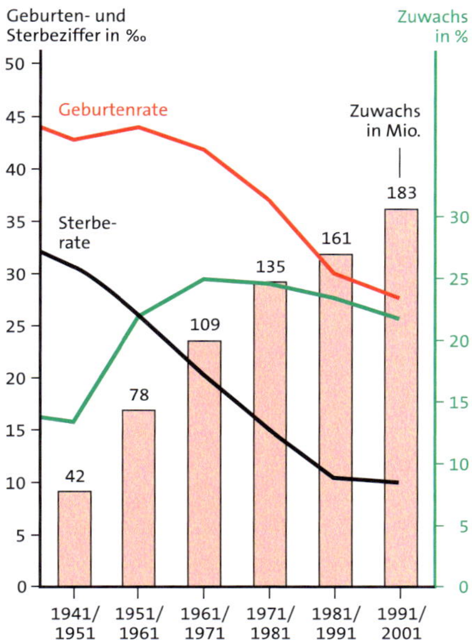

④ ***Bevölkerungswachstum in Indien***

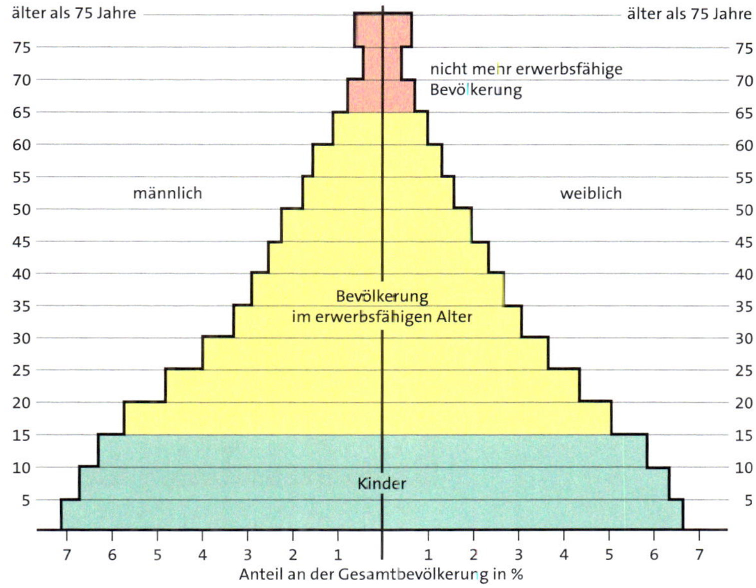

⑤ ***Altersaufbau der Bevölkerung in Indien 2000***

dies trotz ständig steigender Bevölkerungszahl. Dieser Erfolg wird der sogenannten „Grünen Revolution" zugeschrieben: Ertragreichere Getreidesorten, höhere Düngergaben, stärkere Bewässerung und acht aufeinander folgende gute Monsunperioden ließen die Produktion in der Landwirtschaft wachsen. Davon profitierten aber vor allem die Großbauern.

Die Ernährung ist für viele Inder ein Problem, 300 Millionen müssen mit weniger als dem Mindestwert von 2100 Kalorien am Tag auskommen. Mangelernährung gefährdet die Gesundheit. Hoffnungslosigkeit treibt viele der Landlosen und Kleinbauern in die Städte, die ihrerseits ins Unermessliche wachsen. Dort ist es für so viele Hinzukommende problematisch, genügend Arbeits- und Ausbildungsplätze zu schaffen, Wohnraum zu bauen und die Versorgung zu sichern.

Am **Altersaufbau** der indischen Bevölkerung zeigt sich: Indiens Bevölkerung ist jung, der Anteil der Kinder und Jugendlichen unter 15 Jahren an der Gesamtbevölkerung ist sehr hoch. Indiens Bevölkerung wird in Zukunft also weiter wachsen. Sind zu viele Kinder also das Grundproblem Indiens?

Zur Standardsicherung

1 Fertige zur Tabelle 2 ein Kurvendiagramm an und beschreibe dieses.

2 Arbeite mit Diagramm 4.

a) Beschreibe das Diagramm.

b) Die Wachstumsrate in Indien beträgt derzeit 1,7 %. Berechne, wie viele Menschen jährlich hinzukommen.

3 Zu viele Kinder – ein Problem?

a) Ermittle aus Diagramm 5 den Anteil der Bevölkerung unter 15 Jahren.

b) Zähle konkrete Probleme auf, die durch hohes Bevölkerungswachstum bedingt sind.

c) Werte Grafik 6 aus.

Zur Weiterarbeit

4 Die Zwei-Kind-Familie gilt in Indien als Ideal. Wie ist sie zu erreichen?

5 Ein indisches Sprichwort sagt: „Ein Kind hat zwei Hände, aber nur einen Mund." Erkläre.

⑥ ***Gründe für Kinderreichtum***

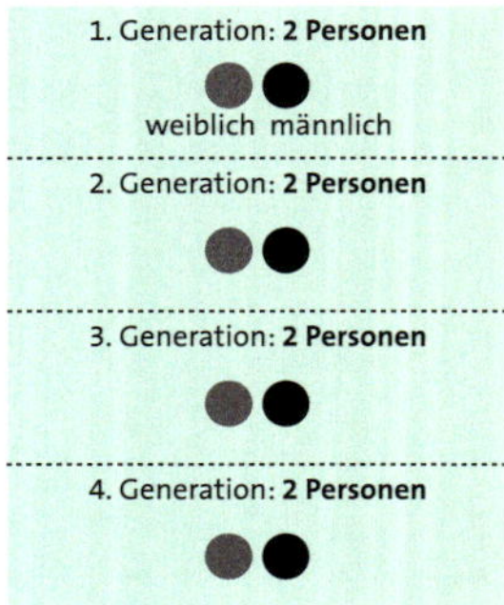

① ***Bevölkerungsentwicklung bei zwei Geburten je Frau***

③

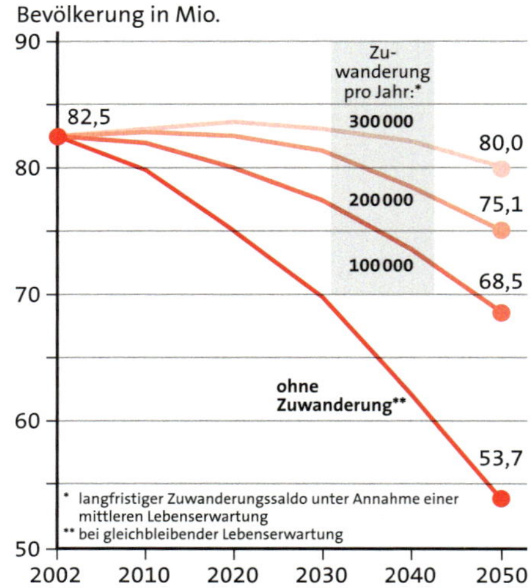

④ ***Szenarien der Bevölkerungsentwicklung***

Deutschland: Zu wenig Kinder – ein Problem?

Demografie
Bevölkerungswissenschaft, von Demos (griechisch. = Volk, ‚graphein' = beschreiben)

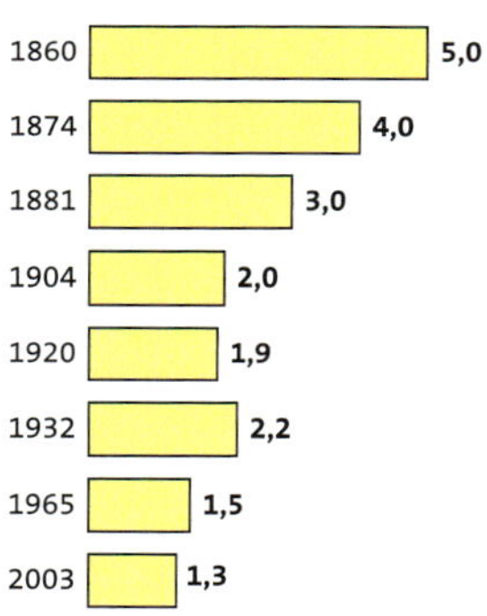

② ***Lebendgeborene je Frau in Deutschland***

In Deutschland geht die Furcht um: Sterben die Deutschen aus? Die Bevölkerung schwindet und vergreist! Die „demografische Zeitbombe" tickt: Immer weniger Geburten sind zu verzeichnen! Nur in jedem dritten Haushalt wachsen noch Kinder auf! – so lauten Schlagzeilen in der Presse. Sind zu wenig Kinder ein Problem?

Demografischer Übergang

Die Bevölkerungsentwicklung in Deutschland hat seit 1815 mehrmals Wandlungen erfahren. Dies zeigt der Verlauf der Geburten- und Sterberate. Bis 1870 verliefen beide Kurven in einem hohen Niveau, ab 1940 bewegen sie sich jedoch auf einem niedrigen. Diesen Vorgang bezeichnet man als **demografischen Übergang**. Weil das Absinken von Geburten- und Sterberate nicht gleichzeitig stattfand, lässt sich der demografische Übergang in vier Abschnitte mit unterschiedlichen Auswirkungen auf das Wachstum der Bevölkerung gliedern.

Zu Anfang der Entwicklung war es den Eltern für ihre Versorgung bei Krankheit und im Alter wichtig, möglichst viele Kinder zu haben. Familien mit mehr als acht Kindern waren häufig anzutreffen. Um 1900 kamen auf eine Person über 75 Jahre 80 Jüngere. Ab 1870 wurden nach und nach Kranken-, Arbeitslosen-, Renten- und Pflegeversicherungen eingeführt. Zudem verbesserte sich die Gesundheitsfürsorge. Eigene Kinder waren für die Versorgung der Eltern nicht mehr so notwendig.

Demografischer Wandel

Nach 1970 setzte ein Geburtenschwund ein, der als **demografischer Wandel** bezeichnet wird. Es gibt viele Gründe, weshalb Paare darauf verzichten, Kinder zu bekommen. Dieses Umdenken zusammen mit der Verbreitung empfängnisverhütender Mittel ließen die Zahl der Kinder auf ein Niveau absinken, das zum **Bevölkerungsrückgang** führt. Das Fehlen von Kindern und Jugendlichen zeigt sich im Altersaufbau der Bevölkerung. Er stellt auch dar, dass es immer mehr ältere Menschen gibt, die von jüngeren Generationen versorgt werden müssen. Gegenwärtig kommen auf eine Person über 75 Jahre noch zwölf Jüngere – 2040 werden es aber nur noch sechs sein. Sind zu wenig Kinder also das Grundproblem Deutschlands?

*Prognose mit einem langfristigen Zuwanderungssaldo von 200 000 Personen pro Jahr

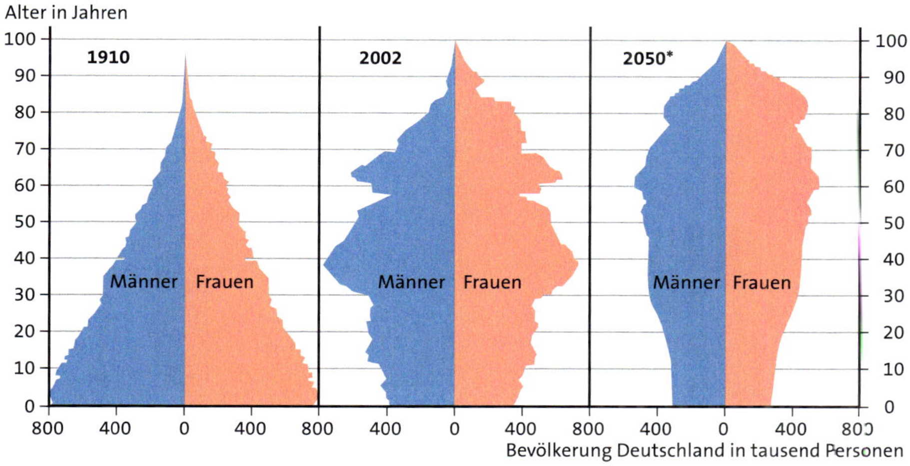

⑤ ***Altersaufbau der Bevölkerung in Deutschland***

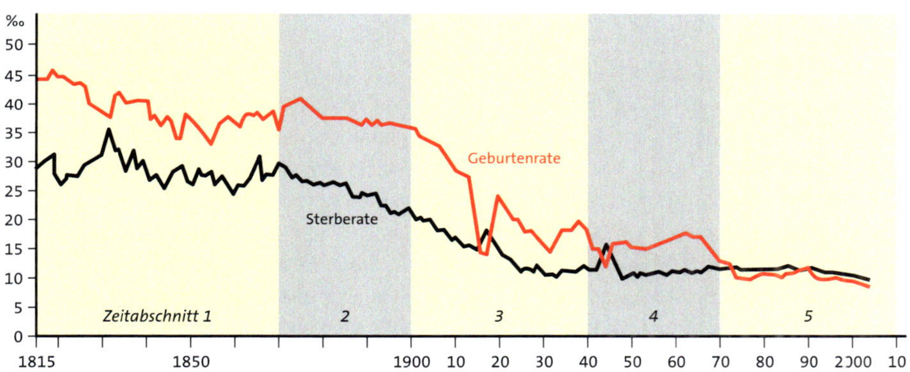

⑥ ***Geburten- und Sterberaten in Deutschland 1815 – 2004***

⑦ ***Gründe für wenige Kinder***

⑧ ***Familienfreundliche Kommune***

Im Juni 2005 starteten in Baden-Württemberg acht Gemeinden und Städte im Ortenaukreis diese Initiative. Bessere Kinderbetreuung durch Kinderkrippen, Tagespflege, Babysitter-Service u. a. sollen die Erwerbstätigkeit von Eltern erleichtern. www.familienfreundliche-kommune.de

Zur Standardsicherung

1 *Arbeite mit Grafik 6.*
a) Beschreibe und erkläre den Verlauf von Geburten- und Sterberate in den Abschnitten 1 – 5.
b) Wie verläuft die Wachstumsrate?

2 *Erkläre mithilfe der Grafiken 2 und 7, welche Ursachen der demografische Wandel hat.*

3 *Vergleiche in Grafik 5 die Bevölkerungsanteile der unter 15-Jährigen, der 15- bis 65-Jährigen und der über 65-Jährigen miteinander.*

4 *Zu wenig Kinder – ein Problem? Diskutiert in der Klasse über die Folgen des demografischen Wandels. Denkt dabei an Alters- und Sozialversicherung, Altenpflege, Kindergärten, Schulen, Arbeitsmarkt, Geschäftsleben, Wohnungsbedarf, Zuwanderung.*

Zur Weiterarbeit

5 *Erkläre, weshalb die Bevölkerungszahl Deutschlands trotz des Geburtenrückganges (noch) nicht gesunken ist.*

6 *Erläutere Abbildung 4.*

7 *Damit es nicht zum Bevölkerungsrückgang kommt, müssen Frauen im Durchschnitt mehr als 2,1 Kinder gebären (Zuwanderung bleibt außer Betracht). Mit welchen Maßnahmen und persönlichen Wertorientierungen könnte dies erreicht werden?*

8 *Man sagt, in Entwicklungsländern ist es gut, viele Kinder zu haben. Gilt dies auch in Deutschland? Diskutiert.*

① ***Weltbevölkerungsuhr, aufgerufen am 6. März 2006 um 14.45 Uhr*** *(www.dsw-online.de/wbuhr.html)*

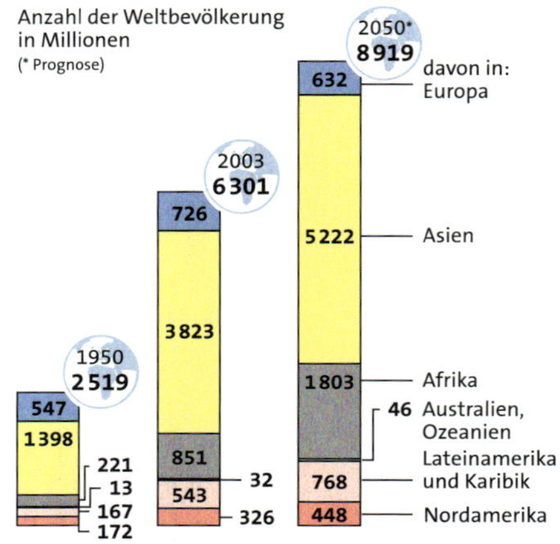

③ ***Bevölkerung der Kontinente***

Bevölkerungswachstum auf der Erde

Die Weltbevölkerungsuhr lässt uns aktuell zusehen, wie die Menschheit wächst. Von Minute zu Minute gibt es 153 Menschen mehr auf der Erde.

Über Jahrhunderte wuchs die Zahl der Menschen nur sehr langsam und überschritt 1804 erstmals die Milliardengrenze. Im 20. Jahrhundert aber beschleunigte sich das Wachstum derart, dass die nachfolgenden Milliardengrenzen fünfmal überschritten wurden. Die Wachstumsrate stieg von 0,5 Prozent im Jahre 1900 auf 2,1 Prozent im Jahre 1975 an. Würde die Weltbevölkerungszahl mit unverminderter Wachstumsrate 100 Jahre lang so wachsen, dann müssten wir im Jahre 2075 mit 32 Milliarden Menschen rechnen! Angesichts solcher Voraussagen wurde in den 1970er Jahren das hohe Bevölkerungswachstum als ein Grundproblem der Menschheit erkannt.

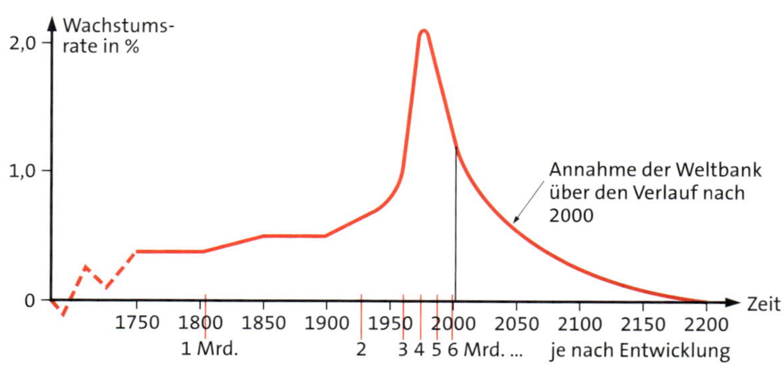

② ***Wachstumsrate und absolute Anzahl der Weltbevölkerung***

Wie lässt sich Wachstum bremsen?

Seither ist die Wachstumsrate zwar auf 1,2 Prozent gesunken, aber trotzdem wird die Weltbevölkerung weiter wachsen – wie ein Schiff, das bei gedrosseltem Motor noch eine bestimmte Strecke zurücklegt, ehe es zum Stillstand kommt. Das Durchschnittsalter aller Menschen ist mit 23 Jahren sehr niedrig. Demzufolge ist in der nächsten Zukunft noch mit einem starken Zuwachs zu rechnen.

Das Wachstum erfolgt regional sehr unterschiedlich. Dabei stellt die Höhe der Wachstumsrate das wichtigste Merkmal des Entwicklungsstandes eines Staates dar. In den weniger entwickelten Staaten kommt es sehr darauf an, wie schnell der demografische Übergang stattfindet.

Viele Staaten der Erde verfolgen Programme zur **Familienplanung**. In China beschreitet man einen sehr strengen Weg: Familien, die in der Stadt leben, dürfen nur ein Kind, die auf dem Land lebenden zwei Kinder haben. Im anderen Fall werden finanzielle

Strafen verhängt. Man schreckte auch vor Zwangsabtreibungen nicht zurück.
In Indien gelten seit 1952 demokratischere Formen. Eine entscheidende Rolle spielen dabei Frauenförderungsprogramme. Mit Verringerung der Analphabetenquote und höherer Ausbildung der Mädchen sowie der Verbesserung der wirtschaftlichen und sozialen Stellung der Frauen steigt deren Unabhängigkeit. Und damit sinkt die Geburtenrate.
Hoffnungen auf ein gebremstes Wachstum der Menschheit knüpfen sich auch an die internationale Zusammenarbeit. Die Vereinten Nationen erklärten das Jahr 1974 zum „Weltbevölkerungsjahr" und luden zu Weltbevölkerungskonferenzen ein. Nach der mittleren **Bevölkerungsprognose** rechnet man für 2050 mit neun Milliarden Menschen. Die hinzukommenden fast drei Milliarden werden in den weniger entwickelten Staaten leben. Zudem werden die Menschen auch dort immer älter. Welche Folgen wird dies für die Wirtschaft und Gesellschaft, für die Gesundheits- und Sozialfürsorge und letztlich für den Wohlstand und Weltfrieden haben?

Zur Standardsicherung

1 *Weltbevölkerung: Ermittle mithilfe der Grafik auf Seite 136/137 die Zeitspannen zwischen den Milliardenschritten.*

2 *Materialien 3 und 6: Beschreibe das unterschiedliche regionale Wachstum der Menschheit.*

3 *Zwei Kinder je Familie: höchstens und mindestens. Erkläre.*

4 *Vergleiche und beurteile die Strategien zur Beschränkung des Bevölkerungswachstums in China und Indien.*

Zur Weiterarbeit

5 *Wende Modell 4 auf Grafik 4, Seite 139 und auf Grafik 6 auf Seite 141 an. Beschreibe jeweils.*

6 *Bevölkerungswachstum und -rückgang haben viel mit der Rolle von Männern und Frauen in ihrer jeweiligen Gesellschaft zu tun. Erkläre dies an drei Beispielen.*

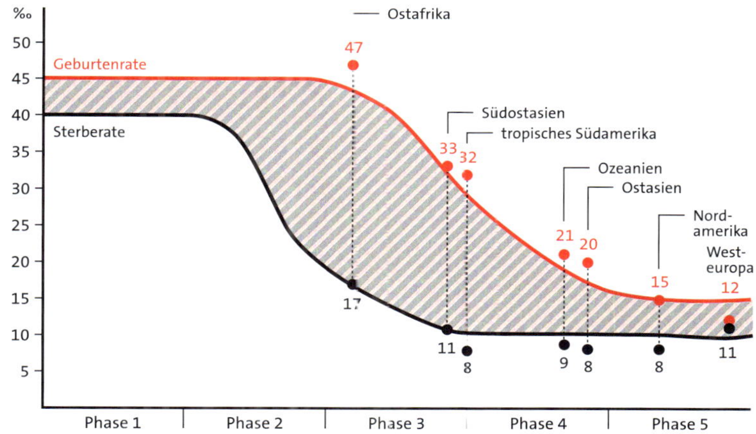

4 ***Modell des demografischen Übergangs und Stellung ausgewählter Großräume 2004***

5

Familienplanungsprogramme in Indien

1952: erstes Programm; Plakatwerbung, Familienberatungsstellen, Bereitstellung von Verhütungsmitteln

1972: Legalisierung des Schwangerschaftsabbruches

1975–1977: Sterilisierungskampagnen

1978: Heraufsetzung des Heiratsalters

1979: Umbenennung von Familienplanungs- in Familienwohlfahrtsprogramm; stärkere Berücksichtigung des sozialen Umfelds.

2000: Förderung der Gesundheit von Frauen u. Kindern vor und nach der Geburt, Zugang zu medizinischer Versorgung

6 ***Wachstumsrate 2002***

Afrika	*2,4 %*
Asien	*1,3 %*
Europa	*−0,1 %*
Lateinamerika	*1,7 %*
Nordamerika	*0,6 %*
Ozeanien	*1,0 %*
Welt gesamt	*1,2 %*

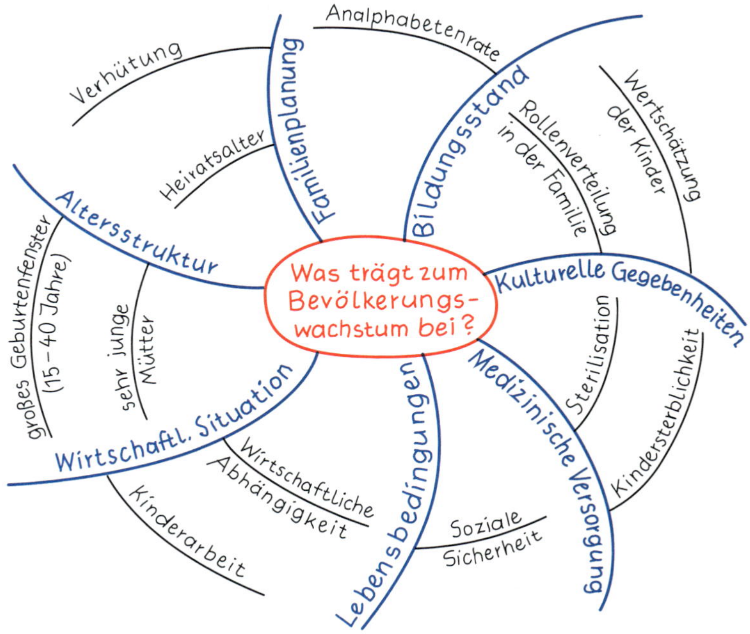

1 ***Schritt 4: Mindmap zur Strukturierung des Themas/Problems***

Probleme sind meist sehr komplex, weil sie von mehreren Faktoren abhängen. Es hilft sehr, die gegenseitigen Wechselbeziehungen in einer Conceptmap, einem kommentierten Beziehungsnetz, darstellen. Auf diese Weise visualisiert, unterstützt eine Conceptmap vernetztes Denken.

Von der Mindmap zur Conceptmap: Bevölkerungswachstum

Das Bevölkerungswachstum – sowohl auf regionaler als auch auf nationaler oder globaler Ebene – hängt von vielen Faktoren ab. Am Beispiel von Indien, Deutschland oder der Welt zeigen die Materialien der vorhergehenden Seiten, wie komplex das Problem ist. Ob es in einer Bevölkerung viele oder wenig Kinder gibt, hängt von der Einstellung der Menschen in diesem Land zu Fragen ihrer Existenzsicherung, von der medizinischen Versorgung, der gesellschaftlichen Stellung von Männern und Frauen und weiteren Gründen ab. Aber haben alle Faktoren die gleiche Bedeutung? Wie beeinflussen sie sich gegenseitig?

Hier lernst du, wie das Erstellen einer Conceptmap hilft, in komplexen Zusammenhängen zu denken. Nicht lineares, sondern vernetztes Denken soll damit geübt werden.

1. Schritt: Thema festlegen

Formuliere die Fragestellung, die du bearbeiten willst, z. B.: Was trägt zum Bevölkerungswachstum bei?

2. Schritt: Auflisten der Einflussfaktoren

- *Brainstorming in der Gruppe bzw. in der Klasse*
- *Informationsmaterial, z. B. Schulbuch, auswerten*
- *Sammeln der Einflussfaktoren, z. B. auf Kärtchen oder an der Tafel*

3. Schritt: Einflussfaktoren ordnen

- *Einflussfaktoren nach Oberbegriffen und Unterbegriffen ordnen*
- *den Oberbegriffen ihre Unterbegriffe zuordnen*

4. Schritt: Mindmap zeichnen

- *eine Mindmap wie in Grafik 1 anlegen. Die Anzahl der Obergriffe entspricht der Anzahl der Leitäste.*
- *Leitäste mit Seitenästen versehen. Die Anzahl der Unterbegriffe zu einem Oberbegriff entspricht der Anzahl der Seitenäste.*

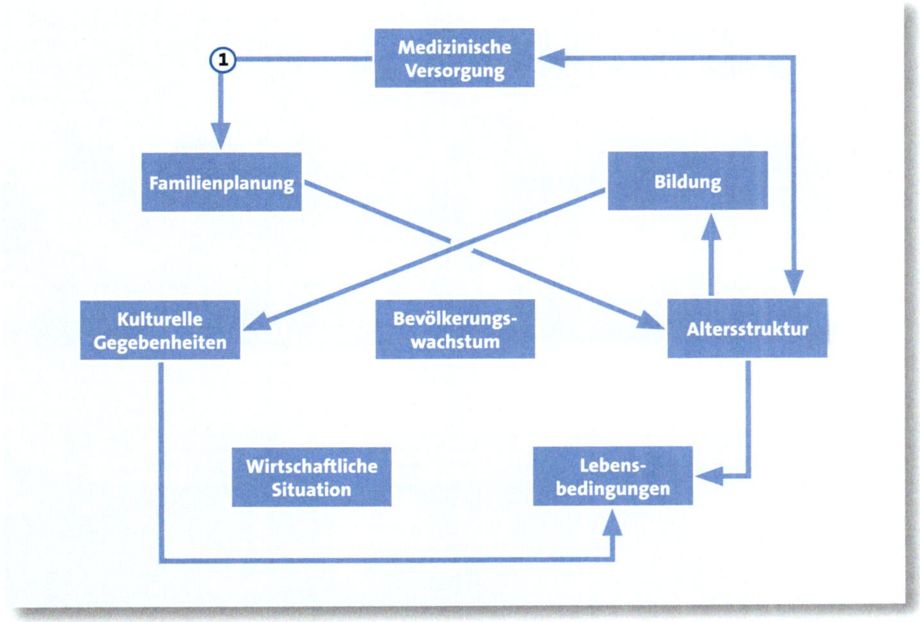

❷ ***Schritt 5: Beziehungsnetz (unvollständig)***

5. Schritt: Beziehungsnetz vorbereiten

- *Leitbegriffe der Mindmap auf Kärtchen schreiben*
- *Kärtchen auf einem Plakatpapier ausbreiten und wie in Grafik 2 eine sinnvolle Anordnung finden*
- *Kärtchen aufkleben*

6. Schritt: Beziehungsnetz erstellen

- *dort, wo Beziehungen, das heißt Einflüsse, bestehen, Pfeile zwischen den Kärtchen zeichnen*
- *Pfeile mit Ziffern versehen*

7. Schritt: Conceptmap erstellen

- *Beziehungsnetz „zum Sprechen bringen", indem zu den Ziffern Aussagen formuliert werden, z. B.*
  (1) Für Familienplanung ist die Versorgung mit Verhütungsmitteln notwendig.

Zum Einüben der Methode

1 *Arbeitsgleiche Gruppenarbeit:*

a) Übertragt Mindmap 1 auf einen Bogen Papier und ergänzt die Unterbegriffe an den Seitenästen.

b) Bereitet auf einem Plakatpapier ein Beziehungsnetz wie in 2 vor.

c) Vervollständigt das Netz, indem ihr weitere Beziehungspfeile zwischen den Einflussfaktoren setzt.

d) Nummeriert die Pfeile und formuliert zu den Ziffern Aussagen wie im Schritt 7.

Zum Anwenden der Methode

2 *Arbeitsteilige Gruppenarbeit:*

a) Gruppen A:
Was trägt zum Bevölkerungswachtum Indiens bei? (Seite 138/139)

b) Gruppen B:
Was trägt zum Bevölkerungsrückgang in Deutschland bei? (Seite 140/141)

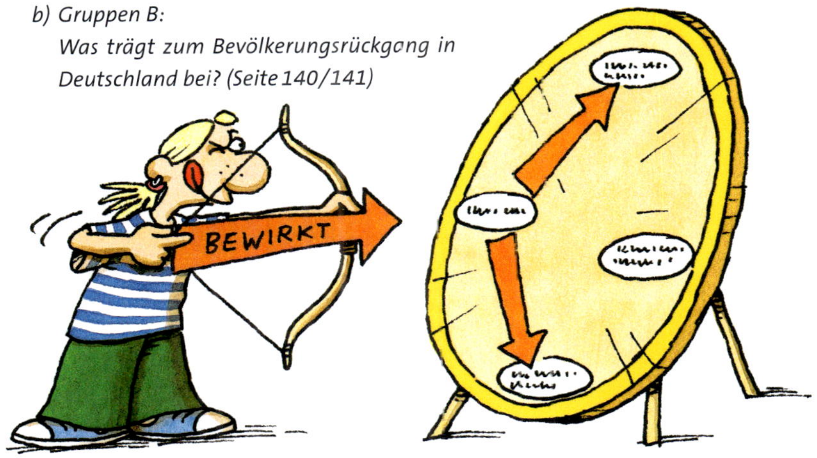

1 Peru in Zahlen 2003

- *28 Mio., davon 8 Mio. in Lima*
- *Wachstumsrate: 2,0 %*
- *Altersstruktur: 33 % unter 15 Jahre, 5 % über 65 Jahre*
- *47 % Indianer, 32 % Mestizen, 12 % Weiße*
- *Verstädterungsgrad: 72 %*
- *HDI-Rang: 82*

2

Flucht in die Städte

Wie die anderen Staaten Südamerikas ist auch Peru ein Land von Gegensätzen. Es herrschen große soziale Unterschiede zwischen Land und Stadt, innerhalb der Städte und zwischen den Bevölkerungsgruppen. Zwar weist das Land ein solides Wirtschaftswachstum von fünf Prozent auf, aber über 50 Prozent der Bevölkerung leben unterhalb der Armutsgrenze.

Von der Landwirtschaft leben 30 Prozent der Menschen. In den Dörfern der Anden herrschen immer noch einfache Anbaumethoden, die Ernteerträge sind bescheiden. Hohe Geburtenraten lassen die Bevölkerungszahl ansteigen. Da es an ausreichenden Beschäftigungsmöglichkeiten außerhalb der Landwirtschaft fehlt, nimmt die Arbeitslosigkeit zu. Besonders auf die jüngere Generation wirken diese Bedingungen auf dem Land abstoßend: Man bezeichnet sie als **Push-Faktoren**. Zu diesen gehören auch mangelnde Freizeit- und Einkaufsmöglichkeiten.

Zeitungen und Fernsehen vermitteln selbst im letzten Winkel des Landes das Bild von anderen Lebensformen und -möglichkeiten, v. a. in den Städten. Sie wirken auf die Betrachter anziehend, weshalb sie als **Pull-Faktoren** bezeichnet werden: Die Menschen wandern vom Land in die Stadt ab. Im Zielgebiet lockt die Hoffnung auf Arbeit, höheres Einkommen und städtisches Leben. So kommt es zu einer Bevölkerungswanderung vom Land zur Stadt, zur **Landflucht**.

In den Städten, vor allem in der Hauptstadt Lima, verursacht die Zuwanderung ein rasantes, unkontrollierbares Wachstum. So finden sich am Stadtrand große Hüttensiedlungen, die „barriadas", in denen die Landflüchtigen meist leben müssen.

3 **Manuel**
11 Jahre, wohnt mit seinen Eltern und vier Geschwistern in einer Lehmhütte in den Anden. Die Familie lebt hauptsächlich vom Kartoffel-, Mais- und Gemüseanbau. Nur unregelmäßig besucht er die Schule, zur nächsten Stadt mit Schule und Arzt sind es zu Fuß zwei Stunden. Außerdem muss er viel helfen: Wasser vom Brunnen holen, Holz und Futter sammeln, Unkraut jäten, die Haustiere versorgen. Und abends lernen! Noch gibt es keinen elektrischen Strom in der Hütte.

5 **Maria**
10 Jahre, wohnt mit ihren Eltern und zwei Geschwistern in einer Holzhütte am Stadtrand von Lima. Ihr Vater arbeitet als Lagerarbeiter, ihre Mutter verkauft Essen auf dem Markt. Vor einem Jahr erhielt die Hütte Stromanschluss, die Wassertonne wird einmal pro Woche vom Tankwagen gefüllt. Maria geht zur Grundschule, mittags muss sie auf die jüngeren Geschwister aufpassen, sonst spielt sie in ihrer „Bande". Manchmal verdient sie als Schuhputzerin etwas Geld.

6 **Nina**
14 Jahre, wohnt mit ihren Eltern und ihrem jüngeren Bruder in einem guten Wohnviertel von Lima. Ihr Vater ist Bankangestellter und verdient soviel, dass ihre Mutter nicht zur Arbeit gehen muss. Wenn der Vater zur Bank fährt, nimmt er Nina im Auto mit zur Privatschule. Dort lernt sie auch Englisch und Französisch. Ihr Wohnhaus ist groß genug, so dass Nina ein eigenes Zimmer hat. Ungestört kann sie dort Hausaufgaben machen, Musik hören oder Fernsehen schauen.

	Land		Stadt
Pushfaktoren	– Arbeitslosigkeit – ... – ... – ...	Pullfaktoren	– Hoffnung auf einen Arbeitsplatz – ... – ... – ...
Auswirkungen	– Abwanderung der jüngeren aktiven Bevölkerung – ... – ... – ...	Auswirkungen	– zunehmende Verstädterung – ... – ... – ...

4 ***Push- und Pull-Faktoren und ihre Auswirkungen***

Zur Standardsicherung

1 a) Beschreibe die Fotos 3, 5 und 6 unter Verwendung der Texte.
b) Beschreibe, welche Lebenswege Manuel, Maria und Nina vermutlich vor sich haben.
2 Übertrage die Übersicht 4 in dein Heft.
a) Nenne darin die Push- und Pull-Faktoren.
b) Nenne Auswirkungen der Landflucht auf ländliche Gebiete und auf Städte.

Zur Weiterarbeit

3 Push-Faktoren oder Pull-Faktoren – welche wirken stärker? Begründe.

1 **Barriada am Stadtrand von Lima**

3 **Kathedrale am Plaza Mayor in Lima**

Verstädterung der Erde

2 ***Bevölkerungsentwicklung im Großraum Lima***

	(Einw. in 1 000)
1600	*15*
1820	*65*
1876	*100*
1940	*500*
1961	*1 700*
1972	*3 300*
1981	*4 600*
1993	*6 400*
2003	*7 900*

Die Stadt der Könige

Am 6. Januar 1535 ritzte der spanische Eroberer Francisco Pizarro mit seinem Schwert das Schachbrettmuster der künftigen Hauptstadt Perus in den Sand: Die „Ciudad de los Reyes", die „Stadt der Könige", war gegründet worden. Wie damals so bildet auch heute die Plaza Mayor das Zentrum der Stadt: Regierungspalast, Kathedrale, Rathaus und Villen der spanischen Edelleute umrahmen den Platz. Im 17. Jahrhundert erreichte Lima seine höchste Macht. Zeitweise wurde von hier aus ganz Südamerika regiert. Aus den gesamten spanischen Kolonien kamen Schätze, vor allem Gold und Silber, hierher. Die einheimische Bevölkerung, die Indigenas, blieb jedoch arm.

1821 musste der spanische Vizekönig Lima verlassen, Peru wurde ein unabhängiger Staat. Mit dem Bau der Eisenbahn 1851 setzte die Modernisierung und Industrialisierung ein. Die Stadt wuchs zwar, behielt aber ihr barockes Aussehen der Kolonialzeit und war noch bis 1940 von großen Plantagen umgeben.

Stadtmoloch Lima

Ende der 1950er Jahre setzte in Peru eine landesweite Landflucht ein. Bevölkerungswanderungen mit dauerhaftem Wohnortwechsel bezeichnet man als **Migration**. Aus allen Provinzen Perus strömten die Migranten in die Hauptstadt, in der Hoffnung, dort Arbeit zu finden. Diese **Binnenwanderung** ließ Lima ungezügelt und unkontrollierbar ins Umland wachsen. Die Indigenas siedelten sich am Stadtrand in Hüttensiedlungen an.

Durch diese Zuwanderung wuchs die Stadt entlang wichtiger Verkehrslinien und um Industriegebiete herum. Betrug die Fläche des Stadtgebietes um 1800 noch 4 km², so war sie 1931 auf 20 km² vergrößert und wies 1980 schon 612 km² auf. Die acht Kilometer westlich gelegene Hafenstadt Callao gehört heute ebenso zum Stadtgebiet wie das Nobelviertel Miraflores sieben Kilometer südlich vom Stadtzentrum.

Extrem stellt sich der Gegensatz zwischen den grauen Elendsvierteln und dem kolonialen Stadtkern dar. Inner- und randstädtische **Elendsviertel**, legale wie illegale Hüttensied-

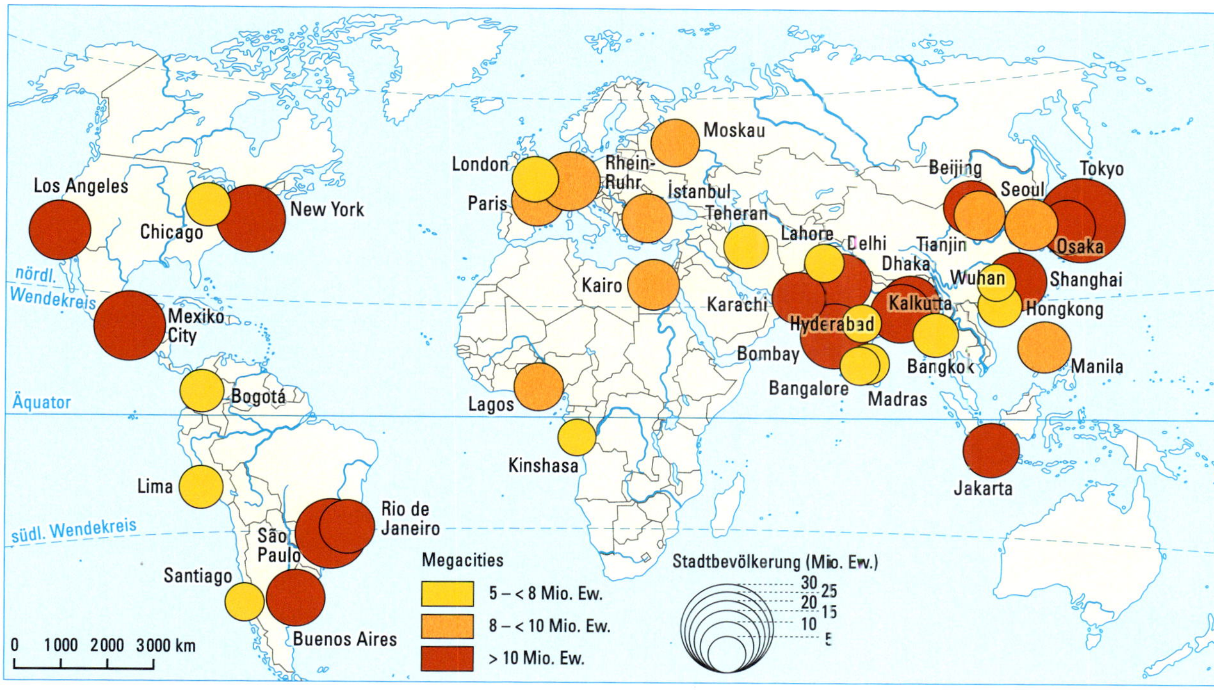

4 Megacities der Erde im Jahre 2000

lungen, häufig ohne Wasser- und Abwasseranschluss und ohne Elektrizität, bestimmen das Antlitz der heutigen Hauptstadt Perus. Dagegen leuchtet der restaurierte koloniale Stadtkern in hellen Farben; er wurde 1991 zum Weltkulturerbe erklärt. Im Winter ist die Stadt häufig vom Küstennebel eingehüllt.

Das Jahrhundert der Megacities

Lima ist nur ein Beispiel für viele Städte auf der Erde mit mehr als fünf Millionen Einwohnern, die man als **Megacities** bezeichnet. Im Jahr 2000 gab es von ihnen 39, aber bis 2015 erhöht sich ihre Zahl auf 58. Die meisten davon liegen in wenig entwickelten Staaten. Ihr Wachstum verdanken sie vor allem der Landflucht. Für die Flüchtenden endet sie in den meisten Fällen in einem Elendsviertel.

Als **Verstädterung** bezeichnet man den Prozess des Wachstums der städtischen Bevölkerung. Der Anteil der Stadtbevölkerung an der Gesamtbevölkerung eines Staates ergibt den Verstädterungsgrad. Weltweit betrachtet ist zu Beginn des 21. Jahrhunderts erstmals in der Menschheitsgeschichte der Fall eingetreten, dass mehr als die Hälfte aller Menschen in Städten lebt, davon ein Sechstel in Elendsvierteln.

Zur Standardsicherung

1 Beschreibe die Fotos 1 und 3.

2 Tabelle 2:

a) Stelle die Bevölkerungsentwicklung von Lima in einem Diagramm dar.

b) Erläutere das Diagramm mithilfe des Textes.

3 Benenne in Karte 4 die Megacities, die mehr als 15 Millionen Einwohner haben.

4 Die Verstädterung stellt Städte und Staaten vor große Probleme. Erkläre, weshalb.

Zur Weiterarbeit

5 Atlasarbeit: Beschreibe die Lage und die wirtschaftliche Situation von Lima.

6 Verstädterung ist als Zustand und als Prozess zu verstehen. Erkläre.

5 Städtische Bevölkerung der Erde
(in % der Gesamtbevölkerung)

Jahr	*städtische Bevölkerung*
1800	3,2
1850	6,9
1900	13,6
1950	29,3
2000	47,1
2015	53,6

1 ***Konflikte im Sudan***

Menschen auf der Flucht

***Asyl** (Griechisch asylon = Freistatt) bezeichnet ein Heim, eine Unterkunft oder Zufluchtsstätte, wo Verfolgte Sicherheit finden.*

UNHCR

Seit 1951 bietet das Hohe Flüchtlingskommissariat der Vereinten Nationen (UNHCR) in Genf internationalen Flüchtlingen Schutz. Es gewährt unabhängig von Rasse, Religion, Geschlecht und politischer Meinung Hilfsleistungen und Rechtsschutz. Doch keine UN-Behörde hat ein Mandat zur Betreuung von Binnenflüchtlingen.

2 **Das größte Flüchtlingslager der Welt**

1994: In Ruanda begehen Milizen der Volksgruppe der Hutus unbeschreibliche Massaker an der Volksgruppe der Tutsis. Ganze Dörfer werden zerstört, wehrlose Alte, Frauen und Kinder ermordet. Panik macht sich im Land breit. Innerhalb von 3 Monaten kommt 1 Mio. Menschen um, 3 Mio. flüchten in die Nachbarstaaten.

28. April 1994: an einem Tag überqueren 250 000 Flüchtlinge den Grenzfluss, um sich in Tansania in Sicherheit zu bringen. Zwanzig Kilometer hinter der Grenze ist das Flüchtlingslager Benako ihr Ziel. Dort hausen 340 000 Menschen in dicht gedrängten Reisighütten, die meisten aber nur mit einer Plastikplane unter freiem Himmel. Das zehn Quadratkilometer große Lager wird in kurzer Zeit zweitgrößte „Stadt" in Tansania und das größte Flüchtlingslager der Welt. Zur Angst um die tägliche Nahrung kam der Kampf um Brennholz. Wildtiere wurden erlegt, eine Umweltkatastrophe nahm ihren Lauf.

3 **50 Jahre Bürgerkrieg im Sudan**

1956 wird der Sudan unabhängige Republik. Die Staatsgrenzen entsprechen nicht den ethnischen Binnengrenzen. Im Norden herrschen arabisch sprechende Muslime, im Süden Schwarzafrikaner, die sich in 572 Völker mit über 100 Sprachen aufgliedern. Mit Beginn der Unabhängigkeit entbrannte ein Bürgerkrieg um die politische Macht und um die Aufteilung der Einnahmen aus der Erdölproduktion. Die Provinzen Südsudan und Darfur sind isoliert und wurden von der Zentralregierung wirtschaftlich nicht gefördert. Dem Bürgerkrieg im Südsudan wichen eine halbe Million Flüchtlinge in die Nachbarstaaten aus und seit 1983 flohen 4 bis 5 Mio. als Binnenflüchtlinge in andere Provinzen und in die Städte des Sudans.

Auf internationalen Druck begannen 2002 Friedensverhandlungen zwischen der Regierung im Norden und den Rebellen im Süden. Trotzdem brach im Februar 2003 in der Provinz Darfur ein offener Krieg zwischen der Regierung und der schwarzafrikanischen Zivilbevölkerung aus. Gefürchtet sind die Jangaweed, von der Regierung unterstützte Reitermilizen: Mord an 50 000 Dorfbewohnern, Vergewaltigung, Raub und niedergebrannte Dörfer gehen auf ihr Konto. Seit 2003 sind deshalb zwei Millionen Binnenflüchtlinge im Sudan registriert und 300 000 fanden im Tschad Zuflucht. Das UNHCR kann nur internationalen Flüchtlingen helfen, Binnenflüchtlinge unterstehen dem Staat. Doch der Sudan verbittet sich jede Einmischung.

4 Ende des Jahres 2004 registrierte das UNHCR weltweit 9,2 Mio. **internationale Flüchtlinge**. Sie leben als **Asylbewerber** in einem anderen Staat und warten auf eine Rückkehrmöglichkeit in ihr Heimatland. Die Gesamtzahl der Flüchtlinge betrug jedoch 19,2 Mio., da es in vielen Staaten **Binnenflüchtlinge** gibt. Sie überqueren nicht die Grenze, sondern suchen Schutz vor Krieg und Verfolgung in anderen Regionen des Staates oder weichen den Folgen von Naturkatastrophen aus. Die meisten Flüchtlinge gibt es in Afrika: rund 13 Mio.

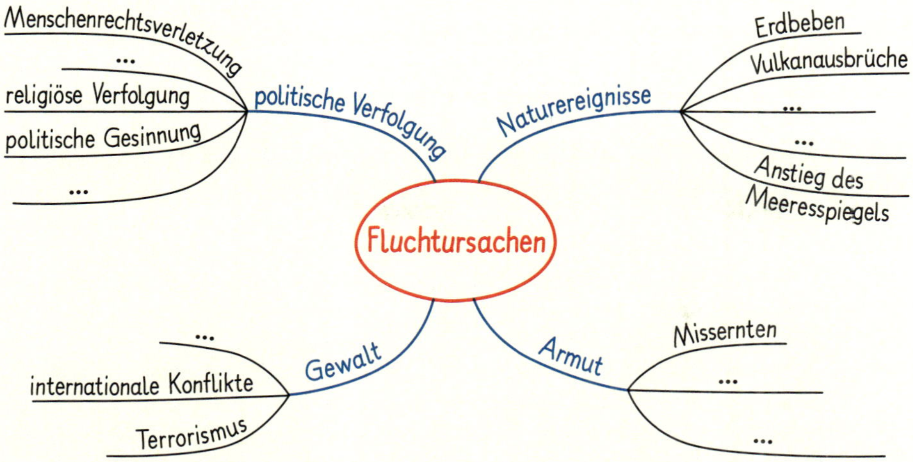

5

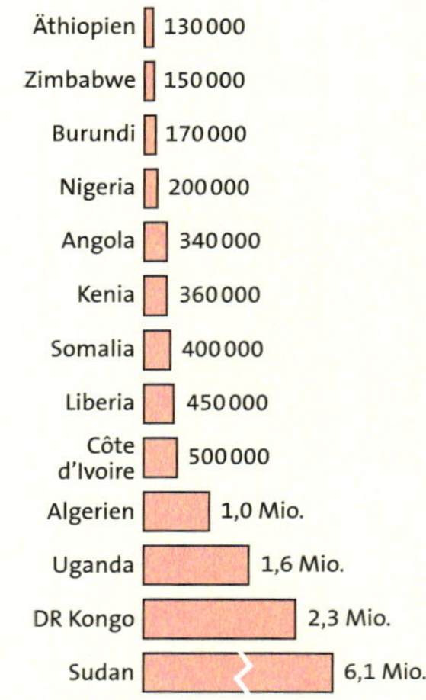

8 ***Binnenflüchtlinge in Afrika 2003***

6 **Umweltflüchtlinge in Westafrika**

Den Sahelstaaten in Westafrika drohen immer wieder Naturkatastrophen wie Dürren und Überschwemmungen. Durch die rasche Bevölkerungszunahme dringen viehzüchtende Nomaden und Bauern in früher gemiedene Risikogebiete vor.

In Mali z.B. wirkten sich die extremen Dürreperioden 1972/74 und 1984/85 verheerend aus. Die Tuaregs mit ihren Viehherden waren besonders hart betroffen. Als 1984 die Niederschläge viel zu gering ausfielen, verloren die Nomaden die Hälfte ihres Viehs und damit die Möglichkeit, Nahrungsmittel hinzuzukaufen. Die Zahl der Dürre-Flüchtlinge schätzte man allein in Mali auf 400 000.

Auf die Dürrejahre 1984/85 folgten in den Sahelstaaten schwere Überschwemmungskatastrophen, so besonders 1988, 1998 und 1999. Die sommerliche Regenzeit fiel sehr niederschlagsreich aus. In Nordnigeria zerbarst 1988 ein Staudamm: 18 000 Häuser wurden weggespült und 200 000 Menschen mussten vor den Wassermassen fliehen. Besonders gefährdet sind die Bewohner der Elendsviertel in den Großstädten, die bevorzugt an Flüssen errichtet werden. 1999 mussten in ganz Westafrika rund 350 000 Menschen vor katastrophalen Überschwemmungen fliehen.

7 **Die Meerenge von Gibraltar wird für viele zur „Straße des Todes"**

Warum setzen immer mehr junge Nordafrikaner, vor allem aus Marokko und Algerien, hier ihr Leben aufs Spiel? „Wir haben keine andere Perspektive", erzählt der Marokkaner Mohammed, der weder Ausbildung noch geregelte Arbeit hatte. Er habe die politische Unterdrückung und wirtschaftliche Misere einfach satt gehabt. Er gehört zu den Tausenden Illegaler, die es schaffen, die sich in Spanien am Bau oder in der Landwirtschaft mit Hungerlöhnen über Wasser halten. Junge Frauen landen oft in Bordellen. Mohammed fand sein karges Auskommen auf einer Olivenplantage nahe der andalusischen Hauptstadt Sevilla, will aber bald weiterziehen: „Nach Deutschland oder Frankreich – bessere Arbeit suchen."

(Quelle: Westdeutsche Zeitung, 11.08.1998)

9 ***Herkunft internationaler Flüchtlinge 2003 (in 1 000)***

Palästina	*3 000*
Afghanistan	*2 500*
Sudan	*600*
Myanmar	*586*
DR Kongo	*440*
Liberia	*384*
Burundi	*355*
Angola	*323*
Vietnam	*307*
Irak	*281*

Zur Standardsicherung

1 *Flucht hat verschiedene Ursachen.*

a) Informiere dich in den Beispielen 2, 3, 6 und 7. Benutze dazu den Atlas.

b) Übertrage die Mindmap 5 in dein Heft und ergänze sie an Hand der Beispiele.

2 *Erläutere die Begriffe: internationale Flüchtlinge, Binnenflüchtlinge, Asylbewerber.*

Zur Weiterarbeit

3 *a) Suche im Atlas die in Tabelle 9 genannten Staaten.*

b) Bringe mithilfe des Internets oder anderer Medien in Erfahrung, weshalb es in diesen Staaten so viele Flüchtlinge gibt.

4 *„Afrika – Kontinent der Flüchtlinge":*

a) Belege diese Aussage.

b) Nenne die Gründe hierfür.

Surftipp

www.unhcr.org/statistics

(aktuelle Flüchtlingszahlen)

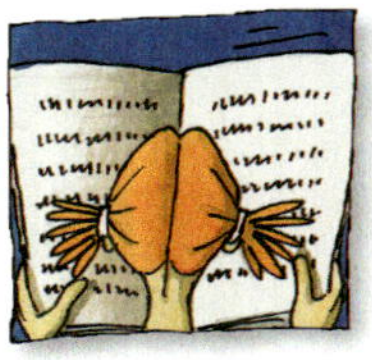

Lesetipp

Jan Weiler: Maria, ihm schmeckt´s nicht! Berlin 2003.

1 *Deutsche Auswanderer in Hamburg 1875*

Vom Auswanderungsland zum Einwanderungsland

Das Grundrecht auf Asyl nach GG Art. 16a ist das einzige Grundrecht, das nur Ausländern zusteht. Es gilt allein für politisch Verfolgte. Asylerhebliche Merkmale sind nach dem Wortlaut der Genfer Flüchtlingskonvention (GK) die Rasse, Religion, Nationalität, Zugehörigkeit zu einer bestimmten sozialen Gruppe und politische Überzeugung. Allgemeine Notsituationen wie Armut sind als Gründe für eine Asylgewährung ausgeschlossen. Kriegs- und Bürgerkriegsflüchtlingen kann allerdings ebenso wie Vertriebenen eine zeitweise Aufenthaltsgenehmigung in der Bundesrepublik erteilt werden.

Deutschland ist immer Einwanderungs- und Auswanderungsland zugleich gewesen. Neben der Migration über die Grenzen hinweg, kam es auch zu Binnenwanderungen von nicht geringem Umfang. Vor allem nach 1800 gab es in Deutschland erhebliche Bevölkerungswanderungen.

Deutschland – ade!

Im 19. Jahrhundert kam es infolge hoher Geburtenzahlen zu einer Bevölkerungszunahme. Missernten führten zu Ernährungskrisen. Eine davon wurde durch den weit entfernten Vulkanausbruch des Tambora in Indonesien ausgelöst: Im April 1815 stieß der Vulkan so viel Asche und Gase in die Atmosphäre, dass sich das Klima auf der Nordhalbkugel verschlechterte. Dies führte in Europa 1816/17 zu Ernteausfällen. Weil sich dadurch der Getreidepreis vervierfachte, kamen viele Familien in Not.

Nicht nur Not und Bevölkerungsdruck zwangen viele Menschen zur **Auswanderung**, sondern auch religiöse Unterdrückung und politische Unfreiheit. Wer sich für mehr bürgerliche Rechte einsetzte, musste mit Gefängnisstrafe rechnen. So sahen viele in Deutschland keine positive Zukunft mehr. Aus wirtschaftlicher Not zogen oft zahlreiche Familien aus einem einzigen Ort aus, um sich in der „Neuen Welt" eine Existenz aufzubauen. Australien, Afrika, Südamerika, vor allem aber Nordamerika waren Ziele der Auswanderer. Dort gab es in neuen Fabriken ausreichend Arbeit. Goldfunde versprachen Reichtum. Von 1820 bis 1930 verließen insgesamt 6,5 Mio. Deutsche ihr Heimatland.

Wanderung in die Städte

In der zweiten Hälfte des 19. Jahrhunderts setzte auch in Deutschland die Industrialisierung ein. Dies löste Binnenwanderungen vom Land in die Stadt aus. Das Ruhrgebiet und Berlin wurden wichtigste Zentren der Zuwanderung. Auch aus europäischen Ländern kamen Einwanderer, aus Polen eine halbe Million. Im Ruhrgebiet häufige Namen wie Schimanski oder Szymaniak erinnern an diese Vorväter. Stark wachsende Unternehmen, in Berlin z.B. Borsig oder Siemens, zogen Arbeitssuchende an. Für sie gab es zunächst keinen ausreichenden Wohnraum, Barackensiedlungen entstanden am Stadtrand. Berlin und andere Städte Deutschlands wuchsen in der Zeitspanne von 1870 bis 1920 am stärksten. Viele entwickelten sich zu Großstädten. Berlin war damals sogar die viertgrößte Stadt der Welt.

Flucht und Vertreibung

Während und nach dem 2. Weltkrieg verstärkten sich erneut die Migrationsströme. Vor allem im Osten des damaligen Deutschen Reiches flüchteten viele Menschen vor den herannahenden Truppen. Nach dem Krieg kam es zu massenhaften Vertreibungen, z.B. aus heute zu Polen gehörenden Gebieten. In der Zeitspanne von 1945 bis 1961 suchten 12 Mio. Deutsche eine neue Heimat in den weiter westlich gelegenen Gebieten.

Migrationsziel Deutschland

Der Wirtschaftsaufschwung nach 1950 löste wiederum Bevölkerungswanderungen aus. In Deutschland waren Arbeitskräfte dringend gesucht. Sie wurden als „Gastarbeiter" angeworben, zunächst in Italien, Spanien und Portugal, später auch in Griechenland, Jugoslawien und der Türkei. Viele blieben in Deutschland und holten ihre Familien nach.
Eine weitere Zuwanderung setzte nach dem Zerfall der Sowjetunion ein. Ab 1987 wurde es Personen, die eine deutsche Volkszugehörigkeit nachweisen konnten, erlaubt, als Aussiedler nach Deutschland umzuziehen. Aus Russland, Polen, Rumänien gingen seither viele in den Westen, wo sie sich eine bessere Zukunft erhofften.
Auch andere Bevölkerungsgruppen zog es nach Deutschland. Menschen, die in ihrer Heimat mit Verfolgung, Gewalt oder sogar mit dem Tod zu rechnen hatten, kamen und kommen als Asylbewerber. So flohen z.B. während des vernichtenden Bürgerkrieges in Bosnien und Herzegowina 2,5 Mio. Menschen aus ihrer Heimat, 330 000 davon nach Deutschland. Derzeit halten sich insgesamt 1 Mio. Flüchtlinge und Asylbewerber aus vielen Staaten in Deutschland auf. Zu ihnen gesellen sich illegale Armutsflüchtlinge, die auch als „Wirtschaftsflüchtlinge" bezeichnet werden.
6,7 Mio. umfasst die Gruppe der in Deutschland lebenden Ausländer. Sie sind in der Landwirtschaft als Saisonarbeiter, im Gaststättengewerbe und in Sozialberufen als günstige Arbeitskräfte auch längerfristig gesucht. Mit der Green-Card-Regelung, der befristeten Arbeitserlaubnis, wird um hoch qualifizierte Fachkräfte aus dem Ausland, z.B. für die Hightech- und Computerindustrie, geworben.

2 *Osteuropäische Erntehelfer bei Ludwigsburg*

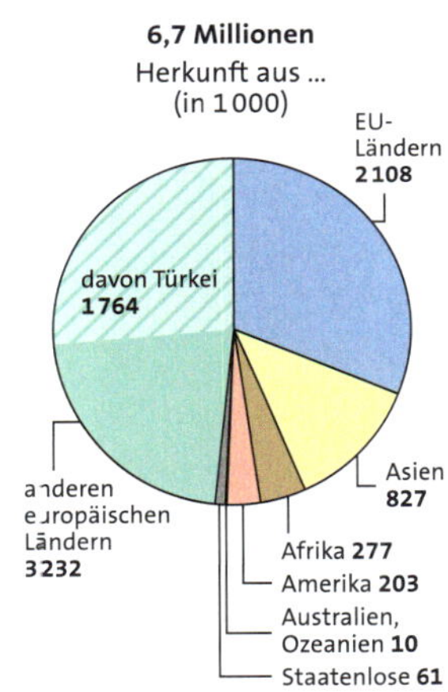

3 *Ausländer in Deutschland 2004*

Verbessere deine Lesekompetenz

1 *Erkläre die im Text vorkommenden Begriffe für Migranten: Asylbewerber, Aussiedler, Auswanderer, Binnenwanderer, Einwanderer, Flüchtlinge, Gastarbeiter, Saisonarbeiter, Vertriebene.*

2 *Diagramm 3: In der Zeit hoher Arbeitslosigkeit häufen sich ausländerfeindliche Parolen und Aktionen. Integration oder Ausgrenzung – wie soll die Innenpolitik Deutschlands mit Ausländern umgehen? Diskutiert darüber in der Gruppe.*

Bevölkerungswachstum und Migration

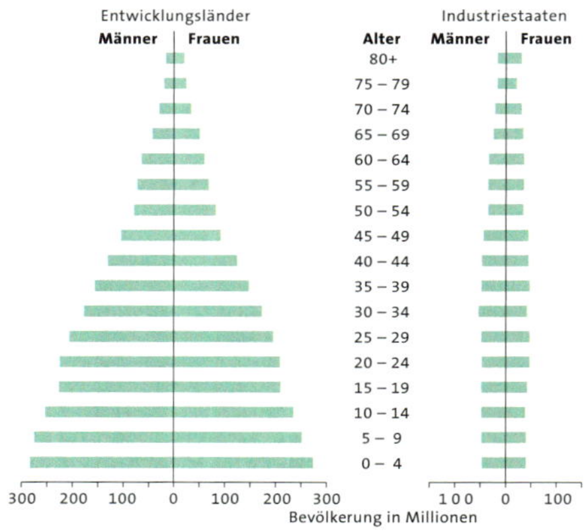

❶ ***Altersaufbau 2004 im Vergleich***

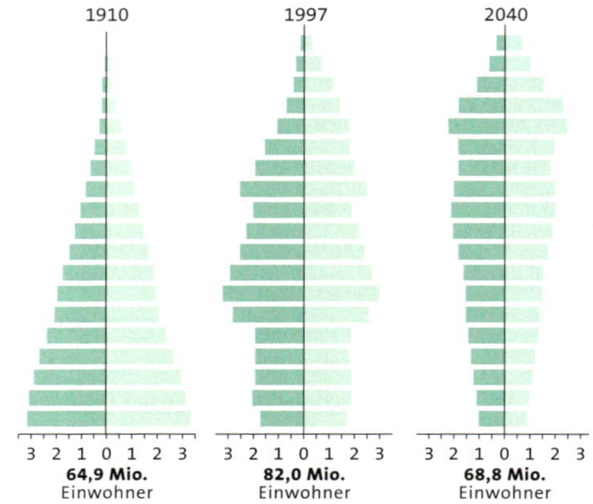

❷ ***Bevölkerungsentwicklung in Deutschland***

Wichtige Begriffe

- Altersaufbau
- Asylbewerber
- Auswanderung
- Bevölkerungsprognose
- Bevölkerungsrückgang
- Bevölkerungswachstum
- Binnenflüchtlinge
- Binnenwanderung
- Demografischer Übergang
- Demografischer Wandel
- Elendsviertel
- Familienplanung
- Geburtenrate
- Internationale Flüchtlinge
- Landflucht
- Megacity
- Migration
- Pull-Faktor
- Push-Faktor
- Sterberate
- Verstädterung
- Wachstumsrate

Orientieren

1 *Karte 4 und Strukturdaten*

a) Erstelle eine Liste der Staaten mit mehr als 100 Millionen Einwohnern. Notiere in Klammern die Bevölkerungszahlen (in Mio.).

b) Stelle eine Reihenfolge der Kontinente nach der Bevölkerungszahl auf.

c) Bestimme fünf Staaten mit sehr hohem Bevölkerungswachstum.

d) Bestimme fünf Staaten mit sehr geringem Bevölkerungswachstum.

Kennen

2 *Begriffe gesucht*

a) Bezeichnung für alle Bevölkerungswanderungen

b) Maßnahmen zur Einschränkung des Bevölkerungswachstums

c) Prozess, der zur Zunahme der Bevölkerung in Städten führt

d) Prozent- oder Promilleangabe für die Zunahme der Bevölkerung

3 *Richtig oder falsch?*

a) Landflucht ist die Hauptursache für das Wachstum der Megacities.

b) Indien wird einmal der bevölkerungsreichste Staat der Erde sein.

c) Im Jahr 2050 wird es auf der Erde 15 Mrd. Menschen geben.

d) Arbeitslosigkeit auf dem Land ist ein starker Pull-Faktor.

e) Damit die Bevölkerung eines Staates nicht schrumpft, muss jede Frau genau zwei Kinder bekommen.

f) Der Demografische Wandel ist eine andere Bezeichnung für den demografischen Übergang.

Verstehen

4 *Grafik 1: Altersaufbau in Industrie- und Entwicklungsländern*

a) Beschreibe jeweils Auswirkungen auf das Wachstum der Bevölkerung.

b) Erkläre jeweils Probleme, die sich aus dem Altersaufbau ergeben.

5 *„Der kleine Kaiser"*

Erläutere die Karikatur 3.

❸

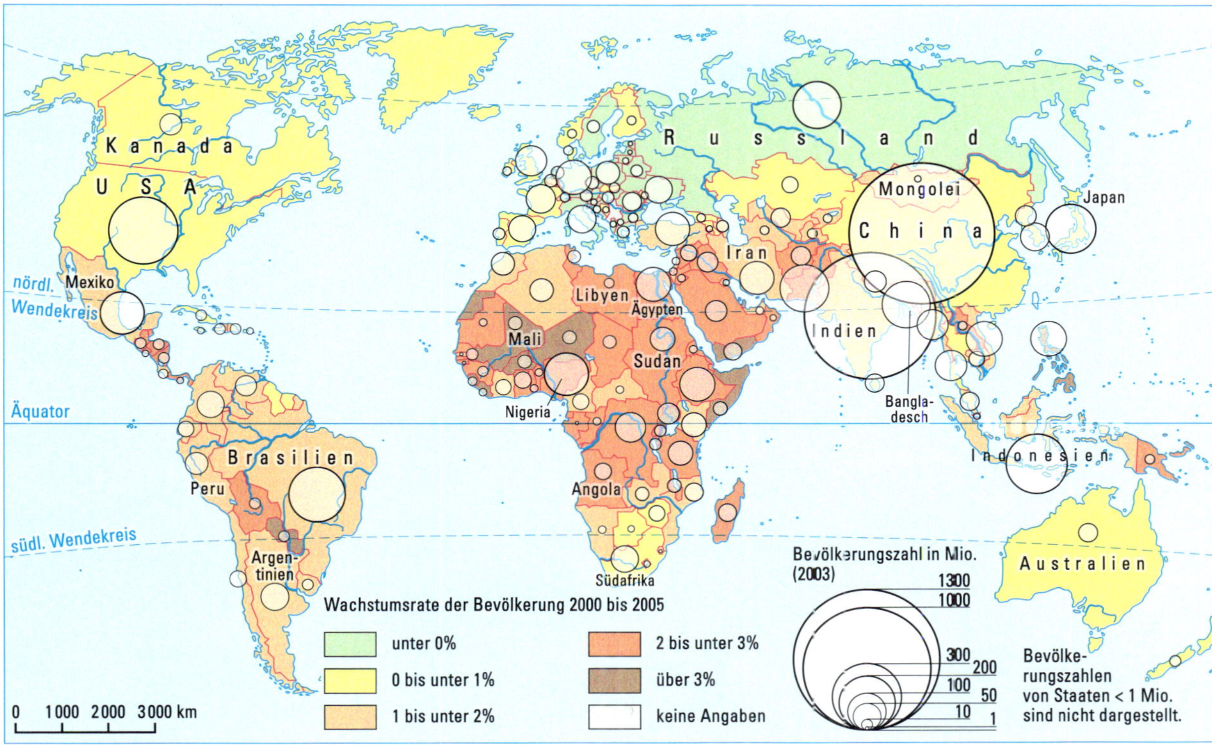

4 ***Verteilung der Weltbevölkerung 2003 und Wachstumsrate der Bevölkerung 2000–2005***

Anwenden

6 ***Grafik 2: Bevölkerungsentwicklung***

a) Beschreibe die Veränderungen im Altersaufbau Deutschlands.

b) Erkläre Probleme, die sich daraus ergeben.

7 ***Texte 5: Zwei Leben***

a) Vergleiche die unterschiedlichen Lebensläufe von Eden und Julia.

b) Was müsste geschehen, dass sich die Lebensverhältnisse von Frauen wie Eaen verbessern?

Teste dich selbst

Kannst du die Aufgaben 1 und 2 ohne Hilfe lösen?

5

Eden

Eden lebt in Äthiopien und ist eines von sieben Kindern.
Ihr Alter: 13 Jahre
Sie kann nicht lesen. Eine Schule hat sie nie besucht. Seit ihre Eltern an Aids gestorben sind, versorgt sie ihre jüngeren Geschwister.
Ihr Alter: 17 Jahre
Eden heiratet und bekommt ihr erstes Kind. Über Familienplanung weiß sie kaum etwas.
Ihr Alter: 19 Jahre
Ihr zweites Kind stirbt.
Ihr Alter: 28 Jahre
Während ihrer fünften Schwangerschaft treten schwere Komplikationen auf.
Ihr Alter: 33 Jahre
Nach der Geburt ihres siebten Kindes hat sie zum ersten Mal die Möglichkeit, Verhütungsmittel in Anspruch zu nehmen. Sie bekommt keine weiteren Kinder mehr.
Ihr Alter: 36 Jahre
Eden wird Großmutter.
Ihr Alter: 47 Jahre
Eden stirbt.

Julia

Julia lebt in Deuschland und ist das jüngste von zwei Kindern.
Ihr Alter: 13 Jahre
Sie kann lesen und schreiben. Sexualaufklärung ist Thema im Unterricht.
Ihr Alter: 17 Jahre
Julia geht noch zur Schule. Sie macht ihre ersten sexuellen Erfahrungen und weiß, wie sie eine Schwangerschaft verhütet.
Ihr Alter: 19 Jahre
Sie beginnt eine Ausbildung und startet ins Berufsleben.
Ihr Alter: 28 Jahre
Julia heiratet und wünscht sich zwei Kinder.
Ihr Alter: 33 Jahre
Sie hat zwei Kinder. Ihre Familie ist jetzt komplett.
Ihr Alter: 36 Jahre
Julia beginnt wieder in ihrem Beruf zu arbeiten.
Ihr Alter: 61 Jahre
Julia wird Großmutter.
Ihr Alter: 82 Jahre
Julia stirbt.

In Ballungsräumen

Rio de Janeiro, New York, Mumbai, Shanghai – Städte mit klangvollen Namen aus unterschiedlichen Kulturräumen. Wegen ihrer reizvollen Lage oder ihres pulsierenden Lebens möchten viele diese Weltstädte kennenlernen. Doch sie sind Kern großer Ballungsräume mit vielen Vor- und Nachteilen. Die Suche nach Arbeit und nach städtischem Leben lässt die Zahl ihrer Bewohner stetig wachsen. Das Zusammenleben bereitet Probleme, denn die Kluft zwischen reich und arm, wie in Rio de Janeiro auf dieser Seite ersichtlich, ist unverkennbar.

eben

1

2

3

8

1 ***Dharavi, größter Slum in Mumbai***

Mumbai – Armut in einer reichen Stadt

2 ***Eine Stadt – vier Namen***

Mumba Ai
(deutsch „große Mutter“) nannten Fischer die Siedlung nach ihrer Schutzgöttin.

Bom Bahia
(deutsch „gute Bucht“) nannten die Portugiesen die 1534 eroberte Inselgruppe in dem Naturhafen.

Bombay
hieß die Stadt, nachdem sie als portugiesischer Handelsplatz 1661 in britischen Besitz gelangte.

Mumbai
als traditioneller Hindi-Name löste 2001 den aus der Kolonialzeit stammenden Namen ab.

Mumbai ist heute die bedeutendste Stadt und der größte Seehafen Indiens. Vor Ankunft der Europäer gab es auf den sieben Inseln in dem sturmgeschützten Naturhafen nur kleine Fischerdörfer. Jetzt aber drängen sich im Ballungsraum über 18 Millionen Menschen. Man rechnet für das Jahr 2025 sogar mit 33 Millionen Einwohnern!

Bombays Aufstieg

Der mit Abstand beste Naturhafen an Indiens Westküste wurde 1668 vom englischen König an die „East India Company“ verpachtet. Baumwolle für die aufblühende Textilindustrie in England war das wichtigste Handelsgut. Nach der Erschließung der Baumwollgebiete im Hinterland durch die erste Eisenbahn Asiens 1856 und der Eröffnung des Suezkanals 1869 stieg Bombay zum Hauptsitz des Baumwollhandels und der Baumwollindustrie auf. Nach London und Paris war Bombay damals die drittgrößte Stadt der Welt.

Anders als die Portugiesen davor, gewährten die britischen Kolonialherren Religionsfreiheit: Muslime, Hindus und Parsen, die Nachfahren persischer Flüchtlinge, strömten in die aufblühende Stadt. Es waren vorzugsweise parsische Familien, die die britische Lebensart und das Handelsgeschäft übernahmen. Sie führen bis heute die großen indischen Handelshäuser und Industrieunternehmen. Die „Dollarmilliardäre“ gönnen sich ein luxuriöses Leben in der City mit großzügigen Parks und beim Kricketspiel.

„Slumbai“ – die Stadt der Armen

Mumbai ist Indiens wirtschaftliche Lokomotive. Neben der traditionellen Baumwoll- und Textilindustrie bieten Betriebe des Maschinen- und Fahrzeugbaus, der Elektrotechnik, Elektronik und Erdölverarbeitung Arbeitplätze. So strömten Millionen Menschen vom Land in die Stadt. Diese wuchs vor allem entlang der Eisenbahnlinien ins nördliche Umland. Ein riesiger **Ballungsraum** entstand. Seine Sogwirkung auf hoffnungsvolle Arbeitssuchende ist so groß, dass täglich tausend Menschen aus allen Teilen Indiens in Mumbai neu ankommen. Wo aber sollen diese Menschen wohnen?

Es sind zunächst einfachste Hütten oder Verschläge in den Vororten, ohne Strom und Wasseranschluss, ohne Toiletten. Diese **Elendsviertel** oder **Slums** entwickeln sich bevorzugt

③ ***City von Mumbai***

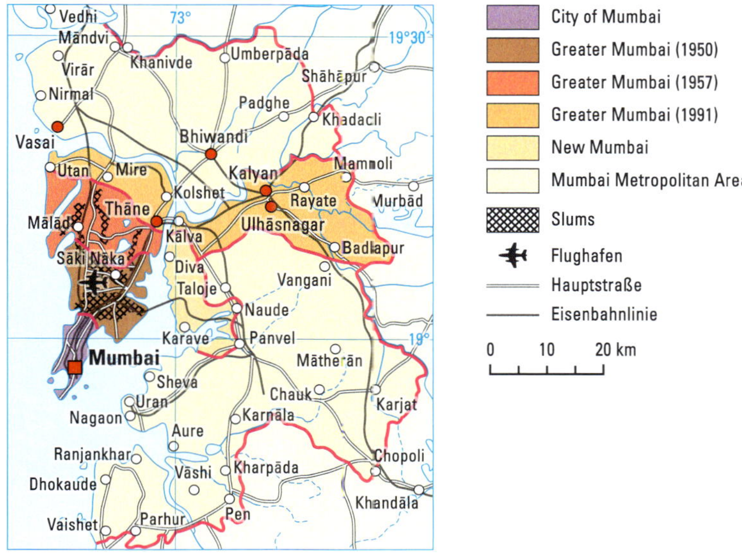

④ ***Räumliche Entwicklung von Mumbai***

entlang von Einfallstraßen, Eisenbahnlinien, Flussufern oder Kanälen. 1961 lebten 10 % der Bevölkerung Mumbais in Elendsvierteln, heute schätzt man die Slumbevölkerung auf 50 %. Darüber hinaus gibt es noch weitere 1,5 Millionen Obdachlose in der City.

Dharavi ist der größte Slum in Mumbai, einer von etwa zweitausend. Er liegt zentral zwischen vier Bahnlinien und an zwei Ausfallstraßen und in ihm leben 300 000 Menschen auf einem Quadratkilometer. Durchschnittlich wohnen hier mehr als fünf Personen auf einer Fläche von 15 m². Nur jede vierte Hütte hat einen Wasseranschluss, nur jede zehnte verfügt über eine Toilette und kaum eine hat Stromanschluss. Drei Backsteine bilden die Feuerstelle, ein Wasserkrug ersetzt die Wasserleitung. Der Slum ist zugleich ein riesiges Gewerbegebiet. In Kleinstbetrieben werden Textilien, Lederwaren, Backwaren, Süßigkeiten oder Schmuck hergestellt. Müllsammler betreiben „Recyclingbetriebe". So hat sich die Bevölkerung Dharavis eingerichtet: Die eine Hälfte arbeitet dauerhaft im Slum, die andere pendelt täglich in die City. Aber viele träumen davon, einmal ein besseres Leben außerhalb des Slums führen zu können.

Zur Standardsicherung

1 *a) Stelle die Bevölkerungsentwicklung Mumbais in einem Kurvendiagramm dar.*
b) Vergleiche die Bevölkerungszahl Mumbais mit derjenigen europäischer Staaten. Nutze dazu die Strukturdaten im Anhang.

2 *Nenne Gründe für das hohe Bevölkerungswachstum von Mumbai.*

3 *Beschreibe das Leben von Menschen im Elendsviertel Dharavi.*

Zur Weiterarbeit

4 *a) Ermittle die Bevölkerungsdichte in Dharavi in Einwohner/km².*
b) Vergleiche die Definitionen: Ballungsraum und Verdichtungsraum in Deutschland (Seite 172).

5 *Textilstadt Bombay und Suezkanal. Erkläre den Zusammenhang.*

⑤ ***Einwohner in Mumbai***

	Einw. in 1 000
1900	*1 260*
1910	*1 510*
1920	*1 750*
1930	*1 800*
1940	*2 280*
1950	*3 800*
1960	*5 280*
1970	*7 780*
1980	*11 080*
1990	*14 530*
1995	*16 520*
2000	*18 580*
2004	*21 500*
2015 (Prognose)	*26 100*

1 Nariman Point, das „indische Manhattan"

4 Bahnhof von Mumbai um 7 Uhr

Mumbai – Metropole und Megacity

2 Metropolisierung in Indien

	Anzahl der Städte mit	
	>1 Mio. Einw.	*>5 Mio. Einw.*
1971	*9*	*3*
1981	*12*	*3*
1991	*23*	*4*
2001	*30*	*6*

3 Megacities in Indien

	Bevölkerung in Mio.		
	1995	*2010*	*2025**
Mumbai	*17*	*24*	*33*
Kolkata	*12*	*16*	*21*
New Delhi	*10*	*16*	*22*
Chennai	*6*	*8*	*12*
Hyderabad	*5*	*9*	*13*
Bangalore	*5*	*7*	*10*

**Prognose*

Mumbai frühmorgens: Es ist, als würde sich die gesamte Bevölkerung Dänemarks auf den Weg machen. Über sechs Millionen Pendler strömen mit Zügen und Bussen aus den Vororten täglich in die Stadt. In den Stoßzeiten quetschen sich 5 000 Menschen in einen Zug, für 1 600 ist er nur zugelassen. Was aber zieht so viele Menschen an? Jobs und Arbeit, denn Mumbai ist Indiens wirtschaftliches Herz, dreimal so bedeutend wie die Hauptstadt Delhi. Und es bringt allein ein Drittel der indischen Steuereinnahmen. Die Büromieten am Nariman Point sind weltweit Spitze. Welch ein Gegensatz zu den Vororten am Stadtrand!

Metropole Indiens

Mumbai ist der Wohnsitz der Milliardäre, 70 der reichsten 100 Familien Indiens leben hier. In der City befinden sich die Schaltzentralen der größten Unternehmen Indiens: Von den 100 Top-Firmen des Landes werden 56 von Mumbai, zehn von Delhi und nur acht von Bangalore aus gelenkt. Auch die boomende Informationstechnologiebranche ist mit 68 der 200 führenden Softwarefirmen in Mumbai angesiedelt, 56 davon in Bangalore.

Mumbai ist auch Indiens führender Finanzplatz: Von den 95 in Indien tätigen Banken haben 48 ihren Hauptsitz in Mumbai, nur 5 in Delhi. Zwei Drittel des Börsenumsatzes in Indien erfolgen an den beiden Börsen in Mumbai. Damit ist Mumbai der viertgrößte Bankenplatz Asiens und der Ankerplatz für internationale Investoren, die im indischen Markt mit über einer Milliarde Menschen gute Marktchancen sehen.

Im internationalen Luftverkehr führt Mumbai klar vor anderen indischen Städten. Bei den weichen Standortfaktoren liegt es ebenso vorn. Seine Filmindustrie in Bollywood hat weltweite Bedeutung. Zwar fehlt Mumbai die politische Hauptstadtfunktion, aber dennoch ist es mit seiner überragenden Bedeutung als die führende **Metropole** Indiens zu bezeichnen.

Größte Megacity Indiens

Um 1900 lebten in allen Städten Indiens 25 Millionen Menschen, 2005 aber über 300 Millionen. Landflucht bewirkt diese Verstädterung. Die Zahl der Millionenstädte wuchs. In den **Megacities** überschritt die Einwohnerzahl die Fünf- oder sogar Zehn-Millionen-Grenze. Als **Metropolisierung** bezeichnet man den Prozess der Konzentrierung der

⑤ ***Eine Bollywood-Filmszene wird abgedreht***

Einwohner in einer oder – bei großen Staaten – in mehreren Städten. Mumbai ist größte Megacity und bedeutendste Metropole Indiens zugleich. Die Stadt weist eine Bevölkerungszahl auf, wie sie in vielen europäischen Staaten nicht vorkommt.

Trotz des starken Städtewachstums ist in Indien der Anteil der Stadtbevölkerung an der Gesamtbevölkerung, Verstädterungsgrad genannt, mit 28 % relativ gering. Weltweit beträgt der Verstädterungsgrad 47 %. Werden also Indiens Städte und Megacities künftig weiter so wachsen?

Bollywood

So nennt man die Filmstudios in Mumbai in Anspielung auf das US-amerikanische Hollywood. Hier entstehen 200 Filme im Jahr – eintausend Filmstunden mehr als in Hollywood. Auch in seiner globalen Reichweite übertrifft Indiens Filmindustrie die Konkurrenz in den USA und Hongkong. Denn nicht nur in Indien sehnen sich die Menschen nach Prunk und Glanz. Bollywoods Traumfabrik bietet mit einer Mischung an Liebesromanze, Actionszenen in exotischen Landschaften und Revuetanz mit Musik reichlich Gelegenheit zur Realitätsflucht.

Zur Standardsicherung

1 Die Fotos repräsentieren verschiedene „Welten in einer Stadt“. Erkläre, weshalb.

2 a) Mumbai ist die bedeutendste Metropole Indiens. Begründe und erkläre dies.
b) Vergleiche Mumbai mit der Hauptstadt New Delhi.

3 Vergleiche die Megacities Indiens hinsichtlich ihrer Lage und Bevölkerungsentwicklung.

Zur Weiterarbeit

4 Metropolen gibt es auch in europäischen Staaten.
a) Nenne mindestens drei Beispiele.
b) Nenne Unterschiede zu Mumbai.

5 Partnerarbeit:
a) Die rasche Metropolisierung in Indien bereitet Probleme. Diskutiert diese.
b) Wie beurteilt ihr den geringen Verstädterungsgrad Indiens?

⑥ ***Tata, größtes Firmenimperium Indiens***

Jamsetij Tata, Spross einer Parsenfamilie, legte 1874 mit einer Garn- und Tuchfabrik in Bombay den Grundstein. Nun ist Ratan Tata Chef eines Imperiums von 80 Einzelunternehmen mit 220 000 Beschäftigten. Tata-Produkte sind in Indien allgegenwärtig: Computer, Tee, Telefone, Autos. Tatas Exportchef behauptet: „Deutsche und Franzosen können keine preiswerten Autos mehr bauen“. Also tritt der Kleinwagen Tata-Indica gegen die Billigautos anderer Hersteller auf dem europäischen Markt an.

Shanghai ist der strahlende Stern, dem das Land folgen soll.

Shanghai auf Augenhöhe mit New York und Tokyo.

Shanghai ist die neue Hauptstadt Chinas.

Shanghai zeigt die Zukunft Chinas.

1 ***Shanghais Stadtteil Pudong 1995***

3 ***Pudong 2004***

Shanghai – Boomtown Chinas

Shang bedeutet „über" und hai bedeutet „Meer"

2 ***Einwohner im Großraum Shanghai***

1900	*3,9 Mio.*
1950	*7,7 Mio.*
1975	*11,4 Mio.*
2000	*12,9 Mio.*
2019 (Prognose)	*14,6 Mio.*

Die Schlagzeilen zur Megacity Shanghai beziehen sich vor allem auf den aus dem Boden gestampften Stadtteil Pudong. Wer das traditionelle China kennt, wird sich wundern, aber den Chinesen gefällt die Science-Fiction-Skyline. Es gibt keine zweite Stadt auf der Welt, die so rasant wächst wie Shanghai. Wie aber kam es dazu und was bedeutet dies für die Menschen, die in diesem Ballungsraum leben?

Shanghai wächst in den Himmel

Der Fluss Huangpu trennt Shanghai: In der Altstadt Puxi finden sich die Prachtbauten der französisch-englischen Kolonialzeit. Pudong blieb Bauern- und Sumpfland. Bis 1980, da die Regierung in der fernen Hauptstadt Peking (chinesisch Beijing) die wirtschaftliche Öffnung des Landes beschloss. In **Sonderwirtschaftszonen** an Chinas Ostküste sollten sich, erleichtert durch Zoll- und Steuersenkungen, ausländische Unternehmen ansiedeln. Shanghai bietet mit seiner Lage im Mündungsdelta des Jangstekiang Vorteile und bot in Pudong auf der östlichen Uferseite Platz für die Ansiedlung neuer Einrichtungen der Produktion, des Handels und der Verwaltung.

In unvorstellbar kurzer Zeit entstand hier die neue City: Der Fernsehturm „Oriental Pearl Tower", mit 468 m Höhe das dritthöchste Gebäude der Welt, stand bereits 1994. Er überragt 600 weitere Hochhäuser, darunter den 421 m hohen „Jin Mao Tower". Bis zur Weltausstellung 2010 werden das „World Financial Center" mit 492 m und das „World Trade Center" hinzugekommen sein.

Dem Bagger musst du weichen

„Vierzig Jahre haben wir in unserem Viertel gelebt. Eines Morgens hing ein Zettel an der Wand, dass unser Haus abgerissen wird. Heute steht dort ein japanisches Kaufhaus. Und wo unser Friedhof war, steht jetzt die Börse". Wie Familie Ruan ergeht es vielen in den Altstadtvierteln von Shanghai. Die Stadt wächst und braucht Platz. In China ist man zwar Herr des Hauses, nicht aber des Bodens.

Den Baggern folgen wenige Wochen später die Baukräne. Hochhäuser sprießen aus den

④ ***Fastfood-Filiale in Shanghais Hauptgeschäftsstraße***

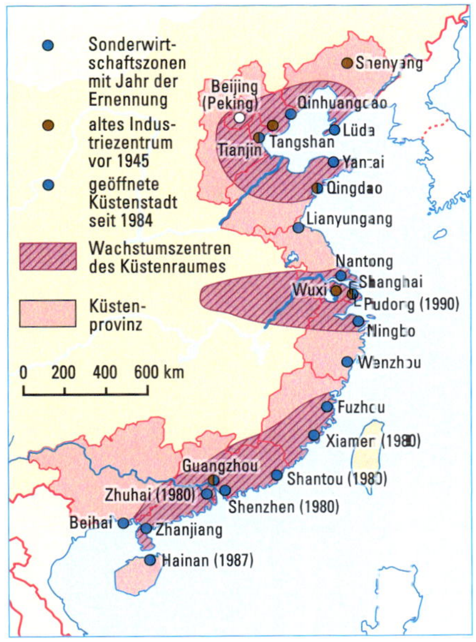

⑤ ***Chinas Küstenraum***

Schuttbergen wie Bambustriebe. Die Ruans wohnen jetzt im vierten Stock eines Plattenbaus, eine halbe Busstunde vom Zentrum entfernt. Die staatliche Entschädigung für den Abriss reicht für eine Wohnung mit Einbauküche, Klimaanlage und eigener Toilette. Das alte Hausnummernschild aber hütet die Familie, in Seide gehüllt, wie einen Schatz.

Zur Standardsicherung

1 *a) Vergleiche die Fotos 1 und 3.*
b) Erkläre die Entwicklung der Megacity.

2 *Erkläre, weshalb die städtebauliche Entwicklung in China so rasant verlaufen kann.*

3 *Erläutere die Funktion von Sonderwirtschaftszonen in China.*

4 *Begründe, weshalb Shanghai das wichtigste Wirtschaftszentrum in China ist (nutze auch den Atlas).*

Zur Weiterarbeit

5 *„Chinas Hirn arbeitet in Peking, Chinas Herz schlägt in Shanghai.“ Erkläre diesen Ausspruch.*

6 *Vergleiche Mumbai und Shanghai hinsichtlich Größe, Wachstum und Bedeutung.*

⑥ **Nun schwebt er in China**

Der Transrapid ist der schnellste Zug der Welt. Die Magnetschwebetechnik wurde in 20 Jahren Entwicklungsarbeit von Siemens und Thyssen-Krupp baureif gemacht. In Deutschland fährt die Bahn nirgends – dafür aber seit Silvester 2002 in Shanghai.

Nur 22 Monate dauerte es von der Auftragserteilung bis zur Einweihung. Bis zu 10 000 Arbeiter schufteten rund um die Uhr, schliefen nachts auf der Baustelle. Nun legt der Transrapid mit einer unglaublichen Geschwindigkeit von 430 km / h die 31 km vom Flughafen Pudong ins Zentrum Shanghais in nur 7,5 min zurück.

Da die Technik erprobt ist, gibt es vielleicht den Weiterbau nach Hangzhou, Nanking oder gar in die 1 300 km entfernte Hauptstadt Peking.

⑦ ***Geschichte Shanghais***

- *Im 17. Jh. knüpfen Textilhändler erste Auslandskontakte.*
- *1842: England, Frankreich und die USA beherrschen die Stadt.*
- *ab 1860: Shanghai ist Chinas wichtigster Hafen.*
- *1920–1937: Blütezeit, britisch-französischer Handelsplatz, Beginn der Industrialisierung*
- *1937–1945 japanische Besetzung im 2. Weltkrieg*
- *1949–1976: Stagnation, kommunistische Herrschaft*
- *nach 1980: Wechsel in Chinas Wirtschaftspolitik lässt Shanghais Hafen aufblühen.*
- *1990: Auch Pudong wird als Sonderwirtschaftszone Standort internationaler Unternehmen.*

Kaum zu glauben

Durch die Last der Hochhäuser sinkt Pudong jährlich um 1 cm in den sumpfigen Untergrund ab.

Vier Millionen Wanderarbeiter bauen Shanghai.

2,5 Millionen Bewohner wurden umgesiedelt.

1 *Wanderarbeiter in Peking*

3 *VW-Werk in Anting bei Shanghai*

China im Aufschwung

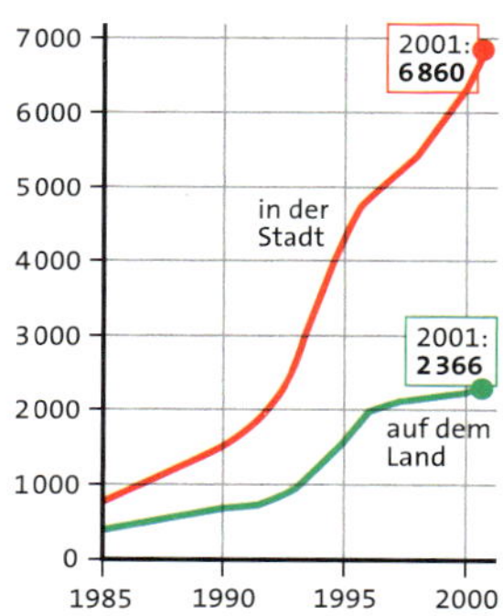

2 ***Verfügbares Jahreseinkommen in China pro Kopf in Yuan (10 Yuan = 1 €)***

Gemessen an der Bevölkerungszahl ist China ein „Riese“, gemessen an der Wirtschaftskraft war China lange Zeit ein „Zwerg“. Doch nun hat es angesetzt zum Sprung nach vorn, zur **Wirtschaftsmacht**. Fachleute sprechen schon von der „künftigen wirtschaftlichen Weltmacht“; es sei nur eine Frage der Zeit, bis China hinter den USA an zweiter Stelle der Weltwirtschaftsmächte stehen wird.

Staatlich gelenkte Marktwirtschaft

Möglich wurde diese Entwicklung in erster Linie durch wirtschaftspolitische Reformen, die in dem ehemals von kommunistischer Planwirtschaft dominierten Staat seit 1978 durchgeführt wurden. China öffnete sich der Privatwirtschaft, z. B. durch Zulassung von Privatbetrieben, und dem Weltmarkt, z. B. durch Einrichtung von Sonderwirtschaftszonen für ausländische Unternehmen. Ab 1988 standen alle Küstenprovinzen für die Ansiedlung ausländischer Unternehmen zur Verfügung. Die „Sozialistische Marktwirtschaft mit chinesischen Merkmalen“ ist eine stark vom Staat gelenkte , was auch an den rund 170 000 Staatsbetrieben deutlich wird. 2001 trat China der Welthandelsorganisation WTO bei.

→ *WTO: Seite 205*

Chinas Aufschwung fand aufgrund der Lagegunst und der wirtschaftspolitischen Bevorzugung hauptsächlich in den Küstenprovinzen statt. Dadurch hat sich das Entwicklungsgefälle zwischen den Küstenregionen und dem Binnenland noch verstärkt und die Schere zwischen arm und reich weiter geöffnet. Sichtbarer Ausdruck dieses Gegensatzes sind die 150 Mio. **Wanderarbeiter** aus den Armutsgebieten. Hinzu kommt, dass die zunehmende Produktivität zu Massenarbeitslosigkeit geführt hat.

Die günstigen Standortbedingungen Chinas wirkten auf ausländische Investoren wie ein Magnet. Mehr als die Hälfte der industriellen Produktion liegt in ausländischer Hand. Die Direktinvestitionen ausländischer Unternehmen betragen jährlich über 50 Mrd. US $. Diese atemberaubende Entwicklung führte zu einem wahren „Wirtschaftswunder“ mit jährlichen Wachstumsraten zwischen sieben und zehn Prozent. Die Kehrseite der Medaille: Chinas Energieverbrauch ist gewaltig und kein Land der Welt hat mit so großen Umweltproblemen zu tun. Aber Chinas Bevölkerung hat nicht nur die „Konsumwelle“ erfasst, auch der Ruf nach mehr demokratischen Freiheiten wird immer lauter.

④ Die drei großen Ungleichgewichte

Hu Angang, Wirtschaftsberater der Regierung in Peking, spricht von „einem Land mit vier Welten“: An der Küste Erste- und Zweite-Welt-Provinzen mit einem Viertel, im Hinterland und im Nordosten Dritte- und Vierte-Welt-Provinzen mit drei Vierteln der Gesamtbevölkerung. Er beschreibt auch die „drei großen Ungleichgewichte Chinas“: zwischen der reichen Ostküste und den armen West- und Nordostprovinzen, zwischen der reichen Stadt- und der armen Landbevölkerung und zwischen den gut Verdienenden und den Arbeitslosen. Die regionalen Disparitäten haben sich seit den 1980er Jahren verdoppelt und verschärfen sich weiterhin.

(Nach: Blume, G. In: Die Zeit. Nr. 39/2003)

⑥ Ein Heer von Wanderarbeitern

Jeder dritte Landarbeiter sucht sich ein Zusatzeinkommen durch eine zeitweise Lohnarbeit in der Stadt oder in der Sonderwirtschaftszone an der Küste. Je nach Jahreszeit sind zwischen 100 und 150 Millionen auf Arbeitssuche unterwegs. Wie zum Beispiel Wu aus einem Dorf bei Wuhan: „Zu Hause stehe ich hinter dem Holzpflug im Reisfeld, in Peking baue ich im Hochhausviertel „Garten zum Himmel“ am Rohbau eines Hotels für die Olympischen Spiele 2008. Aber wer nur zu Hause bleibt, verarmt. Nun habe ich das Geld in der Tasche für die Schulgebühren meiner beiden Kinder und für den Bau eines neuen Schweinestalls.“

(Nach: Blume, G. In: Die Zeit. Nr. 41/2002)

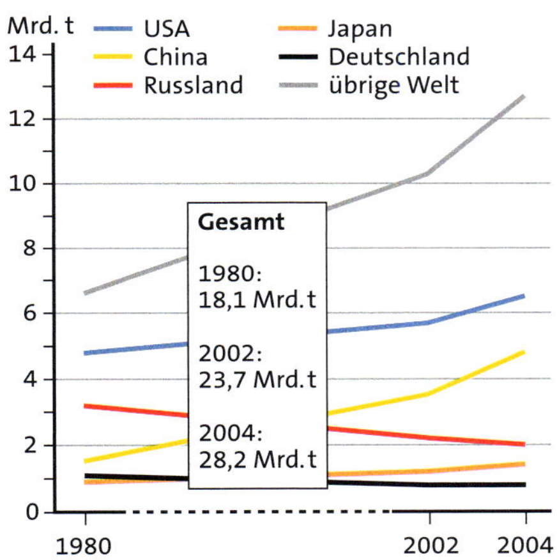

⑤ *Energiebedingte CO_2-Emmission in der Welt (in Mrd. t)*

Zur Standardsicherung

1. *Vom „Zwerg“ zum „Riesen“: Erkläre, wie es zum wirtschaftlichen Aufschwung in China kam.*
2. *Beschreibe, wer vom Wirtschaftsaufschwung in China profitiert.*
3. *Zwischen den Glitzerfassaden der Metropolen Chinas und den Dörfern auf dem Lande liegen Welten. Erkläre, weshalb.*

Zur Weiterarbeit

4. *Der Wirtschaftsaufschwung in China hat seine Schattenseiten. Erkläre, weshalb.*

⑦ Einige werden zuerst reich

Die in China nach 1980 eingeleiteten Wirtschaftsreformen wirkten sich vor allem in den Städten aus. Die Aussage „Reich werden ist ruhmvoll“ ist zur Devise vieler Unternehmer geworden. So zum Beispiel auch für Zhou Wenlong, Chinas erfolgreichster Möbel-Importeur. Zhou war sechs Jahre in einer staatlichen Möbelfabrik beschäftigt, bis das entscheidende Jahr 1992 kam. Er verließ die Fabrik, machte sich selbstständig und gründete ein Möbelkaufhaus. Vier Jahre später zog er von der Mandschurei nach Shanghai. Schon sechs Jahre später gehören ihm sechs große Möbelhäuser mit 1000 Angestellten. Der Weg in sein Büro führt durch sechs Etagen mit europäischen Luxuswaren. „Zwar arbeite ich für meinen Gewinn, aber ich schaffe auch Arbeitsplätze, so trage ich als Unternehmer zum Aufbau Chinas bei.“

(Nach: Blume, G. In: Die Zeit. Nr. 44/2002)

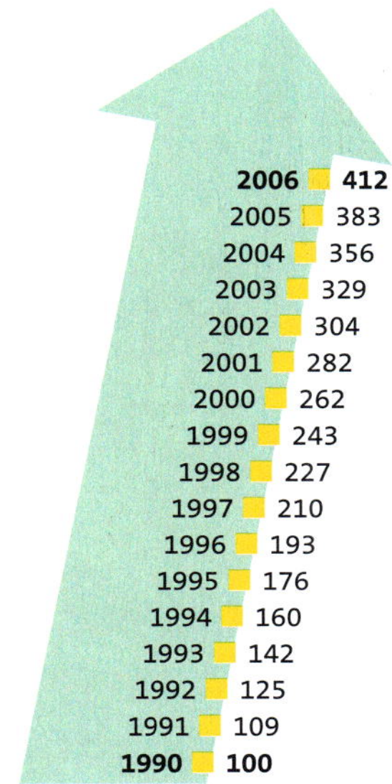

⑧ *Entwicklung des BIP Chinas (Index: 1990 = 100; ab 2003 Schätzung)*

Manhattan – City einer Weltstadt

Glasperlen, Messer und Beile im Wert von 60 Gulden – dies war der Preis, den der Holländer Minuit den Algonkin-Indianern 1626 für „Mannahatta" bezahlte, einer Halbinsel in der Mündung zweier Flüsse, 57 km² groß, mit geschützter Bucht und guter Verbindung zum Atlantik. Keiner ahnte damals, dass Mannahatta sich einmal zur **City** der Weltstadt Nr. 1 entwickeln würde.

Dort gründen die Holländer Nieuw Amsterdam, ein Stützpunkt der Holländisch-Westindischen Handelskompanie. Peter Stuyvesant, Gouverneur von Neu-Niederlande, lässt, wo sich heute die Wall-Street befindet, einen Schutzwall bauen. Doch 1664 erobern englische Kolonisten die Stadt und benennen sie – nach dem Duke of York – um in New York. Auch in englischer Zeit blüht der Handel, vor allem mit Tabak, Fellen, Pelzen und Sklaven. Die Einführung einer Tabaksteuer durch England löst 1776 den Unabhängigkeitskrieg der dreizehn englischen Kolonien an der Ostküste Nordamerikas aus. Im Frieden von Paris gesteht England 1783 seinen Kolonien die Unabhängigkeit zu.

Bei der Geburtsstunde der Vereinigten Staaten von Amerika hat New York 25 000 Einwohner, Hauptstadt der USA wird 1790 aber das größere Philadelphia und ab 1800 dann Washington, wo ein eigenes Regierungsviertel neu gebaut wurde. Für New Yorks Aufstieg zur bedeutendsten Stadt ist nach achtjähriger Bauzeit die Fertigstellung des Erie-Kanals 1825 von größter Bedeutung, denn er erschließt das Hinterland um die Großen Seen und bringt dem Atlantikhafen einen unvergleichbaren Konkurrenzvorteil.

Im 19. Jahrhundert herrscht in Europa große wirtschaftliche Not und eine Zeit religiöser und politischer Unterdrückung. New York ist das ersehnte Ziel der Auswanderer. Das „Land der unbegrenzten Möglichkeiten" lockt Millionen an. Bis 1825 steigt die Einwohnerzahl New Yorks auf 125 000, erreicht 1848 bereits 400 000 und 1870 wird die Millionengrenze überschritten.

Nach dem Vorbild von Philadelphia wird auch in New York der „grid", das rechteckige Straßenraster, für die städtebauliche Entwicklung Manhattans übernommen. An den Avenues und Streets entstehen fünf- und zehngeschossige Mietskasernen und Fabriken, am Stadtrand bilden sich Slums. Die Einwanderer sind vor allem in der Textil- und Nahrungsmittelindustrie als billige Arbeitskräfte gefragt. Um 1900 ist New York die bedeutendste Industriestadt und der wichtigste Finanzplatz der USA.

Die Einwanderung hält weiter an und verläuft wellenförmig: Bis 1880 sind es hauptsächlich West-, Mittel- und Nordeuropäer, bis 1924 Ost- und Südeuropäer und Chinesen. Ab 1916 kommen Schwarze aus den Südstaaten der USA und nach dem Zweiten Weltkrieg Menschen aus Lateinamerika und Asien. Im „Melting Pot" New York, dem „Babylon der Neuzeit", sind nun über 100 Nationen vertreten.

Das Stadtbild auf Manhattan verändert sich ab 1900 entscheidend, als mit der Einführung des Stahlskelettbaus und der Erfindung des Fahrstuhls der Bau von Wolkenkratzern möglich wird. 1902 überragt das 72 m hohe Flatiron Building, das bis dahin höchste Gebäude New Yorks, die 1846 errichtete Trinity Church an der Ecke Wallstreet und Broadway. Höhepunkte sind dann: 1931 die Fertigstellung des Empire State Buildings, des mit 381 m über 40 Jahre lang höchsten Gebäudes der Welt, und 1973 die 412 m hohen Zwillingstürme des World Trade Centers, die durch den Terroranschlag am 11. September 2001 zerstört wurden.

Zwischen den Weltkriegen ist New York die größte Stadt der Welt. Die Einwohnerzahl auf Manhattan aber geht seit dem Höchststand 1910 von 2,4 Millionen bis heute auf 1,5 Millionen zurück. Die Bedeutung der City auf Manhattan hat in dieser Zeitspanne noch zugenommen und New York zur **Weltstadt** Nr. 1 gemacht. Die ganze Welt blickt auf die Global City, in der sich das Hauptquartier der Vereinten Nationen (UNO), die Wallstreet, der Broadway, der Times Square, der Ground Zero, der Madison Square Garden, die Metropolitan Oper, die Freiheitsstatue, das Rockefeller Center und viele weitere bedeutende Bauwerke befinden.

Verbessere deine Lesekompetenz

1 *Arbeite mit dem Text und verwende dazu die Karte von Manhattan im Atlas.*
a) Fertige eine Zeitleiste mit wichtigen Etappen der Entwicklung von New York an.
b) Vergleiche New York mit den im Text genannten Nachbarstädten an der Ostküste der USA.

2 *a) Stelle die Bevölkerungsentwicklung von New York seit 1825 grafisch dar.*
b) Vergleiche mit derjenigen von Mumbai und Shanghai.

3 *a) Was verbirgt sich hinter den Namen der Gebäude am Ende des Textes?*
b) Inwiefern belegen diese New Yorks Stellung als Weltstadt?

① *Einwohner im Großraum New York*

	Einw. in 1 000
1900	*4 900*
1910	*6 900*
1920	*8 300*
1930	*10 600*
1940	*11 400*
1950	*12 400*
1960	*14 200*
1970	*15 400*
1980	*14 600*
1990	*14 800*
1995	*15 000*
2000	*16 600*
2015 (Prognose)	*17 400*

❶ ***Capitol in Washington***

❸ ***St Patrick`s Cathedral in New York***

Megalopolis Boswash

Boswash wird „der Kopf, das Herz, das Wirtschaftszentrum der USA" genannt. Die Abkürzung steht für das Städteband zwischen Boston und Washington an der atlantischen Küste. 45 Millionen Menschen leben in dieser Ansammlung von Großstädten. Der französische Geograph Jean Gottmann bezeichnete sie 1961 als **Megalopolis**. Fast jeder sechste US-Bürger lebt in ihr.

❷ ***Megalopolis Boswash***

Die „Keimzelle" der USA

Zu Beginn des 17. Jahrhunderts begannen Kolonisten aus Europa mit der Besiedlung Nordamerikas. Die naturräumliche Bühne, die sie betraten, gliedert sich dreifach: eine Küstenebene mit Kliff- und Sandstränden, Lagunen und Sümpfen. Von ihr führt eine 20–40 m hohe Stufe, die „Fall Line" auf das Piedmont-Plateau, das flachwellige Gebirgsvorland. Westlich schließt sich das 500–2 000 m hohe Mittelgebirge der Appalachen an. An der Fall Line, in weit ins Binnenland reichenden Buchten und an Flussmündungen wurden von den Einwanderern bevorzugt Siedlungen und Häfen gegründet.

1630 gründeten englische Puritaner Boston als Handelshafen. In Philadelphia waren es 1681 freidenkende, liberale Quäker, die anstelle einer Kirche eine „Meeting Hall" ins Zentrum der Stadt bauten. Um Tabak von seinen Plantagen ausführen zu können, gründete der irische Lord Baltimore 1729 seine eigene Stadt. 1783 wurden die 13 englischen Kolonien unabhängig und hatten ab 1800 ihre eigene, auf dem Reißbrett geplante Hauptstadt Washington.

Einwanderung und Metropolisierung

Das 19. Jahrhundert war das Zeitalter der Industrialisierung. Diese beschleunigte die Ein-

4 ***Independence Hall in Philadelphia***

5 ***Hafen mit CBD in Baltimore***

wanderung. Von 1820 bis 1924 wanderten 36 Millionen Menschen in die USA ein. Die meisten strömten in die Städte, die in dieser Zeitspanne besonders stark wuchsen. Die Metropolisierung ließ die Innenstädte „in die Höhe wachsen". Im **Central Business District**, kurz **CBD**, konzentrieren sich die Wolkenkratzer. Außerhalb davon bestehen Wohnviertel, in denen Zuwanderer gleicher rassischer, nationaler, kultureller oder sozialer Herkunft leben, die **Ghettos**.

Automobilisierung und Suburbanisierung

1924 wird die Einwanderung in die USA gesetzlich begrenzt. Die Kernstädte ziehen von da an mehr und mehr Schwarze aus den Südstaaten der USA ein. Der Anteil Schwarzer an der Gesamtbevölkerung stieg in den Innenstädten stark an.

Ab 1920 förderte der Automobilbau die Mobilität der Menschen. Vor allem die besser Verdienenden zogen aus den Kernstädten an den Stadtrand oder ins Umland. Diese **Suburbanisierung** ließ die Städte weiter ins Umland wachsen. Dort entwickelten sich weitläufige Wohnbereiche, meistens mit Einzelhäusern. In der Folge siedeln sich Einkaufszentren, die Shopping Malls, Gewerbe- und Industriegebiete an. Umgekehrt verlief der Zustrom von Menschen mit geringeren Einkommen in die Innenstädte.

Die Automobilisierung und der wirtschaftliche Aufschwung hatten auch zur Folge, dass die Straßenverbindungen entlang der Atlantikküste zwischen den Metropolen ausgebaut wurden. Ein dichtes Autobahn- und Eisenbahnnetz verbindet die Metropolen an der Ostküste der USA zu der rund 800 Kilometer langen Megalopolis Boswash.

Zur Standardsicherung

1 *Arbeite mit Karte 2 und dem Atlas.*
   a) Benenne die wichtigsten Städte der Megalopolis Boswash.
   b) Begründe jeweils deren geographische Lage.
   c) Beschreibe und erkläre die Fotos 1, 3, 4, und 5.

2 *Erkläre mit eigenen Worten die im Text fett gedruckten Begriffe.*

3 *In den Städten der Megalopolis kam es im Laufe ihrer Entwicklung zu unterschiedlichen Bevölkerungsbewegungen. Erkläre diese.*

Zur Weiterarbeit

4 *a) Erkläre, welche Veränderungen die Automobilisierung in den US-amerikanischen Großstädten hervorrief.*
   b) Vergleiche mit der Entwicklung der Städte in Deutschland.

5 *Vergleiche die Größe der Megalopolis Boswash: Skizziere Karte 2 auf eine Karte von Mitteleuropa.*

Ein Stadtmodell auswerten: die nordamerikanische Stadt

Modelle sind vereinfachte Abbildungen einer komplexen Wirklichkeit. Dabei unterscheidet man gegenständliche und gedankliche Modelle.
Bezogen auf die Stadt heißt dies: Stadtplaner lassen gegenständliche Stadtmodelle anfertigen, um die künftige Bebauung eines Stadtteils sichtbar zu machen. Anders aber die gedankliche Vorstellung vom Aufbau einer Stadt: In Form einer Zeichnung wird die Struktur und Entwicklung einprägsam dargestellt.

Wie wir Menschen so haben alle Städte der Erde ihr individuelles Gesicht. Dieses wird von der topografischen Lage, der speziellen Geschichte, der Größe, Bedeutung und Funktion der Stadt bestimmt – und von ihren Bewohnern. Diese gehören verschiedenen Kulturräumen an und so unterscheiden sich auch die Städte auf den einzelnen Kontinenten.

In Europa blicken die meisten Städte auf eine lange Entwicklung seit dem Altertum oder dem Mittelalter zurück. Kirche, Burg und Marktplatz mit Rathaus finden sich oft im Zentrum der Altstadt, die ein unregelmäßiges Straßennetz hat. Nach außen folgen Bahnhof, Industrie- und Gewerbegebiete und Wohnviertel aus verschiedenen Zeitabschnitten mit einem regelmäßigen Straßennetz. „Jüngere Städte“ wie Karlsruhe, Mannheim, Rastatt oder Ludwigsburg bildeten sich um ein zentrales Schloss nach einem festgelegten Plan.

Noch jünger sind die Städte in Nord- und Südamerika. Trotzdem haben sie oft schon riesige Ausmaße und bilden den Kern großer Ballungsräume. Ihre städtebauliche Entwicklung folgt nach bestimmten Regeln. So ist es möglich, ein **Stadtmodell** vom Typ der nordamerikanischen Stadt darzustellen.

1 ***Gegenständliches Stadtmodell des Berliner Regierungsviertels***

Ein Stadtmodell auswerten

1. Schritt: Stadtstruktur beschreiben

Beschreibe den Aufbau von innen nach außen.

2. Schritt: Prozesse, die das Stadtbild verändern, beschreiben und erklären

Welche Prozesse deuten die Pfeile an? Welche Verlagerungen und Veränderungen finden in den Stadtbereichen statt?

3. Schritt: Entwicklungsprobleme der Stadt erkennen und beurteilen

Wie entwickelt sich die Stadt weiter? Welche Probleme ergeben sich dabei in den einzelnen Stadtbreichen. Wie sollten Stadtplaner eingreifen?

1 *Werte das Stadtmodell 2 aus.*
a) Ordne die Fotos 3 – 6 dem Modell zu.
b) Führe die Schritte 1 – 3 durch.

2 *Arbeite mit einem geeigneten Stadtplan. Entwirf das Stadtmodell einer mitteleuropäischen Stadt.*

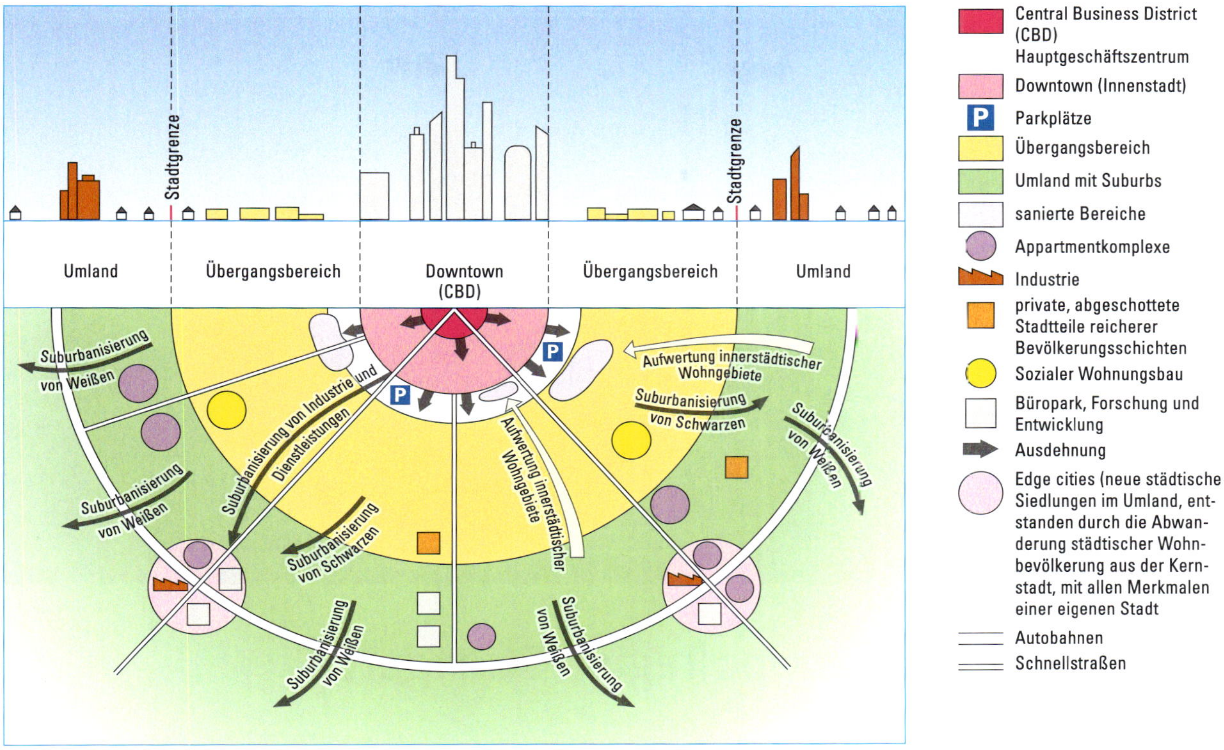

2 Stadtmodell einer nordamerikanischen Stadt

3 CBD in Seattle

5 Einfamilienhaussiedlung in Phoenix

4 Lofts in New York

6 Mall in Minneapolis

❶ ***Industriegasse am Neckar***

Metropolregion Stuttgart

❷ ***Kennzahlen eines Verdichtungsraumes in Deutschland***
- *mindestens 1 250 Einwohner und Arbeitsplätze pro km²*
- *Bevölkerungszahl von mindestens 150 000*
- *zusammenhängende Fläche von mindestens 100 km²*

❸ ***Metropolregion***
Nach dem europäischen Raumentwicklungskonzept: Leistungsstarke Regionen mit starker europäischer und weltweiter Verflechtung.
Sie sollen dazu beitragen, die europäische Integration zu fördern, sozusagen als „Knoten" im Netzwerk des Europäischen Binnenmarktes.

Auch in Deutschland haben sich Ballungsräume, hier Verdichtungsräume genannt, entwickelt, so zum Beispiel im Gebiet am mittleren Neckar der **Verdichtungsraum** Stuttgart. Er ist einer der bedeutendsten Wirtschaftsräume Deutschlands und steht hinsichtlich seiner Größe an vierter Stelle. Aufgrund seiner starken Verflechtung im europäischen Binnenmarkt gehört der Verdichtungsraum Stuttgart auch zu den **Metropolregionen** Europas.
Die Industrialisierung setzte hier zwar später ein als in anderen Teilen Deutschlands, denn es mangelte an Rohstoffen, Energie und Wasserwegen. Doch mit der Fertigstellung der „Hauptbahn" von Mannheim über Stuttgart und Ulm nach Friedrichshafen im Jahre 1850 kam der Industrialisierungsprozess in Gang, unterstützt von König Wilhelm I. und dem legendären Gewerbeförderer Ferdinand Steinbeis. Erfinder und Unternehmer wie Gottlieb Daimler und Robert Bosch schufen die Grundlage für die Automobil- und Elektroindustrie und lösten ein rasches Industriewachstum aus.
Heute ist der geprägt von einer vielseitigen Industrie und von vielfältigen Dienstleistungen. Ausgangspunkt der Entwicklung war Stuttgart. Da die Lage im Talkessel wenig Ausdehnungsmöglichkeiten bot, drängten die Fabriken und Bürogebäude ins Neckartal und in seine Seitentäler. In der entstandenen Gassenstruktur konzentrieren sich Industrie, Dienstleistungen, Verkehr und Wohnsiedlungen. Jeder vierte Baden-Württemberger hat hier seinen Wohnsitz und seinen Arbeitsplatz. Man verdient gut, und die Arbeitslosenrate ist im Vergleich zu anderen Regionen Deutschlands niedrig. Die vielfältigen Angebote in den Bereichen Bildung, Versorgung und Freizeit begünstigen die Lebensgestaltung der Bewohner.

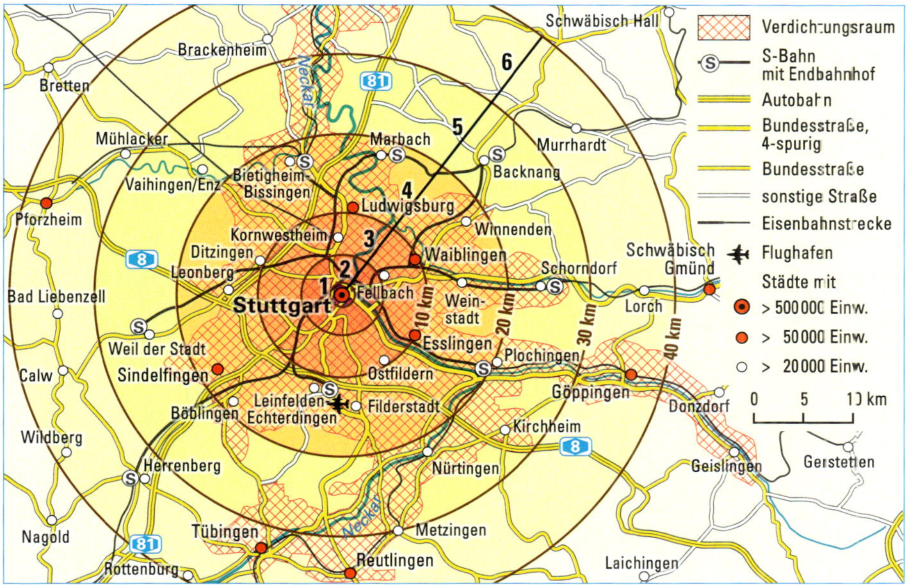

4 ***Verdichtungsraum Stuttgart***

5 ***Verdichtungsraum Stuttgart 2004***

Fläche	*1 732 km²*
Bevölkerung	*2,7 Mio.*
BIP pro Kopf	*31 600 €*
(zum Vergleich:	
Baden-Württemberg	*29 800 €,*
Deutschland	*26 400 €)*

6 ***Jahresentgelt je Arbeitnehmer 2002 (in Euro)***

Stuttgart	*41 600*
Frankfurt/Main	*40 800*
München	*40 100*
Köln	*37 500*
Düsseldorf	*37 500*
Hamburg	*36 400*
Essen	*35 200*
Berlin	*32 600*

7 ***Patentanmeldungen 2003***

Baden-Württemberg	*13 888*
Deutschland	*52 425*

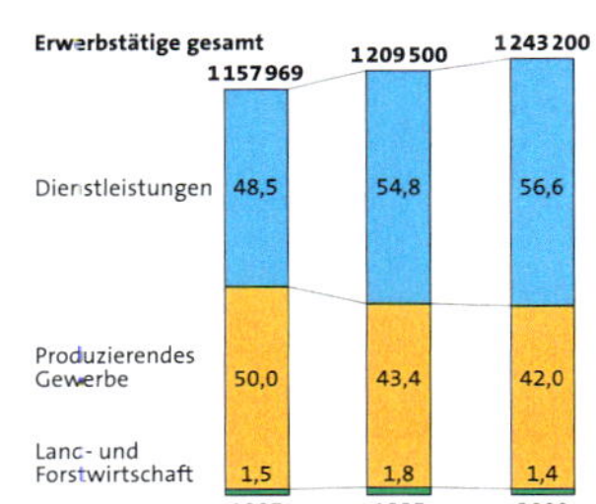

8 ***Erwerbstätige nach Wirtschaftsbereichen in der Region Stuttgart (Anteile in % und gesamt)***

Schlüsselbranchen und Standortfaktoren

Die Wirtschaft der Region Stuttgart ist stark vom Automobilbau geprägt. Man sagt, jeder zweite Arbeitsplatz hänge von diesem Industriezweig ab. Dies kann man nur verstehen, wenn man weiß, wie viele Zulieferfirmen und wie viele Dienstleister für diese Branche arbeiten. Autos wollen nicht nur gebaut, sondern auch verkauft, registriert, gewartet, betankt, finanziert und entsorgt werden. Der Bau und Betrieb eines Autos führt fast alle Sektoren der Wirtschaft zusammen. Zu den Schlüsselbranchen der Metropolregion Stuttgart gehören außerdem der Maschinenbau, die Elektrotechnik und die Chemische Industrie.

„Unser Kapital sind unsere Köpfe" – so hört man immer wieder. In dem rohstoffarmen Gebiet lernte man sehr früh, bestimmte Standortfaktoren zu pflegen. Hierzu gehören gut ausgebildete Arbeitskräfte, Produktqualität, Innovationskraft, Verbesserung der Verkehrswege und Erschließung von Absatzmärkten. Baden-Württemberg ist Meister bei Patentanmeldungen und beim Export. Und man hat auch erkannt, wie wichtig die „Ressourcen Bildung, Forschung und Entwicklung" sind.

Doch auch die Informations- und Kommunikationsbranche verschafft sich in der Region immer mehr Geltung und der Verdichtungsraum Stuttgart gehört heute zu den bedeutendsten Hightech-Regionen Deutschlands. In und um Stuttgart hat das produzierende Gewerbe noch die Oberhand, landesweit ist jedoch das Dienstleistungsgewerbe wichtigster Arbeitgeber.

Zur Standardsicherung

1 *Karte 4 und Atlas: Erstelle eine Skizze zum Verdichtungsraum Stuttgart.*

2 *Welche Schlüsselbranchen prägen die Wirtschaftsregion? Nenne zu jeder Branche Beispiele, auch aus deiner Umgebung.*

3 *Nenne Vorteile und Nachteile zum Leben in einem Verdichtungsraum.*

4 *Erkläre den Begriff Metropolregion.*

Zur Weiterarbeit

5 *Erläutere den Ausspruch „Unser Kapital sind unsere Köpfe".*

6 *Atlas: Erstelle eine Liste mit den zehn größten Verdichtungsräumen in Deutschland.*

7 *Sammelt Berichte über das Thema „Europäische Metropolregionen".*

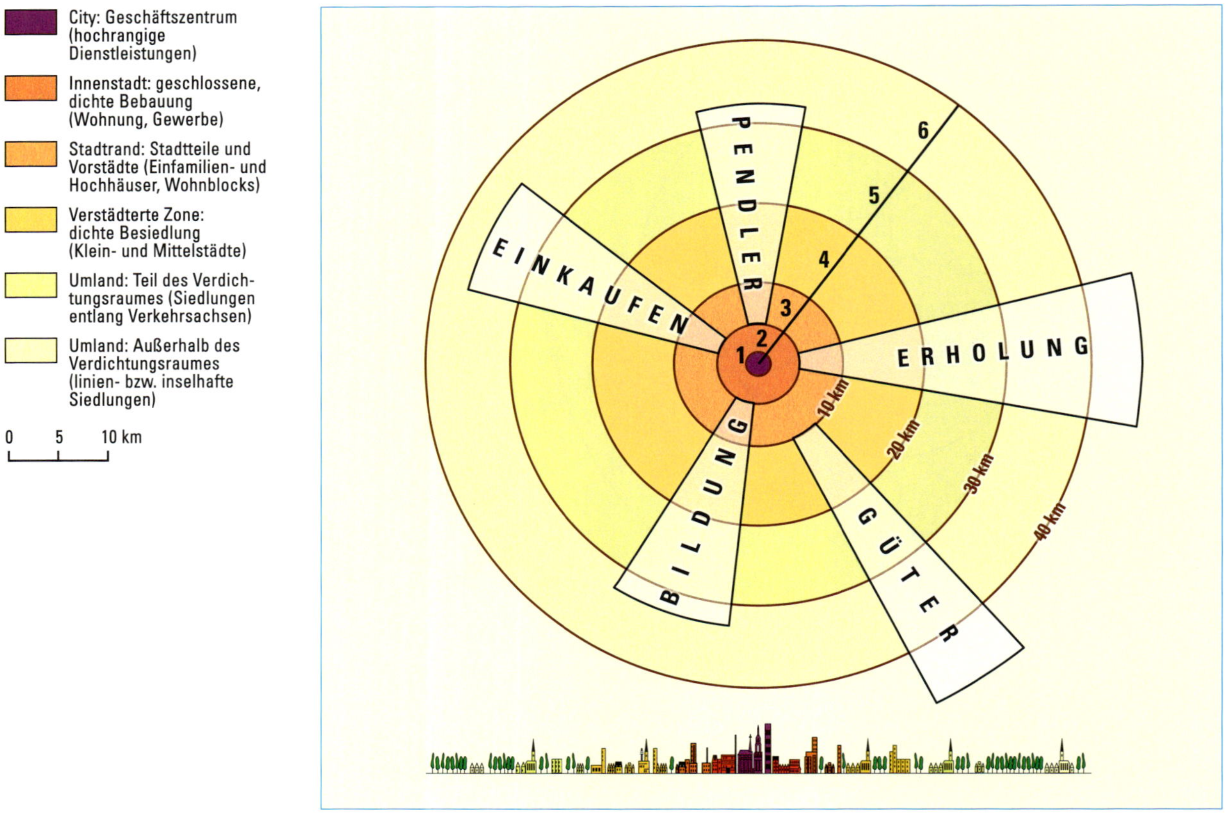

❷ ***Modell der räumlichen Gliederung des Verdichtungsraumes Stuttgart***

Landschaftsverbrauch und Verkehrslast

❶ ***Entwicklung der Einwohnerzahlen 1960–2005***

	Stuttgart	*Verd.-raum*
1960	*638 000*	*1 950 000*
1970	*633 000*	*2 292 000*
1980	*582 000*	*2 369 000*
1990	*572 000*	*2 484 000*
2000	*584 000*	*2 613 000*
2005	*592 000*	*2 664 000*

Das hohe Wachstum im Verdichtungsraum und der gestiegene Flächenanspruch, z. B. bei der Wohnfläche pro Person von 14 m^2 (1960) auf 40 m^2 (2000), führten dazu, dass der Flächenverbrauch im Verdichtungsraum gewaltig ist. Pro Tag werden etwa zwölf Hektar Landschaft überbaut, mit Wohn- und Gewerbegebäuden, mit Straßen, mit Einkaufs- und Freizeitzentren. Der Umweltplan der Landesregierung empfiehlt den Kommunen zwar, den Flächenverbrauch zu senken, ein Gesetz zur Eindämmung des **Landschaftsverbrauches** mit konkreten Vorgaben fehlt jedoch bis jetzt.

Stadtflucht

Das begrenzte Flächenangebot in der Kernstadt führte zu hohen Preisen für Bau- und Mietflächen. Deshalb verließen Teile der Wohnbevölkerung und des Gewerbes die Kernstadt. Sie zogen an den Rand von Stuttgart oder ins Umland. Neben günstigen Baulandpreisen lockten das „Wohnen im Grünen“ und die Verkehrsgunst, z. B. für Zulieferer. Es entstanden Wohnsiedlungen und ein Gewerbegebiet nach dem anderen. Die Zunahme der Dienstleistungen in der Innenstadt konnte für die abgewanderten Gewerbebetriebe einen Ausgleich schaffen, aber die Einwohnerzahl Stuttgarts sank ab 1963 stetig, bis bei der Stadtverwaltung die Alarmglocke läutete: Die Landeshauptstadt drohte „auszubluten“. Gegenmaßnahmen wurden ergriffen: Mit gezielter Wohnbauförderung für junge Familien und mit Sanierungsmaßnahmen zur Verbesserung der Lebensqualität in der Stadt konnte man den Trend schließlich umkehren.

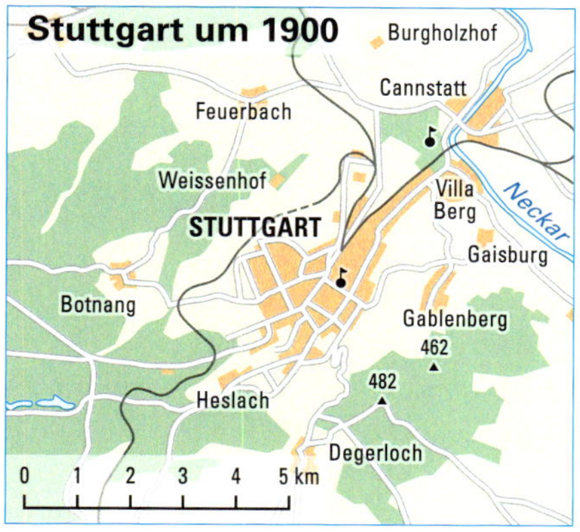

3

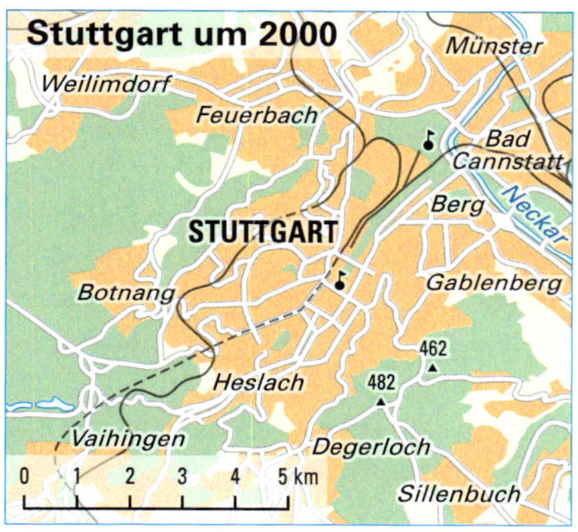

4

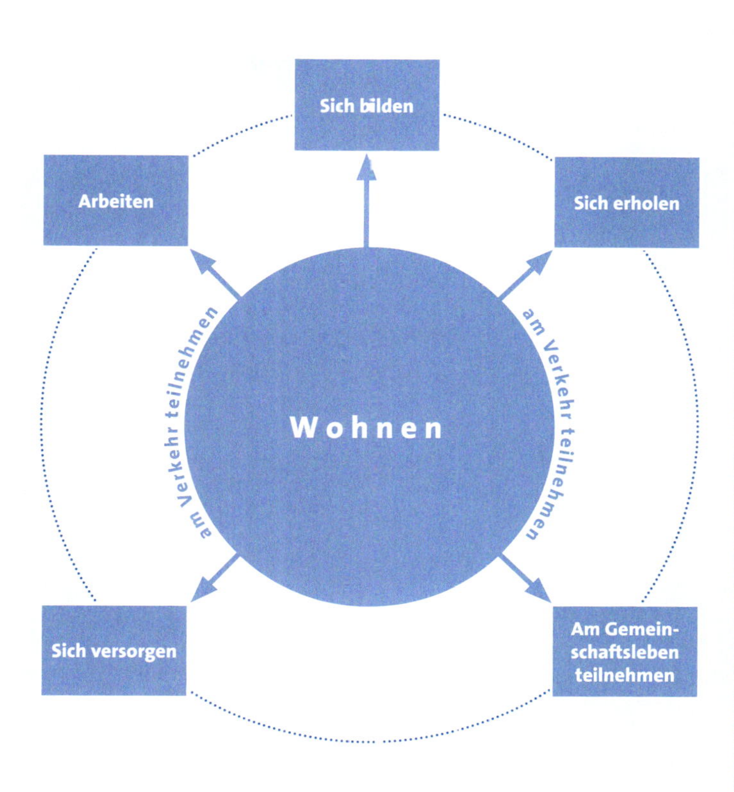

5 ***Mobilität und Verkehr***

Die tägliche Verkehrslast

Täglich pendeln über eine Million Menschen nach Stuttgart und wieder nach Hause, entweder auf der Straße oder auf der Schiene. Es gibt viele Ursachen für diese starken Pendlerströme: Geschäfts-, Berufs-, Güter- und Bildungsverkehr, aber auch Einkauf- und Freizeitverkehr. Etwa 400 000 Pkw bzw. Lkw bewegen sich aus allen Himmelsrichtungen täglich auf die Landeshauptstadt zu. Die **Verkehrslast** ist gewaltig. Der Straßenverkehr verursacht kilometerlange Staus sowie eine hohe Luftverschmutzung und Lärmbelästigung. Hinzu kommt das Parkplatzproblem in der City. Wiederholt wird darüber diskutiert, wie man diese „Verkehrslast" besser bewältigen kann, z. B. über die Einführung einer City-Maut oder über kostengünstige öffentliche Verkehrsmittel.

Zur Standardsicherung

1 *Vergleiche die Karten 3 und 4 zur Siedlungsentwicklung von Stuttgart.*

2 *a) Beschreibe die Gründe für die Abwanderung der Wohnbevölkerung aus der Kernstadt.*
b) Nenne drei Maßnahmen, um die Abwanderungstendenz zu bekämpfen.

3 *a) Erstelle zu den täglichen Pendlerströmen in die Kernstadt eine Skizze wie in 2.*
b) Füge der Skizze einen Text hinzu mit der Überschrift „Tägliche Verkehrslast".

Zur Weiterarbeit

4 *Tabelle 1: Stelle die Entwicklung der Bevölkerungszahlen in einem Kurvendiagramm dar für a) Stuttgart und b) den Verdichtungsraum.*

5 *Wir alle verbrauchen Landschaft und erzeugen Verkehrslast. Erläutere mithilfe der Grafik 5.*

Orientieren

1 Megalopolen

Arbeite mit den Karten 1 und dem Atlas.

a) Nenne den Staat, in dem jeweils die Megalopolis liegt.

b) Benenne die darin liegenden Städte.

c) Beschreibe die Bedeutung der drei Megalopolen.

Kennen

2 Städte richtig einordnen

Übertrage die Tabelle in dein Heft und kreuze an, was zutrifft.

Stadt	Ballungsraum	Megacity	Metropole	Megalopolis
Mumbai				
Shanghai				
New York				
Boswash				
Stuttgart				
Tokyo				

3 Welcher Begriff passt nicht in die Reihe?

Begründe jeweils.

a) Global City – Megacity – Megalopolis – Metropole

b) Elendsviertel – Ghetto – Hüttensiedlung – Slum

c) Ballungsraum – Landschaftsverbrauch – Weltstadt – Verkehrslast

d) Auswanderer – Pendler – Saisonarbeiter – Wanderarbeiter

Verstehen

4 Richtig oder falsch? Begründe jeweils.

a) Elendsviertel sind auch als Ghetto zu bezeichnen.

b) Anstelle von Global City kann man auch Weltstadt sagen.

c) In den Sonderwirtschaftszonen Chinas haben ausländische Firmen Steuervorteile.

d) Der Central Business District ist in den US-amerikanischen Städten das wichtigste Einkaufszentrum.

e) In einer Megalopolis können mehrere Metropolen vorkommen.

f) Eine Megacity ist zugleich auch eine Global City.

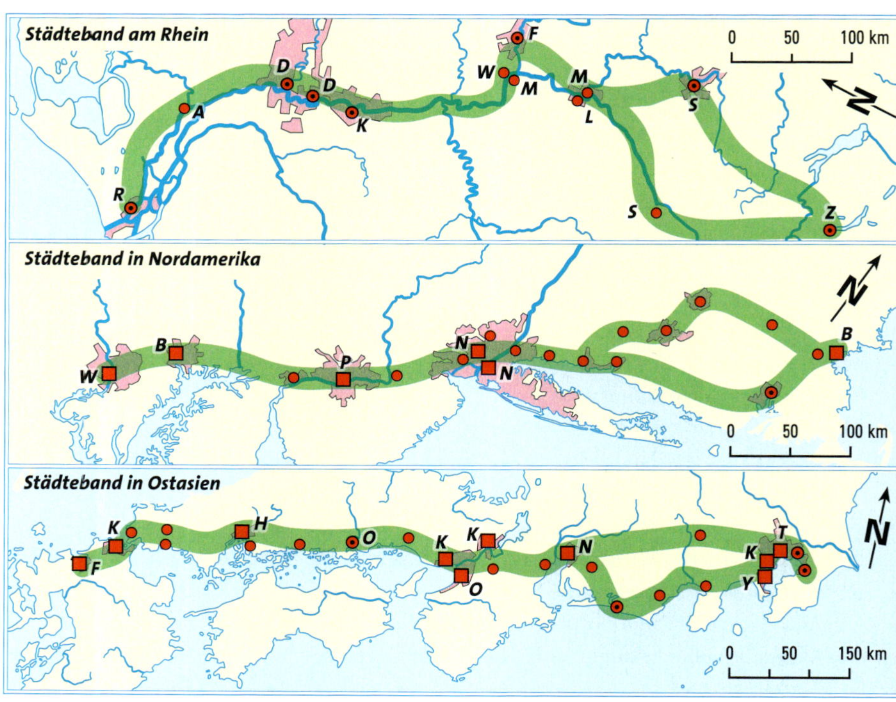

1

Wichtige Begriffe

Ballungsraum
Central Business District (CBD)
City
Elendsviertel
Ghetto
Landschaftsverbrauch
Marktwirtschaft
Megacity
Megalopolis
Metropole
Metropolisierung
Metropolregion
Slum
Sonderwirtschaftszone
Stadtmodell
Suburbanisierung
Verdichtungsraum
Verkehrslast
Wanderarbeiter
Weltstadt
Wirtschaftsmacht

2 ***Tokyo: Autobahnbau in Etagen***

4 **Bevölkerungsentwicklung ausgewählter Städte der Erde (in 1000)**

Jahr	Tokyo	Seoul	Mumba	Mexico City	São Paulo	New York	London
1900	5248	280	1260	590	281	4936	6510
1920	7678	440	1750	1010	665	8280	7387
1940	12740	1331	2280	1970	1510	11369	8615
1960	17864	3670	5281	5471	4654	14182	7992
1980	28697	11689	11078	14053	12352	14617	6713
2000	33413	20379	18576	17660	17276	15885	7172
Zum Vergleich: Fläche (in km²)							
2000	13138	4374	4355	4607	4779	11368	1579

5 *Städte der Welt*

Arbeite mit Tabelle 4.

a) Ordne den Städten Staaten zu.

b) Fertige ein Diagramm mit der Bevölkerungsentwicklung von Tokyo, Seoul, São Paulo und London an.

c) Beschreibe das Diagramm.

d) Bilde Städtegruppen mit ähnlicher Entwicklung und erkläre dann jeweils.

Anwenden

6 *Weltstadt Tokyo*

a) Beschreibe Tokyos Stellung in Japan (Tabelle 4 und Strukturdaten im Anhang).

b) Beschreibe Foto 2. Welche Probleme sind erkennbar?

7 *Karikatur*

a) Beschreibe die Karikatur 3.

b) Erkläre, welche der Grundbegriffe aus diesem Kapitel zur Karikatur passen.

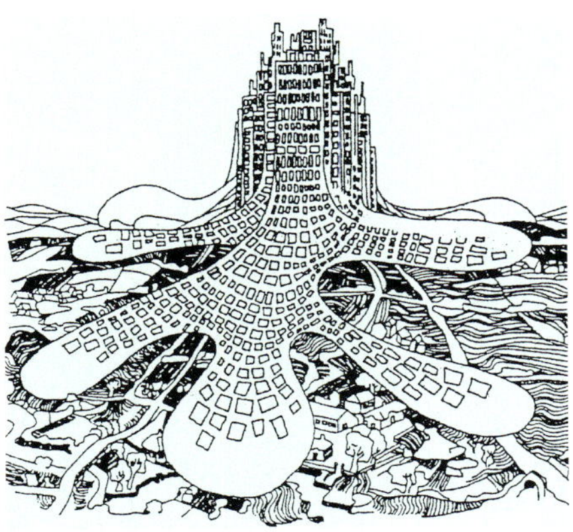

3

8 *Leben in Ballungsräumen*

Arbeite mit Text 5.

a) Beurteile die beiden Verhaltensweisen.

b) Das Leben in Ballungsräumen kann unterschiedlich sein. Erkläre.

5 **Wie geht man mit Elend um?**

„Vor acht Jahren entschied sich Christian Lütkehaus für eine berufliche Laufbahn in Mumbai. Gemeinsam mit seiner Frau gründete er eine Firma, die deutsche Unternehmen bei der Niederlassung in Indien berät. Lütkehaus und seine Frau leben in einem Apartment im vornehmen Stadtteil Malabar Hill. Innerhalb der eigenen vier Wände haben sie eine „Kakerlaken-freie Zone“ geschaffen, wie Lütkehaus es ausdrückt. Damit weist er auf ein Bedürfnis hin, sich von Dreck, Lärm, Armut und Not abzukapseln.

Der deutsch-bulgarische Schriftsteller Ilija Trojanow, der jahrelang in Mumbai lebte, kann der fremden Realität gelassen begegnen: ‚Das Elend existiert, egal ob ich hier bin oder nicht. Und ich denke, es ist ehrlicher, damit täglich konfrontiert zu sein, als wenn man in einer geregelten deutschen Existenz fast gänzlich vergessen hat, wie 80 Prozent der Menschheit leben.“

(Quelle: Hörig, R. in: Zeitung der Deutschen Welthungerhilfe 2/2005)

Teste dich selbst

Kannst du die Aufgaben 2, 3 und 4 ohne Hilfe lösen?

Wirtschaftsstandort Deutschland

Deutschland ist eine der erfolgreichsten Wirtschaftsnationen der Erde. Warum sind unsere Firmen so erfolgreich und was müssen sie unternehmen, um weiterhin zur Weltspitze zu gehören?
Andererseits sind viele Arbeitsplätze und damit der Wohlstand in unserem Land in Gefahr. Arbeitsplätze werden „wegrationalisiert“, ins Ausland verlagert oder im Land von Billigarbeitern besetzt.
Schafft es die Wirtschaft durch neue Produkte und Ideen, die verlorenen Arbeitsplätze durch neue zu ersetzen?

SCHENKER
Stinnes Logistics
1
2
3
4
RZB
9

❶ ***Qualitätskontrolle bei der Firma Stihl in Waiblingen***

❸ ***Säge im Schwingungstest***

Erfolgreich auf dem Weltmarkt

❷ ***Aus dem Geschäftsbericht 2004***

- *Umsatz 1 619 Mio. €*
- *Löhne, Gehälter, soziale Abgaben, Altersversorgung 392 Mio. €*
- *Mitarbeiter 7 880*

Unternehmen

Ein auf Gewinnerzielung ausgerichteter Wirtschaftsbetrieb mit mehreren Standorten

Ob im eisigen Norden Kanadas oder in schwül-heißen Gebieten Brasiliens, wenn für die Arbeit in den Wäldern eine Motorsäge gebraucht wird, stammt sie häufig aus Waiblingen nordöstlich von Stuttgart.
Die Firma Stihl ist **Weltmarktführer** bei Benzin-Motorsägen. Über 88 % des Jahresumsatzes werden im Ausland erzielt. Stihl ist eines der **Unternehmen** mit hoher **Exportorientierung**. Etwa die Hälfte des Umsatzes wird mit Motorsägen erwirtschaftet. Das andere Standbein des mittelständischen Unternehmens ist die Produktion von Motorsensen, von Geräten für die Landschaftspflege und Bauwirtschaft, aber auch von spezieller Sicherheitskleidung.

80 Jahre Erfolg

Nach der Firmengründung 1926 produzierte Andreas Stihl zuerst Waschmaschinen. Schon 1929 konnte er seine erste Säge mit Benzinmotor vorstellen – eine Zweimannsäge mit einer Leistung von 6 PS bei 46 kg Gewicht. 1932 erhielt er ein Patent auf eine Sägekette mit speziellen Zähnen. Durch die ständige Weiterentwicklung und eine konsequente Qualitätsorientierung blieb die Firma auch nach dem 2. Weltkrieg erfolgreich, denn „wer den Qualitätsstandard setzt, hat den Markt“. Stihl gründete Verkaufsniederlassungen in vielen Ländern der Erde und produziert heute nicht nur in Deutschland, sondern auch in den USA, Brasilien, der Schweiz, Österreich und in China.
Im Stammhaus Waiblingen sind derzeit mit 2 649 Arbeitskräften etwa 35 % der Stihl-Mitarbeiter beschäftigt. Das Unternehmen spielt deshalb im Rems-Murr-Kreis eine wichtige Rolle als Arbeitgeber und Steuerzahler. Es erzielt dort fast 700 Mio. Euro Umsatz.

Optimierung der Produktion

Jede Säge muss das Werk in höchster Produktqualität verlassen. Denn jede Rücknahme und Garantiereparatur erhöht die Kosten des Unternehmens und verringert die Zufriedenheit der Kunden. Alle Arbeitsvorgänge müssen perfekt ablaufen und ineinander verzahnt sein. Die Fertigung wird deshalb laufend optimiert. In enger Zusammenarbeit mit der Entwicklungsabteilung setzen die produzierenden Bereiche rasch neue Erkenntnisse um. Regelmäßig werden alle Bestandteile der Sägen auf Qualität kontrolliert und nachgemessen.

Forschung und Entwicklung

Wenn es nur um die Produktion von Sägen ginge, hätte das Unternehmen sicher schon mehr Arbeitsplätze ins Ausland verlagert.
Doch Stihl besitzt einen großen Forschungs- und Entwicklungsbereich, dessen Ergebnisse unmittelbar in die Produktion übernommen werden. Den Ingenieuren gelang es zum Beispiel, mit dem ersten Katalysator für Motorsägen einen Entwicklungsvorsprung vor der Konkurrenz zu erzielen.
Laufend werden neue Teile oder Sonderwerkzeuge für die Produktion entwickelt und getestet. Auch das Produkt selbst wird ständig optimiert: Neue Geräte sind noch leichter, stärker, haltbarer und leiser. Kein Holzfäller soll an der Stihl-Säge vorbeikommen – auch wenn sie mehr kostet als die Konkurrenz.

Ressource Mitarbeiter

Für ihre anspruchsvollen Tätigkeiten setzt das Unternehmen auf hohe Mitarbeiterqualität. Neue Arbeitskräfte erhalten deshalb eine intensive Schulung.
Mitarbeiter von Stihl sind regelmäßig an Schulen in Waiblingen und Umgebung unterwegs, um Nachwuchs über die Arbeitsplätze in ihrer Firma zu informieren. Denn nur mit engagierten, qualifizierten und verantwortungsbewussten Arbeitern kann die Firma ihren hohen Standard halten.
Bei Stihl verdient man gut. Doch um auch weiterhin hohe Löhne zahlen zu können, müssen die Arbeiter flexibel sein, zum Beispiel bezüglich der Arbeitszeiten. Bei Bedarf sind Samstagsarbeit und Abrechnung über ein Arbeitszeitkonto vorgesehen.

4 ***Beschäftigte in der Firma Stihl 2004***

Bekanntheitsgrad steigern

Die Vorstellung der neuesten Entwicklungen auf Fachmessen ist ein Schwerpunkt der Verkaufsförderung. Aber auch sportliche Veranstaltungen mit Wettsägen oder der Herstellung von Holzskulpturen tragen ebenso zum guten Image der Stihl-Sägen bei, wie eine Kleidungskollektion für den sicherheitsbewussten Waldarbeiter.

5 ***Standortvorteile der Firma Stihl***
- *Produktqualität*
- *Mitarbeiterqualität*
- *eigener Forschungs- und Entwicklungsbereich*

Zur Standardsicherung

1 *Was unternimmt die Firma Stihl, um ihre Spitzenstellung im Weltmarkt auszubauen?*
2 *Produkt- und Mitarbeiterqualität spielen bei Stihl eine wichtige Rolle. Erläutere.*
3 *Stelle wichtige Bereiche des Unternehmens und ihre Aufgaben in einem Schema dar.*
4 *Gibt es an deinem Wohnort oder in der Umgebung Firmen mit Weltgeltung?*

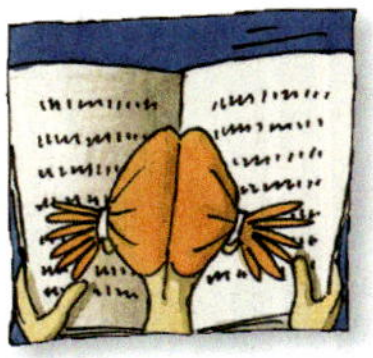

③ *Fabrikgelände in Künzelsau 1954*

Vom Schraubenhändler zum Milliardenunternehmer

① **Reinhold Würth**

② **Der Würth-Konzern in Zahlen**

	1991	2004
Umsatz (Mio. €)	4 100	6 200
Mitarbeiter	31 000	47 000
Gewinn (Mio. €)	268	395
Eigenkapital (Mio. €)	940	1 700

Bereits mit 14 Jahren stieg Reinhold Würth 1949 in die Schraubenhandlung seines Vaters ein. Damals zog er noch mit dem Leiterwagen durch die Dörfer im Hohenloher Land, nahm aber auch schon an Geschäftsterminen in der Schweiz teil. Durch den frühen Tod des Vaters musste er mit 19 Jahren die Verantwortung für den Betrieb und die Familie übernehmen.
Der Schraubenhandel wuchs schnell. Reinhold Würth stellte Leute ein und investierte in einen Fuhrpark. Seine entscheidende Idee aber war, Handwerksbetriebe mit allem zu versorgen, was sie an Materialien benötigen: von Schrauben und anderen Befestigungsmitteln bis hin zu professionellen Werkzeugen.

Heute besuchen tausende Außendienstmitarbeiter regelmäßig die Betriebe ihres Bezirkes. Sie kontrollieren und ergänzen bei Bedarf die Vorräte. Zugleich informieren sie die Firmen über neue Produkte.
Jeder Vertreter muss gut beraten, das Passende verkaufen und versuchen, neue Betriebe zu werben. Der Erfolg eines Mitarbeiters ist an der Größe des Dienstwagens sichtbar, den er auch privat nutzen darf. Für diese Tätigkeiten stellt Würth bevorzugt gelernte Handwerker ein, die dann durch eine kaufmännische Zusatzausbildung weiter qualifiziert werden.
Reinhold Würth schaffte es, sein Vertriebssystem zu internationalem Erfolg zu führen. In vielen Staaten der Erde ist das „System Würth" bei kleinen und mittleren Betrieben präsent. Das Unternehmen ist heute mit Abstand Weltmarktführer und zu einem in über 48 Staaten global tätigen Handelskonzern angewachsen.

Durch den rasanten Aufschwung stellte sich bald die Frage nach einem neuen Standort, da es im Kochertal zu eng war. Würth wurde von vielen Städten umworben, aber er gründete seine neue Konzernzentrale im Künzelsauer Teilort Gaisbach. Der nahe Autobahnanschluss, die ausbaufähige Lage und nicht zuletzt die Verbundenheit Würths zu seiner Heimatstadt waren ausschlaggebend für diesen Ort. Um den Anschluss an die internationalen Märkte zu verbessern, wurde der ehemalige Militärflughafen in Schwäbisch Hall auf Anraten und mit finanzieller Hilfe Würths ausgebaut.

Reinhold Würth ist es gelungen, seinem Unternehmen eine Identität, eine „Corporate Identity" zu geben: Eine besondere Unternehmenskultur vermittelt ein enges Zugehörigkeitsgefühl zur „Würth-Familie", schafft Identität und Leistungsanreize.
Wer die Hauptverwaltung besucht, gerät ins Staunen. Auf den Fluren, ja sogar in den Büros hängen Gemälde und stehen Skulpturen bekannter Künstler. Ein Kunstmuseum ist in das Gebäude integriert. Im Alma-Würth-Saal finden Konzerte und Vorträge statt. Immer wieder gibt es Feste und Veranstaltungen. Die Mitarbeiter sind sich sicher: „Wir sind Teil eines besonderen Betriebes."

In der Region tut Würth etwas für das positive Ansehen der Firma. Das jährliche „Würth-Open-Air" führt internationale Größen der Rock- und Popmusikszene ins nördliche Baden-Württemberg.
In zahlreichen Sportarten taucht das Würth-Emblem auf: Von Formel 1 über Radsport, Fußball bis zu Biathlon fließen Gelder in das Sponsoring.
In Künzelsau ließ Würth ein Museum und in Schwäbisch Hall eine inzwischen international bekannte Kunsthalle errichten. Sie werden abwechselnd mit Werken aus seiner umfangreichen Sammlung ausgestattet.
Für das Bildungswesen in Baden-Württemberg bezahlte Reinhold Würth Maßnahmen zur Verbesserung der Bildung im Bereich Wirtschaft. Denn nur Schülerinnen und Schüler mit einem Verständnis für wirtschaftliche Zusammenhänge können seiner Ansicht nach die zukünftigen Herausforderungen für Deutschland meistern.

Seit den 1990er-Jahren setzt sich Würth neue Ziele. Er stieg in die Elektronikbranche ein und baute eine Fabrik für neuartige Dünnschicht-Solarzellen zur Stromerzeugung.
Würth sieht in der Zukunft einen verstärkten Bedarf an privater Altersvorsorge. Deshalb gründete er eine Firma für Finanzdienstleistungen. Dort werden langfristige Geldanlagemöglichkeiten, Darlehen und Versicherungen angeboten.

4 ***Verwaltungsgebäude in Künzelsau-Gaisbach heute***

5 ***Sport-Sponsoring***

6

7 ***Standortvorteile der Firma Würth***
- *Verkaufsmanagement*
- *Verkehrsgunst*
- *Unternehmenskultur*

Verbessere deine Lesekompetenz

1 *a) Finde Zwischenüberschriften für die Textabschnitte.*
b) Notiere sie in einer Tabelle und formuliere zu jeder einen einzigen Satz.
c) Ordne danach den Zwischenüberschriften folgende Begriffe zu: Firmenimage, Innovationskraft, Leistungsprinzip, Verkaufsmanagement, Standortwahl, Firmenidentität.

2 *Finde Gründe für das kulturelle und bildungspolitische Engagement Reinhold Würths.*

3 *Erkläre das Würth-Motto „SPEED" (Grafik 6).*

1 SAP-Konzernzentrale in Walldorf

3 **Aus dem Geschäftsbericht 2004 (in Mio. €)**

Umsatz	
Produkterlöse, davon	**5180**
Softwareerlöse	2360
Wartungserlöse	2820
Serviceerlöse, davon	**2270**
Beratungserlöse	1970
Schulungserlöse	300
Sonstige Erlöse	**60**
Kosten	
Produktkosten	– 800
Servicekosten	–1780
Forschungs- und Entwicklungskosten	–1020
Vertriebs- und Marketingkosten	–1520
Allgemeine Verwaltungskosten	– 370
Sonstige betriebliche Aufwendungen	– 2
Betriebsergebnis	**2018**

Software-Gigant SAP

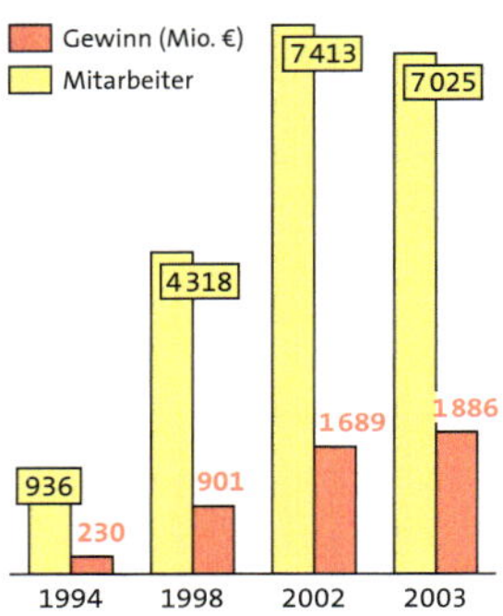

2 ***Geschäftsentwicklung bei SAP***

Konzern
Großunternehmen mit mindestens einem „Tochterunternehmen". Die Leitung erfolgt durch die „Konzernmutter".

Denkt man an Computerprogramme, so kommt einem sofort Microsoft als Nummer eins des **Software**-Weltmarktes bei Computer-Betriebssystemen und Office-Anwendungen in den Sinn. Doch auch im Bereich Geschäftssoftware gibt es einen Konzern, der in den meisten Staaten der Erde eine dominierende Rolle spielt – die SAP-AG mit Hauptsitz in Walldorf südlich von Heidelberg.

In 30 Jahren an die Weltspitze

1972 taten sich fünf Mitarbeiter des IBM-Konzerns zusammen und gründeten die Firma **S**ysteme, **A**nwendungen, **P**rodukte. Sie boten Serviceleistungen für die Rechenzentren von Firmen in der Umgebung Mannheims an. Ihr Ziel war es, spezielle Programmierlösungen zu entwerfen. Schon 1973 wurde eine erste Finanzbuchhaltung fertig gestellt: Die Grundlage für den späteren Erfolg.
Seit Mitte der 1980er Jahre hat das Unternehmen ein enormes Wachstum zu verzeichnen, das durch hohe Gewinne und den Börsengang 1988 finanziert wurde. Andere Softwareunternehmen wurden aufgekauft und integriert. Durch Gründung von internationalen Tochterunternehmen wurde SAP zum global operierenden **Konzern**.

Architekten der Unternehmensvernetzung

Der Konzern verkauft seine Programme an Unternehmen der Industrie und des Handels, an Banken und öffentliche Verwaltungen. Der Konzern bietet insgesamt 25 Softwarelösungen an, die auf verschiedene Branchen zugeschnitten sind: SAP ist ein **unternehmensorientierter Dienstleister**.
Sämtliche Vorgänge im Unternehmen werden durch die Software mySAP vernetzt und dadurch effektiv und kostengünstig verwaltet. Beim Automobilkonzern BMW werden Produktionsplanung, Einkauf, Produktion und Buchhaltung untereinander verbunden. Aber auch die Vernetzung mit Zulieferern, Händlern und Kunden wird über die SAP-Software organisiert.

Unternehmensorientierte Dienstleistungen

Für kleinere Firmen gibt es Software-Standardlösungen. Hier müssen die Mitarbeiter bestens für die Bedienung und Anpassung der Software an die gegebenen Bedingungen ausgebildet werden.
Für größere Unternehmen wird die Software individuell eingerichtet. Für diese Anpassung an den jeweiligen Betrieb sind hervorragende Fachkräfte notwendig, denn jeder Fehler

4 **T. Schulz, Software-Ingenieur**

„Es war für mich nicht leicht, bei SAP einen Arbeitsplatz zu bekommen, denn die Ansprüche sind hoch. Nun bin ich stolz, bei SAP zu arbeiten. Unser Betriebsklima stimmt, jeder Mitarbeiter wird ernst genommen und fair behandelt. In den Teams praktizieren wir eine echte Partnerschaft. Bei Fragen kann man von allen Seiten Hilfe erwarten und wird trotzdem von jedem respektiert. Auch das Management vermittelt seine Ziele mit großer Glaubwürdigkeit an seine Angestellten. 2005 wurde SAP nach einer Mitarbeiterbefragung sogar als ‚Bester Arbeitgeber Deutschlands' bei den Großunternehmen ausgezeichnet."

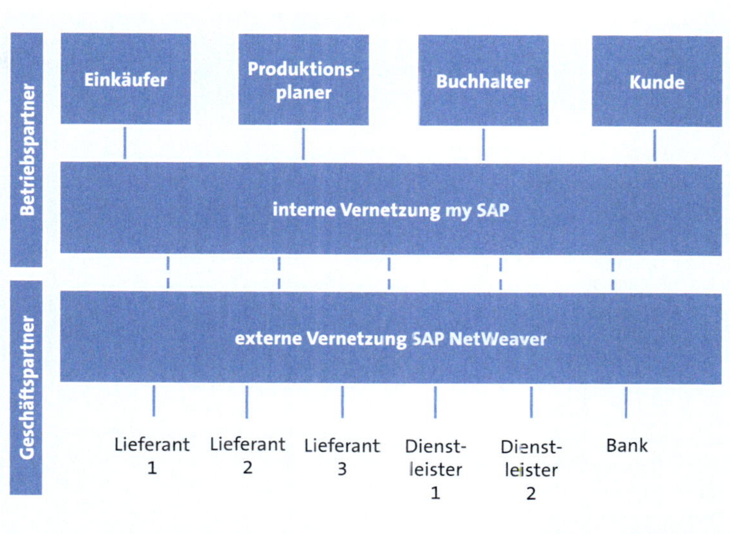

5

kann fatale Auswirkungen haben. Umfangreiche Schulungsprogramme gewährleisten eine professionelle Bedienung der Programme und eine hohe Effektivität.

In regelmäßigen Abständen warten SAP-Mitarbeiter die Software und passen sie an neu entwickelte Möglichkeiten an.

Weltweite Präsenz

SAP-Softwarelösungen sind in mehr als 91 500 Installationen bei über 27 000 Kunden und in mehr als 120 Ländern im Einsatz. Von den 500 größten Firmen der Erde sind 75 % mit SAP-Lösungen vernetzt und der Anteil steigt weiter.

In den Niederlassungen der verschiedenen Staaten wird die Software an die Sprache und spezielle Gegebenheiten wie z. B. die steuerliche Gesetzgebung angepasst. Dazu ist eine intensive Kommunikation mit dem Mutterkonzern notwendig.

Erfolgreiche Aktiengesellschaft

SAP ist ein Star unter den deutschen Aktiengesellschaften. Der Firma werden seit Jahren glänzende Zukunftsaussichten bescheinigt. Dementsprechend hoch ist der Börsenwert. Seit Jahren können Umsatz, Gewinn und Marktanteile immer wieder deutlich gesteigert werden.

Zur Standardsicherung

1 Beschreibe die Dienstleistungen, die SAP erbringt.

2 a) Beschreibe die Geschäftszweige des Geschäftsberichts 2004 (Tabelle 3).

b) Stelle die Geschäftsergebnisse prozentual in einem Kreisdiagramm dar.

3 Stelle in einem Verlaufsdiagramm den Weg des SAP-Konzerns an die Weltspitze dar.

Zur Weiterarbeit

4 Erkläre die Aufgaben der SAP-Software anhand der Grafik 5.

5 Recherche: Vergleiche die Börsenkurse von SAP mit anderen großen Aktiengesellschaften (DaimlerChrysler, BASF, Siemens, Deutsche Bank ...).

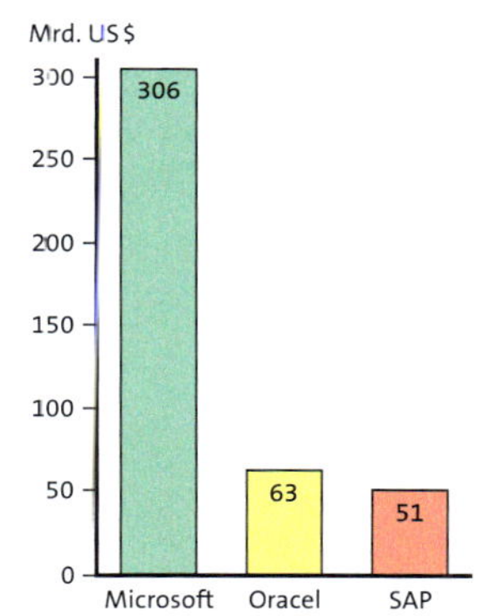

6 ***Werte an der Börse weltweit führender Software-Unternehmen 2004***

7 ***Standortvorteile der Firma SAP***

- *Spezialisierung auf Hightech-Produkte*
- *Innovationskraft*
- *Kundenorientierung*

1 Die zehn größten Volkswirtschaften nach dem BIP (kaufkraftbereinigt) in Mrd. US $

Staat	1980	1990	2000	2003	2003 pro Einwohner in US $
USA	2742	5691	9634	10682	38500
VR China	441	1594	5137	6702	5190
Japan	1038	2324	3354	3549	28200
Indien	358	960	2042	2489	2370
Deutschland	729	1379	2052	2231	26900
Frankreich	505	975	1451	1615	27400
Großbritannien	464	917	1408	1576	26700
Italien	516	968	1390	1536	26900
Russland	740	1512	1145	1388	9400
Brasilien	423	746	1195	1337	8000

Statistiken, d. h. Zahlenreihen, Tabellen und Diagramme, veranschaulichen uns Sachverhalte. Deshalb ist das Lesen und Auswerten von Statistiken eine wichtige Fähigkeit, um sich Informationen zu beschaffen und um sich anschließend eine Meinung bilden zu können.

Statistiken auswerten: Wirtschaftsmacht Deutschland

Der Wohlstand von Staaten ist mit darauf begründet, dass die Wirtschaftsunternehmen Produkte und Dienstleistungen in alle Welt exportieren. Andererseits importieren Staaten Waren, die es nicht im Inland gibt oder die in anderen Staaten billiger produziert werden können.

Über die tatsächliche wirtschaftliche Leistungskraft Deutschlands herrschen in der Gesellschaft unterschiedliche Meinungen. Wie geht es der deutschen Wirtschaft wirklich und welche Auswirkungen hat ihre Leistungskraft für die Menschen in Deutschland?

Über Statistiken kann man Deutschland mit anderen Staaten vergleichen und sich ein Urteil bilden. Andererseits werfen Statistiken Fragen auf, die weiter untersucht werden müssen.

Eine Statistik auswerten

1. Schritt: Sich einen Überblick verschaffen

- *Darstellungsart erkennen, z. B. Tabelle, Kurvendiagramm*
- *Thema der Darstellung ablesen, z. B. wirtschaftliche Leistung von ...*
- *Welche Vorstellungen verbinde ich mit dem Thema? Z. B. „Hier geht es um ...“.*

2. Schritt: Was ist dargestellt?

- *Wer oder was wird miteinander verglichen? Z. B. Staaten, Wirtschaftsbereiche*
- *Welcher Zeitraum ist erfasst?*
- *Was steckt hinter den Größenangaben? Z. B. Handelsvolumen, BIP*

3. Schritt: Ablesen von Werten

- *Welche Maßeinheit wird verwendet? Z. B. Milliarden US $*
- *Richte den Blick auf einen Einzelwert bzw. eine Zeile (Spalte, Linie), z. B. „Wie hat sich das BIP in Deutschland von 1980 bis 2003 entwickelt?“*

② **Entwicklung der Wirtschaftsleistung verschiedener Branchen der deutschen Wirtschaft (in Mrd. €)**

	Land- und Forstwirtschaft, Fischerei	Produzierendes Gewerbe ohne Baugewerbe	Baugewerbe	Handel, Gastgewerbe und Verkehr	Finanzierung, Vermietung und Unternehmensdienstleister	Öffentliche und private Dienstleister
2004	21,65	500,33	80,28	361,17	581,38	450,03
2000	23,46	465,34	96,20	337,27	510,94	422,98
1995	21,27	424,46	112,97	300,30	441,46	371,25
1990	18,05	384,98	66,70	206,99	289,07	232,31
1985	15,05	306,08	49,00	157,06	197,84	180,11
1980	14,64	247,26	50,21	130,64	132,74	141,66
1970	10,67	131,28	26,17	62,38	45,19	49,57

4. Schritt: Vergleichen

– *Lies die Werte für ein bestimmtes Jahr ab, z. B. Deutschland und USA im Jahr 2003.*
– *Vergleiche die Entwicklung in einem bestimmten Zeitraum, z. B. Deutschland mit Japan 1980 bis 2003.*

5. Schritt: Kernaussagen treffen

Formuliere Aussagen, z. B.

– *Von 1980 bis 2003 ist das BIP in allen zehn Staaten angestiegen.*
– *Die Wirtschaftsleistung pro Kopf ist in den USA am höchsten, in Indien am niedrigsten.*
– *Der prozentuale Anstieg des BIP von 1980 bis 2003 betrug in China ... %, in Russland ... %.*

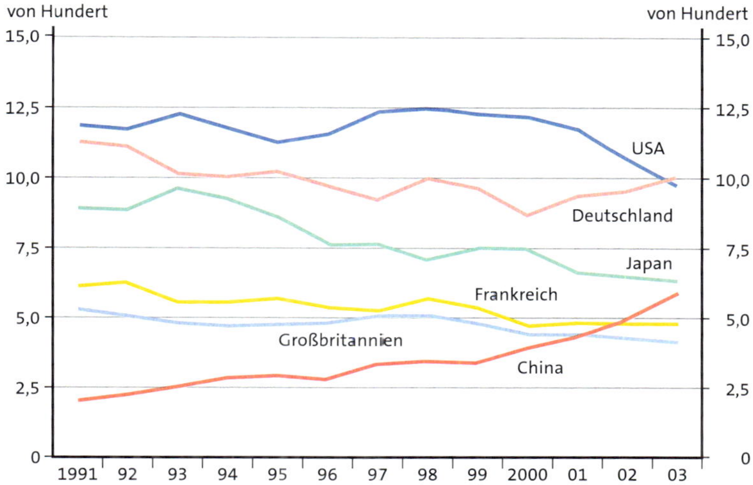

③ ***Anteile großer Industrienationen an der Gesamtsumme aller exportierten Güter***

1 *Wende die Schritte 1–5 auf a) Tabelle 2 und b) Diagramm 3 an.*

2 *Vergleiche die Staaten USA, Deutschland, Japan, Russland, Polen und China mithilfe der Strukturdaten im Anhang: Fläche, Einwohnerzahl, Wirtschaftsleistung, Erwerbstätige in der Industrie, Energieverbrauch, Pkw-Zahl, Internetnutzer:*

a) Fertige daraus eine Tabelle.
b) Wende die Schritte 1–5 auf die Daten an.
c) Bearbeite die Daten mit einem Tabellenkalkulationsprogramm und stelle sie zur besseren Veranschaulichung in Grafiken dar.

3 *Beschreibe Deutschlands wirtschaftliche Stellung in den Jahren 2003/2004 mithilfe von Tabelle 1 und Diagramm 3.*

Bruttoinlandsprodukt (BIP)
Maß für die wirtschaftliche Leistung eines Staates. Es entspricht der Summe aller Erwerbs- und Vermögenseinkommen, die im Inland entstanden sind. Das BIP wird meist kaufkraftbereinigt angegeben, das heißt, Geldwertunterschiede werden mit berücksichtigt.

Methode

Opel-Werk Bochum
Ioanna Kefalidou, 24,
seit 1998 bei Opel

Tätigkeit	Monteurin im Rohbau
Arbeitszeit	35 Stunden / Woche
Verdienst	2 900 Euro brutto / Monat
Urlaub	31 Tage / Jahr

1

Opel-Werk Gliwice
Slawomir Ciebiera, 42,
seit 1998 bei Opel

Tätigkeit	Türmonteur
Arbeitszeit	40 Stunden / Woche
Verdienst	700 Euro brutto / Monat
Urlaub	26 Tage / Jahr

2

Arbeitskosten je Arbeitsstunde im Verarbeitenden Gewerbe im Jahr 2002 in €

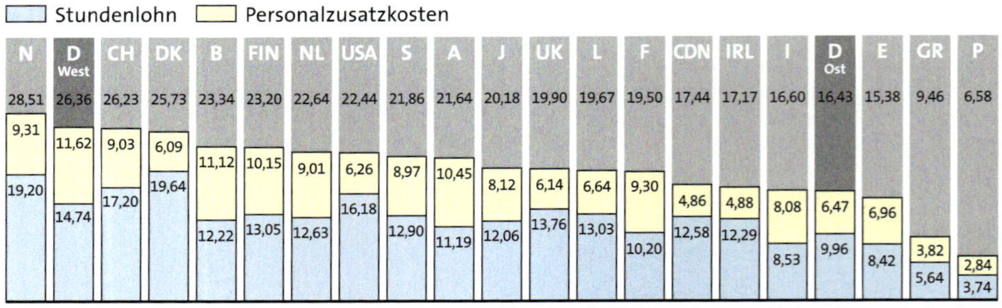

Zahlen z.T. vorläufig; Jahresdurchschnitt der amtlichen Devisenkurse

3 ***Arbeitskosten in ausgewählten Staaten im Vergleich***

Wirtschaftsstandort in Gefahr?

Arbeitsplätze wandern aus: Konzerne verlagern Firmenteile oder ganze Produktionen ins Ausland, denn die Länder im Osten der Europäischen Union und China können Teil- und Fertigprodukte billiger produzieren.
Die Menschen in Deutschland haben Angst vor Arbeitslosigkeit. Es drohen der Verlust des vergleichsweise hohen Wohlstandes und der sozialen Sicherheit. Haben sich die ehemaligen **Standortvorteile** in **Standortnachteile** verwandelt? Geht uns die Arbeit aus?

4 **Arbeitsplätze in Deutschland**

Branchen	1991	2005
Metallerzeugung	476 000	250 000
Textilgewerbe	274 000	94 000
Baugewerbe	1 900 000	778 000
Maschinenbau	1 600 000	947 000

5 **Arbeitsmarktexperte**
„Arbeit wäre genug da, z. B. in der Kinder- und Altenbetreuung. Leider will oder kann der Staat in diesem Bereich nur begrenzt Geld ausgeben.
Auch im Dienstleistungsbereich wie z. B. im Einzelhandel oder öffentlichen Dienst könnte es mehr Stellen geben. Hier bleiben viele Arbeitsplätze unbesetzt, d. h. sie werden einfach gestrichen."

6 **Politiker**
„Der Wirtschaftsstandort Deutschland ist nach wie vor gefragt. Er ist in vielen Branchen Weltspitze, denn unsere Firmen entwickeln innovative Produkte. Unsere Techniktradition bewirkt, dass viel Know-how vorhanden ist.
Durch die zentrale Lage in Europa haben wir Verbindungen auch in die neuen EU-Länder im Osten. Die Verkehrsinfrastruktur macht es leicht, schnell an jeden Ort zu gelangen.
Für Arbeitgeber und Arbeitnehmer besteht eine hohe Rechtssicherheit. Die Gerichte fällen ihre Urteile auf stabiler gesetzlicher Grundlage. Die Verwaltungen auf Gemeinde- und Landkreisebene sorgen für eine gutes Zusammenspiel zwischen den Firmen und der Öffentlichkeit."

7 **Mittelständischer Unternehmer**
„Ich würde ja gern meinen Betrieb erweitern und Leute einstellen, aber der bürokratische Aufwand ist nur schwer zu überwinden. Bis ich alle Genehmigungen zusammen habe, vergeht viel zu viel Zeit.
Durch lange Kündigungsschutzzeiten für Arbeitnehmer ist es kaum möglich, kurzfristig Arbeitskräfte einzustellen und, wenn es nicht so gut läuft, wieder zu entlassen. Deshalb muss ich mir schon überlegen, ob ich nicht einen Standort im Ausland wähle."

8 ***Anteil im Ausland gefertigter Produkte (in %)***

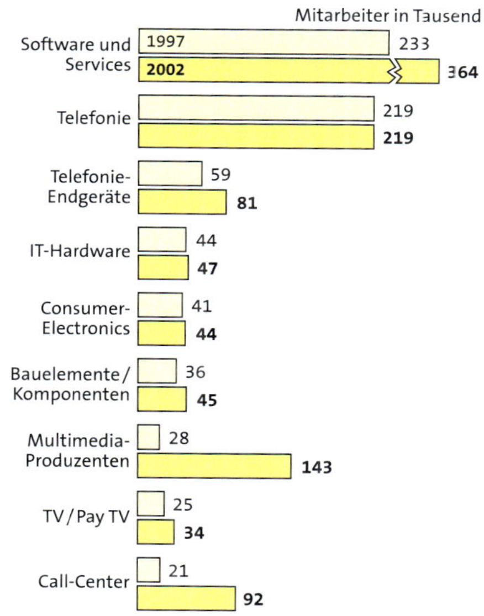

10 ***Arbeitsplätze im IT-Sektor in Deutschland***

12 ***Personalzusatzkosten***

für Arbeiter und Angestellte, auch Lohnnebenkosten genannt, sind Kosten, die einem Arbeitgeber zusätzlich zum Bruttolohn entstehen. Im Juli 2005 galten folgende Werte:

Arbeitgeberanteile zur
- *Rentenversicherung (9,7 %)*
- *Krankenversicherung (7,2 %)*
- *Arbeitslosenversicherung (3,2 %)*
- *weitere Versicherungen (ca. 4 %)*

bezahlter Urlaub (ca. 12 %)

Lohnfortzahlung bei Krankheit und im Mutterschutz (ca. 4 %)

9 **Vorstandssprecher einer AG**

„Unsere Aktionäre, die überall auf der Welt verteilt sind, erwarten steigende Aktienkurse und eine gute Verzinsung ihres Anlagekapitals. Wir müssen deshalb eine hohe Umsatzrendite erzielen.

Wir produzieren an den kostengünstigsten Standorten. Dort haben wir vor allem niedrigere Arbeitskosten, zahlen viel weniger Steuern und bekommen häufig noch Zuschüsse.

Um alle Marktchancen zu nutzen, müssen wir Auslandsmärkte besetzen und dort auch produzieren. So können wir expandieren. Dadurch werden auch Arbeitsplätze in Deutschland gesichert."

11 **Gewerkschaftsvertreter**

„Viele Unternehmen bauen Arbeitsplätze ‚aus betriebswirtschaftlichen Gründen' ab, obwohl sie satte Gewinne einfahren. Andererseits werden Unternehmen in Deutschland aufgekauft und anschließend stillgelegt. So schaltet man lästige Konkurrenz aus! Dabei haben wir hervorragende Arbeitskräfte, die in den Hochschulen, im dualen Ausbildungssystem und in vielfältigen Fortbildungsmöglichkeiten bestens ausgebildet werden. Sie sind qualitätsorientiert und zu flexiblem Arbeitseinsatz bereit. Durch Krankheit oder Streik fallen hier wesentlich weniger Arbeitstage aus als in anderen Ländern."

Zur Standardsicherung

1 *Materialien 1–3: Finde Gründe für die unterschiedliche Höhe der Werte in den Staaten.*

2 *a) Entnimm Grafik 8 Bereiche, in denen Produktionen bis 2015 verstärkt ins Ausland verlagert werden.*

b) Begründe, weshalb es zu dieser Verlagerung kommt.

3 *Stelle die Standortvorteile und -nachteile Deutschlands in einer Mindmap zusammen. Nutze auch die vorigen Kapitel.*

Zur Weiterarbeit

4 *Beurteile folgende Aussagen:*

„Die Löhne müssen gesenkt werden."

„Die Personalzusatzkosten müssen verringert werden."

„Erfolgreiche Produktion im Ausland sichert Arbeitsplätze in Deutschland."

„Es gibt genug Arbeitsplätze, sie werden nur nicht besetzt."

„Die vorhandene Arbeit ist auf zu wenige Schultern verteilt."

1 **Heizkraftwerk Heilbronn 1980 und heute**

Umwelttechnologie als Chance

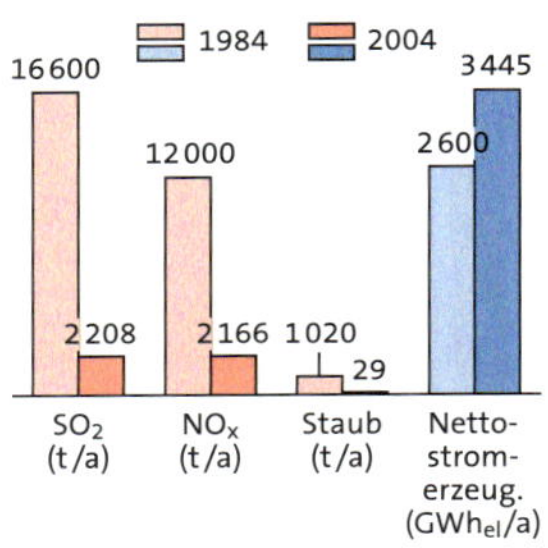

2 **Emission des Heizkraftwerkes Heilbronn**
Die zulässigen Höchstmengen von abgegebenen Luftschadstoffen sind in der „Technischen Anleitung zur Reinhaltung der Luft", kurz: „TA-Luft", festgeschrieben. Die „TA-Luft" ist Teil des Bundesimmissionsschutzgesetzes.

3 **Umwelttechnologien**
- *Anlagen zur Luftreinhaltung, z. B. Schadstofffilter*
- *Anlagen zur Abwasserklärung*
- *Anlagen zur Abfallbehandlung, z. B. Deponiegasanlagen*
- *Energieeinsparung, z. B. bei Heizanlagen*
- *regenerative Energiegewinnung*

Anfang der 1980er Jahre bliesen Stein- und Braunkohlekraftwerke noch große Mengen schädlicher Emissionen in die Luft. Vor allem die dort erzeugten Schwefeldioxid- und Stickoxidmengen führten über den sauren Regen zum heute noch andauernden Waldsterben. Aber auch durch Ölheizungen der Haushalte und durch Kraftfahrzeuge, die damals noch keinen Katalysator besaßen, gelangten Millionen Tonnen von schädlichen Gasen in die Atmosphäre.

Erfolgreiche Maßnahmen

Bedingt durch neue und schärfere Umweltgesetze des Bundes und der Europäischen Union mussten die Kraftwerke wirksame Filter in ihre Abluftanlagen einbauen. Auch die Luftverschmutzung durch den Verkehr, die industrielle Produktion und die Haushalte hat sich deutlich vermindert.
Parallel zur Luftreinhaltung wurden umfangreiche Maßnahmen zum Gewässerschutz umgesetzt. Sie waren so erfolgreich, dass in dem ehemals fast leblosen „Abwasserkanal" Rhein heute wieder Fische anzutreffen sind, die dort früher einmal beheimatet waren. Sogar der gegenüber Umwelteinflüssen besonders empfindliche Lachs wurde wieder angesiedelt.

Gute Geschäfte mit Umwelttechnik

Umweltschutzmaßnahmen kosten sowohl den Staat, die Wirtschaft als auch den Verbraucher viel Geld, doch dieses ist gut angelegt.
Wegen anspruchsvoller Gesetze war die deutsche Industrie gezwungen, Technologien zur Luft- und Wasserreinhaltung sowie zur besseren Ausnutzung der Energierohstoffe zu entwickeln. **Umwelttechnologie** „Made in Germany" ist inzwischen ein Exportschlager, denn die Gesetze zum Schutz der Umwelt werden in vielen Staaten strenger und die Wirtschaft muss dort verstärkt in diesem Bereich investieren.
Große Konzerne wie Siemens machen auf dem Weltmarkt beste Geschäfte, zum Beispiel mit der Ausrüstung von Kraftwerken und der dazugehörenden Steuerungstechnik. Mittelständische Betriebe liefern dafür Spezialanfertigungen von Präzisionsteilen in kleinen Stückzahlen. Dabei werden auch neue Arbeitsplätze geschaffen.

Die Energiewende als Chance

Inzwischen haben sich früher als harmlos geltende Gase wie Kohlendioxid als Verursacher für den Treibhauseffekt und damit als gefährlich für unser Klima herausgestellt. Der Klimaschutz und die zu Ende ge-

④ ***Offshore-Windpark im Oeresund vor Kopenhagen***

⑤ ***Solarhaus in Freiburg***

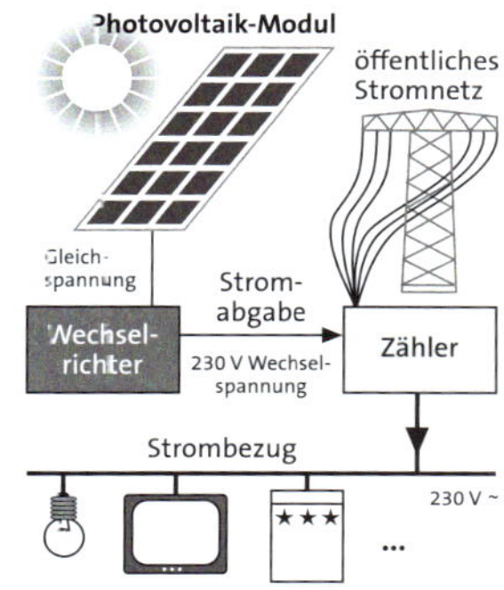

⑦ ***Funktionsweise eines Photovoltaikmoduls***

henden fossilen Energieträger machen eine **Energiewende** notwendig.
In Zukunft müssen dafür riesige Summen investiert werden. Im international anerkannten Kyoto-Protokoll sind Energieeinsparungen festgelegt, die nur durch den Ausbau erneuerbarer Energiequellen geleistet werden können. Im Zentrum der Überlegungen stehen dabei die Windkraft, die Erzeugung pflanzlicher Energierohstoffe, z. B. Raps für Biodiesel, und vor allem die Solartechnik.

Hoffnung Wasserstofftechnik

Alle Automobilkonzerne arbeiten intensiv an der Entwicklung neuartiger Antriebssysteme. Große Hoffnung setzen sie auf den Wasserstoffantrieb: In mit Solarzellen bestückten Kraftwerken soll mithilfe elektrischer Energie aus Wasser das Gas Wasserstoff gewonnen werden. Dieses kann dann direkt zur Verbrennung dienen oder mithilfe einer Brennstoffzelle als umweltschonende elektrische Antriebsenergie für Automobile dienen. Es kommt dann nur noch Wasserdampf aus dem Auspuff eines Autos.
Wissenschaftler entwickeln ganze Szenarien für eine „Wasserstoffwelt". Würden genügende Mengen dieses Gases erzeugt, könnte der Wasserstoff die traditionellen fossilen Energieträger ablösen. Es ist jedoch noch nicht kalkulierbar, wann sich die Erzeugung von Wasserstoff rechnet.

⑥ **Kyoto-Protokoll**

Auf der Weltklimakonferenz 1997 in Kyoto/Japan verpflichteten sich die Industriestaaten, ihre Emissionen bis 2012 gegenüber 1990 um durchschnittlich 5,2 % zu senken. Mit Emissionen sind die sechs für den Treibhauseffekt hauptverantwortlichen Gase gemeint. Im Kyoto-Protokoll übernahm die EU eine Reduktionsverpflichtung von 8 %, Deutschland sogar von 21 %. Nachdem die erforderliche Mehrheit von 55 Staaten das Protokoll unterzeichnet hatte, trat es 2001 in Kraft. Allerdings unterzeichneten die USA den Vertrag nicht.

Zur Standardsicherung

1 *Diagramm 2 und Text: Beschreibe die Umweltverbesserungen seit den 1980er Jahren.*
2 *Umwelttechnologie ist ein zukunftsträchtiger Wirtschaftszweig. Erläutere.*
3 *Erkläre den Begriff „Energiewende" und begründe, weshalb sie einen Beitrag zum Kyoto-Protokoll leistet.*

Zur Weiterarbeit

4 *Informiere dich in deiner Gemeinde über Projekte regenerativer Energiegewinnung.*
5 *Erläutere das Schema 7.*

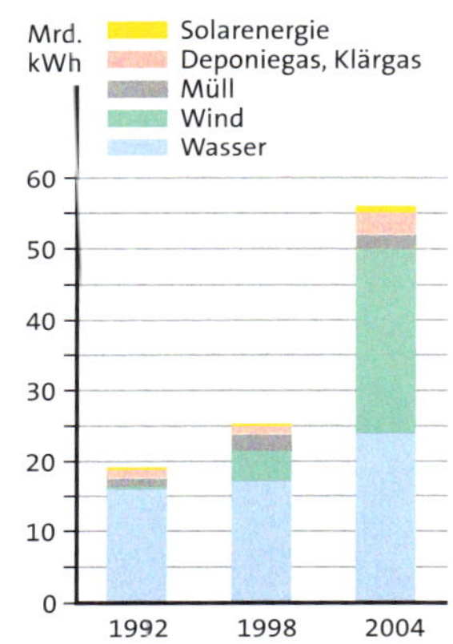

⑧ ***Stromerzeugung durch regenerative Energien*** *(Anteil an gesamter Stromerzeugung: 11 %)*

⑨ ***Staatliche Förderung regenerativer Energie: Einspeisevergütung für Strom 2005*** *(in ct/kWh)*

aus Wasserkraft	*6,7*
aus Biomasse	*8,3*
aus Windkraft	*8,7*
von Photovoltaik-Anlage	*41,2*

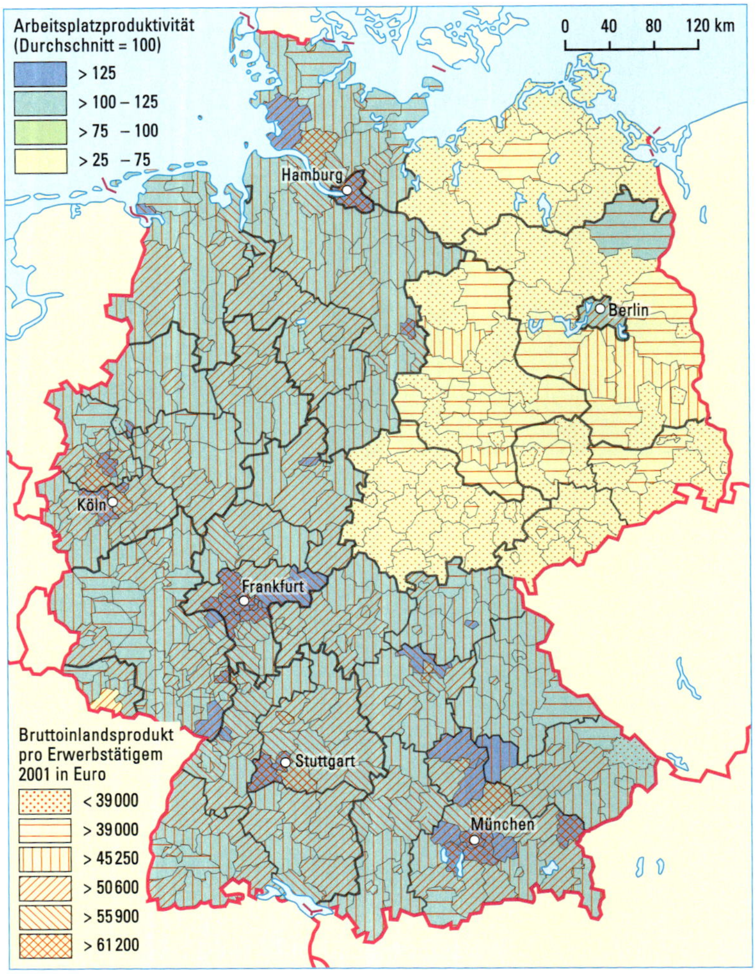

1 ***Arbeitsplatzproduktivität und Bruttoinlandsprodukt in Deutschland 2001***

Regionen gezielt fördern

Regionalförderung

Teil der regionalen Strukturpolitik mit dem Ziel, den Rückstand einzelner Regionen in der wirtschaftlichen Entwicklung gegenüber leistungsstärkeren Regionen zu verringern bzw. auszugleichen.

In Deutschland gibt es viele Regionen, die durch ihre Lage oder historische Entwicklung wirtschaftlich benachteiligt sind. Aus der im Grundgesetz verankerten Chancengleichheit folgt, dass solche Disparitäten abgebaut werden müssen und die Schaffung von Arbeitsplätzen in diesen Landesteilen durch eine **Regionalförderung** besonders unterstützt wird.

Solidarpakt „Aufbau Ost“

Besonders viele Fördermittel des Bundes und der EU fließen in den Osten Deutschlands. Dort war nach der Wiedervereinigung 1990 die Wirtschaft fast vollständig zusammengebrochen. Deshalb erklärte die Bundesregierung die neuen Bundesländer zum Fördergebiet. Darüber hinaus wurden diese Länder in die Regionalförderung der EU aufgenommen. Am 1.1.1995 wurden Förderungsmöglichkeiten der neuen Bundesländer vereinbart, z.B. Aufbauhilfen, die Privatisierung von Bahn und Post, eine Bodenrechtsreform, die Vereinfachung von Genehmigungsverfahren oder die Wiedereinführung des Solidaritätszuschlages.

Jeder Betrieb, der sich in den neuen Bundesländern ansiedelt, erhält als Starthilfe finanzielle Unterstützung. Als weitere Grundlage für eine positive Entwicklung musste die **Infrastruktur** erneuert und ausgebaut werden. Neue Autobahnen, ICE-Trassen und ein modernes Telekommunikationsnetz bieten jetzt gute Voraussetzungen für eine günstige wirtschaftliche Entwicklung.

Zur Standardsicherung

1 *Karte 1:*
   a) Mit welchen Problemen sind die neuen Bundesländer konfrontiert?
   b) Nenne leistungsschwache Gebiete in den alten Bundesländern.
   c) Beschreibe das Ziel der Regionalförderung.

2 *a) Nenne Fördermaßnahmen des „Aufbaus Ost.“*
   b) Wie werden diese finanziert?

Zur Weiterarbeit

3 *Nenne Grundlagen für die Entwicklung in*
   a) Jena/Thüringen
   b) Mecklenburg-Vorpommern.

4 *Erstelle eine Kartenskizze von Mecklenburg-Vorpommern und kennzeichne die Tourismusregionen.*

❷

Hoffnungsträger Tourismus

Mecklenburg-Vorpommern, dem Bundesland an der Ostsee, geht es nicht gut. Es ist das Bundesland mit den größten Strukturproblemen und der höchsten Arbeitslosigkeit. Ein Großteil der industriellen Arbeitsplätze im Maschinenbau und in der Werftindustrie fiel nach der Wiedervereinigung weg. Auch die Anzahl der in der Landwirtschaft Beschäftigten reduzierte sich stark.

Aber das Land ist von der Natur begünstigt. Sowohl die Ostseeküste als auch die Mecklenburgische Seenplatte gehören zu den landschaftlich reizvollsten Gebieten Deutschlands. Der Tourismus wurde deshalb zum Förderschwerpunkt. Campingplätze, Feriensiedlungen und Beherbergungsbetriebe wurden erweitert oder neu errichtet. Auch hier waren zwar Fördermittel im Einsatz, vieles wurde aber auch von privaten Investoren oder Unternehmen der Tourismusbranche, die sich eine hohe Rendite versprechen, finanziert.

Die alten Seebäder, die schon Ende des 19. Jahrhunderts mondäne Badeorte waren, erstrahlen nun in neuem Glanz. Viele Westdeutsche, aber auch ausländische Gäste, verbringen inzwischen ihren Urlaub in „Meck-Pomm".

	1991	*2004*
Bevölkerung	*1,9 Mio.*	*1,7 Mio.*
davon 25 bis 35 Jahre	*17 %*	*11 %*
Erwerbstätige (in 1 000)	*905*	*725*
davon in der Land- und Forstwirtschaft	*13 %*	*6 %*
davon im produzierenden Gewerbe	*31%*	*23 %*
Beherbergungsstätten	*975*	*2 628*

❸ **„Blühende Landschaft" Jena**

Schon vor der Wende war die „Denkfabrik" Jena das Technologiezentrum der DDR. Die ansässige Industrie stand in enger Verbindung zur Universität. Aufgrund des dort vorhandenen Know-hows entstanden in den 1990er Jahren neue Unternehmen. Firmengründern, die sowohl aus der Industrie als auch von den Hochschulen stammen, wurden im Technologie- und Innovationspark Jena gute Startbedingungen zur Verfügung gestellt.

Als besonders erfolgreich erwiesen sich Unternehmen der Biotechnologie, von denen sich einige auf den zukunftsträchtigen Bereich der Bioinstrumente spezialisierten. Die Geräte werden für die Erforschung und Herstellung biotechnischer Produkte benötigt. Sie dienen z. B. in Krankenhäusern bei Blutuntersuchungen zum schnellen Nachweis von Krankheiten. Die in den Bioinstrumenten enthaltenen Biochips benötigen nur winzige Mengen Blut für eine sichere Analyse.

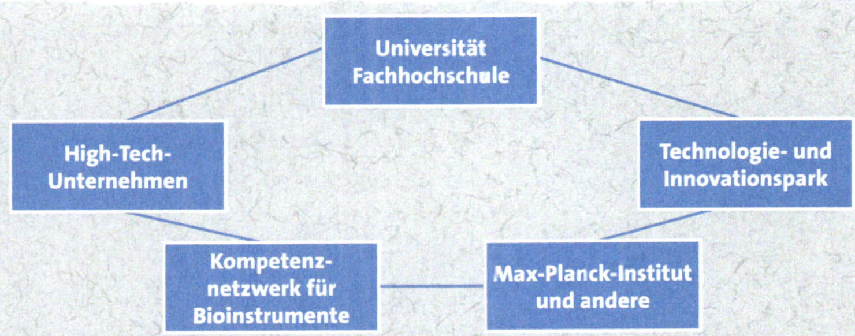

Netzwerk „Wissenschaft und Wirtschaft" in Jena

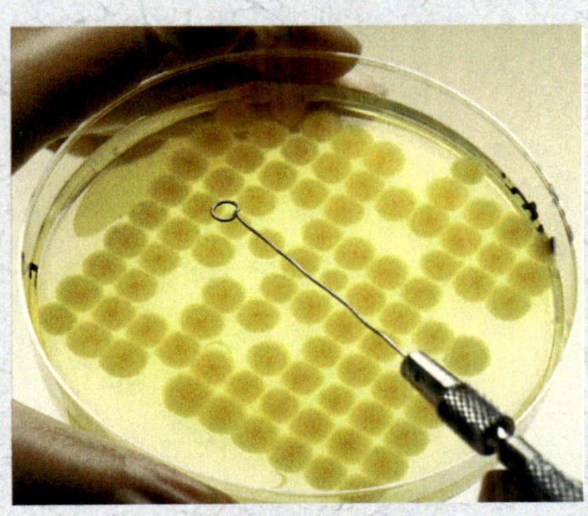

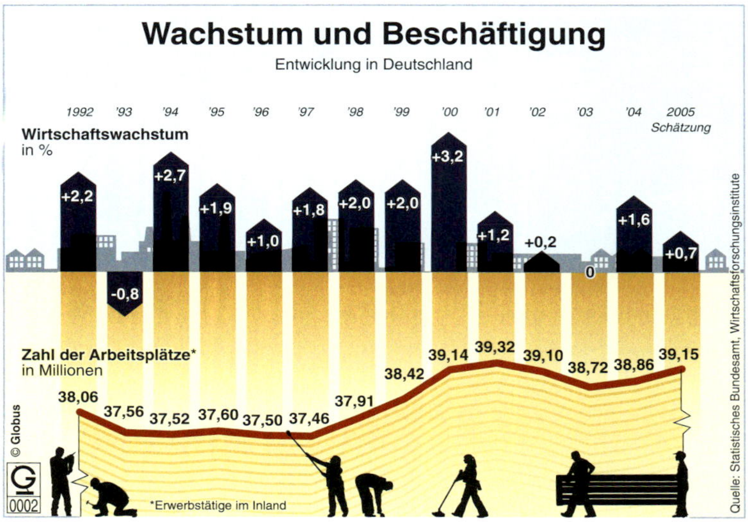

1

3 Das „magische Viereck"

Im „Gesetz zur Förderung der Stabilität und des Wachstums der Wirtschaft" (kurz: Stabilitätsgesetz) hat die Bundesregierung 1967 ihr Ziel formuliert: „Der Bund und die Länder haben bei ihren wirtschafts- und finanzpolitischen Maßnahmen die Erfordernisse des gesamtwirtschaftlichen Gleichgewichts zu beachten. Die Maßnahmen sind so zu treffen, dass sie im Rahmen der marktwirtschaftlichen Ordnung gleichzeitig zur Stabilität des Preisniveaus, zu einem hohen Beschäftigungsstand und außenwirtschaftlichen Gleichgewichts bei stetigem und angemessenem Wirtschaftswachstum beitragen."

Wirtschaftspolitische Handlungsziele

„Die Wirtschaft ist unser Schicksal", so denken und empfinden die meisten Menschen, denn von der Wirtschaft hängt vieles ab, zum Beispiel:

- wie viele Menschen Arbeit haben,
- ob Unternehmer gute Gewinne machen,
- wie hoch die Steuereinnahmen des Staates und der Kirchen sind,
- ob die Sozialversicherungen genügend Beiträge erhalten.

Geht es der Wirtschaft gut, so geht es auch den Menschen gut. „Schwächelt" die Wirtschaft, so gerät manches in die Krise, z.B. private und öffentliche Haushalte. Dem Staat ist dies nicht gleichgültig und deshalb gehört die Wirtschaftspolitik zu seinen wesentlichen Aufgaben.

Wirtschaftswachstum und Beschäftigung

Ein hohes wirtschaftliches Wachstum erhält bzw. schafft neue Arbeitsplätze. Daher sind viele Fachleute und Politiker der Ansicht, ein hohes wirtschaftliches Wachstum garantiere Vollbeschäftigung. Doch dies ist eine irrige und gefährliche Vorstellung. Irrig deshalb, weil heute angesichts fortschreitender Rationalisierung und gesteigerten unternehmerischen Gewinnstrebens auch bei wirtschaftlichem Wachstum Arbeitsplätze abgebaut werden. Gefährlich deshalb, weil Politiker bei der Bekämpfung hoher Arbeitslosigkeit zu sehr an eine Konjunkturbelebung denken und zu wenig an andere Lösungswege. Aber worin könnten diese bestehen?

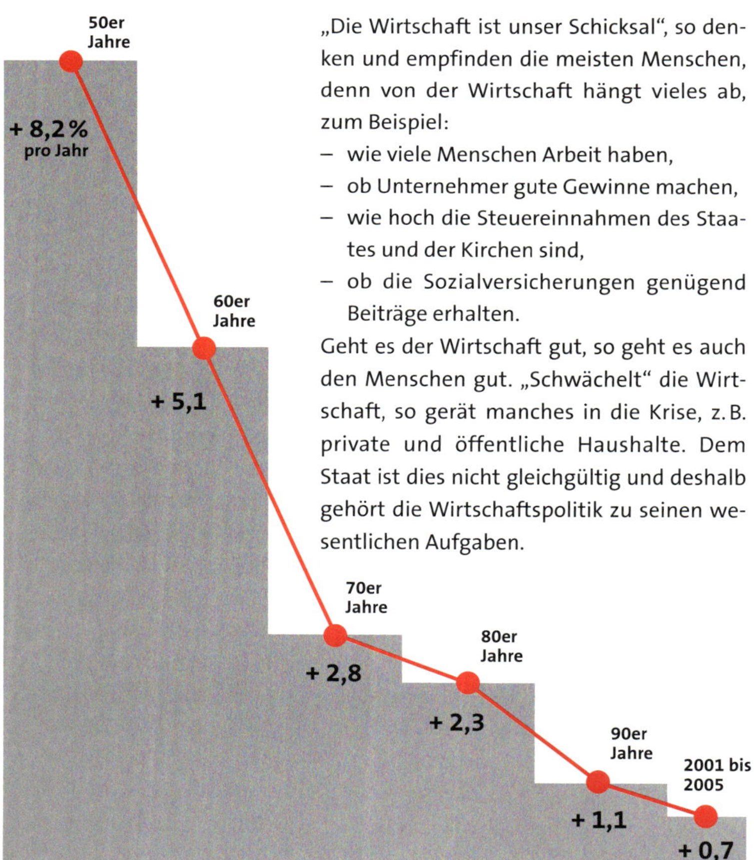

2 *Konjunktur in Deutschland: vom Boom zum Tiefstand*

4 *„Magisches Viereck"*

5 EZB – Stabilitätswächter der EU

Am 1. Januar 1999 haben die nationalen Zentralbanken, in Deutschland ist das die Bundesbank, wesentliche Aufgaben und Rechte an die **Europäische Zentralbank (EZB)** in Frankfurt / Main abgegeben. Die EZB ist federführend für die Preisstabilität in der EU, für einen „stabilen Euro“ also, und für die Geld- und Zinspolitik, z. B. für Geldreserven und Leitzinssatz.

Die EZB wirkt auch am Stabilitätspakt der EU mit. Darin ist beispielsweise festgelegt, wie hoch das Haushaltsdefizit der Mitgliedstaaten höchstens sein darf. Derzeit sind es 3 % des Bruttoinlandsproduktes (BIP).

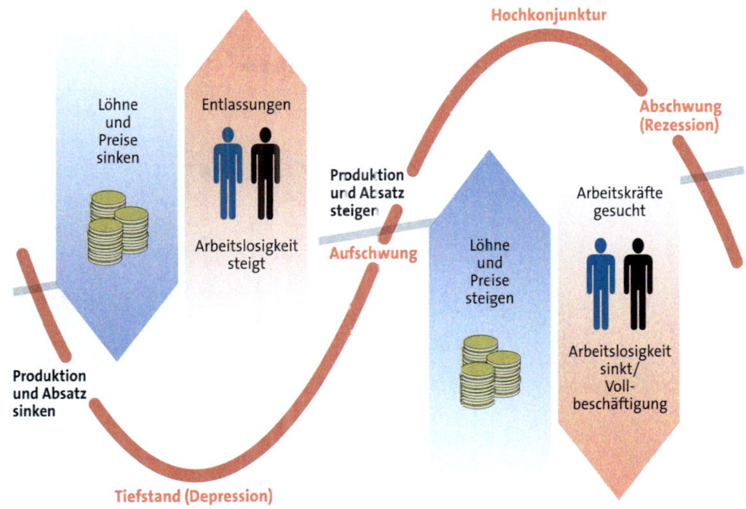

6 ***Konjunkturzyklus in einer Marktwirtschaft***

Wirtschaftspolitik

Im Falle einer Depression erholt sich die Konjunktur selten von selbst. „Konjunkturstützende Maßnahmen des Staates“ sind notwendig. Auch die Wirtschaft ruft dann nach staatlichen Maßnahmen, z. B. nach staatlichen Investitionen oder nach Förderprogrammen für die Wirtschaft. Durch seine Wirtschaftspolitik verhindert der Staat also, dass die Menschen den Wellenbewegungen der Konjunktur, **Konjunkturzyklen** genannt, hilflos ausgeliefert sind. Besonders in Extremphasen des Konjunkturverlaufes ist der Staat aufgerufen, korrigierend einzugreifen. Doch nicht nur in Krisenzeiten schaltet sich der Staat in das Wirtschaftsgeschehen ein. Im Rahmen seiner Wirtschaftspolitik nutzt er eine ganze Reihe von Instrumenten, um die wirtschaftliche Entwicklung zu unterstützen. Hierzu gehören: Steuerpolitik, Geld- und Zinspolitik, staatliche Investitionen und Förderung von bestimmten Personengruppen, z. B. Familien, Auszubildenden und Arbeitslosen. Zu den wichtigen **wirtschaftspolitischen Handlungszielen des Staates** gehören auch der Umweltschutz und die soziale Gerechtigkeit, d. h. eine gerechte Einkommens- und Vermögensverteilung. Das „magische Viereck“ wird deshalb oft auch zum „magischen Sechseck“ ergänzt.

Zur Standardsicherung

1 *Grafik 4 und Text 3:*
   a) Erweitere in einer Skizze das „magische Viereck“ zum „magischen Sechseck“.
   b) Weshalb wird das Adjektiv „magisch“ verwendet? (Magie gehört zur Zauberei!)

2 *Stabilitätsziele „Wirtschaftswachstum“ und „Vollbeschäftigung“:*
   a) Beschreibe Grafik 1. Stelle eine Regel auf.
   b) Was schließt du aus Diagramm 2?
   c) Diskutiert in der Klasse über Wege zum Stabilitätsziel „Vollbeschäftigung“.

3 *a) Was versteht man unter Konjunktur?*
   b) Übertrage die Zeichnung 6 in dein Heft und erläutere die vier Phasenbereiche.

Zur Weiterarbeit

4 *Erkundigt euch nach dem „Stabilitätspakt der EU“ für das laufende Jahr.*

5 *„Wirtschaftswachstum und Umweltschutz stehen oft im Widerspruch.“ Erläutere.*

Konjunktur

Das „Auf und Ab der wirtschaftlichen Lage“ in einem bestimmten Zeitabschnitt bezeichnet man als Konjunktur. Der Begriff umfasst die wirtschaftliche Gesamtsituation: Wachstum, Beschäftigung, Preisentwicklung, Binnen- und Außennachfrage usw.

Konjunkturzyklen

Das „Modell der Konjunkturwellen“ dient dazu, Konjunkturschwankungen und deren Folgen darzustellen. Das Modell ist zu einer Zeit entwickelt worden, als die Volkswirtschaften sich noch weitgehend abgeschlossen vom internationalen Geschehen entwickelten. Im globalen Wirtschaftsgeschehen treffen heute sehr unterschiedliche Konjunkturverläufe aufeinander und üben gegenseitig Einflüsse aus.

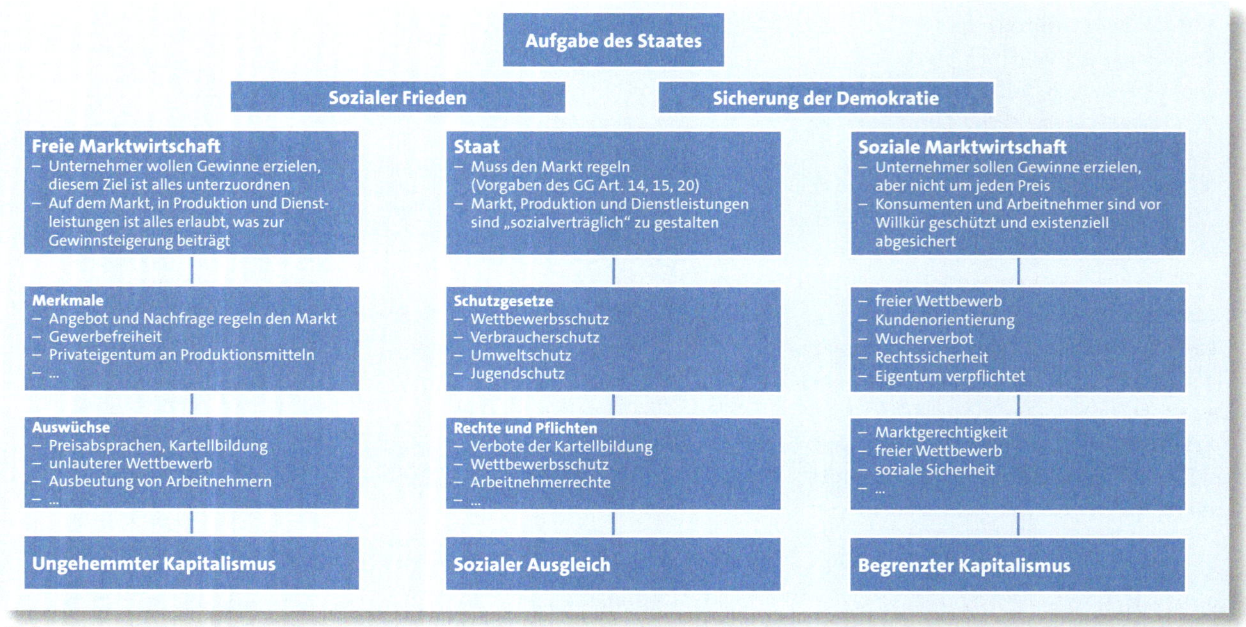

1 ***Freie und soziale Marktwirtschaft im Vergleich***

Soziale Marktwirtschaft

2 ***GG Art. 14 (2)***

Eigentum verpflichtet. Sein Gebrauch soll zugleich dem Wohle der Allgemeinheit dienen.

3 ***GG Art. 15***

Grund und Boden, Naturschätze und Produktionsmittel können zum Zwecke der Vergesellschaftung durch ein Gesetz, das Art und Umfang der Entschädigung regelt, in Gemeineigentum oder in andere Formen der Gemeinwirtschaft überführt werden.

4 ***GG Art. 20 (1)***

Die Bundesrepublik Deutschland ist ein demokratischer und sozialer Bundesstaat.

→ *Soziales Netz: Seite 86/87*

In einem demokratischen Staat darf es keine Wirtschaftsordnung geben, in der sich eine Gruppe auf Kosten der anderen bereichert. Der Markt funktioniert auf Dauer nur dann zufriedenstellend, wenn sowohl die Bedürfnisse der Anbieter als auch die Bedürfnisse der Nachfragenden berücksichtigt werden.
Unternehmer wollen und müssen Gewinne machen. Nachfragende wollen produktgerechte Preise: Man sagt, „das Preis-Leistungs-Verhältnis muss stimmen". Niemand will übervorteilt werden. Damit dies besser gelingt, sorgt der Staat für einen vernünftigen Rahmen: für Marktregelungen. Diese streben „menschenwürdige soziale Zustände" und „soziale Sicherheit" für alle an. So wird aus einer freien, unbeschränkten Marktwirtschaft eine **soziale Marktwirtschaft**. Diese versucht, die Prinzipien des freien Marktes mit sozialen Zielen des Staates in Einklang zu bringen.

Soziale Sicherheit

In der Bundesrepublik Deutschland gilt das **Sozialstaatsprinzip**. Getragen von der Erkenntnis, dass der einzelne sich nicht gegen alle Risiken absichern kann, sorgt eine Vielzahl von Gesetzen für soziale Sicherheit, z. B. die Gesetze zur Krankenversicherung, zum Verbraucherschutz, zu Arbeitnehmerrechten, Kindergeld, Elterngeld, Wohngeld, Sozialgeld usw.
Es ist wichtig zu wissen, dass diese Gesetze versuchen, soziale Härten zu mildern. Sie können diese jedoch nicht gänzlich beseitigen. Für die Gewährung von sozialen Leistungen gilt das Prinzip der Bedürftigkeit.
Die Sozialleistungen des Staates sind im Laufe der Zeit stark angestiegen, so dass sie zur „Soziallast" wurden. Kürzungen mussten vorgenommen werden. Dabei wird viel vom „Umbau des Sozialstaates", manchmal auch vom „Abbau" geredet. Doch Sozialstaatsprinzip und soziale Marktwirtschaft sind zu Recht im Grundgesetz garantiert, denn sie tragen wesentlich zur Stabilität der Demokratie bei.

5 *„Mit dem Anhänger kommen wir nicht über´n Berg."*

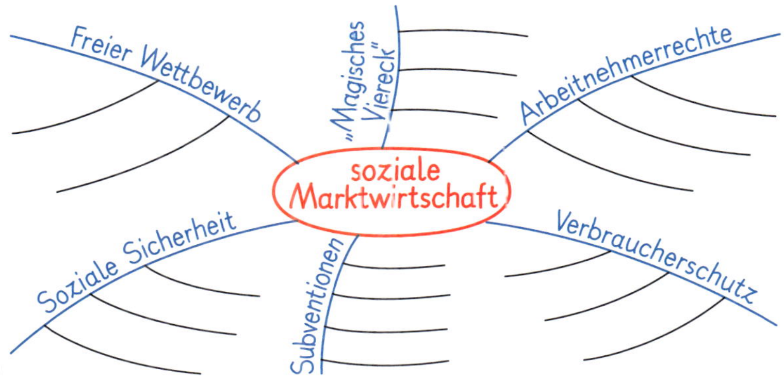

6

a Menschen, die kein eigenes Haushaltseinkommen haben, sind zu unterstützen.

b Der Staat nimmt denen, die etwas abgeben können, und gibt denen, die bedürftig sind.

c Der demografische Wandel macht uns schwer zu schaffen.

d Die Keimzelle unserer Gesellschaft ist finanziell zu unterstützen.

e Mensch und Natur dürfen nur begrenzt belastet werden.

f Absprachen, um Höchstpreise zu erzielen, und Monopolbildungen sind verboten.

g Arbeitnehmer können nur in Ausnahmefällen fristlos entlassen werden.

7

Sicherung des freien Wettbewerbs

Unternehmen sind bei der Vermarktung ihrer Waren und Dienstleistungen einem Wettbewerb mit anderen Anbietern ausgesetzt. Diesen versuchen sie erfolgreich zu bestehen, z.B. durch innovative und leistungsfähigere Produkte, durch Werbung und Marketing. Hauptwettbewerbsvorteile sind jedoch niedrige Preise.

Aber „unlauterer Wettbewerb" ist nicht erlaubt. In solchen Fällen greifen staatliche Wettbewerbshüter wie das Bundeskartellamt ein, zum Beispiel: Wenn alljährlich in der Sommerferienzeit Markentankstellen flächendeckend die Treibstoffpreise erhöhen, prüft das Bundeskartellamt, ob hier eine gezielte Preisabsprache und Kartellbildung vorliegt.

Stützen oder Stilllegen?

Ein wichtiges Instrument zum Steuern der Wirtschaft ist die staatliche Unterstützung von Personengruppen und Wirtschaftszweigen, an deren Förderung ein allgemeines Interesse besteht, z.B. am Umweltschutz. Sie erfolgt entweder als Direktzahlung oder als Steuervergünstigung. Man nennt diese Fördermittel **Subventionen**.

In einigen Fällen ist die Gewährung von Subventionen umstritten, z.B. die Förderung des Steinkohlenbergbaus oder die steuerliche Entlastung für Flugbenzin. 2004 betrugen die Subventionen in Deutschland 21 Mrd. Euro, die sich wie folgt verteilten: Industrie (7), Wohnungswesen (6), Bergbau (3), Landwirtschaft (1,7), Verkehr (1,3), Sonstige (2).

Zur Standardsicherung

1 a) Schema 1: Nenne vier wesentliche Unterschiede zwischen freier und sozialer Marktwirtschaft.

b) Übertrage Mindmap 6 in dein Heft und ergänze sie mithilfe von Schema 1 und Text.

2 Der Staat greift in das Marktgeschehen ein. Wähle drei Beispiele und erläutere sie.

3 Ordne den Texten 7 folgende Begriffe zu: Eltern-/Kindergeld – Existenzsicherung – Kartellbildung – Kündigungsschutz – gesetzliche Sozialversicherungen – sozialer Ausgleich – Schutzgedanke

Zur Weiterarbeit

4 a) Erläutere die Karikatur 5.

b) „Der Sozialstaat kostet immer mehr." Soll man die Leistungen kürzen oder die Staatseinnahmen erhöhen? Begründe.

Kartell

Zusammenschluss von selbstständigen Unternehmen der gleichen Wirtschaftsbranche, um durch Absprachen den Wettbewerb auf dem Markt teilweise oder ganz auszuschalten

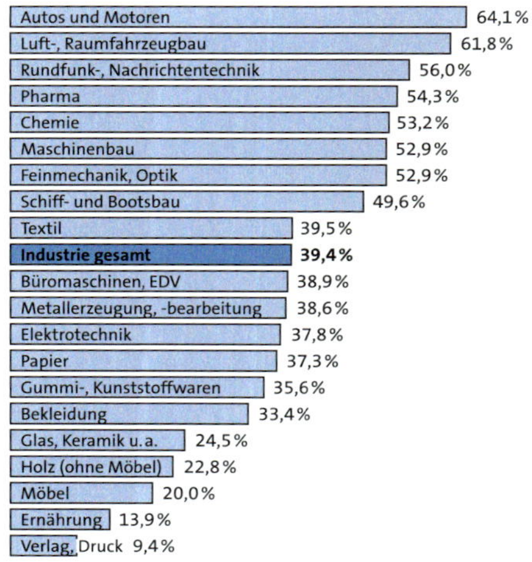

1 **Anteil des Auslandsumsatzes am Gesamtumsatz der deutschen Industrie 2004**

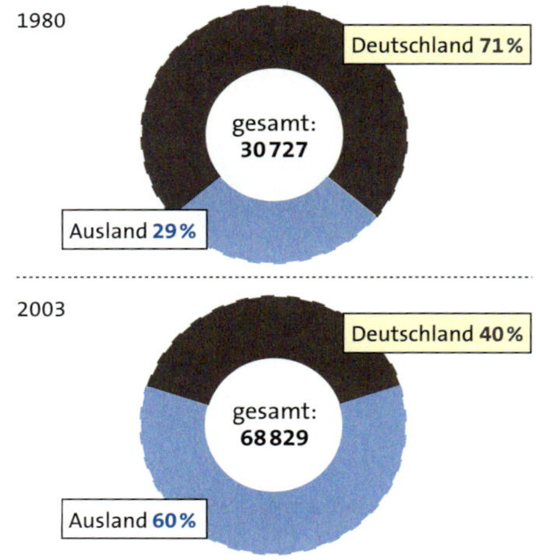

2 **Beschäftigte des Reifenherstellers Continental**

Wichtige Begriffe

Bruttoinlandsprodukt (BIP)
Energiewende
Exportorientierung
Infrastruktur
Konjunkturzyklus
Konzern
Regionalförderung
Software
Soziale Marktwirtschaft
Sozialstaatsprinzip
Standortnachteile
Standortvorteile
Subventionen
Umwelttechnologie
Unternehmen
Unternehmensorientierter Dienstleister
Weltmarktführer
Wirtschaftspolitische Handlungsziele

Orientieren

1 Industriestandorte in Deutschland

Arbeite mit dem Atlas und lege eine Tabelle mit sechs Beispielen an.

Verdichtungsraum	kennzeichnende Branchen	Beispiele für Konzerne
Rhein-Main	...	...
...	...	...

Kennen

2 Finde die passenden Begriffe.

a) Exportorientierte Unternehmen produzieren für den ...
b) Eine Firma, die Mitarbeiter anderer Firmen schult, ist ein ...
c) Weg von den fossilen, hin zu regenerativen Energieträgern: ...
d) Sportsponsoring und Kulturförderung ergeben ein positives ...
e) Hohe Kosten sind ein ... für Deutschland.
f) Gebieten mit hoher Arbeitslosigkeit muss durch ... geholfen werden.

Verstehen

3 Falsche Aussagen richtig stellen

Finde jeweils den Fehler und stelle die Sätze richtig.

a) Deutschland ist die größte Wirtschaftsmacht der Erde.
b) Fördermittel, die in den Osten Deutschlands fließen, nutzen vor allem dem Tourismus.
c) Firmen in Deutschland bauen Arbeitsplätze ab, weil die Bruttolöhne zu hoch sind.
d) In der sozialen Marktwirtschaft ist freier Wettbewerb verboten.

4 Beziehungen zwischen Begriffen

Formuliere Sätze, die Zusammenhänge zwischen den Begriffen Produktqualität, Innovation, Vermarktung, Preis und Arbeitskräfte herstellen.

Anwenden

5 Karikatur auswerten

a) Beschreibe Karikatur 4. Nenne Personen und Merkmale.
b) Fasse den Text in eigene Worte.
c) Nimm Stellung zur Aussage.

6 Diagramme interpretieren

a) Welche Entwicklungen kann man aus den Diagrammen 2 ablesen?
b) Worin liegen die Ursachen für beide Prozesse?
c) Aus den Prozessen ergeben sich einerseits Gefahren, andererseits aber auch positive Wirkungen für den Wirtschaftsstandort Deutschland. Erkläre.

3 Interview mit dem Vorstandsvorsitzenden der Hewlett-Packard AG (HP)

Frage: Aus Kostengründen verlagern viele Unternehmen Aufgaben in billigere Länder. Planen Sie dies auch?

Holdenried: Diesen Trend haben wir bereits vor drei oder vier Jahren erkannt. Mittlerweile sind wir in Indien mit 10 000 Mitarbeitern vertreten. Wir haben eine signifikante (deutliche) Präsenz in Osteuropa. In einigen Ländern dort sind wir sogar Marktführer. Auch in China sind wir vor Ort. Wir prüfen ständig, welche Aktivitäten wir in diese Länder verlagern.

(Quelle: Stuttgarter Zeitung vom 21. 07. 2005)

4

7 ***Interview 3 auswerten***

Die amerikanische Hewlett-Packard AG stellt z. B. Personalcomputer, Drucker und Digitalkameras her.

a) Erläutere die Folgen dieser Äußerungen für den Standort Deutschland.

b) Beschreibe die Vorteile für den Konzern in den genannten Staaten.

c) Welche Aktivitäten werden wahrscheinlich in die genannten Staaten verlagert, welche Arbeitsplätze von HP könnten in Deutschland bleiben?

8 ***Ein Konzern – viele Geschäftsfelder***

Finde mithilfe des Internets geschäftliche Tätigkeitsfelder der Siemens AG.

a) Produktionszweige

b) Dienstleistungsangebote

c) Logistik

9 ***Diagramm 1 auswerten***

Nutze die Schritte auf den Seiten 186/187.

a) Kläre dabei Darstellungsart, Vergleichsgröße, Wirtschaftssektor.

b) Formuliere drei Kernaussagen.

10 ***Internetrecherche und Ergebnispräsentation***

Der Erfolg der Wirtschaft in den USA liegt unter anderem an den besonders geschickten Vertriebsmethoden. Ein Beispiel dafür ist der Coca-Cola-Konzern. Der Markenname Coca-Cola ist nach einer Untersuchung der wertvollste weltweit und garantiert deshalb beste Geschäfte. Die Methoden der Markteroberung und die Produkte sind jedoch sehr umstritten."

Untersuche den Konzern mittels Internetrecherche anhand folgender Leitfragen:

- *Welche Produkte werden hergestellt?*
- *Wie ist die Produktion aufgebaut und der Konzern strukturiert?*
- *Wie und mit welchen Methoden expandiert Coca-Cola?*
- *Welche Vermarktungskonzepte wendet die Firma an?*
- *Worin liegen die Hintergründe der gesundheitlichen Diskussion?*

a) Recherche: Kopiere aussagekräftige Textausschnitte und Abbildungen in ein Textverarbeitungsprogramm. Ziehe weitere Quellen zurate.

b) Auswertung: Notiere Überschriften, die deine Zusammenstellung gliedern. Werte die Grafiken, Bilder und Textausschnitte aus. Übernimm dabei keine Sätze direkt aus dem Internet.

c) Präsentation: Schreibe die Gliederung deines Vortrages auf Karten. Stelle die wichtigsten Aussagen und Abbildungen in einem Präsentationsprogramm, auf Folien oder einem Plakat in der Reihenfolge deines Vortrages zusammen.

Teste dich selbst

Kannst du die Aufgaben 2, 3 und 4 ohne Hilfe lösen?

Globalisierung: Chancen und Risiken

Das Schlagwort Globalisierung ist in aller Munde. Der Globalisierungsprozess prägt die Weltwirtschaft ebenso wie unseren Alltag. Die Zunahme des Welthandels und der internationalen Verflechtungen der Wirtschaft vollzieht sich in rasantem Tempo und fast schon täglich bedienen wir uns des „globalen Marktes". Der Prozess der Globalisierung umfasst nicht nur den Handel, sondern auch die Produktion, die Dienstleistungen und den Kapitalverkehr. Dies eröffnet neue Chancen, bringt aber auch Risiken mit sich.

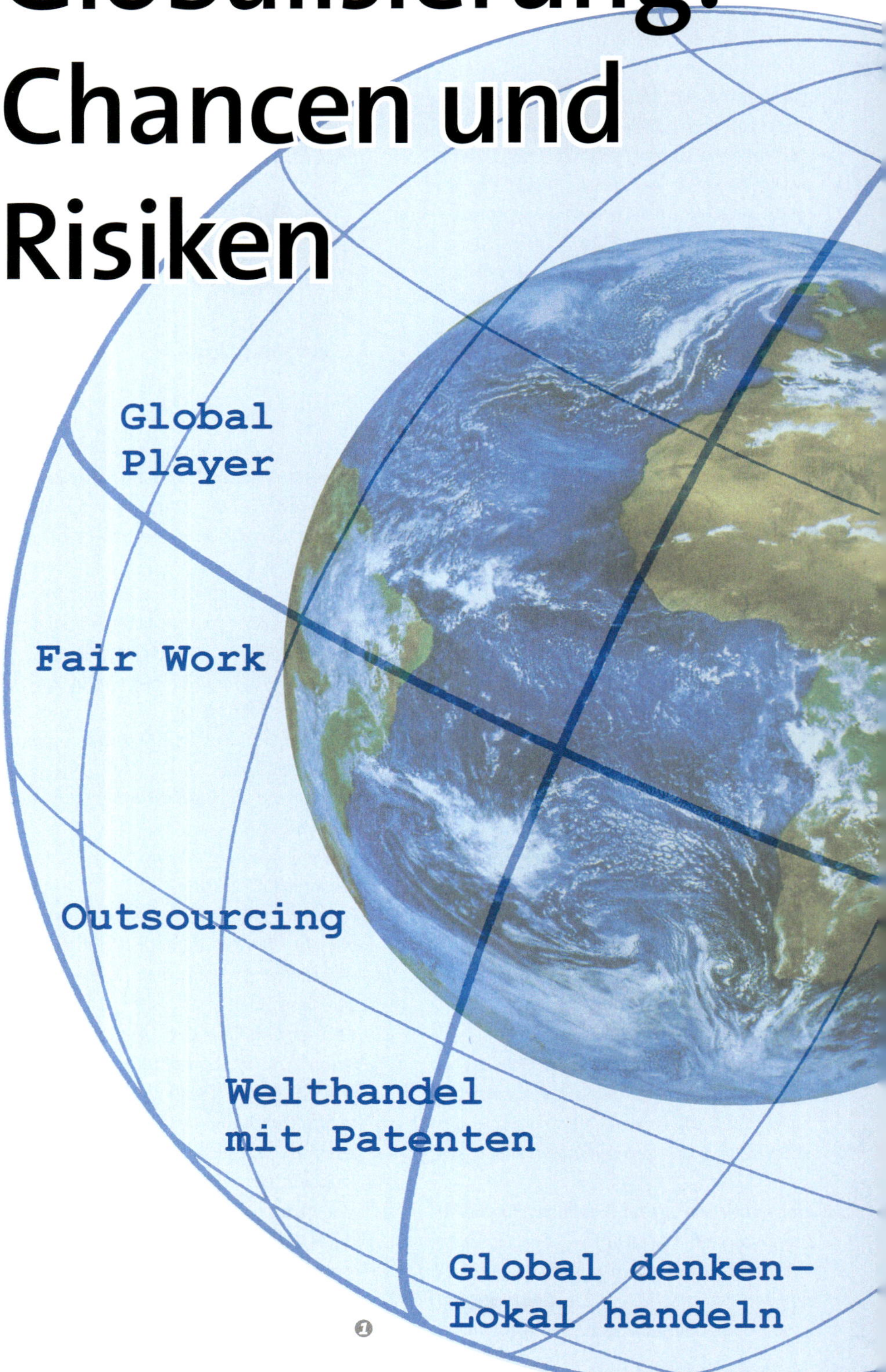

1

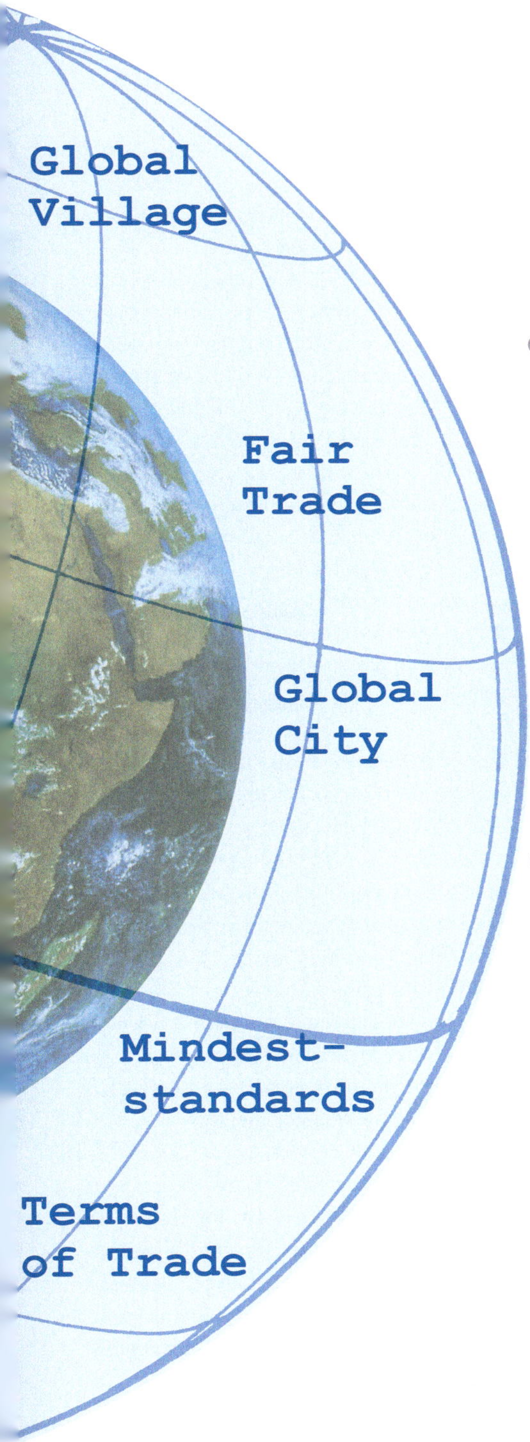

② *Begegnung in Äthiopien*

③ *In New Delhi*

④ *Junge bei der Arbeit in Sialcot / Pakistan*

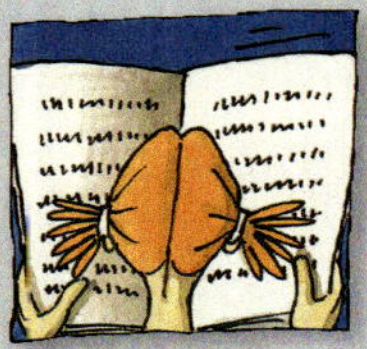

Eine Hose erobert die Welt

Jeder kennt sie, (fast) jeder trägt sie – Jeans, der heiß geliebte Erfolgsschlager der Textilindustrie! Allein in den USA arbeiten heute etwa 22 000 Menschen für die Firma Levis, die als Erfinder der „Blauen“ gilt.

Von der Goldgräberhose ...

Die ersten Hosen fertigte Levis aus braunem Segeltuch an. Von Kalifornien aus startete die Hose ihren Siegeszug in Nordamerika auch bei Cowboys, Holzfällern und Farmern. Der später verwendete blau gefärbte Baumwollstoff kam aus der südfranzösischen Stadt Nimes. Aus dem Namen „Serge de Nimes“ wurde im amerikanischen Slang „Denim“, die heutige Bezeichnung für Jeansstoff. Die spätere Form der Hose schaute man Schneidern aus Genua ab. So entstand der Name „Genes“ oder: Jeans.

... zur weltweit getragenen Hose

Nach Europa kamen die blauen Beinkleider erst nach dem Zweiten Weltkrieg und eroberten später den Weltmarkt. Ihr Erfolg wuchs von der Arbeiterhose über die „Ami-Hose“ als Freiheitssymbol bis zur Designerjeans und zum Modeobjekt. Auch in Europa wurden Herstellerfirmen gegründet, in Deutschland z. B. die Firma Mustang.

1 Die Levis-Story (sprich li: weiß)
Loeb Strauss, am 26.2.1829 in Buttenheim/Bayern geboren, wandert nach Amerika aus. 1853 sucht Levi, wie sich Loeb inzwischen nennt, sein Glück im kalifornischen Goldrausch und eröffnet ein Geschäft für Goldgräberbedarf in San Francisco. Der größte Wurf gelingt ihm mit der Produktion einer durch Nieten verstärkten, strapazierfähigen Baumwollarbeitshose für die Goldgräber.

Made in the World

Bis du deine Jeans anziehst, ist sie heute weltweit durch viele Hände gegangen. Der Modeartikel wurde zum Produkt **internationaler Arbeitsteilung**, einem wichtigen Faktor der Globalisierung. Das heißt, Arbeitsprozesse werden ohne Rücksicht auf nationale Grenzen weltweit in Teilprozesse zerlegt und an Standorten mit günstigsten Bedingungen ausgeführt. Flexible und billige Arbeitskräfte, leichter Zugang zu Rohstoffen und Transportwegen sind dabei wichtige Standortfaktoren. Auf diese Weise minimieren die Hersteller ihre Produktionskosten, nutzen Vergünstigungen des einen Landes und umgehen die Nachteile eines anderen. Die Textil- und Bekleidungsproduktion bleibt trotz vieler Rationalisierungsmaßnahmen ein arbeitsintensiver Produktionsprozess. In der Gewebeherstellung sind Kosteneinsparungen durch Mechanisierung und Automatisierung möglich, in der Konfektion – Zuschneiden, Nähen, Ausarbeiten – ist Handarbeit gefragt.

Mode mit Verfallsdatum – und dann?

Jeans sollten so strapazierfähig sein, dass selbst zwei Pferde sie nicht auseinanderreißen können. Das war einmal! „Ständig neu!“ heißt heute die Devise und immer neue Modetrends kurbeln den Konsum und damit die Produktion an. Logistik und Produktion sind darauf abgestimmt, einen immer schnelllebigeren Markt mit immer neuen Produkten zu bedienen. So verbraucht im Durchschnitt jeder Deutsche pro Jahr 12 kg Kleidung, eine Menge, mit der man sich komplett neu einkleiden kann.
Wenn der Kleiderschrank überquillt, gibt man Teile in die Altkleidersammlung. Doch in Entwicklungsländern, wo ein Teil der Altkleider angeboten wird, verliert einheimisch produzierte Kleidung ihre Konkurrenzfähigkeit und viele Kleinst- oder Einpersonenbetriebe müssen dadurch schließen.

❷ Nähen für den Weltmarkt

Hunderte von Näherinnen in der stickigen Luft einer riesigen Halle, ständig von Aufsehern kontrolliert, ob zügig gearbeitet und nicht gesprochen wird. So entstehen Textilien für den Weltmarkt. Die Frauen arbeiten in einer Weltmarktfabrik – Maquila (= „Schwitzbude“) genannt – für Levis, adidas und andere.

Hier arbeiten überwiegend Frauen zwischen 17 und 25 Jahren. Sie haben noch flinke Hände. Frauen über 30 Jahre sind den Strapazen nicht mehr gewachsen: bis zu zehn Arbeitsstunden am Tag, mit einer kurzen Arbeitspause und zwei erlaubten Toilettengängen, versorgt mit verschmutztem Trinkwasser, sechs Tage in der Woche. Bezahlt werden pro Woche 44 Arbeitsstunden, der Rest sind unbezahlte Überstunden. Stundenlohn: etwa ein Euro. Für ein menschenwürdiges Leben benötigt eine vierköpfige Familie in Nicaragua aber 500 Euro im Monat.

Die „Zona Franca Las Mercedes“ in Nicaragua ist eine der weltweit etwa 850 Sonderwirtschaftszonen, in denen zollfrei und steuerbegünstigt für den Weltmarkt produziert wird. Arbeitsschutz und Arbeitnehmerrechte – das sind hier Fremdwörter. Was zählt, ist der Niedriglohn. Doch jetzt droht vielen Nähbetrieben in Mittelamerika das Aus. In China arbeiten die Frauen noch billiger und seit 2005 sind für Textilien die Exportbeschränkungen aufgehoben.

Verbessere deine Lesekompetenz

Hinweis: Die vier Aufgaben eignen sich auch zur Bearbeitung in 4 x 2 Gruppen.

1 *Erstelle je einen Kurzvortrag zu*
   a) Eroberung des Weltmarktes durch die Jeans
   b) Moderne Sklaverei: Nähen für den Weltmarkt.

2 *Erstelle eine Grafik bzw. ein Diagramm zu*
   a) Internationale Arbeitsteilung bei der Herstellung einer Jeans
   b) Wer verdient wie viel an einer Jeans?

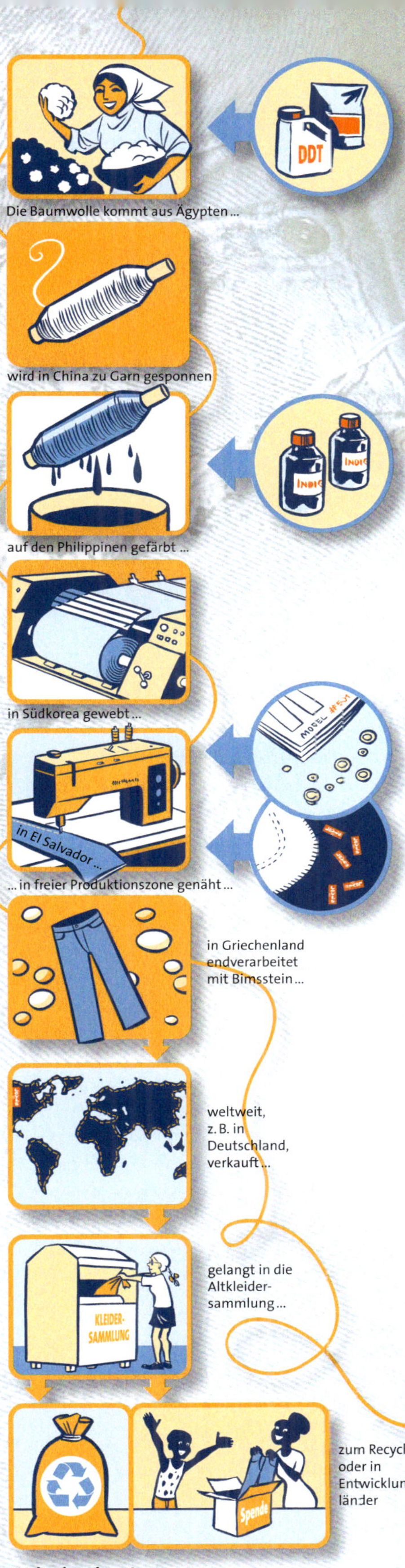

❸ *Weltreise einer Jeans*

Freie Produktionszone
Steuerbegünstigter Standort einer Weltmarktfabrik in einem Staat.

❹ *Wertschöpfung einer Jeans für 99 Euro*

Rohmaterial	*15 €*
Produktion	*6 €*
Transport, Zoll	*9 €*
Werbung, Marketing	*12 €*
Großhandel	*14 €*
Einzelhandel	*43 €*

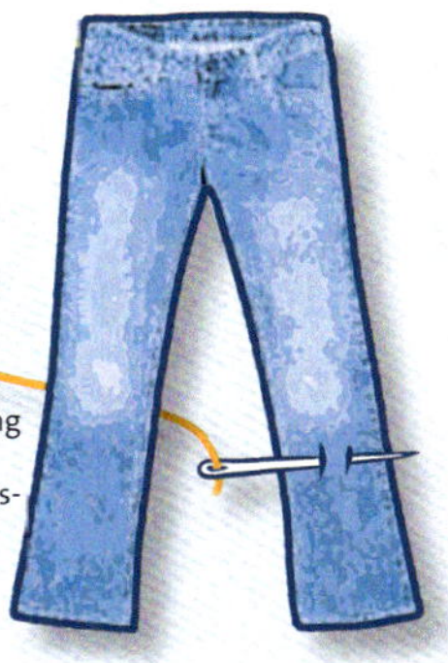

1 ***Baumwollernte von Hand in Mali***

4 ***Maschinelle Baumwollernte in Kalifornien***

Welthandel mit Baumwolle

2 *Der* ***Baumwollstrauch*** *ist eine Malvenart wie Hibiskus oder Stockrose. Die walnussgroße Kapsel der einjährigen Pflanze gelangt nach etwa fünf Monaten Wachstum zur Reife. Beim Eintritt der Reife öffnet sich die Fruchtkapsel, die Samenkörner mit den feinen Baumwollhaaren werden sichtbar. Die Wollebäusche werden gepflückt und danach entkörnt, d. h. Samenkörner und Baumwollhaare werden getrennt. Entscheidend für das Wachstum sind hohe Temperaturen und Feuchte, häufig durch Bewässerung zugeführt. In der Reife- und Erntezeit muss es jedoch trocken sein.*

3 **Der Baumwolle auf der Spur**

Schon 6 000 v. Chr. war die Verarbeitungsmöglichkeit der Baumwolle bekannt. Nach Europa kam Baumwollkleidung erst im 16. Jahrhundert. Mit der Erfindung des mechanischen Webstuhls (1764) und der Entkörnungsmaschine (1793) setzte dann ein wahrer „Baumwollboom“ ein.

In dieser Zeit kam die Baumwolle auch in die USA, wo sich der Anbau rasch ausweitete und als Folge den Sklavenhandel einleitete. Die Baumwolle wurde zur Verarbeitung nach England verschifft und von dort wurden die hergestellten Stoffe weltweit vermarktet. Noch um 1850 pflückten die Sklaven in den USA 80 % der in Europa verarbeiteten Baumwolle. Heute werden Baumwollerntemaschinen eingesetzt. In vielen Staaten geschieht dies jedoch noch in Handarbeit.

Landwirt Mamoudou lebt 40 km nördlich von Malis Hauptstadt Bamako und verdankt drei Viertel seines Einkommens dem Baumwollanbau. Doch nun bereitet ihm dieser Betriebszweig großen Kummer. Die Erlöse für Rohbaumwolle sind in den vergangenen Jahren stetig gesunken.

Das „weiße Gold“ bestimmt in weiten Teilen Westafrikas das Leben der Menschen und ist für die wirtschaftsschwachen Sahelstaaten eine wichtige Einnahmequelle. In Mali werden etwa 60 % der Exporteinnahmen mit diesem **Welthandelsgut** erzielt. Der Anbau erfolgt häufig in Mischkultur, gemeinsam mit Hirse und Erdnüssen. Auf diese Weise bleibt die Bodenfruchtbarkeit lange erhalten, es treten weniger Pflanzenschädlinge auf und die Versorgung mit Grundnahrungsmitteln ist gewährleistet.

Finanzstarke Weltmarktkonkurrenz

Baumwolle ist ein wichtiges Wirtschaftsgut. Auf dem Weltmarkt wird das Geschehen diktiert von den großen Baumwollexporteuren USA, Australien und EU. Diese „Baumwollmächte“ subventionieren den Anbau beträchtlich, mit bis zu fünf Milliarden Dollar jährlich. Folglich hat sich der Baumwollanbau

5 **Hoher Chemie-Einsatz**

Die Baumwolle hat einen hohen Nährstoffbedarf und ist sehr anfällig gegenüber Schädlingen. Deshalb ist der Chemie-Einsatz groß, vor allem bei Monokulturen: Mineraldünger, Pflanzenschutz- und Entlaubungsmittel. Bis zu 30-mal werden die Kulturen mit Pestiziden gespritzt. Wo Handarbeit vorherrscht, führt dies zu großen gesundheitlichen Belastungen der pflückenden Frauen und Kinder. Doch auch im Hightech-Anbau Kaliforniens werden im Zusammenhang mit dem Pestizideinsatz täglich bis zu 1000 Krankheitsfälle gemeldet.

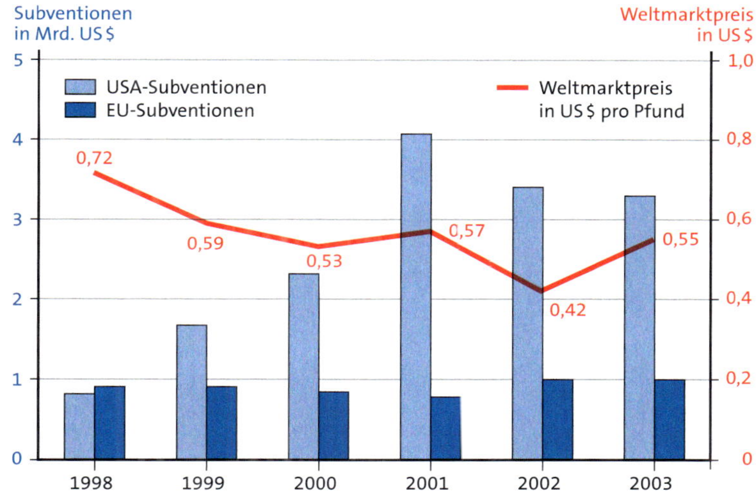

6 ***Baumwolle: Weltmarktpreisentwicklung und Subventionen***

immer mehr ausgeweitet. Innerhalb von zwei Jahren steigerte der „Baumwollkönig USA" seinen Weltmarktanteil von 25 % auf 37 %. Durch das Überangebot fiel der **Weltmarktpreis** stark. Den westafrikanischen Bauern brachen ihre Einnahmen weg.

Hoffnungsträger WTO

Die Regierungen von Mali, Benin, Tschad und Burkina Faso legten gegen diese Subventionspolitik im April 2003 bei der **Welthandelsorganisation WTO** (**W**orld **T**rade **O**rganization) Protest ein. Sie fordern die Abschaffung der Baumwollsubventionen. Bisher ohne Erfolg, denn die Verbände der Agrarindustrie in den Industriestaaten sind mächtig. Doch die afrikanischen Staaten geben ihre Hoffnung nicht auf, dass das **Allgemeine Zoll- und Handelsabkommen GATT** (**G**eneral **A**greement On **T**arifs And **T**rade) in ihrem Sinne geändert wird. Allein der Abbau der Baumwollsubventionen in den USA würde den Bauern in Westafrika Mehreinnahmen von 300 Millionen US-Dollar pro Jahr bescheren.

Im Agrarabkommen von Hongkong im Dezember 2005 wurde das Ziel gesetzt, Agrarsubventionen bis zum Jahr 2015 abzuschaffen.

Zur Standardsicherung

1 *Nenne Textilprodukte aus Baumwolle bzw. mit hohem Baumwollanteil.*

2 *Atlasarbeit: Suche Karten zum Thema Landwirtschaft in Afrika, Asien und Amerika und nenne jeweils Baumwollanbaugebiete.*

3 *Vergleiche Baumwollanbau und Baumwollernte in Westafrika und in den USA.*

4 *a) Berichte über die ungleichen Bedingungen im Welthandel mit Rohbaumwolle.*
b) Welche Maßnahmen müsste die WTO einleiten, um den Handel gerecht zu machen?

Zur Weiterarbeit

5 *Folgende Aspekte können in Einzel-, Partner- oder Gruppenarbeit vertieft werden:*
- *Klima-Ansprüche der Baumwolle*
- *Ursachen und Folgen des hohen Chemie-Einsatzes*
- *„Fußabdrücke einer Jeans": Ressourcenverbrauch und Umweltlast*
- *Textilprodukte aus Naturfasern oder aus Kunstfasern? Pro und Kontra.*

7 ***Baumwollexport 2002 (in 1000 t)***

USA	*2395*
Usbekistan	*810*
Westafrika	*715*
Australien	*662*
EU	*225*
Syrien	*198*
Brasilien	*154*
Kasachstan	*128*
Turkmenistan	*128*
Tadschikistan	*120*
Sonstige	*904*

① *Software-Programmierer in Bangalore*

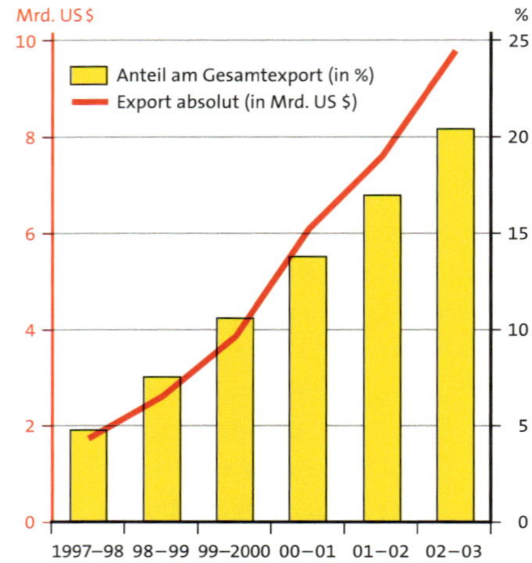

④ ***Indische Software- und IT-Dienstleistungsexporte***

Welthandel mit Informationen

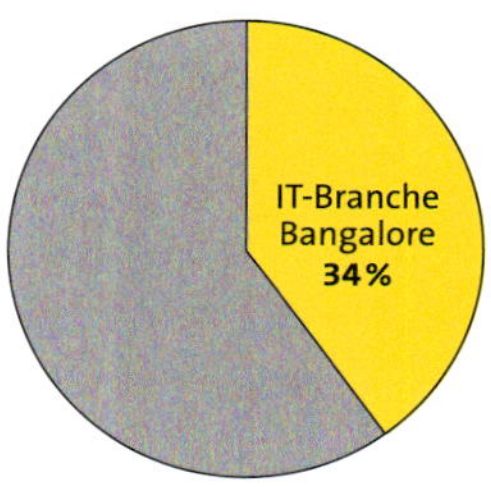

② ***Anteil der IT-Branche Bangalores am Gesamt-IT-Export Indiens***

③ **Ferndiagnose über 15 000 Kilometer**

In der Mittagshitze, nur wenige Meter vom Staub und Lärm eines Highways entfernt, rotiert in einem abgedunkelten Zimmer auf dem Bildschirm ein Gehirn. Arjun Kalyanpur sitzt mit zusammengekniffenen Augen davor, bewegt den Cursor zwischen roten, grünen und lilafarbenen Flecken hin und her. Das Gehirn gehört einem Mann, der Minuten zuvor gestürzt war – 15 000 km entfernt, irgendwo an der amerikanischen Ostküste.

In der Notaufnahme eines Krankenhauses war sein Kopf mit einem Computertomographen geröntgt und die Bilder per Datenleitung nach Bangalore gesandt worden. In den USA ist es Nacht und kein Radiologe tut jetzt Dienst. Arjun wird nun feststellen, ob es sich um eine einfache Gehirnerschütterung oder um eine Hirnprellung handelt. Seine Diagnose wird er als Fax oder per Telefon in die USA übermitteln, denn e-mails genügen der ärztlichen Schweigepflicht nicht. Arjun hat in Neu-Delhi Radiologie studiert und eine Zeit lang in Krankenhäusern der USA gearbeitet. *(Nach: Geo spezial, Nr. 5/2004)*

Welthandel gibt es nicht nur mit Rohstoffen wie Baumwolle oder mit Produkten wie Handys, Kameras, Textilien oder Kaffee. Eine immer stärkere Rolle in der Weltwirtschaft spielt der Handel mit Dienstleistungen. Beispiele aus dem Tourismus oder dem Transportwesen sind uns bekannt, aber dass auch Banken und Versicherungen, Verlage und Behörden, Krankenhäuser und Gemeinden Dienste ins Ausland verlagern, oder anders gesagt: Dienste im Ausland einkaufen, ist noch wenig bekannt.

Was ist GATS?

Der Markt der Dienstleistungen boomt also bereits und pro Jahr wird über eine Billion Euro mit internationalen Dienstleistungen erwirtschaftet. Mit dem **Abkommen über den Handel mit Dienstleistungen GATS** (**G**eneral **A**greement on **T**rade in **S**ervices) hat die WTO im Jahre 1995 hierfür die Weichen gestellt. Mit diesem Vertrag sollen die Wachstumspotenziale des Dienstleistungssektors zur Förderung des Welthandels genutzt werden und auch die Entwicklungsländer davon profitieren. Rund 160 Bereiche wurden in die Handelsliste des Vertrages aufgenommen, darunter die Bereiche Banken, Versicherungen, medizinische und soziale Dienste, Telekommunikation und Tourismus, Bildung und Kultur.

Darf mit jedem Gut gehandelt werden?

Das Abkommen über den Welthandel mit Dienstleistungen soll noch ausgeweitet werden. Doch Kritiker sehen schon im jetzt gültigen Vertrag große Gefahren. Peter Fuchs, GATS-Experte: „Durch die Liberalisierungspolitik der WTO werden die Prinzipien des freien Handels auf lebenswichtige Dienstleistungen wie Gesundheit, Bildung und Trinkwasserversorgung ausgedehnt. Das bedeutet, dass sich in diesen Sektoren betriebswirtschaftliche Interessen gegenüber dem Menschenrecht auf die Versorgung mit lebenswichtigen Gütern durchsetzen."

Die Bereitstellung dieser Güter müsse in öffentlicher Hand bleiben, damit sich nicht Vorgänge wie in Südafrika wiederholten. Dort wurde von den Wasserbesitzern zwischen 1994 und 2002 fast zehn Millionen Menschen wegen Zahlungsverzug das Trinkwasser abgestellt. Dadurch mussten viele auf verschmutztes Wasser zurückgreifen. Cholera-Erkrankungen mit Todesfolge häuften sich.

Zur Standardsicherung

1 a) *Beschreibe die medizinische Dienstleistung, die Arjun Kalyanpur (Text 3) erbringt.*
   b) *Nenne weitere internationale Dienstleistungen der IT-Branche in Bangalore.*
2 *Welche Standortfaktoren begünstigen Bangalore als Standort für die IT-Branche?*
3 *Erläutere, was das Kürzel GATS bedeutet.*
4 *Der Welthandel mit Dienstleistungen boomt. Nenne Vor- und Nachteile dieser Entwicklung.*

Zur Weiterarbeit

5 *Karte 5: Vergleiche die Anteile der Beschäftigten im Hightech-Bereich in San Francisco, München, Bangalore und Peking.*
6 *Welthandel mit öffentlichen Gütern bzw. Dienstleistungen ist problematisch. Weshalb?*

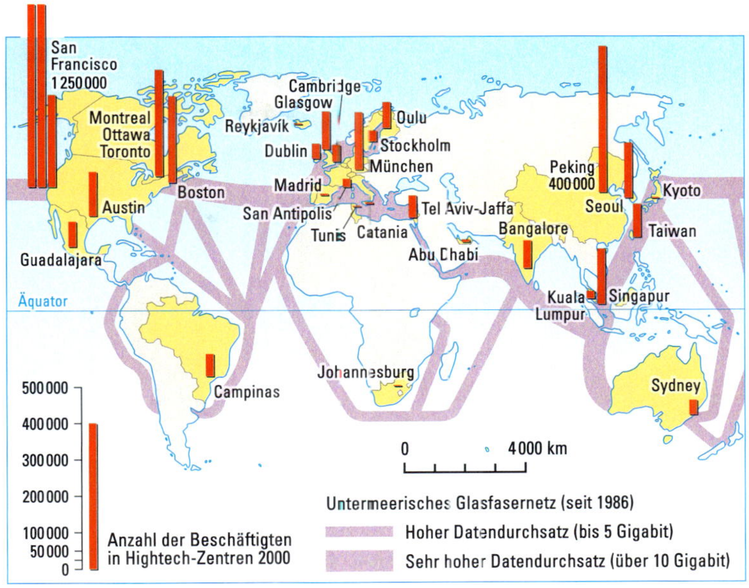

5 ***Hightech-Zentren und Datenautobahnen***

6 **Electronic City Bangalore**

Mit sechs Millionen Einwohnern ist Bangalore die fünftgrößte Stadt Indiens und die jüngste Megastadt des Landes. Die Stadt ist ein Hightech-Zentrum, das „Silicon Valley Indiens". Hier strahlt Indiens Zukunft am hellsten. Ab Anfang der 1990-er Jahre hat sich Bangalore zum Zentrum der Informationstechnologie (IT) in Indien entwickelt. In etwa 800 IT-Betrieben arbeiten ca. 150 000 Angestellte in der Software-Produktion bzw. im IT-Dienstleistungsbereich. Große Sogwirkungen gehen vom „International Technology Park", vom „Indian Institute of Information Technology" und von der jährlichen Computermesse aus. Im Computerbereich erwirtschaftete Bangalore im Jahr 2002 ein Drittel des indischen Exports.

7

8 ***Zukunftsmusik?***

Fachleute sind der Meinung, dass Indien bis zum Jahr 2040 hinter den USA und China die dritte Weltwirtschaftsmacht sein wird, vor Japan und Deutschland. Über zwei Millionen Universitätsabsolventen bringt das Land im Jahr hervor, gut ausgebildete Leute mit guten Englischkenntnissen, davon viele im Hightech-Bereich: Informatik, Ingenieurs- und Betriebswissenschaften, Biotechnologie und Pharmazie.

1 ***Demonstration gegen Gen-Patente***

3 **Vermarktung von Erbgut**
Der Ausverkauf des menschlichen Erbgutes ist für viele eine Horrorvision: Dürfen Gene den Gesetzen des Marktes unterworfen werden? Sie fordern ein generelles Verbot der Patentierung von Genen. Allein im Jahr 2004 wurden über 100 Patente auf menschliche Gene erteilt.
Beispiel: Das Europäische Patentamt in München hat im Februar 2005 der US-Firma XY Inc. ein „Patent zur Auswahl des Geschlechts bei künstlichen Befruchtungen“ erteilt. Verfahren: Samenzellen werden nach den Genen getrennt, die das Geschlecht bestimmen. Das Patent gelte auch für Menschen, so die Auskunft des Patentamtssprechers.

Welthandel mit Patenten

2 **Süße Aussichten**
Im westafrikanischen Gabun entdeckten Forscher der Universität von Wisconsin/USA ungewöhnlich süße Beeren. Einheimische naschten gerne davon. Aus den Früchten der Pflanze „pentadiplandra brazzeana“ isolierten die Forscher den Eiweißstoff „Brazzein“, der – kaum vorstellbar – mehrere tausend Mal süßer schmeckt als Zucker. Zusätzlich gelang es ihnen, das Gen zu entschlüsseln und die Substanz künstlich herzustellen.
Im Zusammenhang mit Brazzein besitzt nun die Universität vier **Patente** und verkauft ihr Alleinrecht auf Nutzung an Hersteller von Produkten. Ein auf diese Weise erworbenes Nutzungsrecht heißt **Lizenz**. Jetzt will ein US-Konzern das Brazzein-Gen in Mais einbauen und damit kalorienfreien Süßstoff gewinnen. Der Weltmarkt für Süßstoff wird auf 1,5 Milliarden US-Dollar geschätzt. Sollte sich Brazzein als Süßstoff-Verkaufsschlager entpuppen, so sind gute Einnahmen für den Hersteller sicher.

Das Beispiel „pentadiplandra brazzeana“ zeigt, wie mit Patentrechten auf Naturgüter und deren industrieller Nutzung Geld zu verdienen ist. An die Besitznahme von Boden und Rohstoffen und deren Vermarktung haben wir uns gewöhnt, auch an die industrielle Verwertung von Tieren und Pflanzen. Doch gegenwärtig findet ein weiterer wirtschaftlicher Großangriff auf Naturgüter statt: Gehandelt wird nicht der Besitz der Güter, sondern der Besitz von Wissen über Inhaltsstoffe, Erbgut, hergestellte Produkte und Anwendungsmöglichkeiten, sozusagen das Know-how über die wirtschaftliche Nutzung von Naturgütern.

Was ist TRIPS?
Erlaubt und gefördert wurde der internationale Handel mit geistigem Eigentum durch ein WTO-Abkommen aus dem Jahre 1995, genannt **TRIPS** (**T**rade **R**elated **I**ntellectual **P**roperty Right**s**). In diesem Abkommen wurde vereinbart, dass der Schutz von Patenten 20 Jahre beträgt und der Nachbau von patentierten Produkten nur über erworbene Lizenzrechte möglich ist. Damit ist auch die Vermarktung von traditionellem Wissen

4

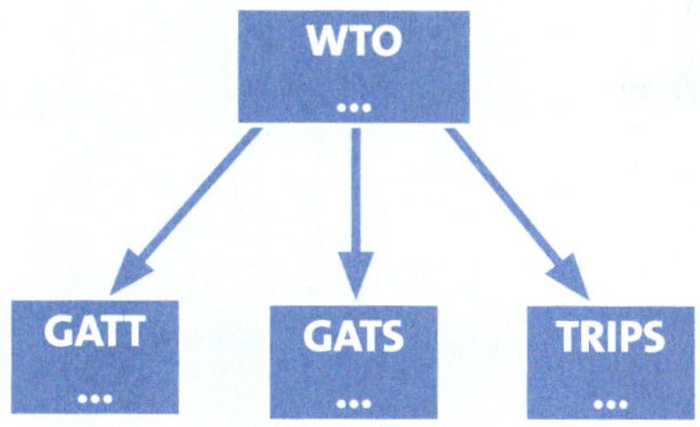

Im Januar 2006 hatte die WTO 150 Mitglieder. Ihr Sitz ist in Genf. Entscheidungen über den Welthandel müssen einstimmig beschlossen werden. Die Beschlüsse sind für die Mitgliedsstaaten verbindlich, d.h. sie müssen in nationales Recht umgesetzt werden. Oberstes Ziel der WTO ist die Liberalisierung des Welthandels.

5 **Schützt indigenes Wissen!**

Reisliebhaber schwören auf Basmati, eine Jasminreissorte. Thailändische Bauern haben den Basmati vor Jahrhunderten gezüchtet. Mit seinem Export verdienen Thailand und Indien heute viel Geld.

Als 1997 die amerikanische Firma Rice Tec Inc. auf Jasminreis ein Patent unter dem Namen „Jasmati" angemeldet und erhalten hatte, brachte dies die thailändischen Bauern in Rage. Sie beschimpften die WTO als Handlanger dieser „Biopiraten". Ihr Kampf gilt seitdem dem TRIPs-Abkommen der WTO, das solche Praktiken erst ermöglichte.

Der Angriff des US-Unternehmens auf den Basmati zeigt, wie jahrhundertealtes Wissen in Gefahr ist, gnadenlos vermarktet zu werden. Wissen, das von Bauern entwickelt und bewahrt wurde, wird zum Gegenstand des Handelsinteresses von Konzernen. Forscher des Internationalen Reisinstituts in Manila versuchen nun, diese Praktiken zu verhindern. Daraufhin hat Rice Tec Inc. vier von 20 angemeldeten Reis-Patenten zurückgezogen, darunter das „Jasmati-Patent". Dieser Vorgang hat eine internationale Debatte über den Schutz von **indigenem Wissen** ausgelöst.

möglich geworden. Die Vereinbarung der WTO-Mitgliedsstaaten hat sich vor allem in Entwicklungsländern äußerst problematisch ausgewirkt. Medikamente und Saatgut wurden sprunghaft teurer, z. B. stiegen die Jahresbehandlungskosten eines Aidskranken von etwa 300 Euro auf rund 10 000 Euro, weil nun Nachahmermedikamente durch Originalmedikamente ersetzt werden müssen.

Teilerfolg bei den Generika

Neben den Agrar- und Computerkonzernen drängten vor allem Pharmakonzerne auf die Verabschiedung des TRIPs-Abkommens. Mithilfe des erlangten Patentrechts wollen sie ihre Produkte vor Nachahmung schützen. Angeblich kostet sie der unerlaubte Nachbau von Medikamenten jährlich über 100 Milliarden US-Dollar. Nachgemachte Präparate, die eine gleiche Zusammensetzung wie die patentgeschützten Originalpräparate haben, aber in der Regel billiger sind, nennt man Generika. 2003 wurde in einem Zusatzprotokoll der WTO den Entwicklungsländern nachträglich zugestanden, dass im Falle eines nationalen Notstandes Zwangslizenzen zur Herstellung von Generika erlaubt sind.

Zur Standardsicherung

1 *a) Nenne Beispiele für den Welthandel mit Patenten.*
b) Was bedeutet TRIPS?

2 *Welche Naturgüter würdest du vom Patentrecht ausschließen?*

3 *a) Erläutere, was „indigenes Wissen" ist und weshalb dieses eines besonderen Schutzes bedarf.*
b) „Patenterwerb – eine neue Art von Kolonialisierung." Begründe.

Zur Weiterarbeit

4 *Was wollen Saatgutkonzerne mit ihrem Terminator-Saatgut erreichen?*

5 *Diskutiert darüber, ob auf menschliches Erbgut Patente erteilt werden sollen.*

6 *Zum Nachdenken: „Patente wurden eingeführt, um das Urheberrecht zu schützen."*

6 ***Kleine Reiskunde***

In Asien kannte man hunderte von Reissorten, es ist dort Grundnahrungsmittel. Für die Zucht des heute üblichen „Jasminreis´ 105" standen 200 Sorten zur Auswahl. Angebaut werden heute nur noch wenige, ertragreiche Sorten, gezüchtet im Internationalen Reisforschungsinstitut in Manila. Probleme macht den Reisbauern in Asien das „Terminatorsaatgut": Saatgutkonzerne erreichten durch gentechnische Veränderungen, dass das ausgereifte Korn unfruchtbar ist und deshalb nicht für die nächste Aussaat verwendet werden kann.

1

Warenexport (2002)		Dienstleistungs-export (2002)		Direktinvestitionen im Ausland (2001)	
USA	693,5	USA	267,8	USA	1381,1
D	612,2	GB	121,0	GB	942,8
Japan	416,0	D	94,9	F	515,4
F	329,5	F	84,0	D	513,8
China	325,6	Japan	64,7	Bel./Lux.	449,0
GB	275,9	Span.	61,1	Hongk. (China)	374,8

3 ***Führende Länder in der Weltwirtschaft (in Mrd. US $)***

Wer verdient am Welthandel?

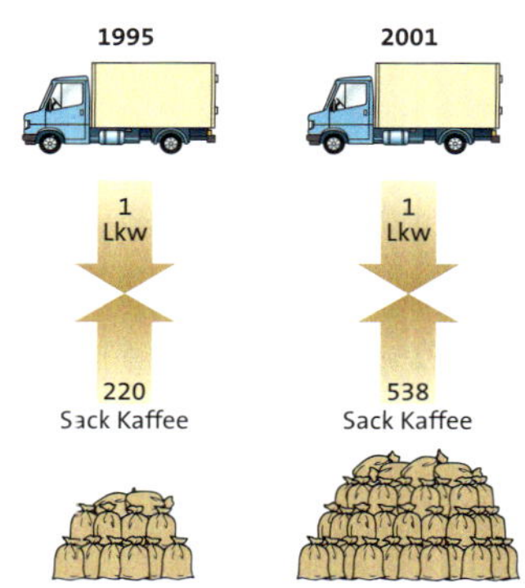

2 ***Terms of Trade***

Der Wert der Exporte aller am Welthandel beteiligten Staaten betrug im Jahr 2003 insgesamt 6000 Milliarden US-Dollar. Die bedeutenden Wirtschaftsgebiete der Erde, Nordamerika, Westeuropa und Japan/China/ASEAN, hatten dabei einen Anteil von über 80%. Man spricht in diesem Zusammenhang von der **Triadisierung des Welthandels**.
Diese Triade (= Dreiheit) beherrscht den Welthandel mit Waren, Dienstleistungen, Kapital und Wissen. Rohstoffe wie Erdöl und Baumwolle sowie Hightech-Produkte, z.B. Erzeugnisse der IT-Branche, der Pharma-, Maschinen- und Flugzeugindustrie, dominieren den Welthandel mit Gütern. Vom Wert her steht jedoch der Welthandel mit Geld an erster Stelle.

Welthandelsbedingungen

Weite Teile Lateinamerikas, Osteuropas, Asiens und fast alle Staaten Afrikas spielen im Welthandel keine große Rolle. Sie haben einen geringen Anteil bzw. sind weitgehend abgekoppelt und führen im Weltwirtschaftsgeschehen ein Schattendasein. Ihnen ist die Rolle von Rohstofflieferanten, von „Billigstandorten" für Tourismus und Produktion und von Absatzmärkten für die Erzeugnisse der Industriestaaten zugedacht.
Da die Rohstoffpreise immer mehr verfallen, sinken die Deviseneinnahmen dieser Staaten stetig. Sie benötigten die Einnahmen jedoch, um sich die teuren Hightech-Produkte der Industriestaaten leisten zu können. Als Ausweg bleibt nur die Alternative, Kredite aufzunehmen. Das „Wertverhältnis" zwischen dem Erlös für Ausfuhrprodukte und den Ausgaben für Importprodukte wird **Terms of Trade** genannt. Dieses Verhältnis hat sich im Lauf der Jahrzehnte immer mehr verschlechtert und die Schere zwischen armen und reichen Staaten immer weiter geöffnet.

Wer steuert den Welthandel?

Der internationale Handel wird von Regeln bestimmt, die in der Welthandelsorganisation WTO festgelegt werden. Großen Einfluss haben auch die Weltbank und der Internationale Währungsfond (IWF). Aufgrund ihrer größeren wirtschaftlichen Macht dominieren die Industriestaaten diese Organisationen in erheblichem Maße, wobei die Regierungen oft nur ausführende Organe der dahinter stehenden mächtigen transnationalen Konzerne sind. Dies führt besonders in Entwicklungs- und Schwellenländern immer wieder zu Kritik.

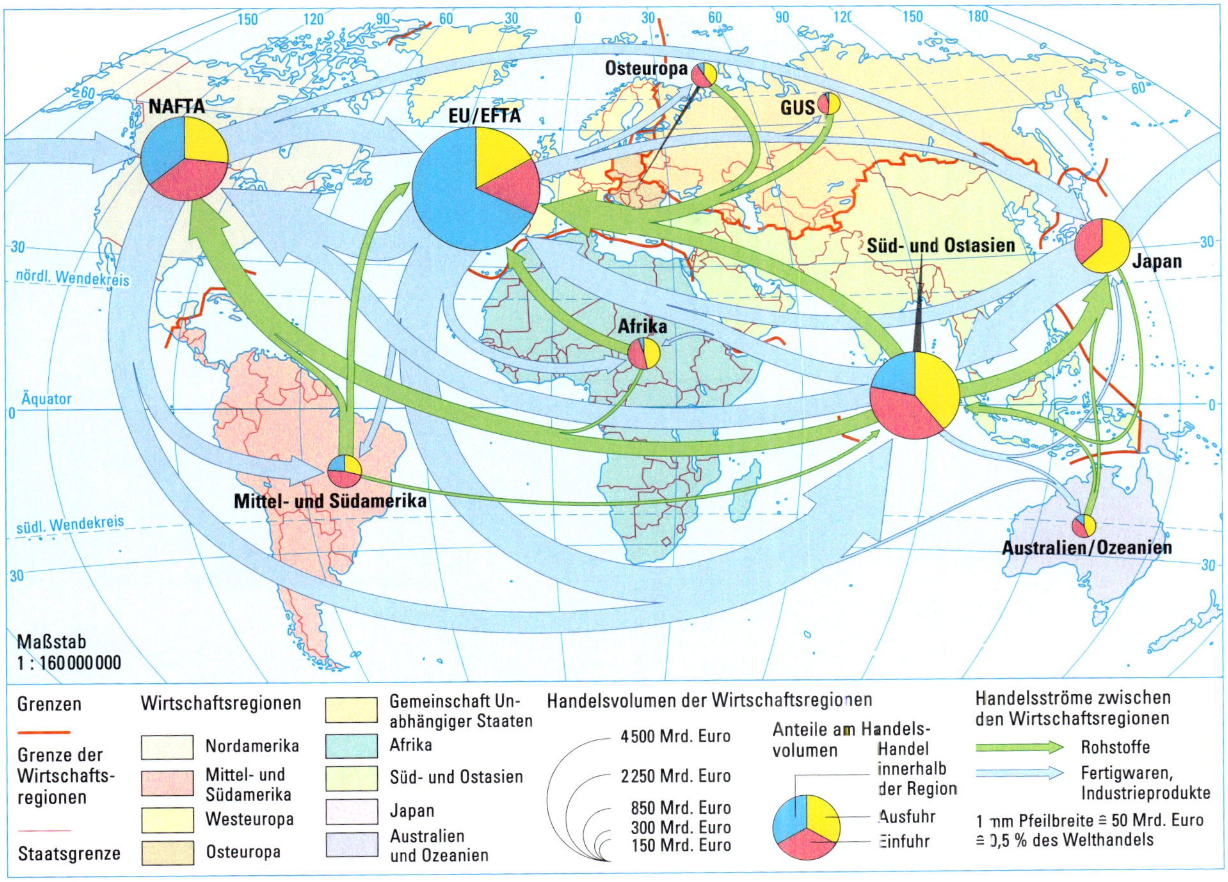

4 Welthandelsströme 2000

Zur Standardsicherung

1 *Arbeite mit Karte 4 und Schema 5.*
   a) *Ordne den drei dominanten Wirtschaftsregionen der Erde ihr Handelsvolumen und ihre Mitgliedsstaaten zu (Tabelle).*
   b) *„Der größte Handelsblock EU/EFTA hat sowohl innerhalb als auch außerhalb des Blockes starke Partner.“ Erkläre.*
   c) *Wo sitzen die Rohstoffexporteure der Weltwirtschaft? Nenne Beispiele.*

2 *Begründe mithilfe des Textes, weshalb die Wirtschaftsregionen Afrika und Südamerika so ein geringes Handelsvolumen haben.*

3 *Erkläre, was man unter dem Begriff „Terms of Trade“ versteht. Nutze den Text und Grafik 2.*

Zur Weiterarbeit

4 *Diagramm 3:*
   a) *Vergleiche die Exportleistungen der sechs Staaten.*
   b) *Erstelle eine Rangfolge nach dem Gesamtexportvolumen.*

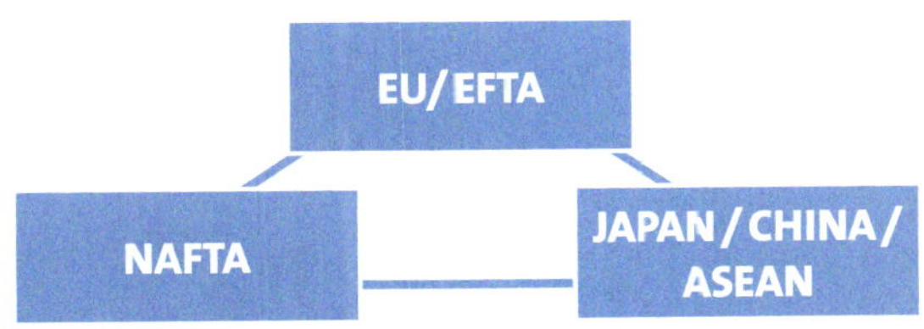

NAFTA: Nordamerikanische Freihandelszone (North American Free Trade Agreement: Kanada, USA, Mexiko)
EU: Europäische Union, **EFTA:** Europäische Freihandelszone (European Free Trade Association: Island, Norwegen, Liechtenstein, Schweiz)
ASEAN: Verband südostasiatischer Staaten (Brunei, Indonesien, Kambodscha, Laos, Malaysia, Myanmar, Philippinen, Singapur, Thailand, Vietnam; der Anschluss Japans, Chinas und Südkoreas ist vorgesehen)

5 Das dominante Handelsdreieck (Triade)

5 a) *Wer hat im Welthandel das Sagen?*
   b) *Welche Rolle ist den Entwicklungsländern im Welthandel hauptsächlich zugedacht?*
   c) *Ist der Welthandel gerecht? Begründe.*

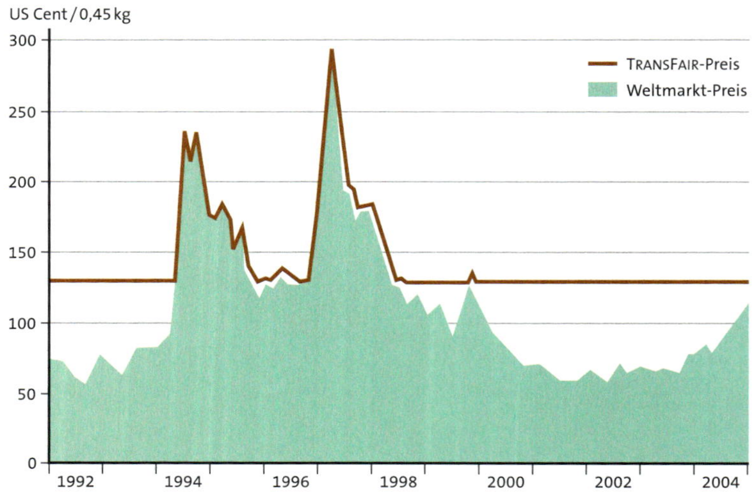

1 Preisentwicklung für Rohkaffee 1992 – 2004

3 Kaffeepflückerin

Fair Trade: Beispiel Kaffee

2 Kaffeeproduktion ausgewählter Staaten 20002

Staat	*Anteil an Weltproduktion*
Brasilien	*32 %*
Vietnam	*9 %*
Kolumbien	*9 %*
Indonesien	*8 %*
Indien	*4 %*
Mexiko	*4 %*
Côte d'Ivoire	*3 %*
Äthiopien	*3 %*
Uganda	*3 %*

Kaum zu glauben

Deutscher Durchschnittsverbrauch pro Kopf im Jahr 2001:

Kaffee	*159 Liter*
Bier	*123 Liter*
Mineralwasser	*110 Liter*

Etwa 25 Millionen Menschen leben vom Kaffeeanbau: **Kleinbauern**, Plantagenbesitzer und Landarbeiter, Großhändler und Transporteure. Die Pflege der Kaffeekulturen – Unkraut jäten, Boden lockern, Sträucher zurückschneiden, gegen Schädlinge und Krankheiten spritzen – sowie das Pflücken und Entkernen der reifen Kaffeekirschen erfordert viel Handarbeit.

Etwa 70 % des Kaffees wird in Familienbetrieben mit weniger als 10 ha Größe angebaut. Ist der Preis für Rohkaffee auf dem Weltmarkt hoch, so ernährt diese Dauerkultur die Besitzer gut, die Landarbeiter leidlich. Ist der Preis niedrig, was immer wieder vorkommt, so wirkt sich dies für Besitzer und Landarbeiter, darunter viele Landarbeiterinnen und Kinder, verheerend aus. Nach 1998 war der Kaffeeweltmarkt durch einen regelrechten Preisverfall gekennzeichnet. Wie kam es dazu?

Überangebot durch Überproduktion

In vielen Staaten weitete sich der Kaffeeanbau immer mehr aus, so dass auf dem Weltmarkt mehr Rohkaffee angeboten wurde, als tatsächlich benötigt wird. Vietnam hat zum Beispiel innerhalb von zehn Jahren seine Produktion vervierfacht. Schließlich sank der Weltmarktpreis so stark, dass die Kleinbauern nicht einmal mehr den Grundbedarf ihrer Familien decken konnten. Im Jahr 2004 erreichte der Weltmarktpreis einen historischen Tiefstand. Selbst die Produktionskosten waren nicht mehr gedeckt. Aufkäufer, Großhändler und Röstereien erzielten jedoch weiterhin gute Gewinne.

Fair Trade als Ausweg

Jetzt merkten viele Kleinbauern, welch unschätzbaren Wert die Mitgliedschaft in einer Kaffeekooperative hat – so wie Jesus und Maria Lopez in Peru. Seit fünf Jahren sind sie „Socios“ – Mitglieder der örtlichen Genossenschaft „CEPICAFÉ“. In der Kooperative sind 1650 Familien aus 45 Ortschaften organisiert. Und ständig kommen neue Mitglieder dazu. Die Kaffeeanbauer werden von Agraringenieuren beraten. Sie sind Partner von TRANSFAIR, der 1991 in Deutschland gegründeten Organisation für **Fair Trade**, also fairen Welthandel. TRANSFAIR-Lizenznehmer zahlen ihnen einen garantierten Mindestpreis: 126 US-Cent pro 500 g Rohkaffee. Der Weltmarktpreis liegt derzeit deutlich niedriger. Darüber hinaus schützen langfristige Abnahmeverträge die „Socios“ vor „unangenehmen Weltmarkt-Überraschungen“.

4 ***Zusammensetzung des Kaffeepreises im Freihandel***

Gerechter Welthandel – eine Utopie?

Immer mehr Menschen entscheiden sich für fair gehandelte Produkte. Diese sind erkennbar am TransFair-Siegel. Die Palette der Fair-Trade-Produkte wird immer größer: Kaffee, Kakao, Tee, Bananen, Honig, Orangensaft und anderes. Neben Welt- und Naturkostläden verkaufen bereits auch Supermärkte Fair-Trade-Produkte in Lizenz. Ein Vertreter von TransFair: „Wenn sich der Absatz so weiterentwickelt, wird eines Tages unsere Vision vom gerechten Welthandel vielleicht Wirklichkeit werden."

Zur Standardsicherung

1 *Diagramm 1: Betrachte die Entwicklung des Weltmarktpreises für Rohkaffee im*
a) freien Handel
b) TransFair-Handel.

2 *Partner von TransFair zu sein, gibt den Kaffeeanbauern Sicherheit. Erläutere.*

3 *Der TransFair-Handel ist ein Beispiel für „gerechten Welthandel". Begründe.*

Zur Weiterarbeit

4 *Grafik 4: Wenn 1 kg Kaffee im Geschäft 8,99 Euro kostet, wie viel Cent erhalten dann die Beteiligten jeweils?*

5 **Der Alltag von Maria und Jesus Lopez**

Der Tag beginnt um fünf Uhr. Jesus hackt Späne von einem Baumstamm, um in der Küche Feuer zu machen. Maria setzt in einem Alu-Kessel Kaffeewasser auf und richtet Kochbananen. Sie brät dazu den Reis vom Vortag an. Maria: „Wir arbeiten den ganzen Tag hart in der Pflanzung. Da brauchen wir ein kräftiges Frühstück."

Heute zeigt Agraringenieur Pinedo den Socios, wie man aus Kalk, Kupfersulfat, Seife und Wasser ein ökologisches Spritzmittel gegen Pilzbefall herstellt. „Wir wollen künftig auch Öko-Kaffee erzeugen. Das bringt noch etwas mehr ein", sagt Jesus. „Wir erwarten von den Kaffeetrinkern keine Almosen, wir wollen nur gerecht bezahlt werden für unsere Arbeit", meint Maria. Reich werden sie dadurch nicht, doch zwei Esel konnten sie sich schon leisten. Jetzt müssen sie Geräte und Kaffeesäcke nicht mehr selbst schleppen. Und die Kinder können zur Schule gehen. „Vielleicht können wir uns eines Tages sogar Stromanschluss leisten."

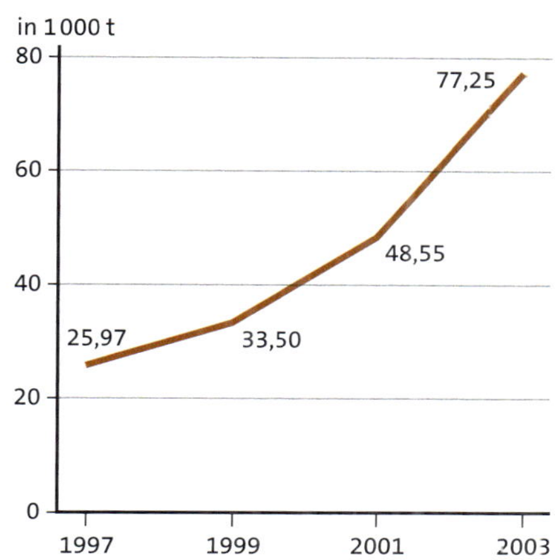

6 ***Entwicklung des weltweiten TransFair-Absatzes***

5 *„Wenn ich Kaffee mit dem TransFair-Siegel kaufe, leiste ich wirksame Entwicklungshilfe." Erläutere die Aussage.*

6 *„Der Kaffeestrauch ist eine Dauerkultur mit hohem Pflegeaufwand." Erkläre.*

FAIRTRADE
TRANSFAIR

7 *TransFair wird von etwa 40 Organisationen unterstützt, z. B. UNICEF, Welthungerhilfe, Misereor, Brot für die Welt, Weltladen-Dachverband*
TransFair e. V.
Remigiusstraße 21
50931 Köln
www.transfair.org

8 ***Preise im Supermarkt für 500 g Kaffee (Stand Juli 2005)***

frei gehandelt	*5,49 €*
fair gehandelt	*6,79 €*

Surftipps
www.bmz.de
(Bundesministerium für wirtschaftliche Zusammenarbeit und Entwicklung)
www.kaffeeverband.de
www.partnerschaftskaffee.de
www.gepa3.de

① *Kleider für Baby Born aus China*

③ **„Guolaosi" – Tod durch Überarbeitung**

Li hatte ein hartes Leben:
8 Uhr: Arbeitsbeginn
12–13.30 Uhr: Mittags- und Ruhepause
17.30 Uhr: Abendpause
18 Uhr: Beginn der Überstunden
24 Uhr: Ende der Überstunden (in der Vorweihnachtszeit manchmal erst um 3 Uhr)

Li arbeitete als „Läuferin", musste die Stofftiere von einer zur nächsten Arbeitsstation bringen. Läuferinnen erhalten den geringsten Lohn: etwa 10 Cent die Stunde.

Li stammte aus dem Westen der Provinz Sichuan, einer der ärmsten Gegenden Chinas. Die Eltern waren froh, als Li mit 15 Jahren in die Sonderwirtschaftszone Shenzhen ging, um dort zu arbeiten.

Zimmerkameradinnen berichten: „In der Nacht fing Li an zu husten. Sie ging ins Bad. Stunden später fanden wir Li wimmernd am Boden. Sie blutete aus Mund und Nase. Sie starb, noch bevor der Krankenwagen kam." Li Chunmei wurde 19 Jahre alt.

(Quelle: Misereor aktuell 4/2002)

Von Fair Work (k)eine Spur

②

Ob Kuscheltier oder Spielzeugpistole, Babypuppe oder Karnevalsmaske – vieles von dem, was sich in den Kinderzimmern Deutschlands anhäuft, wird in asiatischen Spielzeugfabriken hergestellt, überwiegend in China.

Zwei Drittel aller weltweit verkauften Spielwaren kommen von dort, hergestellt in insgesamt etwa 10 000 Spielzeugfabriken. Hier wird zu extrem günstigen Preisen und trotzdem in erstaunlicher Qualität produziert, aber unter oft unbeschreiblichen Arbeitsbedingungen. Den Aufseherinnen und Fabrikanten hilflos ausgeliefert, arbeiten die Frauen billiger als Maschinen, für weniger als 50 Cent die Stunde. Etwa 600 000 Wanderarbeiterinnen aus dem Hinterland sind froh, hier Arbeit gefunden zu haben. Sie nächtigen in großen Schlafsälen. Löhne werden beliebig gekürzt, unbezahlte Überstunden nach Bedarf angesetzt. Gewerkschaften sind verboten.

Milliardenumsätze

Internationale Konzerne erwirtschaften in den **Niedriglohnländern** mit Kinderspielzeug Milliardenumsätze. Die Konzerne haben in der Regel das Monopol und können deshalb die Preise drücken. Für eine in Shenzhen in Südchina hergestellte Spielzeugkamera vergüten sie kaum mehr als einen Euro. In den Spielzeugläden Deutschlands ist diese dann für 13,99 Euro zu haben. Doch die chinesische Spielwarenindustrie ist gegenwärtig dabei, ihren Status als Auftragsfertiger hinter sich zu lassen und steigt mit Eigenprodukten immer mehr in das lukrative Milliardengeschäft selbst mit ein.

④ ***Aktion für „Saubere Kleidung“***

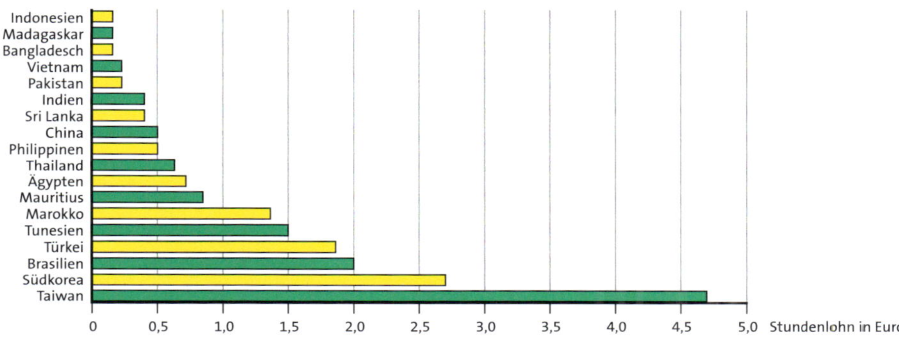

⑤ ***Stundenlöhne im Vergleich***

Standort-Hopping und Mindeststandards

Die Verlagerung der Produktion in sogenannte Niedriglohnländer betrifft vor allem die Bekleidungs-, Schuh- und Spielwarenindustrie. In Deutschland sind in der Textilindustrie seit 1950 etwa 600 000 Arbeitsplätze ausgelagert worden, zuerst nach Süd- und Südosteuropa, später nach Süd- und Südostasien. Bei der Auswahl des Produktionsstandortes zählen allein die Lohnkosten. Man geht dort hin, wo die Löhne am niedrigsten sind. Dies hat in manchen Industriebranchen zu einem regelrechten „Standort-Hopping“ geführt.
Kritische Verbraucherverbände, die Internationale Arbeitsorganisation (ILO) sowie vor allem Nichtregierungsorganisationen (NRO) prangern die Missstände in den Weltmarktfabriken seit Jahren an und drängen auf die Einhaltung von Menschenrechten und von **Mindeststandards**, z. B. Mindestlöhne, Begrenzung der Wochenarbeitszeit und Gesundheitsschutz.

Zur Standardsicherung

1. *Beschreibe die Arbeitsbedingungen in einem Niedriglohnland, z. B. in China.*
2. *Vergleiche Stundenlöhne in Deutschland mit denen in Niedriglohnländern.*
3. *Wer profitiert alles an den Weltmarktfabriken in den Sonderwirtschaftszonen?*
4. *Auch die Käufer von Spielwaren können etwas für die Einhaltung von Mindeststandards tun. Erläutere.*

Zur Weiterarbeit

5. *Erläutere den Begriff „Standort-Hopping“.*
6. *Diskutiert folgende Behauptung: „Wenn immer eine Ware oder eine Dienstleistung besonders billig ist, ist diese teuer erkauft.“*

⑥ ***Aktion „Fair spielt“***

Seit 1999 fordern das Hilfswerk Misereor und andere kirchliche Gemeinschaften die deutschen Spielwarenhersteller auf, in den Herstellerländern soziale und arbeitsrechtliche Mindeststandards durchzusetzen.

⑦ ***Mindeststandards***

Für die Spielwarenindustrie fordert ihr internationaler Dachverband ICTI folgende Mindeststandards:

- *maximal 68 Arbeitsstunden pro Woche*
- *Überstundenbezahlung und Überstundenzuschläge*
- *Monatsmindestlohn 50 Euro*
- *Verbesserung der Arbeitssicherheit*

Lese- und Surftipps

C. Wichterich:
Die globalisierte Frau
www.cleanclothes.ch

1 ***Johannes Rau, Bundespräsident von 1999 bis 2004***

2 ***Der Traum von „ungebremster Freiheit"***

„Ich definiere Globalisierung als die Freiheit unserer Firmengruppe zu investieren, wo und wann sie will, zu produzieren, was sie will, zu kaufen und verkaufen, wo sie will und alle Einschränkungen durch Arbeitsgesetze und andere gesellschaftliche Regelungen so gering wie möglich zu halten."

(T. Percy Barnevik, Asea Brown Bovery)

3 **Dem Markt einen Rahmen geben**

„Es hat mit Globalisierung zu tun, wenn die Firma, in der man arbeitet, plötzlich mit Betrieben aus Gegenden der Welt konkurriert, von denen man bisher kaum gehört hatte.

Es hat mit Globalisierung zu tun, wenn sich junge Leute aus dem Internetcafé in Quito bei ihren Eltern in Oberursel melden und mal eben per e-mail die ersten digitalen Fotos schicken.

Es hat mit Globalisierung zu tun, wenn wir am PC unseren Urlaub buchen und wenn Studenten sich im Internet Material aus Amerika für ihre Hausarbeit holen.

Es hat mit Globalisierung zu tun, wenn in dem Auto Teile aus vielen Ländern stecken, wenn also das ‚Made in Germany' manchmal nur noch für die Idee, für die Endmontage oder für den Namen steht.

Nein, die Globalisierung ist kein Naturereignis. Sie ist von Menschen gewollt und gemacht. Darum können Menschen sie auch verändern, gestalten und in gute Bahnen lenken. [...] Die Globalisierung gestalten kann nur, wer klare Wertvorstellungen jenseits des Wirtschaftlichen hat. Wir müssen uns darüber klar werden, wie wir Freiheit und Gerechtigkeit für alle Menschen in Zeiten der Globalisierung sichern und fördern können. [...] Wirtschaftliche Freiheit baut wie alle Freiheit auf Voraussetzungen auf und lebt von Bindungen. Sie ist schnell am Ende, wo keine Ordnung besteht und wo diese nicht durchgesetzt werden kann. Dem Markt einen Rahmen zu geben und den Wettbewerb fair zu organisieren, das zählt zu den großen Kulturleistungen der Menschheit."

(Aus: Johannes Rau: „Dritte Berliner Rede", 13. 05. 2002)

Was ist Globalisierung?

Fernhandel gibt es schon seit Jahrhunderten, zum Beispiel mit Gewürzen, Salz und Edelsteinen. Aber da hat man noch nicht von Globalisierung gesprochen. Dieser Begriff ist erst etwa zwei Jahrzehnte alt.

Globalisierung umfasst zwar auch heute den Welthandel, darüber hinaus jedoch weitere grenzüberschreitende wirtschaftliche Beziehungen und Verflechtungen, z. B. auch die Verflechtung von Produktionsstätten, Geldgeschäften und Informationsaustausch. Die **Globalisierung** ist also gekennzeichnet durch eine hohe Mobilität von Gütern, Dienstleistungen, Informationen, Kapital und Menschen. Und wir sind fast täglich damit konfrontiert. Wie kam es dazu?

Bahnbrechende Erfindungen

Beschleunigt wurde der Globalisierungsprozess durch Erfindungen und Entwicklungen im Bereich der Telekommunikation, verbunden mit den Innovationen in der Mikroelektronik und bei Speichermedien. Sie ermöglichten erst die rasante Zunahme der weltweiten Kommunikation. Das Internet erlaubt Wirtschaftsunternehmen heute eine weltweite Zusammenarbeit in kürzester Zeit: mit Unternehmenszweigen, Zulieferfirmen, Transporteuren und Händlern. Es ist einerlei, ob sich ein Geschäftspartner im Gebäude nebenan oder auf der anderen Seite des Globus´ befindet. Dank globaler Vernetzung können Einkauf, Produktion, Transport und Handel zentral gesteuert und arbeitsteilig vollzogen werden.

Outsourcing und Arbeitsteilung

Durch die Allgegenwart der Telekommunikation ist die zeitliche Distanz von Räumen aufgehoben und es gibt fast keine vom Weltgeschehen ausgeschlossenen Räume mehr.

④ ***Bar in Ägypten***

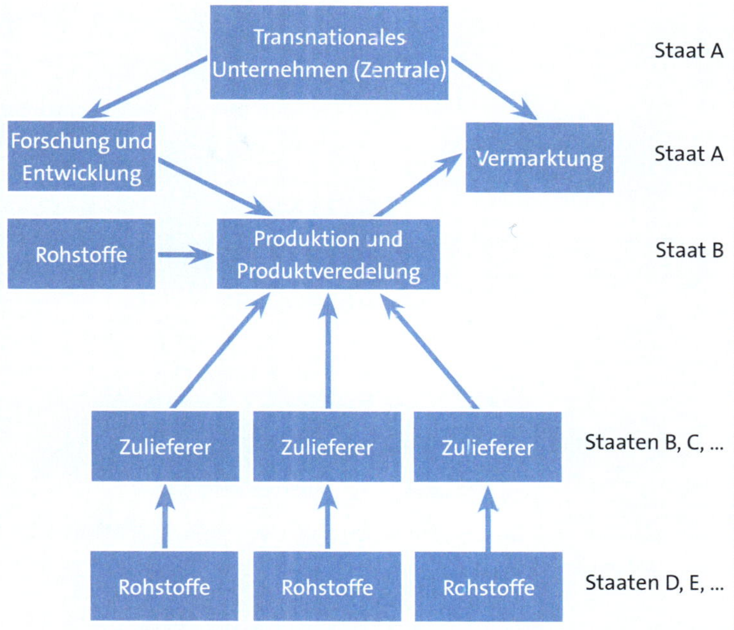

⑤ ***Beispiel für globale Wertschöpfung (Internationale Arbeitsteilung)***

Wir leben in einem „Global Village". In diesem globalen Dorf suchen sich Unternehmer nicht nur ihre Handelsplätze frei aus, sondern in zunehmendem Maße auch ihre Produktionsstandorte, und zwar nach dem Prinzip der Kostenersparnis. Dies führt verstärkt zum **Outsourcing**, d.h. zur Auslagerung von Produktions- und Dienstleistungsstandorten in Niedriglohnländer. Damit ist das globale Geschehen gekennzeichnet von **internationaler Arbeitsteilung**. An einem Endprodukt können Unternehmen in vielen Staaten beteiligt sein.

Umfassender Gobalisierungsbegriff

Der Prozess der Globalisierung beschränkt sich nicht auf den Bereich der Wirtschaft. Er hat längst auch die Bereiche Politik, Umwelt, Kultur und gesellschaftliche Entwicklung erfasst. Auch die Verbreitung westlicher Wertvorstellungen und Leitbilder über die Erde gehört dazu. Man spricht in diesem Zusammenhang von der „McDonaldisierung oder Coca-Colaisierung der Erde".

Zur Standardsicherung

1 *Der Globalisierungsprozess umfasst viele Bereiche. Erstelle hierzu eine Mindmap.*

2 *Welche Erfindungen und Entwicklungen haben den Globalisierungsprozess begünstigt?*

3 *Internationale Arbeitsteilung oder globale Wertschöpfung: Wende das Schema 5 auf die Jeansherstellung an.*

4 *a) Die einen sehen die Globalisierung als Chance, die anderen als Bedrohung. Erläutere.*
b) Welche Forderung erhebt Johannes Rau (Text 3) bezüglich der Globalisierung?

Zur Weiterarbeit

5 *Nimm Stellung zur Definition von „Globalisierung" in Text 2.*

6 *In Mexiko kann man deutsches Bier kaufen, in Deutschland mexikanisches. Soll das so sein? Begründe.*

7 *„Vom Welthandel zur Weltkultur". Was ist mit „McDonaldisierung der Erde" gemeint?*

Wertschöpfung

Jedes Produkt hat einen bestimmten Geldwert. Dieser setzt sich zusammen aus den Kosten für Rohstoffe, Entwicklung, Arbeit, Betriebsanlagen und Transport sowie Gewinnen und staatlichen Abgaben. Jedes beteiligte Glied der Produktions- und Handelskette eines Produktes ist Teil der Wertschöpfungskette.

→ *Globalisierung: Seiten 220/221 und 280/281*

❶ ***Global City Frankfurt / Main***

❸ **Die Macht der Global Player**
Konzernchefs planen global, nach den Gesetzen des internationalen Wettbewerbs und nach dem Prinzip der Gewinnmaximierung. Die Geschicke der für sie arbeitenden Menschen und die der Nationalstaaten interessieren sie kaum. Der Welt droht damit ein Konflikt zwischen den Interessen der Global Player und jenen der Nationalstaaten und ihrer Bürger, glaubt der amerikanische Politologe Raymond Vernon. Die Global Player besitzen nicht nur eine wirtschaftliche Macht, sondern auch eine politische. Durch die Drohung, Arbeitsplätze ins Ausland zu verlagern, sind Politiker und Gewerkschaften, aber auch ganze Firmenbelegschaften erpressbar geworden.

❷ ***Merkmale einer Global City***

- *viele Haupt- oder Tochtersitze von TNC*
- *internationales Finanzzentrum (Banken, Börsen, Versicherungen)*
- *Sitz bedeutender Institutionen, z. B. Zentralbank, Regierungssitz, Messestadt*
- *Knotenpunkt internationaler Verkehrsnetze*
- *hohe Einwohnerzahl und hohe Wirtschaftskraft*

In Deutschland erfüllt Frankfurt am Main die meisten Merkmale einer Global City. Berlin befindet sich auf dem Weg dahin.

Global Cities

Wodurch zeichnet sich eine Stadt aus, dass sie **Global City** genannt wird? Global Cities sind die eigentlichen Schaltzentralen der Weltwirtschaft. Hauptmerkmal einer Global City ist also das gehäufte Auftreten von internationalen Konzernen, von Unternehmen mit Weltbedeutung. Ein zweites Hauptmerkmal besteht darin, dass diese Städte internationale „Finanzumschlagplätze" sind. Zum Erscheinungsbild der Global Cities gehören somit Finanzinstitute aller Art sowie weitere Unternehmensdienstleister wie z. B. Werbeagenturen. Man bezeichnet Global Cities auch als Knotenpunkte der Globalisierung.

Transnationale Unternehmen

Der Globalisierungsprozess wird sehr stark getragen und gesteuert durch weltweit tätige Konzerne, den sogenannten Transnationalen Unternehmen (TNC). Als Transnationales Unternehmen gilt jedes Unternehmen, das mindestens zwei größere Tochterunternehmen im Ausland hat. Weltweit gibt es etwa 65 000 TNC. Diese beschäftigen rund 55 Millionen Menschen und bestreiten etwa zwei Drittel des Welthandels. Transnationale Unternehmen haben das Bestreben, durch Fusionen bzw. durch Übernahme anderer Unternehmen, immer größer und mächtiger zu werden. Sie wollen in ihrer Branche den Weltmarkt beherrschen. Ein mächtiges TNC wie zum Beispiel Microsoft wird auch **Global Player** genannt.

Internationaler Standortwettbewerb

Die Staaten der Erde konkurrieren um die Ansiedlung Transnationaler Unternehmen, denn diese kurbeln durch ihre inner- und außerstaatlichen Aktivitäten die Wirtschaft eines Landes an. Nicht selten werden die TNC mit Steuererleichterungen oder staatlichen Subventionen angelockt, zum Beispiel in die etwa 850 Sonderwirtschaftszonen des Weltmarktes. Durch ihre weltweite Tätigkeit und ihre Flexibilität hinsichtlich der Produktions- und Servicestandorte verstärken die TNC den globalen Wettbewerb in erheblichem Maße. So ist zum Beispiel der Siemens-Konzern in über 190 Staaten der Erde präsent und erwirtschaftet 75 % seines Umsatzes außerhalb Deutschlands.

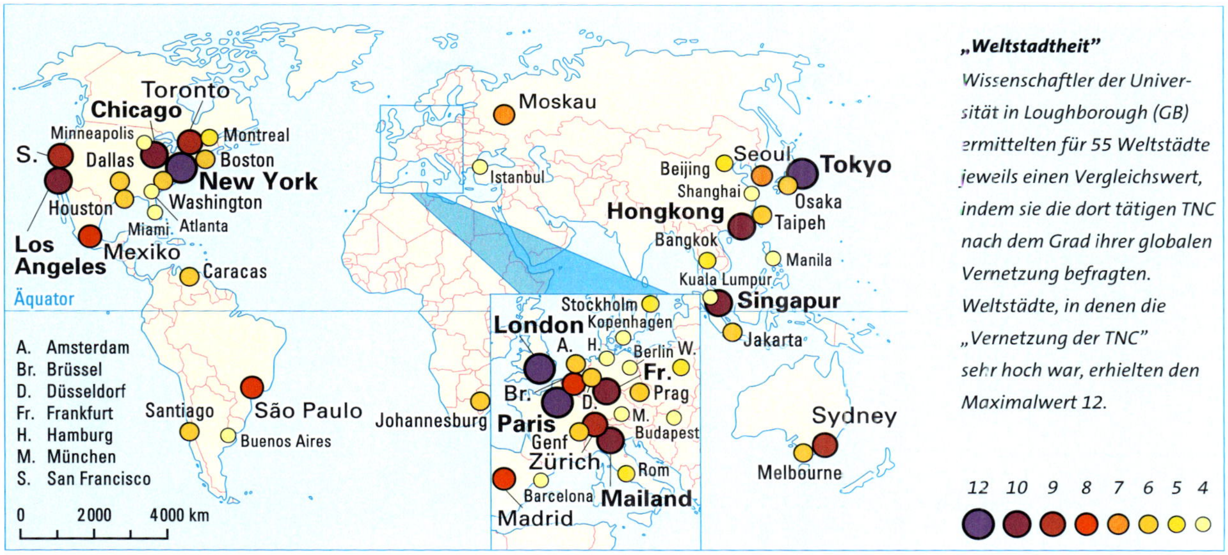

4 *Global Cities*

5 **Virtuelles Geld**

Die kaum vorstellbare Summe von 1,2 Billionen Euro wurde 2005 täglich von Banken und anderen Finanzdienstleistern rund um den Globus hin und her geschoben, neutral ausgedrückt: vermarktet, zum größten Teil in spekulativer Absicht. Manchmal nur für Stunden, manchmal für Monate oder Jahre werden Besitzrechte an Wertpapieren, Warengeschäften oder Unternehmen erworben, um diese dann gewinnbringend weiter zu verkaufen. Diese Transaktionen auf dem Devisenmarkt übersteigen in ihrem Gesamtwert bei weitem die dahinter stehenden Sachwerte. Man spricht deshalb von „virtuellem Kapital".

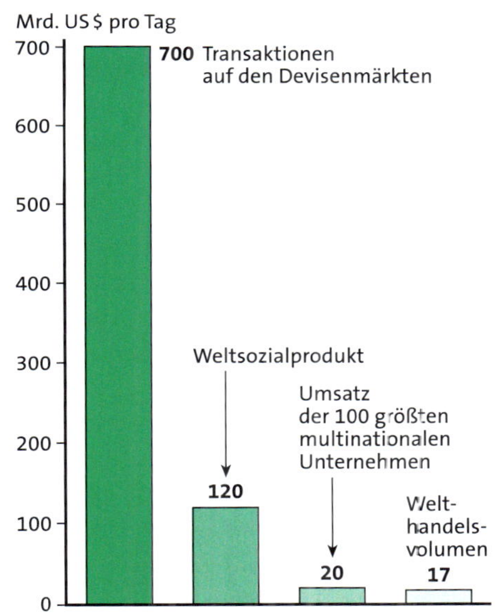

6 *Weltweite Umsätze pro Tag 2001*

7 ***Umsatz der 20 größten TNC der Welt 2003 (in Mrd. US $)***

Royal Dutch/Shell	NL	269
Wal-Mart	USA	256
Exxon Mobil	USA	247
BP	GB	233
General Motors	USA	186
DaimlerChrysler	D	172
Toyota	J	166
Ford Motor	USA	164
Mitsubishi	J	146
General Electrics	USA	134
Total	F	132
Chevron Texaco	USA	120
Mitsui	J	118
Volkswagen	D	110
NTT	J	106
ConocoPhillips	USA	105
Siemens	D	93
Itochu	J	90
IBM	USA	89
Carrefour	F	89

Zur Standardsicherung

1 *Text 2 und Karte 4:*
a) Nenne wichtige Merkmale einer Global City.
b) Erstelle eine Liste der zehn bedeutendsten Global Cities: Stadt/Staat/Wert-Ziffer.

2 *Tabelle 7: Transnationale Unternehmen:*
a) Nenne TNC, die ihren Hauptsitz in Deutschland haben.
b) Aus welchem Grund sind TNC weltweit tätig?
c) Welche Rolle spielen sie im Globalisierungsprozess?

3 *Erkläre den Begriff „Fusion".*

Zur Weiterarbeit

4 *„Virtuelles Geld", was ist das?*

5 *„Global Players haben wirtschaftliche und politische Macht." Erläutere diese Aussage.*

1 *Sojaexport Brasiliens (in Mio. t)*

1992	*12,2*
1996	*14,8*
2000	*20,9*
2004	*33,5*

2 *Größte Sojaproduzenten 2002 (in Mio. t)*

USA	*75,0*
Brasilien	*37,8*
Argentinien	*25,7*
China	*15,0*

4 *Lkw-Karawane für Europas Masttiere*

Raubbau für Billigfleisch

3 *Tauschverhältnis 7 : 1*

Das bedeutet: Aus 7 kg pflanzlichem Eiweiß (Soja) wird durch Verfüttern 1 kg tierisches Eiweiß (Schweinefleisch).

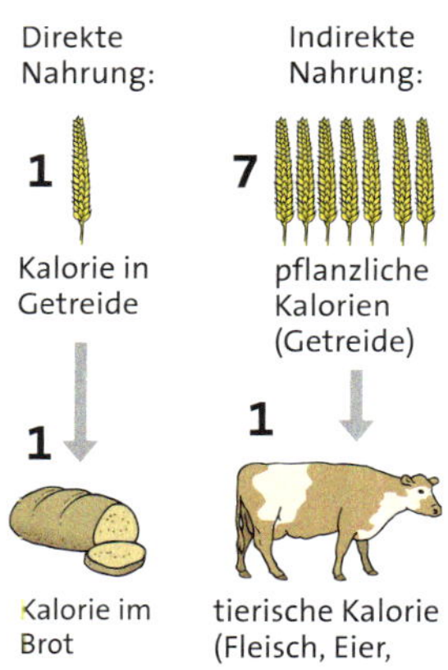

Tag und Nacht rollen mit Soja beladene Schwerlaster durch das brasilianische Städtchen Lucas do Rio Verde. Es ist Hochsommer, Mitte Februar, die Sojaernte ist in vollem Gange. Sojafarmer, Landarbeiter, Traktor- und Mähdrescherfahrer, aber auch die Lkw-Fahrer – alle stehen unter Stress. Die Großgrundbesitzer, Sojabarone genannt, schauen fast stündlich im Internet nach, wie hoch der Sojapreis in den USA, dem Weltmarktkonkurrenten, ist. Soja ist auf dem Weltmarkt zu einem nachgefragten Produkt geworden.

Der Mato Grosso, auf deutsch: „großer Busch“, ist Hauptschauplatz des brasilianischen Sojawunders. Hier im Südwesten Brasiliens stehen Sojafelder von der einen Seite des Horizonts bis zur anderen. Ausgelöst durch die BSE-Krise in Europa und dem nachfolgenden Fütterungsverbot von Tiermehl, brach Mitte der 1990er Jahre im Mato Grosso das Sojafieber aus. Der Bundesstaat stieg zum größten Sojaexporteur Brasiliens auf, und Brasilien zum größten Sojaexporteur der Welt. 2003 stellten die Agrarexporte 44 % des Gesamtexports Brasiliens, schufen 37 % der Arbeitsplätze und 34 % des Bruttoinlandsproduktes. Neben dem Hauptexportgut Soja werden Mais, Zucker, Kaffee, Orangensaftkonzentrat, Rind- und Hühnerfleisch und anderes ausgeführt.

„Der Preis ist hoch“

„Das Futter für Europas Mastschweine, Masthähnchen und Mastrinder wächst in Brasilien.“ Es ist ein preisgünstiges und sehr eiweißhaltiges Futter zugleich. Doch unser hoher Fleischverzehr hat auch einen hohen Preis: Er vernichtet Wälder und Existenzen. Der **Raubbau** an Regenwald- und Savannenflächen für den **Futtermittelexport** nimmt dramatische Ausmaße an. Im Jahr 2004 betrug der Verlust in Brasilien 24 000 km², davon 17 000 km² im Mato Grosso. Hauptverantwortlich für den Vegetationsschwund sind der Getreide- und der Sojaanbau und die Rinderweidewirtschaft.

5 **_Sojaernte_**

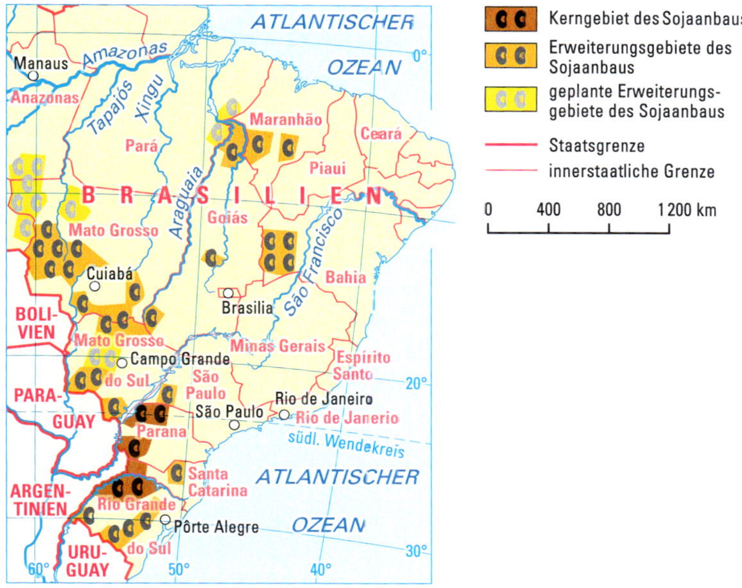

6 **_Sojaanbau in Brasilien_**

Vom Sojaboom profitieren fast nur die **Großgrundbesitzer** und die Konzerne. Sie bauen das Weltmarktprodukt großflächig an, in Monokulturen, mit modernster Agrartechnik. Durch die Massenproduktion und den Wettbewerb auf dem Weltmarkt fiel der Sojapreis. Die Soja produzierenden **Kleinbauern** konnten da nicht mithalten. Und jene, die für den regionalen Markt Nahrungsmittel wie Mais, Reis, Bananen und Gemüse erzeugten, sahen sich neuer Konkurrenz gegenüber: Zunehmend gelangten preisgünstige Waren aus anderen brasilianischen Regionen und vom Weltmarkt nach Mato Grosso. Der Preisverfall führte zum Anstieg der Verarmung in der ländlichen Bevölkerung.

7 **Geschäfte mit Chemie-Produkten**

„Hauptsache, Regen und Sonnenschein wechseln sich verlässlich ab“, so der Bürgermeister und Sojabaron von Lucas do Rio Verde, „für den Rest sorgt die chemische Industrie.“ Normalerweise benötigt man im Sojaanbau etwa 200 kg Dünger pro Hektar. Im Mato Grosso „verpulvern“ die Sojabarone bis zu 500 kg je ha. Hierüber freut sich ein Global Player aus Deutschland: „Brasilien ist im Agrargeschäft unschlagbar“, stellt BASF-Vorstandschef Hambrecht fest. Gemeint ist damit, dass der Konzern in Brasilien mit Mineraldünger und Pflanzenschutzmitteln gute Geschäfte macht. BASF beschäftigt in Brasilien 3 600 Menschen.

8 **_Verwertung der Sojabohne_**

Aus der Sojabohne wird zuerst Sojaöl gewonnen. Die ausgepressten Ölkuchen haben noch einen hohen Eiweißgehalt von 37 %, sind also ein ideales Futtermittel.

Soja wird z. B. verwendet als
- *Inhaltsstoff in Kosmetika*
- *Soja-Öl in Fischkonserven*
- *Ölprodukt in Lacken*
- *Zusatz in Schokolade*
- *Pflanzenöl in Speiseölen.*

Zur Standardsicherung

1 *„Soja ist ein ideales und preisgünstiges Futter für Europas Masttiere.“ Begründe.*

2 *„Der Sojaboom schuf bei den Bauern Gewinner und Verlierer.“ Erläutere.*

3 *a) „Für den Sojaexport zahlt die Natur einen hohen Preis.“ Führe zwei Aspekte an.*

b) „Wer frisst eigentlich den Regenwald?“

Zur Weiterarbeit

4 *„Die Globalisierung ist bis in den hintersten Regenwald vorgedrungen.“ Erläutere.*

5 *Atlasarbeit:*

a) Suche auf einer Brasilienkarte den Mato Grosso.

b) Nenne wichtige Agrarexportgüter von Brasilien.

Global denken: Ein Beziehungsnetz erstellen

Hättest du gewusst, dass unser Fleischgenuss in vielen Fällen etwas mit dem Sojaanbau in Brasilien zu tun hat?
In der Tat, unser Alltagshandeln reicht oft sehr viel weiter als wir denken. Und unsere Lebenstätigkeiten sind öfter „global vernetzt" als wir uns vorstellen. Die Zusammenhänge sind komplex und es entstehen – in Nah und Fern – Auswirkungen, von denen wir meist keine Kenntnis haben.
Sich über solche komplexen und globalen Zusammenhänge zu informieren und sie in einem Beziehungsnetz darzustellen, ist ein guter Weg, **globales Denken** zu fördern.

Viele Themen sind komplex und haben wichtige Teilaspekte, z. B. zu Ursachen und Auswirkungen, zu Bedingungen und Bedeutungen. Ein Beziehungsnetz hilft, wichtige Teilaspekte im Überblick, sozusagen in ihrer Gesamtheit, und in ihrer Vernetztheit darzustellen.

1 ***Pantanal***

Ein Beziehungsnetz erstellen und auswerten

1. Schritt: *Sich informieren*
- *Informationsmaterial besorgen und sorgfältig lesen, dabei*
- *Techniken der Textauswertung anwenden: Unterstreichen, Nachschlagen, Schlüsselwörter und Schlüsselaussagen notieren ...*

2. Schritt: *Thema und Schlüsselwörter festlegen*
- *Unterstreichungen und Notizen auf wesentliche Aspekte hin durchsehen.*
- *Thema und begrenzte Anzahl von Schlüsselbegriffen/-wörtern formulieren, danach auf Kärtchen schreiben.*

3. Schritt: *Schlüsselwörter ordnen*
- *Kärtchen auf Plakatpapier ausbreiten und nach Teilthemen ordnen.*
- *Danach unter Beachtung der Beziehungen untereinander eine Gesamtanordnung herstellen.*
- *Kärtchen aufkleben.*

4. Schritt: *Beziehungspfeile setzen*
- *Dort wo Beziehungen bestehen, Pfeile zwischen den Kärtchen einzeichnen.*

  Hinweis: Beziehungspfeile werden immer „von der Ursache aus in Richtung Auswirkung" gezeichnet,
  z. B. Fleischverzehr ——→ Tiermast
  Bei einem gegenseitigen „Ursache-Wirkungs-Verhältnis" wird ein Doppelpfeil gesetzt.
- *Die Pfeile mit Ziffern versehen.*

5. Schritt: *Beziehungsnetz auswerten*
- *Das Beziehungsnetz zum „Sprechen bringen", indem zu den Ziffern Aussagen formuliert werden, Beispiel:*
  1 = Hoher Fleischverzehr hat Massentierhaltung zur Folge.

1 *Formuliere Aussagen zu den Beziehungen 2, 8 und 9.*
2 *Setze Beziehungspfeile im Bereich III.*
3 *Ordne unten stehende Schlüsselwörter sinnvoll in das Beziehungsnetz Teil IV ein (Das gestrichelte Kästchen bleibt leer.): Chemie-Einsatz, Großgrundbesitzer, Monokulturen, Naturschutz, Reichtum, Waldraubbau, Umweltbelastung.*
4 *Ordne den gestrichelten Kästchen richtig zu: Global Player, Pantanal, 7 : 1, Verarmung.*

2 Der „Garten Eden" in Gefahr

Das Pantanal, das größte Süßwasserfeuchtgebiet der Erde, liegt im Südwesten Brasiliens an der Grenze zu Bolivien und Paraguay. Es ist mit 180 000 km² Fläche halb so groß wie Deutschland. Diese Baum-Gras-Savanne ist geprägt durch unzählige Flüsse, Seen und Sümpfe. Während der sommerlichen Regenzeit, von November bis April, entstehen in den Niederungen Wasserflächen von unvorstellbarer Größe.

Warum „Garten Eden"? Das Pantanal ist ein Tier- und Pflanzenparadies mit 665 Vogel-, 265 Fisch-, 123 Säugetier- und 1 700 Pflanzenarten. Zur Tierwelt zählen: Jaguar, Ozelot, Wasserschwein und Sumpfhirsch, Brillenkaiman, sowie der riesige Jabiru-Storch und der tiefblaue Hyazinth-Ara, der weltweit größte Papagei mit bis zu ein Meter Länge.

Diese einmalige Naturlandschaft ist stark bedroht von landwirtschaftlicher Intensivnutzung, vom Sojaanbau und von der Rinderweidewirtschaft. In den Randgebieten hat die Brandrodung und die Trockenlegung von Feuchtgebieten bereits Einzug gehalten. Dabei gehen die von Unternehmern gesteuerten Politiker geschickt vor: Im Jahr 2000 ließen sie 1,4 % des Pantanalgebietes von der UNESCO zum Weltnaturerbe erheben, um in den übrigen Flächen freie Hand zu haben. Umweltschutzverbände wie Ecotropica und der BUND kämpfen für den Erhalt dieses Paradieses.

4 *Ozelot*

5 *Hyazinth-Ara*

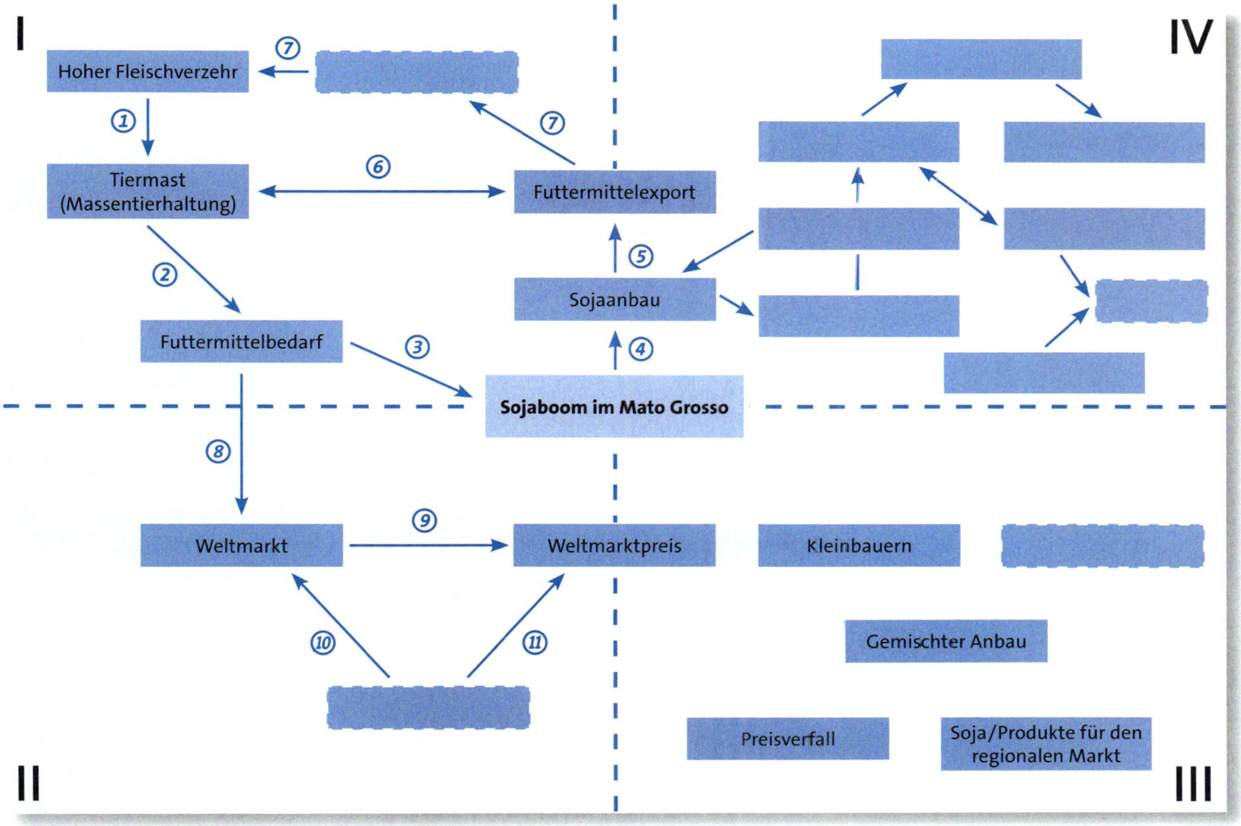

3 *Beziehungsnetz „Sojaboom im Mato Grosso"*

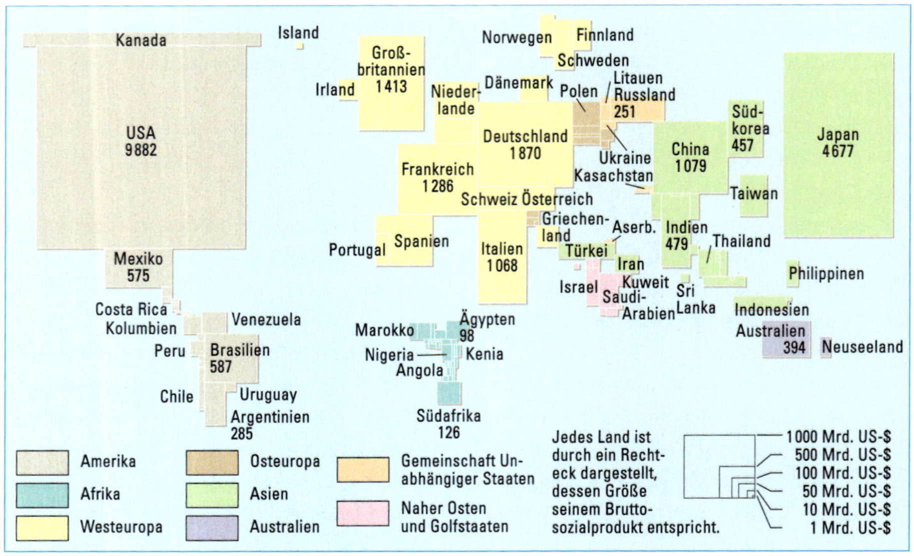

1 ***Ausgewählte Staaten der Erde nach ihrem Bruttosozialprodukt (BSP)***

Wichtige Begriffe
Fair Trade
Futtermittelexport
GATS
GATT
Global City
Globalisierung
Global Player
Globales Denken
Großgrundbesitzer
Indigenes Wissen
Internationale Arbeitsteilung
Kleinbauern
Lizenz
Mindeststandards
Niedriglohnland
Outsourcing
Patent
Raubbau
Terms of Trade
Triadisierung des Welthandels
TRIPs
WTO
Welthandelsgut
Weltmarktpreis

Orientieren

1 Wirtschaftsmächte

a) Erstelle anhand der Karte 1 ein Säulendiagramm mit den acht wirtschaftsstärksten Staaten. Vergleiche mit den G8-Staaten.

b) Entnimm den Strukturdaten im Anhang für diese Staaten das BSP pro Kopf und erstelle hierzu ebenfalls ein Säulendiagramm.

c) Vergleiche die beiden Diagramme. Erkläre.

Kennen

2 Begriffe gesucht

a) weltweit tätiges Unternehmen von großer Wirtschaftskraft

b) Weltwirtschaftszone, die frei von Zoll- und Steuererhebung ist

c) Erlaubnis, ein Patent zu nutzen

d) mit oder ohne Genehmigung des Patentbesitzers hergestelltes preisgünstiges Medikament

e) Normen, die im Blick auf ein menschenwürdiges Dasein nicht unterschritten werden dürfen

f) „Durch die verstärkte Begegnung von Menschen verspreche ich mir mehr Verständnis zwischen den Kulturen, eine Stärkung des globalen Umweltbewusstseins und Einfluss darauf, dass die Menschenrechte weltweit besser eingehalten werden."

g) So nennt man auf dem Weltmarkt die Wertverhältnisse zwischen den Rohstoffen der Entwicklungsländer und den Fertigwaren der Industrieländer.

3 Vom Kürzel zum Begriff

Gib zu jedem Kürzel eine Umschreibung: WTO, GATT, GATS, TRIPs, TNC, NRO.

Verstehen

4 Richtig oder falsch?

Verbessere die falschen Aussagen und schreibe danach alle Aussagen auf.

a) Der Handel zwischen Bundesländern wird Welthandel genannt.

b) Fair Trade ist der Versuch, den Erzeugern einer Ware gerechte Preise zu zahlen.

c) Der Welthandel wird beherrscht von der Triade USA, EU, Japan/China.

d) Europas Masttiere werden mit Tiermehl gefüttert.

e) Futtermittelexporte gereichten den Kleinbauern in Brasilien zu Reichtum.

5 Welcher Begriff passt nicht dazu? Begründe.

a) Dienstleistung – Baumwolle – Welthandelsgut – agrarischer Rohstoff

b) Informationen – Welthandelsgut – GATS – Global Village

2 ***Näherinnen in einer Textilfabrik in Birma***

4 „Ein Arbeitnehmer!"

c) *Outsourcing – Fair Trade – Ausbeutung – Weltmarktfabrik*
d) *Global Player – Global City – Worldcity – Finanzdienstleistungen*

6 *Erläutere die Begriffe ausführlich.*
a) *McDonaldisierung der Erde*
b) *Outsourcing (siehe auch Foto 2)*
c) *indigenes Wissen*

Anwenden

7 *Ich weiß, was ich weiß!*
Erkläre deinem Nebensitzer oder deinen Eltern, was „Globalisierung" ist.

3

Verwende dabei auch die Begriffe: Güter, Dienstleistungen, Wissen, Kapital sowie den Text 2f und Foto 2.

8 *Gewinner und Verlierer*
Verfasse zur Karikatur 3 einen Kommentar unter der Überschrift „Globalisierung kennt Gewinner und Verlierer".

9 *Eine Karikatur auswerten*
Erstelle zur Karikatur 4 einen Erläuterungstext. Hinweis: Der Mensch auf dem Finger könnte ein Arbeitnehmer, aber auch ein ... sein (wähle zwei andere Betroffene).

10 *Ein Beziehungsnetz erstellen*
Erstelle zum Thema „Lohnkosten sparen" ein Beziehungsnetz. Nutze folgende Schlüsselwörter:
keine Arbeitnehmerrechte – Niedriglohnland – Hochlohnland – keine soziale Absicherung – Verbot von Gewerkschaften – Leben am Existenzminimum – Outsourcing – Frauen- und Kinderarbeit – Abbau von Arbeitnehmerrechten – neue Arbeitsplätze – Verlust von Arbeitsplätzen – Arbeitslosigkeit – TNC

Teste dich selbst
Kannst du die Aufgaben 2, 4 und 5 ohne Hilfe lösen?

Fallstudien

„Selbstständige Anwendung von gelernten Methoden an jeweils einer Fallstudie zu einer globalen Raumproblematik und einem politischen Handlungsfeld" – so lautet die Zielsetzung im Bildungsplan.
Mit „gelernten Methoden" ist vor allem gemeint: Informationen zu beschaffen, diese themabezogen auszuwerten sowie die erarbeiteten Sachverhalte in geeigneter Form darzustellen und zu erläutern. Gelingt euch dies, so seid ihr auf die Kompetenzprüfung am Ende der Klasse 10 gut vorbereitet.

Globales Raumproblem:
Überfischung der
Weltmeere
NORDFILET

1 *Konfrontation*

2 *Information: Zusatzmaterial auswerten*

Die Methode der Fallstudie bedeutet, einen Fall genau zu studieren, Informationen zu sammeln, Lösungsmöglichkeiten zu entwickeln, Folgen und Alternativen vorweg zu nehmen. Und das, um die realitätsnahe Entscheidung des Falles vorzubereiten. Um den Überblick zu behalten, ist die Fallstudie in sechs Phasen gegliedert.

Fallstudie 1: Der Nahost-Konflikt

Zipporah, 21 Jahre, eine Jüdin aus Jerusalem (Israel), und Rasched, 26 Jahre, ein Muslim aus Ramallah im Palästinensischen Autonomiegebiet, haben sich verliebt. Kein Problem? Und ob! Diese Beziehung wird zur Zerreißprobe sowohl in Zipporahs als auch in Rascheds Familie – eine Liebe ohne Zukunft?

Mit einer Fallstudie arbeiten

1. Schritt: Konfrontation
(von lat. confrontatio: Gegenüberstellung)

Was ist passiert?
Lerne die Beteiligten im Fall näher kennen und mache dir ein Bild von der konfliktträchtigen Situation. Vor welchen Problemen stehen die Beteiligten, welche Streitpunkte gibt es und wie werden sich die einzelnen Personen möglicherweise verhalten?

Einzelarbeit bzw. Arbeit in Stammgruppen:
Zur weiteren Planung ist es wichtig, sich in Zipporah und Rasched wie in ihre Eltern und Freunde hineinzuversetzen. Schlüpft in die Rollen der Beteiligten und wählt ihre „Brille" zur Beurteilung der Situation.

2. Schritt: Information
(von lat. informatio: Formung, Bildung durch Unterweisung)

Was müssen wir über die Fallsituation wissen? Welche Informationen brauchen wir?
Die intensive Beschaffung, Bearbeitung und Auswertung von Informationen ist Grundlage für eine gute Argumentation. Einige Informationen findet ihr in diesem Buch, viele aktuelle Daten müsst ihr allerdings eigenständig recherchieren, denn ...
... Zipporahs und Rascheds Geschichte ist eingebettet in ein sehr kompliziertes Umfeld.

Arbeit in Expertengruppen:
Um Streitpunkte besser verstehen zu können, müsst ihr die Verhältnisse in Israel und Palästina, die Geschichte, die Bedeutung der Religionen, soziale und kulturelle, politische und wirtschaftliche Herausforderungen besser kennen lernen. Denn eines ist sicher: Bei dieser Beziehung geht es um mehr als nur um Liebe.

3. Schritt: Exploration
(von lat. exploratio: Erforschung)

Welche Lösungen sind denkbar?
Auf der Grundlage der gesammelten Informationen werden nun Alternativen entwickelt. Gedanklich werden die Folgen möglicher Entscheidungen vorweggenommen.

Rückkehr in die Stammgruppen:
Bevor Zipporah und Rasched sich der Diskussion in ihren Familien stellen, müssen sie sich selber klar machen, was sie eigentlich wollen. Wie stellen sie sich ihre gemeinsame Zukunft

3 ***Information: im Internet recherchieren***

4 ***Resolution: Familienkonferenz***

vor? Auch die anderen Familienmitglieder legen ihre Positionen fest und beraten, welche Strategie sie verfolgen werden.

4. Schritt: Resolution
(von frz. résolution: Beschluss)

Welche Entscheidungen treffen wir? Welche Folgen können oder werden diese haben? Keiner kann sich vor einer Entscheidung drücken. In der direkten Auseinandersetzung müssen sich die Beteiligten Klarheit verschaffen und sich für eine Lösung entscheiden.

Diskussion in zwei Familienkonferenzen: Gibt es für Zipporahs und Rascheds Beziehung eine Zukunft oder werden die Umstände das Band der Liebe trennen? Der Familienrat tagt – die Positionen treten offen zu Tage. Zipporah und Rasched werden mit den Konsequenzen ihrer Entscheidung konfrontiert. Kommt es zum Zerwürfnis?

5. Schritt: Disputation
(von lat. disputatio: Erörterung, Abhandlung)

Diskussion und Beratung der getroffenen Entscheidung

Diskussion in erweiterten Familienkonferenzen: Nach der Aussprache müssen sich die Beteiligten mit der getroffenen Entscheidung auseinandersetzen. Alle Beteiligten kommen nach einer Beratungsphase in der Kleingruppe erneut zusammen. Wurden bei der Entscheidung alle wesentlichen Probleme gelöst? Welche Konsequenzen ergeben sich konkret? Wird es ein letzter Moment der Zweisamkeit für Zipporah und Rasched oder haben sie eine realistische Perspektive für ihre Beziehung?

6. Schritt: Kollation
(von lat. collatio: Zusammentragen, Beitrag, Vergleichen)

Vergleich: unsere Entscheidung – tatsächliche Entscheidung

Zum Abschluss der Fallstudie soll ein Blick zurückgeworfen werden auf den Weg der Entscheidungsfindung und Problemlösung. Was haben wir über Palästina und Israel erfahren? Was haben wir über Konfliktlösungsstrategien gelernt?

Zipporah und Rasched sind zwar eine Ausnahme, aber kein Sonderfall. An Beispielen lässt sich ein friedliches Nebeneinander oder gar Miteinander von Israelis und Palästinensern zeigen.

Einzelarbeit zur Vorbereitung

1 *Auf den Seiten 230/231 stellen sich Zipporah und Rasched vor. Lies alle Texte in Ruhe durch.*

2 *Was wird aus der Liebesgeschichte von Zipporah und Rasched werden? Notiere deine Meinung zum weiteren Verlauf der Beziehung: Ich glaube,... Ich schätze,... Ich meine,...*

3 *Lege eine Tabelle mit drei Spalten an. Trage in die linke Spalte Gründe ein, die für die Beziehung sprechen, in die Mitte Gründe, die zu diesem Zeitpunkt dagegen sprechen. In die rechte Spalte trage Probleme ein, mit denen Zipporah und Rasched rechnen müssen.*

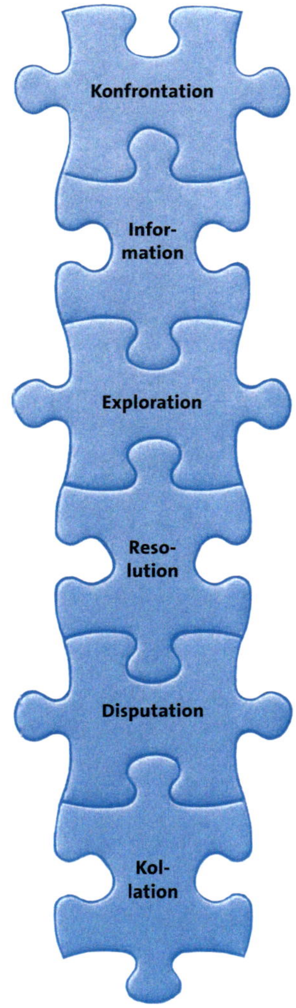

→ *Zur schnellen Organisation der Fallstudie 1 findet ihr Material unter www.klett.de/extra*

„Ich bin Zipporah Erez,

21 Jahre jung und arbeite als Krankenschwester im Seniorenheim Kiryat Moshe im Westen von Jerusalem. Sechs Tage in der Woche – außer am Sabbat/Samstag – nehme ich den Bus um 5.32 Uhr von En Kerem zu meiner Arbeitsstelle. En Kerem ist ein kleiner Vorort im Südwesten von Jerusalem. Wenn ich aus dem Fenster schaue, kann ich die Gedenkstätte Yad Vashem und den Mount Herzl sehen. Hier haben wir, meine Mutter, mein Vater und meine 12-jährige Schwester Miryam, ein Haus. Mein Vater Chaim Erez ist Internist im Hadassah Krankenhaus und hat es zur Arbeit nicht weit. Meine Mutter Ruth Erez ist ebenfalls Ärztin, für Kinderheilkunde. Dreimal in der Woche doziert sie an der Hebrew University im Nordosten der Stadt und forscht im Bereich der Traumatherapie.

Ich wollte euch aber erzählen, wie ich Rasched kennen gelernt habe. Das kam so ...

... ich hatte mich mit zwei Freundinnen, Ester und Nurith, zum Einkaufen in der Fußgängerzone der Ben Yehuda Straße verabredet, als ich ihn im Café sitzend sah: groß, kräftig, elegant und modisch gekleidet, kurze Haare und faszinierende Augen. Er schien auf jemanden zu warten. Ich überredete Ester und Nurith, sich auch ins Café zu setzen, um ihn genauer zu begucken. Er schien uns auch beobachtet zu haben und sein verstohlener Blick wanderte immer wieder zu uns herüber. Wer ist er? Wird er uns ansprechen? Als er aufstand und zu uns herüberkam, fiel ich fast in Ohnmacht, so heftig raste mein Herz ...“

1

2

Ruth Erez: „Ach, soll Zipporah doch ihren Rasched haben. Ich finde ihn sehr attraktiv! Die Liebe ist stärker als wir.“

Fares Geri: „Ein nettes Mädchen, aber sie ist Jüdin und wir sind Moslems, sie wohnt in Isreal, wir in Palästina, sie kann sich frei bewegen, wir sind in unserem eigenen Land eingesperrt: zuviele Unterschiede, die sich nicht wegdiskutieren lassen.“

Miryam Erez: „Muss sie sich mit einem Araber einlassen? Gibt es nicht genügend jüdische Jungen?“

Yassir Geri: „Rasched soll ein Mädchen aus Ramallah nehmen. Mit Isrealis will ich nichts zu tun haben!“

Chaim Erez: „Wenn ich mich auch für einen liberalen, modernen und aufgeklärten Menschen halte, kann ich Zipporahs Verhalten nicht akzeptieren. Ihre Beziehung zu Rasched wird keinen Bestand haben, es spricht zuviel dagegen!“

Nasser Geri: „Wir sind hier nicht in London. Hier gelten andere Gesetze. Unsere Welten sind zu weit auseinander, dagegen können sich Zipporah und Rasched nicht stellen.“

„Ich bin Rasched Geri,

26 Jahre alt, komme aus Ramallah, bekannt durch den Sitz der Palästinensischen Autonomiebehörde – sozusagen dem momentanen Regierungssitz Palästinas, habe in London Architektur studiert und bin seit kurzem zurück im Haus meiner Eltern. In London habe ich zwei israelische Studenten kennen gelernt, mit denen ich jetzt den Neubau eines Kindergartens plane. Den Auftrag haben wir zwar noch nicht, aber mit unseren Ideen werden wir die Ausschreibung sicherlich gewinnen.

Die Treffen mit meinen Freunden Zwi und Ben gestalten sich jedoch schwierig. Ich habe zwar als Sohn eines Diplomaten einen Passierschein, doch gibt es immer wieder Probleme an den Übergängen zwischen dem Westjordanland und Israel. Die beiden letzten Treffen in Jerusalem musste ich ganz absagen, da die Übergänge nach einem Attentat wieder mal geschlossen wurden. Und dabei wollte ich eigentlich nicht nur Zwi und Ben treffen, sondern hoffte insgeheim, dieses Mädchen wieder zu sehen.

Ach, noch etwas zu mir. Ich lebe mit meiner Familie in einer bescheidenen Wohnung. Mein Vater Nasser Geri war eine Zeit lang als Diplomat in London und ist jetzt in der Autonomiebehörde zuständig für Infrastrukturprojekte zur Verbesserung der Wirtschaftslage Palästinas. Meine Mutter Fares Geri kümmert sich um den Haushalt und meinen ‚kleinen' Bruder Yassir, der 14 Jahre alt ist."

Israel trifft Palästina

So ging es mit Zipporah und Rasched weiter

Sie trafen sich noch zweimal – natürlich zufällig – im gleichen Café, bis Rasched Zipporah ansprach. Bei einem palästinensischen Mädchen hätte er sich das nie getraut. Aber Rasched wusste, dass er sonst keine Möglichkeit hätte, Zipporah jemals kennen zu lernen. Im Gespräch stellten sie sehr schnell fest, dass ihre Geschichte sehr unterschiedlich war und sie mit einer weitergehenden Freundschaft ihre Eltern und Freunde sicherlich gegen sich hätten. Dennoch ließen sie sich nicht abhalten, etwas zusammen zu unternehmen – wann immer es möglich war. Vor allen Dingen schrieben sie sich ständig SMS oder gaben sich Liebesschwüre via e-mail. So konnten sie erst einmal sicher sein, dass ihre Eltern nichts von ihrer Beziehung mitbekamen. Wenn Zipporah nicht unvorsichtiger Weise ihrer Schwester von ihrem Freund erzählt hätte… Der Familienkrach war vorprogrammiert und Zipporahs Vater Chaim nahm sie nach der freitagabendlichen Sabbatfeier zur Seite, fragte sie, ob es stimme, was er gehört hätte und bat um ein ernsthaftes Gespräch im Familienrat.

Auch Rascheds Mutter hatte bereits die Veränderung an ihrem Jungen bemerkt und ihn ohne Umschweife gefragt, wann sie denn das Mädchen vorgestellt bekäme. Als Rasched offenbarte, dass Zipporah ein jüdisches Mädchen aus Israel sei, wurde die Mutter sehr nachdenklich und sagte nur: „Lass uns morgen mit Vater darüber reden!"

Gruppenarbeit in Stammgruppen

In der Geschichte gibt es acht Personen. Bildet für jede Person eine Gruppe. Gut wären Vierer-Gruppen. Wenn es zahlenmäßig nicht aufgeht, könnt ihr die „kleinen" Geschwister weglassen oder eine von Zipporahs und Rascheds Freundinnen/Freunden dazunehmen. Hängt ein Plakat mit der Gruppeneinteilung im Klassenraum auf.

1 *Vergleicht in den Gruppen die Ergebnisse der vorbereitenden Aufgaben von Seite 229.*

2 *Gestaltet ein Plakat mit Sprechblasen und euren ersten Stimmen/Meinungen/Vorhersagen zu Zipporahs und Rascheds (Liebes-) Geschichte.*

1 Steckbrief Israel

Hauptstadt: Jerusalem
Fläche: 22 145 km²
Einwohner: 6,6 Mio.
Bevölkerungsdichte: 318 EW/km²
Amtssprachen: Neu-Hebräisch (Iwrith), Arabisch, Englisch verbreitet
Religion: 80,0 % Juden; 14,0 % Muslime; Christen, Drusen, Bahai als Minderheiten
Währung: 1 Neuer Schekel (NIS) = 100 Agorot

2 Steckbrief Palästinensisches Autonomiegebiet

Sitz der Autonomiebehörde und des Präsidenten: Ramallah
Beabsichtigte Hauptstadt: Ost-Jerusalem
Fläche: 6 020 km²
Einwohner: 3,6 Mio.
Bevölkerungsdichte: 604 EW/km²
Amtssprache: Arabisch
Religion:
Westjordanland: 75 % Muslime (v. a. Sunniten); 17 % Juden
Gaza-Streifen: 99 % Muslime
Währung: keine eigene (Schekel)

3 Israelis und Palästinenser mit gemeinsamem Ziel

(K)eine gemeinsame Geschichte

Der Raum Palästina hat eine wechselvolle Geschichte. Im zweiten vorchristlichen Jahrtausend hatte König David die jüdischen Stämme im „gelobten Land“ zum Königreich Israel zusammengeschlossen. Er machte Jerusalem zur Hauptstadt. Doch das Reich war ständig bedroht. Die Assyrer, Babylonier, Griechen und später die Römer eroberten es.

Um 70 n. Chr. erhoben sich die Juden gegen die römische Besatzung. Der Aufstand wurde blutig niedergeschlagen. Jetzt wanderten viele Juden aus der Heimat ab und ließen sich in den Ländern am Mittelmeer, später auch in Mittel- und Osteuropa nieder. Dort waren sie als Juden ständigen Verfolgungen ausgesetzt.

Ende des 19. Jahrhunderts, als in Europa fast alle Völker eigene Staaten gründeten, kam auch unter den Juden der Wunsch nach einem eigenen Staat in der alten Heimat auf. Doch diese Heimat hatte sich erheblich verändert: Sie hieß jetzt Palästina und die Mehrheit der Bewohner gehörte zu arabischen Stämmen. 1920 bekamen die Briten in der Friedenskonferenz von San Remo vom Völkerbund das Mandat über Palästina übertragen.

1948: Ende des britischen Mandats – Beginn des Unabhängigkeitskrieges

Nach dem schrecklichen Holocaust während der deutschen Nazi-Herrschaft sahen viele Juden in einem eigenen Staat ihre einzige Überlebenschance. Die UNO beschloss die Teilung Palästinas in einen jüdischen und einen arabischen Staat. Die Araber akzeptierten das nicht. Als der jüdische Nationalrat 1948 den Staat Israel mit Jerusalem als Hauptstadt ausrief, kam es zum Krieg. Erst 1949 wurde ein Waffenstillstandsabkommen unterzeichnet und Jerusalem geteilt. Der Westteil blieb israelische Hauptstadt, der Ostteil, die Altstadt mit den Heiligtümern der Christen, Juden und Moslems, fiel an Jordanien.

UNO-Truppen bewachten die Grenzen. Viele Araber, Palästinenser genannt, verließen Israel. In den Flüchtlingslagern nahe der Grenze, in denen sie fortan lebten, wuchs der Hass auf den neuen Staat.

1967: Sechs-Tage-Krieg

Die Israelis erschlossen und besiedelten ihr Staatsgebiet. 1967 unternahmen die Israelis einen „Präventivschlag“ gegen ihre Nachbarn. Sie besetzten die syrischen Golan-Höhen, das jordanische Westjordanland und Ost-Jerusalem sowie die ägyptische Sinai-Halbinsel samt Gaza-Steifen. Die in den okkupierten Gebieten lebenden Palästinenser akzeptierten die Besetzung nicht. Sie wehrten sich, auch mit terroristischen Mitteln, vor allem gegen die Besiedlung durch Israelis. 1993 waren sie politisch erfolgreich. Im Gazastreifen und Westjordanland wurden palästinensische Autonomiegebiete eingerichtet. Doch es kommt zu keinem dauerhaften Frieden. Palästinenser empfinden die israelische Oberhoheit als Bedrückung. Sie greifen zu Gewalt. Die israelische Armee besetzt die autonomen Gebiete, was neue Gewalttätigkeiten auslöst.

Israel bei der Gründung 1949

Israel und Palästinensische Autonomiegebiete heute

2003: Mit der „Road Map" zum Frieden?

2003 ist unter der Federführung der USA ein neuer Friedensplan, die sogenannte „Road Map", entwickelt worden. Er sieht die Gründung eines unabhängigen Palästinenser-Staates sowie die Räumung der israelischen Siedlungen im Westjordanland vor.

Beidseitiger Terror, Selbstmordanschläge von militanten Palästinensern auf der einen Seite und die „Politik der gezielten Liquidierung" seitens Israel werfen die Bemühungen um Annäherung und Frieden immer wieder zurück.

Auch der fortschreitende Bau einer israelischen Sperranlage im Westjordanland heizt den Konflikt weiter an.

Nach dem Tod Jassir Arafats am 11.11.2004 und der Wahl Mahmud Abbas zum Palästinenserpräsidenten stiegen die Chancen für eine friedliche Koexistenz von Israel und Palästina wieder.

Aktuelle innenpolitische Bemühungen zielen dahin, gewaltbereite extremistische Gruppen auf Waffenstillstand und Gewaltverzicht einzuschwören und somit die Sicherheitslage zu verbessern, Fragen der Siedlungspolitik zu klären und die allgemeine Wirtschaftslage zu verbessern. Unter internationaler Vermittlung wird die völkerrechtlich verbindliche Gründung eines unabhängigen Palästinenserstaates voran getrieben.

Gruppenarbeit in Expertengruppen

1 *Übertragt die Informationen dieser Doppelseite auf ein Plakat. Übernehmt hierzu die Steckbriefe, ergänzt sie und bereitet sie grafisch auf. Die Geschichte Israels/Palästinas lässt sich gut als Zeitstrahl darstellen, mit dessen Hilfe ihr später eure Mitschüler/-innen informieren könnt.*

2 *Recherchiert weiter im Internet.*

Organisationsvorschlag

Bildung von vier Expertengruppen aus:

- *einem Vertreter der Gruppe Zipporah (Rasched)*
- *einem Vertreter der Gruppe Ruth (Fares)*
- *einem Vertreter der Gruppe Miryam (Yassir)*
- *einem Vertreter der Gruppe Chaim (Nasser)*

1 **Blick vom Ölberg auf die Altstadt von Jerusalem mit Felsendom**

Jerusalem – Zentrum dreier Weltreligionen

Surftipps

http://hagalil.com/judentum/feiertage/index.htm (Grundlagen Judentum, interaktiver Kalender zu allen Festtagen)

http://palaestinanews.de/islam.php (interaktive Bibliothek)

Jerusalem ist sowohl für Juden, als auch für Christen und Moslems eine heilige Stadt. 337 Synagogen, 98 christliche Kirchen und Klöster und 63 Moscheen zeugen davon.

Jerusalem hat jedoch auch eine politische Bedeutung. So sollte Jerusalem laut UN-Resolution von 1947 einen Sonderstatus als „neutrale Enklave" erhalten. Nach der Ausrufung des Staates Israel am 14. Mai 1948 und dem folgenden Unabhängigkeitskrieg wurde Jerusalem geteilt. Der Westteil fiel an Israel, der Ostteil an Jordanien. Das Streben der Juden nach einem eigenen Staat war immer auch ein Streben nach einem geeinten Jerusalem. Darum ging Israel nach dem Krieg von 1967 sofort daran, Jerusalem wiederzuvereinigen und auszubauen.

Die Stadt hat heute zwei Gesichter: Da ist zum einen die Altstadt mit ihren engen Gassen, den flachen Häusern und dem Basar. Hier liegen die Heiligtümer der drei Weltreligionen. Das andere Jerusalem ist eine nach europäischen Vorbildern angelegte moderne Großstadt mit hohen Verwaltungs- und Hotelgebäuden und modernen Wohn- und Geschäftsvierteln.

Gruppenarbeit in Expertengruppen

1 *Erstellt auf Plakaten ein Lexikon mit Erklärungen, Grafiken, Fotos und Zeichnungen zu den Begriffen auf dieser Doppelseite. Die Liste der Begriffe ist unvollständig. Nehmt also noch neue Begriffe auf, die euch bei der Recherche begegnen.*

2 *Fasst für eure Mitschüler/-innen solche Informationen zusammen, die besonderen Einfluss auf den Alltag von Zipporah und Rasched haben könnten (z. B.: unterschiedliche Ruhetage, Feiertage, Heiligtümer ...). Weil der Fall in Jerusalem spielt, erklärt euren Mitschüler/-innen später die spezielle Situation der „geteilten" Stadt.*

Chanukka

Schabbat

Dar-es-salam

Imam

Misrah

Purim

Schawuot

Muezzin

Rabbiner

Lunarkalender

2 *Klagemauer*

5 *El-Aksa-Moschee*

3 *Beten an der Klagemauer*

6 *Beten mit dem Koran*

4 *Lesen in der Torah mithilfe des Yad*

7 *Shahada – kalligrafische Darstellung des Glaubensbekenntnisses*

Ramadanfest
Mekka
Kalligraphie
Talmud
Hac (hadsch)
Teffilin
Allah
koscher
Sch'ma Israel
Fastenmonat
Suren
Mohammed
Rosch-ha-Schana
Mazzot
Pessach
Tevbe
Kippa
Jahwe
Opferfest
Zakat
Sukkot
Minbar

1 **Israel**

Israel ist ein rohstoffarmes Land. Geringe Erdöl- und Mineralienvorkommen reichen zur Selbstversorgung nicht aus. Rohstoffe werden unter anderem über die Häfen von Ashdod, Ashkelon, Hadera und Haifa angelandet. Hier werden auch Güter in alle Welt exportiert.
Israel ist eine Dienstleistungsgesellschaft: Etwa 86 % der weiblichen und 62 % der männlichen Arbeitnehmer arbeiten im Dienstleistungssektor.
In der Industrieproduktion – hauptsächlich der Hightech-Industrie, Rüstung, Chemischen Industrie und Nahrungsmittelproduktion – sind 34 % der männlichen, 12 % der weiblichen Arbeitnehmer beschäftigt.
In der Landwirtschaft sind 3 % der Arbeitnehmer tätig. Aufgrund des trockenen Klimas kann nur etwa ein Fünftel der Fläche landwirtschaftlich genutzt werden. Fast die Hälfte aller Anbauflächen muss künstlich bewässert werden. Zu den Hauptanbauprodukten gehören Weizen, Mais, Obst, Kartoffeln und Baumwolle. Früchte aus Israel gelangen in den Wintermonaten auch auf den deutschen Markt.
Der Tourismus als bedeutender Wirtschaftszweig und Devisenlieferant hat in den letzten Jahren vor allem unter der angespannten Sicherheitslage gelitten. Dennoch brachten 2004 mehr als 860 000 Besucher Einnahmen in Höhe von knapp 1,2 Milliarden US $.
Bei einer negativen Wachtumsrate des BIP von –0,8 % im Jahr 2004 und stetig zunehmender Bevölkerung nehmen die Einkommensunterschiede und sozialen Probleme zu.

Wirtschaft im Blickfeld

Surftipps

www.keren-hayessod.de/israel-nachrichten/news/lebensstandard.htm
(Bericht über Lebensverhältnisse einer durchschnittlichen israelischen Familie)
www.israel.de
(Israelische Botschaft, Berlin)

2 ***Intensive Landwirtschaft in Israel***

4 ***Biotechnologischer Betrieb in Israel***

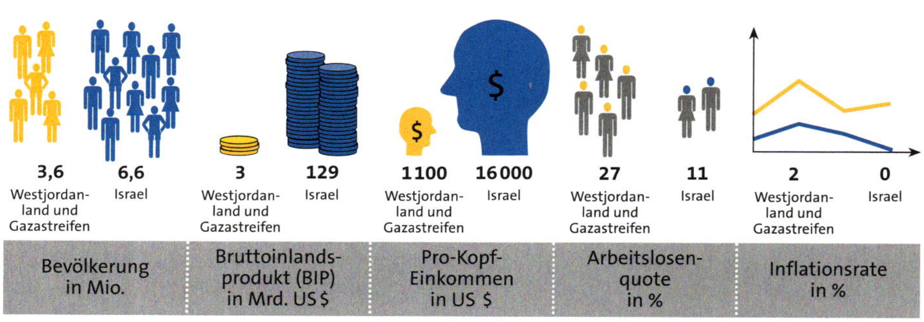

3 ***Kenndaten der Wirtschaft im Vergleich***

5 Westjordanland / Gaza-Streifen

Im Dienstleistungssektor sind etwa 58 % der männlichen und 62 % der weiblichen Arbeitnehmer beschäftigt. Der Anteil der Dienstleistungen am BIP liegt bei 80 %.

In der Industrie, vor allem der Bauindustrie, sind 32 % der männlichen und 11 % der weiblichen Arbeitnehmer tätig. Industrielle Vorprodukte und Nahrungsmittel finden als Exportgüter hauptsächlich Absatz in Israel.

Die Landwirtschaft beschäftigt etwa 9 % der arbeitsfähigen Männer und 26 % der Frauen. In den Anbaugebieten werden Tomaten, Gurken, Südfrüchte und Oliven angebaut.

Die Arbeitslosigkeit ist mit mehr als 27 % hoch. In den Städten liegt diese Rate noch weit darüber (etwa 40 %). Die Beschränkung des Zugangs zu Israel trifft viele Palästinenser, die beispielsweise in der Bauindustrie Israels tätig sind.

Bereits jetzt leben 59 % der Palästinenser nach Angaben der Weltbank unter der Armutsgrenze und müssen täglich mit weniger als zwei US-Dollar auskommen. Sie sind zudem von Nahrungsmittelhilfe der UNO abhängig.

Die schrumpfende Wirtschaftsleistung (−9,1 %), das hohe Außenhandelsdefizit (0,2 Mrd. US $ Export stehen 1,1 Mrd. US$ Import gegenüber), die Kluft zwischen Staatsausgaben (1,2 Mrd. US$) und -einnahmen (0,3 Mrd. US$), sowie die Abhängigkeit von der Entwicklungshilfe engen den politischen Spielraum ein.

6 ***Landwirtschaft in Palästina***

7 ***Palästinensische Arbeitspendler bei der Ausreise***

Gruppenarbeit in Expertengruppen

1 *Vergrößert eine Karte Israels und der Palästinensergebiete auf Plakatgröße. Tragt bedeutende Wirtschaftszweige mit Symbolen ein.*

2 *Erstellt mithilfe der Angaben aus dem Text und euren Rechercheergebnissen jeweils einen Wirtschaftssteckbrief für Israel und für das Westjordanland/Gaza-Streifen.*

3 *Gesetzt den Fall, Zipporah und Rasched leben als Paar zusammen:*
Entwickelt zwei Szenarien, wie sich die wirtschaftliche Situation für Zipporah und Rasched im besten und im schlechtesten Fall entwickeln könnte.

Surftipps

www.sis.gov.ps/english/index.html
(Palästinensische Autonomiebehörde)

www.ipc.gov.ps
(aktueller Presseinformationsdienst Palästinas)

Der Konflikt im Pressespiegel

Montag, 14. März 2005

Die um Jerusalem geplante Sperranlage soll nach einem israelischen Ministerbeschluss auch die größte jüdische Siedlung im Westjordanland, Maale Adumim, einschließen.

250 Abiturienten in Israel unterzeichnen Petition, in der sie ihre Verweigerung des Militärdienstes in den Palästinensergebieten verkünden.

In einem Antwortschreiben gibt der stellvertretende israelische Verteidigungsminister Boim gegenüber einem arabisch-israelischen Abgeordneten zu, dass israelische Soldaten im vergangenen Jahr einen palästinensischen Universitätsprofessor erschossen haben, weil einer ihrer Kampfhunde den Mann irrtümlich verfolgt hatte.

Israels Regierungschef Ariel Scharon will sich mit einer möglichen Waffenruhe der radikalen Palästinensergruppen nicht zufrieden geben. „Eine politische Einigung mit extremistischen islamischen Organisationen wie der Hamas und dem Islamischen Dschihad wird nicht zu deren Auflösung führen."

Das US-Repräsentantenhaus hat die Europäische Union aufgerufen, die libanesische Hisbollah-Bewegung auf ihre Liste terroristischer Organisationen zu setzen.

❶ *Maskiertes Mitglied der Hamas*

Dienstag, 15. März 2005

UN-Generalsekretär Kofi Annan hat sich bei seinem Besuch in Israel und den Palästinensergebieten zuversichtlich über die Friedenschancen geäußert.

Während Annans Besuch demonstrieren in Ramallah Hunderte wütender palästinensischer Bauern gegen die Sperranlage.

❷ *Abbas, Bush und Sharon am 4. 6. 2003*

Staatsgäste aus etwa 40 Ländern bei der Eröffnung des neuen Holocaust-Museums der israelischen Gedenkstätte Jad Vaschem.

Der politische Führer der radikalen Palästinenserbewegung Islamischer Dschihad, Anwar Abu Taha, will „keinen kostenlosen Waffenstillstand" anbieten.

❸ *Sperrwall durch Jerusalem*

Mittwoch, 16. März 2005

In einem symbolischen Schritt hat Israel mit der begrenzten Übergabe der Sicherheitskontrolle in Jericho an die palästinensischen Behörden begonnen.

Als vertrauensbildende Maßnahme bauen Soldaten Betonblöcke am Hauptkontrollpunkt südlich der Stadt Jericho im Westjordanland ab.

Donnerstag, 17. März 2005

El-Aksa-Brigaden lehnen langfristige Waffenruhe mit Israel ab.

Der bewaffnete Arm der Fatah-Organisation von Palästinenserpräsident Mahmud Abbas fordert Freilassung aller palästinensischen Gefangenen.

EU-Amt für Betrugsbekämpfung hat keine Beweise für Missbrauch von EU-Geldern zur Finanzierung von Anschlägen durch die Palästinensische Autonomiebehörde.

Wichtigste Palästinenserorganisationen einigen sich in Kairo auf unbefristete „Ruheperiode".

Ariel Scharon nennt die „Erklärung von Kairo" einen „ersten und positiven Schritt".

❹ *UN-Stützpunkt auf den Golanhöhen*

❺ ***Neve Shalom, „Oase des Friedens": Israelis und Palästinenser leben in Eintracht***

❼ ***Abzug der Israelis aus dem Gazastreifen 2005***

Freitag, 18. März 2005

Die bewaffneten palästinensischen „Volkswiderstandskomitees" lehnen einstweiligen Gewaltverzicht der wichtigsten militanten Palästinensergruppen ab.

Samstag, 19. März 2005

Rund 10000 Israelis demonstrieren in Tel Aviv für den Gaza-Rückzugsplan.

Palästinenserpräsident Mahmud Abbas berät in Jordanien heimlich mit dem Chef des israelischen Inlandsgeheimdienstes Schin Bet Avi Dichter über israelischen Abzug aus dem Gazastreifen.

Sonntag, 20. März 2005

Drei israelische Soldaten und zwei Palästinenser sind bei zwei Zwischenfällen im Westjordanland verletzt worden.

❻ ***Selbstmordanschlag auf einen Linienbus in Haifa***

Israelische Soldaten bei gemeinsamer Fahndung nach gestohlenen Autos mit palästinensischen Polizisten in einem Flüchtlingslager von Ramallah von radikalen Palästinensern beschossen.

Mehr als 600 jüdische Siedler lassen sich zum Widerstand gegen die Räumungspläne in dem Block Gusch Katif im Süden des Gazastreifens nieder.

Israel beginnt mit der Übergabe der Kontrolle über die Stadt Tulkarem.

General Jair Naveh, erlässt Dekret über ein Verbot für Neuansiedlungen im Gazastreifen.

Die radikalislamische Palästinenserbewegung Hamas gibt die irrtümliche Tötung des 32-jährigen Hekmat Jassin 2003 zu, den sie fälschlicherweise für einen Kollaborateur der israelischen Behörden hielt.

Gruppenarbeit in Expertengruppen

1 *Erstellt für den Zeitraum eurer Fallstudie eine aus aktuellen Nachrichten gespeiste Wandzeitung und entwickelt ein Lexikon mit Bildern und Erklärungen zu Parteien, wichtigen Personen, Organisationen und Interessengruppen. Beschränkt euch auf wenige aktuelle, konfliktbeladene politische Fragen wie beispielsweise die Siedlungspolitik, Sicherheitspolitik oder Außenpolitik.*

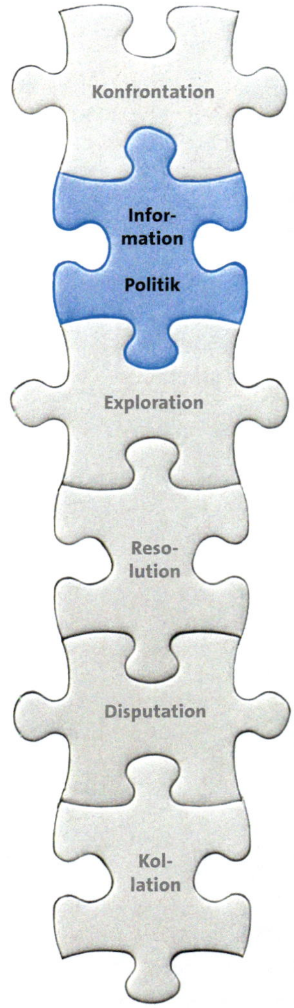

Surftipps

www.sueddeutsche.de
www.spiegel.de
www.jpost.com (The Jerusalem Post)
www.uni-kassel.de/fb5/frieden/regionen/Nahost/Chronik-Aktuell/Welcome.html (Arbeitsgemeinschaft Friedensforschung der Uni Kassel)

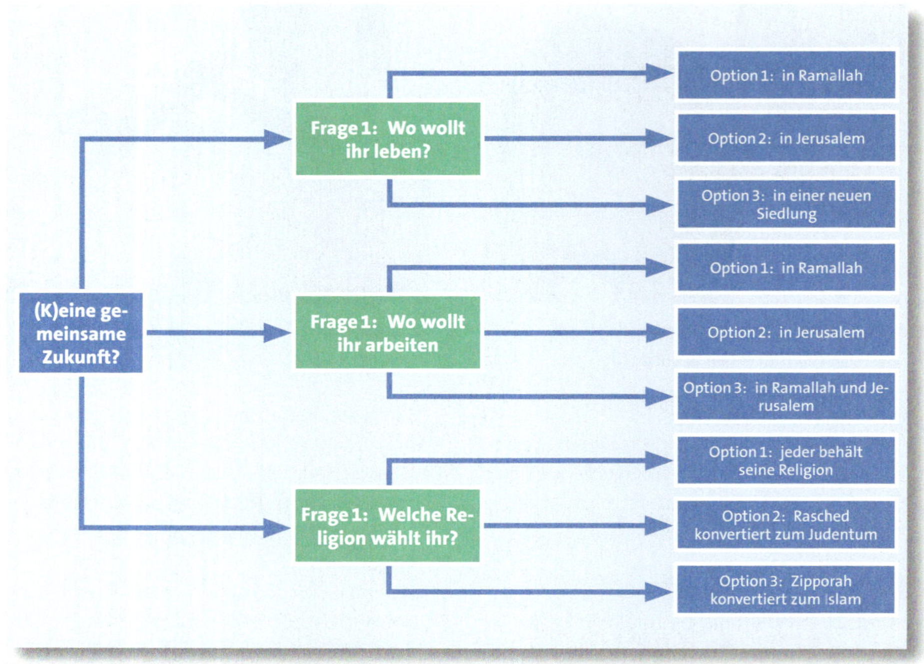

1 **Entscheidungsbaum** *(Option, von lat. optio, = Wunsch, Wahl, zur Verfügung stehende, wünschenswerte Alternative)*

Zipporah + Rasched = Zukunft?

„Die Qualität einer Entscheidung hängt weitestgehend davon ab, welche Informationen man besitzt oder nicht besitzt!"

Es ist zwar schwierig, sich den Alltag in Israel und Palästina vorzustellen und mit unseren Wertvorstellungen in die Köpfe und Herzen der Menschen vor Ort hineinzuschauen. Doch werden die entscheidenden Fragen, Zipporahs und Rascheds Zukunft betreffend, ähnlich denen sein, die Eltern ihren Kindern stellen, wenn die sich binden wollen. Fragen können sein:

Wo wollt ihr leben? Wie werdet ihr den Lebensunterhalt bestreiten? Wollt ihr später Kinder? Wie viele? Wie werdet ihr die Kinder erziehen? Welcher Religion sollen sie sich zugehörig fühlen? Wie werdet ihr religiöse Festtage feiern? Welche Staatsbürgerschaft werdet ihr annehmen? Kann Rasched überhaupt Israeli werden, wenn er wollte? ...

Exploration: Hat Zipporahs und Rascheds Liebe ein Zukunft? Welche Lösungen sind denkbar?

1 *Stellt euch eure Plakate und Wandzeitungen in einer Museumsphase gegenseitig vor und berichtet über Geschichte, Politik, Religion und Wirtschaft Israels und der Palästinensergebiete. Löst dazu die Expertengruppen auf und arbeitet wieder in den Stammgruppen, z. B. besteht die Stammgruppe „Zipporah" aus jeweils einem Religions-, Geschichts-, Wirtschafts- und Politikexperten.*

2 *Klärt offene Fragen und arbeitet heraus, was Israelis und Palästinenser eint und was sie trennt. Diskutiert die Frage an, wie sich die Zukunft im Nahen Osten entwickeln könnte.*

3 *Entwickelt einen Entscheidungsbaum zur Veranschaulichung von alternativen Lösungen über Zipporahs und Rascheds Zukunft.*

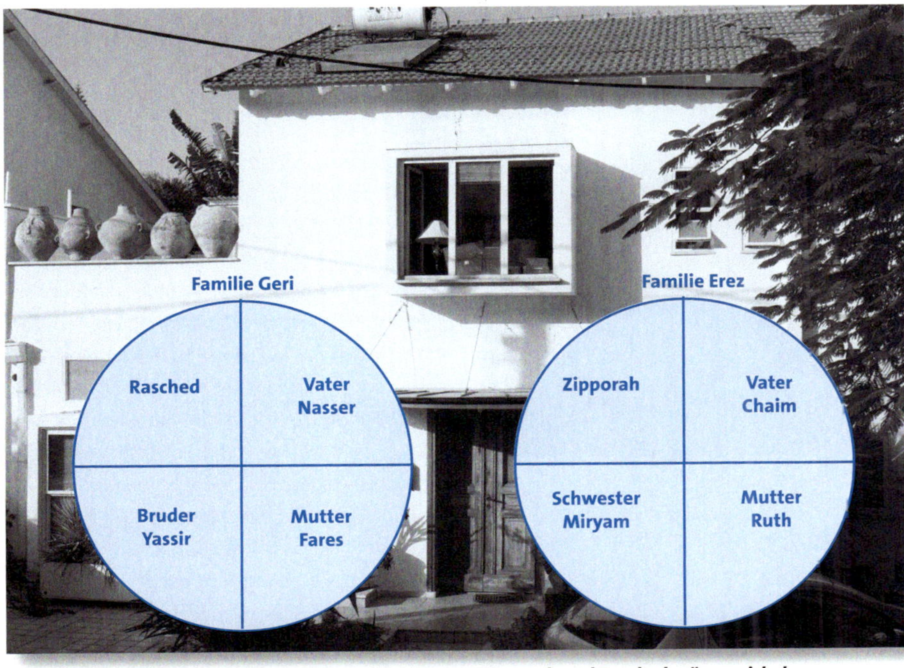

❷ ***Die Familienkonferenzen im Hause Erez und Geri tagen. Zipporah und Rasched müssen sich den Argumenten ihrer Eltern und Geschwister stellen.***

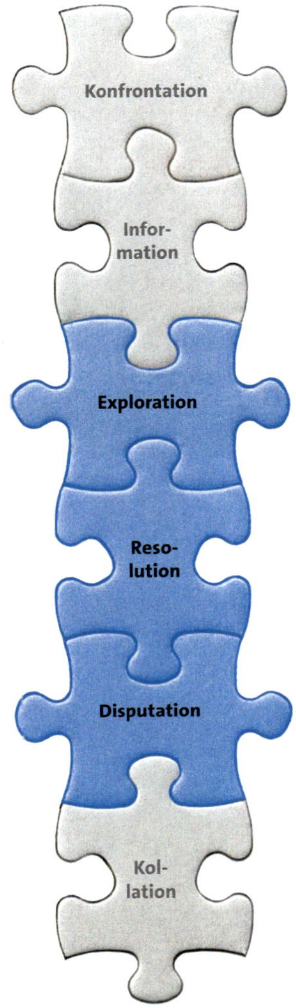

Resolution

Tipp 1: *Jede Stammgruppe entsendet ein Mitglied in die Familienkonferenzen. Die restlichen Mitglieder der Stammgruppen sind Beobachter. Konferenzziel ist ein Familienbeschluss über Zipporahs bzw. Rascheds Zukunft.*

Die Gruppen Zipporah und Rasched (Vater und Mutter Erez, Vater und Mutter Geri) erhalten die Möglichkeit der Vorabsprache in einem Geheimtreffen.

Tipp 2: *Spannender ist es vielleicht, die Konferenzen nicht nacheinander, sondern zeitgleich in unterschiedlichen Räumen durchzuführen. Damit alle nachher beide Gespräche auswerten können, empfiehlt sich ein Videomitschnitt. Dann kann auch niemand nachher behaupten, etwas nicht gesagt zu haben.*

Tipp 3: *Wenn sich einer alleine nicht traut, gebt jeder Rolle einen Souffleur. Er sitzt hinter dem Diskussionsteilnehmer und flüstert wichtige Argumente ins Ohr.*

Disputation

1 *Wähle dir eine Person – nicht die eigene Rolle – aus und beschreibe das Verhalten im Gespräch für das spätere Feedback. Wird die Rolle echt, realistisch, authentisch gespielt? Wähle dir einen Bereich aus der Informationsphase – nicht den eigenen – aus und sammle Argumente, die sich auf die politische, historische, ökonomische Situation oder auf Fragen der Religion beziehen.*

Lese- und Surftipps zur Kollation

Pörzgen, G.: Eine Liebe in Israel. Unter www.frankfurter-rundschau.de vom 31.03.2005

http://nswas.com (Informiert euch hier über die Friedensschule von Neve Shalom/Wahat al-Salam)

Fallstudie 2: Überfischung der Weltmeere

1 *Senegalesische Fischer holen ihre Netze ein*

2 ***Senegal – Fischfangerträge in t***

1997	*457 400*
1999	*412 300*
2001	*405 500*
2003	*400 100*

3 **Nur „kleine Fische"?**

„Ndeye Diop verbringt viel Zeit am Strand. Gleich neben dem Fischereihafen von Hann in der senegalesischen Hauptstadt Dakar verkauft sie Fisch. Auch den, den ihr Mann täglich fängt. Seit über zwölf Jahren steht Ndeye Diop auf dem Fischmarkt. ‚Vor einigen Jahren noch wurde hier reichlich Fisch gefangen', klagt die 36-jährige. ‚Aber heute kommen die Boote häufig leer oder mit zu kleinen Fischen zurück. Wegen der großen industriellen Fangflotten, die vor unserer Küste fischen. Und weil es mittlerweile zu viele kleine Fischerboote und keinerlei Kontrollen gibt. Früher fuhr mein Mann morgens aufs Meer und kam am Nachmittag zurück. Heute bleibt er manchmal zwei Nächte auf See, weil er mittlerweile sehr weit rausfahren muss, um einen guten Fang nach Hause zu bringen.'
Seit Jahrhunderten hat das Meer seine Schätze vor Westafrika reichlich und küstennah bereitgestellt. Doch mittlerweile sind in den senegalesischen Gewässern die Bestände überfischt. Bitter für die rund sechshunderttausend Fischerfamilien, deren Leben allein in Senegal direkt oder indirekt von der traditionellen Fischerei abhängt."

(Quelle: WWF Magazin 2/2005)

Fisch ist als Nahrungsmittel gefragt und wird deshalb entsprechend gejagt. Nachdem die Gewässer vor Europas Küsten so stark befischt worden waren, dass die steigende Nachfrage nicht mehr befriedigt werden konnte, machten sich die Fangflotten auf den Weg in die besonders reichhaltigen Gewässer vor Westafrika, um von dort die Nachfrage in Europa zu befriedigen – mit allerdings gravierenden Folgen für Mensch und Natur. Der industriell betriebene Fischfang trifft die Menschen in den westafrikanischen Küstenregionen hart, denn für sie bleibt aufgrund der Gründlichkeit der Fangflotten nicht mehr viel übrig.
Früher bot der Fischfang mit Kleinbooten den Küstenfischern ein bescheidenes Auskommen: Nicht nur sicherte sie die eigene Ernährung, vielmehr blieb vom Fang in der Regel noch etwas übrig, das auf den lokalen Märkten angeboten werden konnte und damit ihr Einkommen sicherte. Entziehen nun die Fangflotten der EU und anderer Industriemächte den Fischerfamilien ihre Fischbestände, so treffen sie deren wirtschaftliche Existenzgrundlage.
Dabei ist der Fischfang der „Fremden" nicht einmal illegal: Die EU schließt Abkommen mit afrikanischen Küstenstaaten wie dem Senegal, in denen bestimmte Fangmengen vereinbart sind. Im Gegenzug fließt Geld an die jeweiligen Regierungen. Für die Menschen an Afrikas Küsten ist das ein schlechtes Geschäft. Denn das inzwischen deutlich verkleinerte Fischangebot ließ die Preise auf den lokalen Märkten steigen. Mit der Folge, dass sich dort viele Menschen das einst preiswerte proteinreiche Nahrungsmittel nicht mehr leisten können. Um also im reichen Europa den begehrten Fisch ganzjährig in die Ladentheken zu bekommen, wird eine Unterversorgung in den armen Ländern billigend in Kauf genommen. Erschwerend kommt das starke Bevölkerungswachstum in Westafrika hinzu.

Wer darf wo fischen?

Wem gehört das, was die Meere der Erde anzubieten haben? Es hat Jahrzehnte gedauert, bis auf diese Frage eine Einigung erzielt werden konnte. Erst 1982 wurde von den Vereinten Nationen in einer „Seerechtskonvention" festgelegt, wer welche Rechte bei der Nutzung der Meere hat. In dieser Vereinbarung sind die Weltmeere in drei Zonen eingeteilt:

- Hoheitsgewässer; eine zwölf Seemeilen breite Zone vor einem Küstenstaat gehört zum Hoheitsgebiet dieses Staates (1 Seemeile = 1,852 Kilometer).
- Wirtschaftszone; eine 200 Seemeilen breite Zone vor einem Küstenstaat. Die Nutzung erfolgt durch den Küstenstaat. Die Durchfahrt von Schiffen und der Überflug für Flugzeuge müssen erlaubt werden.
- Hohe See; hier regeln internationale Abkommen die Nutzung, z.B. den Fischfang und den Rohstoffabbau.

Zur Bearbeitung der Seiten 242–249

Gruppenarbeit:

1 *Bildet für jede Doppelseite zwei Gruppen, die parallel, also arbeitsgleich, arbeiten.*
Für die vier Doppelseiten sind somit 4 x 2 = 8 Gruppen zu bilden.

2 *Arbeitsauftrag für die acht Gruppen:*
a) Wertet die Informationen auf eurer Doppelseite aus. Macht Notizen.
b) Klärt unbekannte Begriffe und Sachverhalte. Besorgt bei Bedarf weitere Informationen, z.B. durch Internet-Recherche.
c) Stellt euer Ergebnis dar, z.B. auf Poster, Folie oder im Computer. Hierzu ist auf jeder Doppelseite ein „Vorschlag zur Visualisierung" angeboten.

3 *Ergebnispräsentation in der Klasse:*
Die acht Gruppen stellen ihr Ergebnis in der Klasse vor. Im Anschluss daran werden Fragen geklärt und Lösungsmöglichkeiten diskutiert.

4 *Seite 242/243: Stelle den Nutzungskonflikt vor Westafrikas Küste in einem Schema dar.*

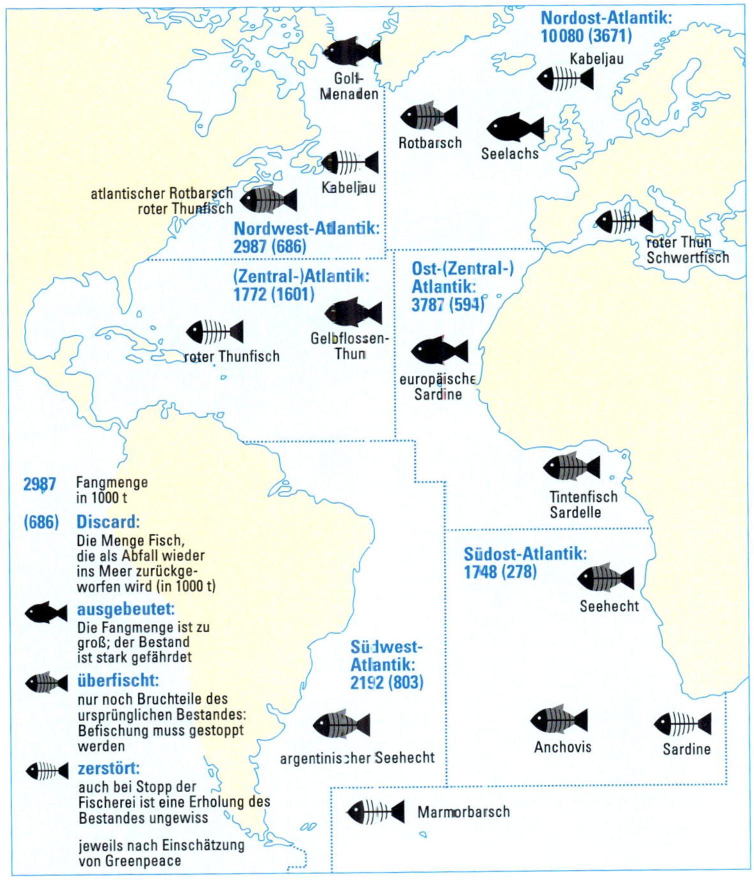

④ *Wie es um die Fischgründe im Atlantik bestellt ist (ausgewählte Fischarten)*

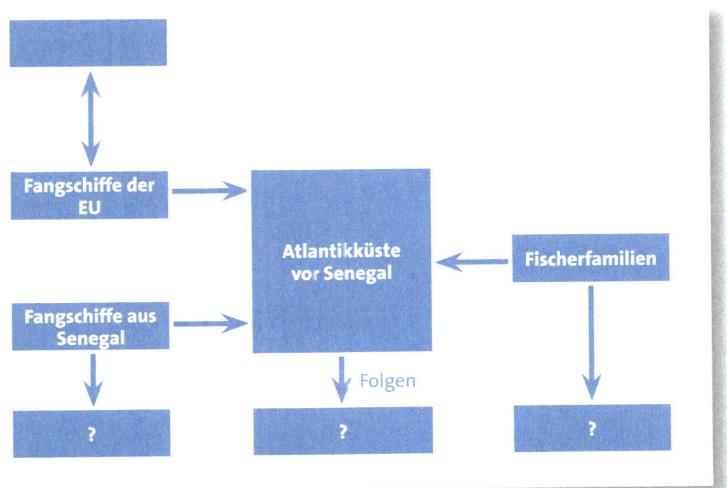

⑤ ***Vorschlag zur Visualisierung: Schema „Nutzungskonflikt vor der westafrikanischen Küste"***

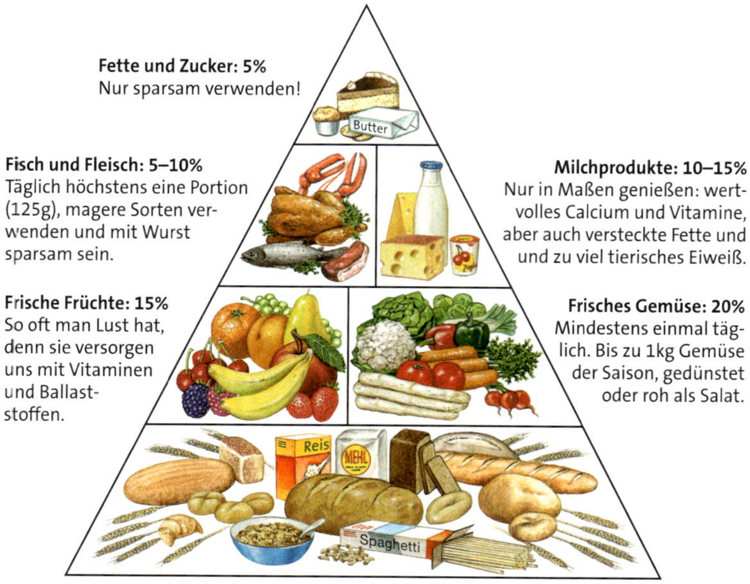

1 *Ernährungspyramide*

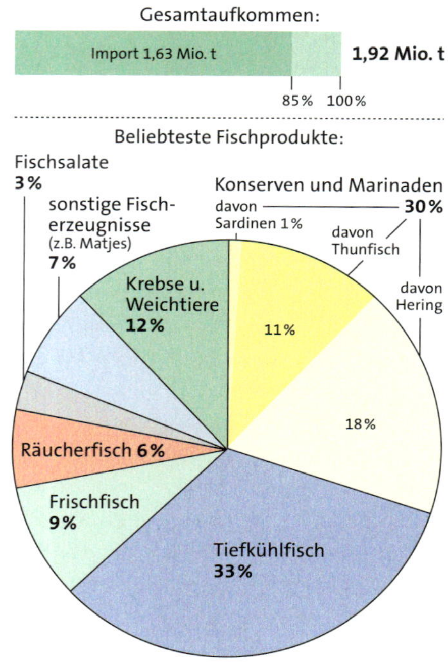

4 *Fisch und Fischwaren in Deutschland 2004*

Her mit den Fischen!

2 *Pro Jahr subventionieren wir jedes Fangschiff der EU mit 14 000 Euro. Das belegt eine WWF-Studie. Die Folge: Die europäische Fischereiflotte bleibt viel zu groß und sie fängt mehr Fisch als nachwachsen kann.*

3 ***Fischverzehr pro Kopf 2002***

Island	*> 90 kg*
Japan	*bis 90 kg*
Span., Malta, Norw., Portugal, Litauen	*bis 50 kg*
Deutschland	*14,0 kg*
Welt	*16,3 kg*

War in früheren Zeiten in europäischen Regionen abseits der Küsten Fisch eher ein seltenes Gut auf den Tischen, so hat sich dies stark gewandelt. Dank moderner Verarbeitungs-, Kühl- und Transporttechnik ist eine flächendeckende Versorgung mit dem begehrten Nahrungsmittel heute kein Problem mehr. Gefragt ist Fisch, weil er zum einen in keinem Ratgeber fehlt, in dem es um gesunde Ernährung geht, zum anderen ist die Lust am Fischgenuss mit der Ausweitung des Angebotes stetig gestiegen. Die Auslage einer durchschnittlich bestückten Fischtheke im Supermarkt ist heute vielfältiger denn je: viele verschiedene – darunter auch exotische – Arten von Binnen- und Hochseefischen, dazu Krustentiere und andere Meeresfrüchte, meist schon küchenfertig vorbereitet.

Bei steigender Nachfrage stellt sich bald die Frage: „Woher den Fisch nehmen?“ Denn mit den Fischbeständen in den Weltmeeren ist das so eine Sache: Sie können den Bedarf schon lange nicht mehr decken. Viele Meere sind bereits stark überfischt. Manche Arten gehen den Flotten kaum noch ins Netz. Und die europäischen Trawler müssen zunehmend in entfernte Gewässer ausweichen, z. B. in den Südatlantik und ins Antarktische Meer.

Um in Europa die Nachfrage nach Fisch decken zu können, müssen immer mehr Fische aus Entwicklungsländern herhalten, zum Beispiel aus Westafrika und aus Südostasien. Nicht nur die Felder, sondern auch die Gewässer der armen Länder dienen mehr und mehr der Ernährung der Menschen in den reichen Industriestaaten. Nicht selten müssen für Exportgeschäfte Menschen in den armen Regionen hungern und werden Ökosysteme geschädigt.

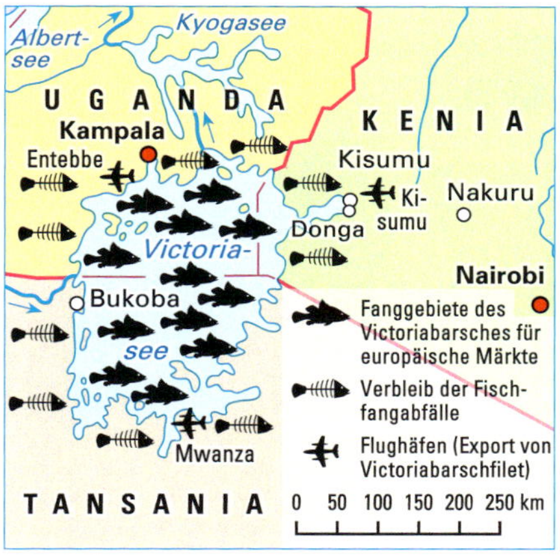

5 *Fanggebiet von Victoriabarschen*

7 *In Donga wird Fisch unmittelbar nach dem Fang getrocknet*

6 **Beispiel Victoriasee: Gefräßige Räuber**

„Es war einmal ein See in Afrika, der zweitgrößte der Welt. Vor einigen Jahren wurden dort ein paar Nil-Barsche ausgesetzt. Die vermehrten sich prächtig, schließlich hatten sie überhaupt keine natürlichen Feinde. Sie fraßen und fraßen. Und die Fischer freuten sich über volle Netze. Aber ganz so märchenhaft sieht die Wirklichkeit nicht aus. Die Raubfische haben den See völlig leergefressen – es droht eine ökologische Katastrophe. Die reiche Beute geht komplett ins reiche Europa – den Einheimischen bleiben lediglich die Abfälle: Fischköpfe und Gräten.

Die drohende Öko-Katastrophe kümmert die geschäftstüchtigen Fischfabrikanten kaum. Weshalb auch, wenn selbst die EU den Raubbau mit millionenschweren Subventionen noch anheizt. Tonnenweise werden die Filets täglich per Flugzeug nach Europa transportiert. Vor allem russische Piloten sorgen mit klapprigen Chartermaschinen für den Abtransport der profitablen Delikatesse. Ob sie denn auch irgendwelche Waren zurückbrächten in das Land der Hungersnöte, fragt der Besucher die Russen. Die Frage kümmere ihn nicht, sagt einer von ihnen. Irgendwann ist schließlich doch von Waffen für die umliegenden Bürgerkriegsregionen die Rede."

(Quelle: www.programmkino.de. Filmbesprechung „Darwins nightmare" von H. Sauper, F/A/B 2004)

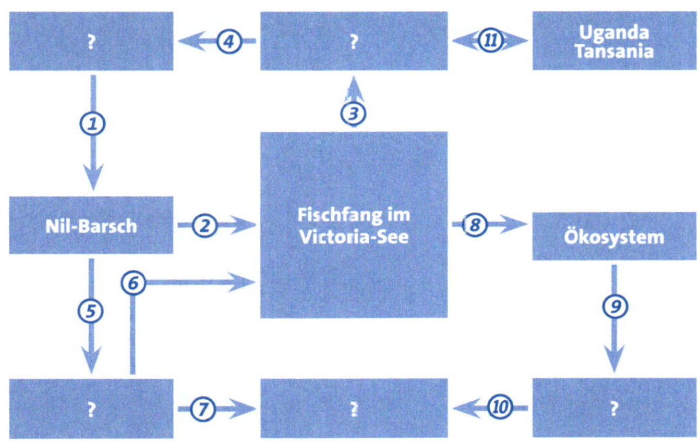

8 *Vorschlag zur Visualisierung: Wirkungsgeflecht „Raubbau im Victoriasee"*

1 *Übertrage das Wirkungsgeflecht und ergänze es durch die Schlüsselwörter Artenverlust, EU, Existenzgefährdung, Fischfabriken, Kleinfischer.*

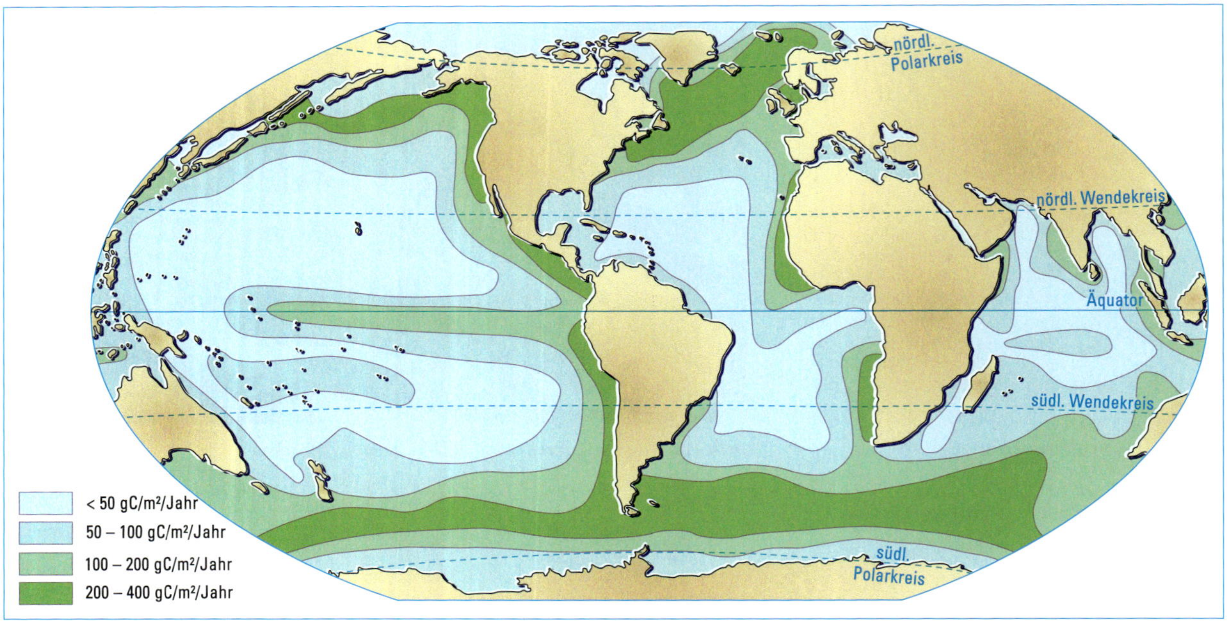

1 Verteilung der pflanzlichen Biomasseproduktion im Meer (gemessen am organisch gebundenen Kohlenstoff; Angabe in g/m² und Jahr)

Überfischung – ein globales Raumproblem

2 Berüchtigter Beifang

Nach Angaben des WWF stirbt alle zwei Minuten ein Delphin qualvoll in den Netzen der Fischtrawler. Abhilfe schaffen Signalgeber an den Netzen: Sie senden Signale, die Delphine hören können. In den USA sei dadurch der Beifang von Delphinen auf ein Drittel des ursprünglichen Wertes gesunken.

3 Illegaler Fischfang

Nach Schätzungen von Greenpeace treiben Piratenfischer auf großen Fangschiffen weltweit ihr Unwesen. Sie halten sich an keine Konventionen und fischen ohne Rücksicht auf die Natur. Die Menge illegal gefangenen Fisches wird auf über 100 Mio. t geschätzt.

Noch vor einigen Jahrzehnten galt das Meer als unerschöpfliche Nahrungsquelle für die wachsende Weltbevölkerung. Mittlerweile hat Skepsis die optimistischen Prognosen verdrängt. Die Bestände fast aller Fischarten mit kommerzieller Verwendung sind erheblich zurückgegangen. Vielerorts droht sogar der Zusammenbruch der Bestände.

Grundlage einer erfolgreichen, dauerhaften Fischerei sind Kenntnisse über die Lebensbedingungen im Meer. Zu den bedeutendsten Fischgründen zählen Gebiete mit großer Produktion von Phytoplankton, da dieses dem Zooplankton, damit indirekt den Friedfischen und über diese den Raubfischen als Nahrung dient.

Begünstigt sind flache Meeresgebiete, wie die Schelfmeere, sowie Gebiete, in denen unterschiedlich warme Meeresströmungen aufeinanderstoßen oder Küstengewässer mit Auftriebswässern.

Die weltweite Fischerei hat zu einer **Überfischung** vieler Meeresgebiete geführt. Weltweit gibt es etwa drei Millionen Fischereifahrzeuge. Die Bedrohung für die Fischbestände geht dabei von den großen Trawlerflotten aus, die den Fischfang industriell betreiben. Aufgrund ihrer modernen Technik wurden so die Fischschwärme so stark abgefischt, dass die Bestände sich nicht mehr regenerieren konnten.

Die Fangschiffe gleichen oftmals Fischfabriken. Die mit riesigen Schleppnetzen gefangenen Fische werden, kaum dass sie auf die Fließbänder an Bord gefallen sind, ausgenommen, filetiert und eingefroren. Jungfische und Beifänge gelangen in Mahlschnecken und enden als Fischmehl in der Tiermast oder sie werden nach dem Fang – zumeist tot – gleich wieder ins Meer geschüttet. Nach Schätzungen der FAO „entsorgen" die Industrieflotten etwa 40 % ihrer Fänge auf diese Weise.

④ Fabrik auf hoher See

„Ein Fischstäbchen zu essen dauert ungefähr 43 Sekunden. Es ist nichts Besonderes – bloß ein paniertes, kleines billiges Stück weißer Fisch aus der Kühltruhe eines Supermarktes. 1,19 Euro kostet die Zehnerpackung – und das ist schon eine von den besseren.

Für den billigen Sattmacher stehen Menschen Tag für Tag 16 Stunden am Fließband. Ohne Wochenende. Monatelang. Sie wissen nicht, ob es draußen Tag oder Nacht ist, ob es regnet, schneit oder die Sonne scheint. Sie können es nicht wissen, weil sie all die Stunden, Tage, Wochen im stählernen Bauch eines Fabrikschiffes verbringen – in einer kalten und stürmischen Weltgegend, die viele Supermarktkunden nicht einmal auf einer Karte finden würden. Willkommen im Beringmeer! (...)

Etwa 14 kg Seafood isst jeder Deutsche rechnerisch im Jahr, knapp ein Drittel davon ist Alaska-Seelachs. (...) Die Bundesrepublik importiert mehr davon als alle anderen Länder der Europäischen Union.

Die ‚Kodiac' ist Fischfänger und -verarbeiter in einem. Im Auftrag der Reederei Trident ist das weiß-blaue, mehr als 80 m lange Schiff auf der Jagd nach dem Gold des Meeres. (...) Den Pulsschlag bestimmen vier Maschinen aus Lübeck. Jede von ihnen filetiert mit rotierenden Edelstahl-Trennscheiben bis zu 150 Fische in der Minute: ausmessen, Kopf abschneiden, Bauch aufschlitzen. Runde weiße Plastikbürsten kehren Eingeweide weg. Seitlich schneiden Messer die beiden Filets vom Rückgrat (...).

Die guten Filets landen in gelben Plastikkörben und schließlich in einer Presse. Übrig bleiben jeweils 7,484 kg Fischfilet, geformt zu einem Block von exakt 48,2 x 25,4 x 6,27 cm, also etwas größer als ein Aktenordner. Er muss genau so groß sein, damit er später in Deutschland in eine Anlage passt, die daraus Fischstäbchen sägt."

(Quelle: greenpeace magazin 4/2005; gekürzt)

⑤ ***Die übervollen Netze eines Trawlers werden eingeholt.*** *Der Eingang mancher Fangnetze ist 40 x 60 m groß. Ein Fang wiegt 60 t und besteht aus etwa 80 000 Fischen. In den Bauch eines Trawlers passen 850 t Tiefkühlfisch. Um zielgenau ihre Netze ausbringen zu können, setzen Fabrikschiffe modernste Verfahren wie Satellitenbeobachtung oder Echolot ein.*

⑥ ***Vorschlag zur Visualisierung: Mindmap „Überfischung der Weltmeere"***

1 *Übertrage die Mindmap und ergänze sie.*

❶

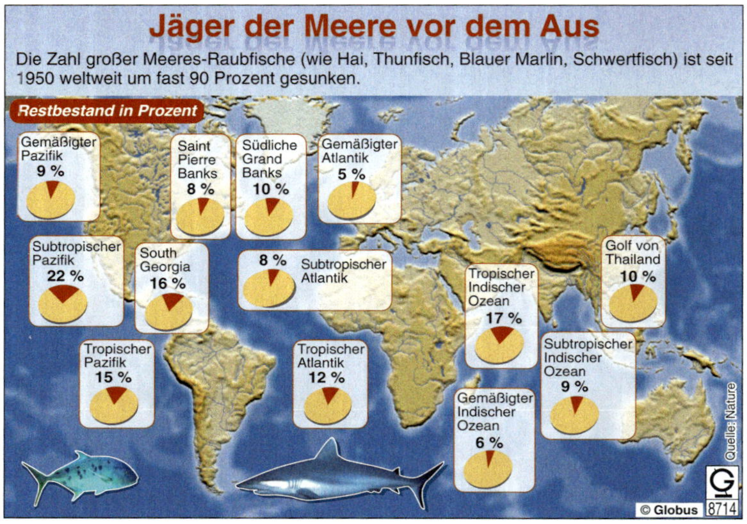

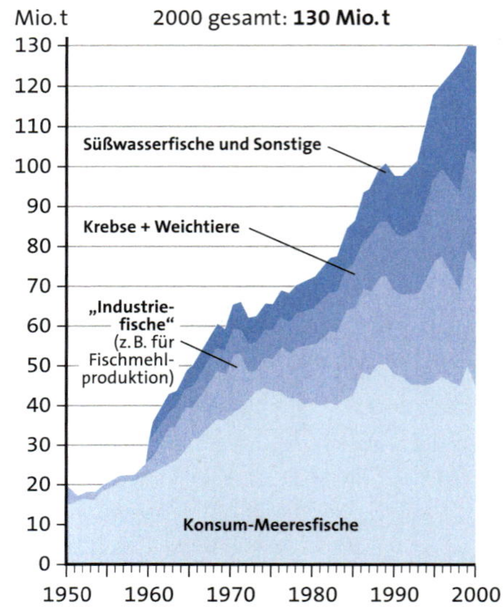

❹ ***Entwicklung der Weltfischerei***

Wege zu mehr Nachhaltigkeit

❷ *Der Bestand an großen Raubfischen ist in den vergangenen 40–50 Jahren in allen Weltmeeren um rund 90 % geschrumpft. Thunfisch, Hai, Dorsch oder Sägefisch sind im Mittel nur noch halb so lang wie vor dieser Zeit, ihr Gewicht ging sogar um 80 % zurück.*

❸ **Fischbestände erhalten**

„Wie kann man Fisch essen und ihn doch behalten?" Für dieses paradoxe Problem hat der Meeresbiologe C. Roberts von der britischen Universität York die perfekte Lösung: ein globales Netzwerk strategisch ausgewählter **Meeresschutzgebiete**.

Ob in Neuseeland oder den USA, Belize oder Chile – weltweit zeigt sich, dass der vollständige Schutz von Laichgebieten, Riffen und Seebergen eine geradezu rasante Erholung der Fischbestände zur Folge hat. Und das nicht nur in den Schutzgebieten selbst, sondern nach wenigen Jahren auch in den angrenzenden Zonen. Bei 100 untersuchten Meeresschutzgebieten war die Populationsdichte binnen kurzer Zeit um 91 % höher als in den umliegenden Gewässern. Die Biomasse stieg um 192 %.

„Die Bestände wuchsen in nur fünf Jahren um das Zwei- bis fünffache", hat Roberts´ Kollegin herausgefunden. Sobald die Populationen groß genug sind, wandern die Fische auch in benachbarte Meeresgebiete aus.

(Quelle: greenpeace magazin 4/2005)

❺ **Zertifizierter Genuss**

Der Marine Steward Council (MSC) hat Prinzipien entwickelt, die die Nachhaltigkeit einer Fischerei bewerten. Jede Fischerei kann, unabhängig von Größe und Standort, ihren Fangbetrieb bewerten lassen. Erfüllt sie die Standards, erhält sie ein Umweltsiegel. Damit können sich Verbraucher in Geschäften und Restaurants für Fisch entscheiden, der mit umweltverträglichen Methoden gefangen wurde.

Die MSC-Prinzipien:

1. Fischbestände bewahren: Überfischung oder Erschöpfung der Fischbestände werden vermieden. Bereits überfischte Fischbestände dürfen nur so befischt werden, dass nachweislich eine Erholung der Bestände erreicht wird.
2. Netzwerke des Lebens schützen: die Erhaltung der Ökosysteme wird angestrebt, ihre Struktur, Produktivität, Funktion und Vielfalt.
3. Strukturen der Nachhaltigkeit schaffen: Management respektiert lokale, nationale und internationale Standards als Rahmenbedingungen für eine verantwortungsvolle Nutzung der Fischgründe.

(Nach: www.fischinfo.de)

Aquakulturen

Kein Bereich der Nahrungsmittelproduktion wächst so stürmisch wie der der Aquakulturen. Hierzu gehören vielfältige Formen der Zucht von Meerestieren wie Austern, Garnelen und Lachsen, aber auch von Süßwasserfischen wie Forellen und Karpfen. Aquakulturen findet man in Seen und Teichen und in küstennahen Meeren, zum Beispiel in den Fjorden Norwegens, Schottlands und Islands. Während der Fischfang in den Weltmeeren stagniert, verzeichnet die Aquakultur jährliche Steigerungsraten von etwa 10 %. Doch die Massentierhaltung im Wasser hat auch eine Kehrseite: Es kommen große Mengen von Wachstumshormonen, Antibiotika und anderer Chemikalien zum Einsatz.

7 ***Muschelbänke vor der französischen Atlantikküste***

6 **Europäischer Verhaltenskodex für nachhaltige und verantwortungsvolle Fischerei**

Fischerei und Aquakultur sind eine lebenswichtige Quelle für Nahrung, Beschäftigung, Erholung, Handel und wirtschaftlichen Wohlstand. Deshalb hat der beratende Ausschuss für Fischerei und Aquakultur beschlossen, sich für nachhaltige Fischerei einzusetzen, mit dem Ziel, gesunde marine Ökosysteme zu erhalten, zu fördern und die Fischereitätigkeiten in verantwortungsvoller Weise auszuüben.
Dieser Verhaltenskodex richtet sich an Fischereiunternehmen innerhalb und außerhalb der EU, also auch in Drittland- und in internationalen Gewässern. Ziel ist es, internationale, europäische und nationale Rechtsvorschriften durch freiwillige Standards zu ergänzen, um

- die Fischbestände zu erhalten und die gewerbliche Fischerei zu sichern
- in Gebieten, die von der Fischerei abhängig sind, Wohlstand zu schaffen.

Als Leitlinien einer verantwortungsvollen Fischerei gelten deshalb „Qualität vor Quantität" und „Vermeidung von Überfischung durch Begrenzung des Fangtechnik-Aufwandes."

(Quelle: Europäische Gemeinschaften, Luxemburg 2004)

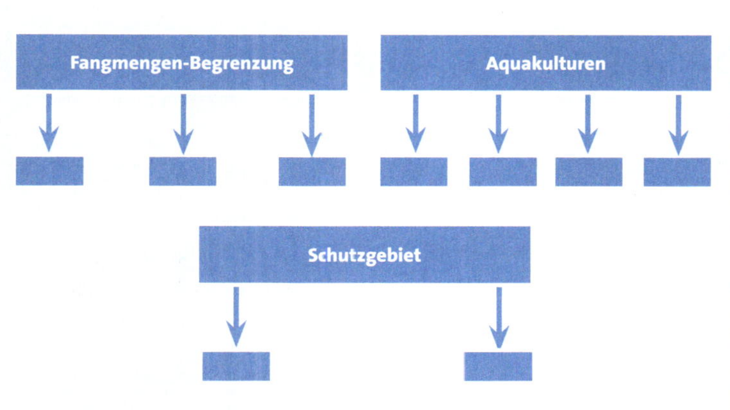

8 ***Vorschlag zur Visualisierung: Begriffssysteme „Schutz von Fischbeständen"***

1 Übertrage die Begriffssysteme 8 in dein Heft und ergänze sie.

2 Resolution und Disputation

a) Welche Wege zu mehr Nachhaltigkeit werden aufgezeigt?

b) Zeigt die positive und die negative Seite der Aquakultur auf.

c) Setzt euch mit dem Verhaltenskodex der EU kritisch auseinander.

d) Haben Verbraucher einen Handlungsspielraum?

9 ***Fischmast in Aquakulturen***

	Mio. t
1975	3,6
1980	4,7
1985	8,0
1990	13,0
1995	24,3
2000	35,4
2020 (Prognose)	54,0

Friedens- und Zuku
in der „Einen Welt‘

In Frieden und Sicherheit leben – das wünschen wir uns alle. Aber Krisen, Konflikte und Kriege bedrohen diesen Wunsch täglich aufs Neue. Doch der Frieden auf der Erde ist auch durch ungerechte Verteilung der Güter und Ausbeutung von Menschen, durch die Übernutzung von Ressourcen und die Gefährdung der Umwelt bedroht. Wird es den Menschen in der „Einen Welt“ gelingen, den Frieden zu wahren, die Grenzen des Wachstums zu erkennen und eine nachhaltige Entwicklung einzuleiten?

nftssicherung

12

1 ***Deutscher ISAF-Soldat in Afghanistan***

3 ***Mädchen dürfen wieder zur Schule gehen***

Einsatz für den Frieden

2 ***Krieg und Frieden***
Militärisch gesehen ist jede Auseinandersetzung zwischen bewaffneten Gruppen, z. B. Volksgruppen, Krieg. In der Umgangssprache wird oft auch anderes feindseliges Kampfverhalten als Krieg bezeichnet, z. B. Handelskrieg.
Das „Schweigen der Waffen" ist zwar eine Vorbedingung für Frieden; für einen „anhaltenden Frieden" müssen jedoch die Ursachen des Unfriedens wie z. B. Unterdrückung, Gewaltausübung oder Ungerechtigkeit beseitigt werden. Gegenseitige Achtung und Toleranz sind die besten Friedensgaranten.

Fast 23 Jahre, von 1978 bis 2001, hatten die Menschen in Afghanistan unter Kriegen zu leiden: **Krieg**, von außen ins Land getragen, und Krieg im Innern, zwischen Volks- bzw. Religionsgruppen des Landes.
Nach einem Staatsstreich 1978 in der Hauptstadt Kabul waren ein Jahr später Sowjettruppen in Afghanistan einmarschiert, um das neue, kommunistisch orientierte Regime zu unterstützen. Dagegen formierte sich im Land, mit amerikanischer Hilfe, d. h. mit Geld und Waffen, Widerstand. Die islamische Bevölkerung, angeführt von Stammesfürsten, den „Warlords", wehrte sich gegen das atheistische Regime und gegen die fremden Truppen. 1989 hatte der Widerstand Erfolg: Die Sowjettruppen verließen das Land. 1992 dankte das kommunistische Regime ab.
Der erhoffte **Frieden** blieb jedoch aus. Es schloss sich ein jahrelanger, verheerender Bürgerkrieg zwischen den um die Macht im Land kämpfenden Warlords an. Unterstützt von Pakistan und den USA gelang es schließlich der Gruppe der Taliban („Koranschüler"), die Macht an sich zu reißen und Afghanistan zu besetzen. Die Taliban errichteten ein radikal-islamisches Regime, in dem Menschenrechte – vor allem Frauenrechte – stark missachtet wurden. Das Regime gewährte der Terroristen-Organisation Al-Qaida Unterschlupf und Ausbildungslager. Nach dem Terroranschlag von New York am 11. September 2001 weigerten sich die Taliban, das Terroristenoberhaupt Osama Bin Laden auszuliefern. Daraufhin griffen die USA und Großbritannien im Auftrag der NATO militärisch ein und stürzten im November 2001 das Taliban-Regime.

Blauhelme in Afghanistan
Während amerikanische Truppen mit der Zielsetzung „Enduring Freedom" zur Bekämpfung des Terror-Netzwerkes Al-Qaida im Land verblieben, sandten die Vereinten Nationen **UN-Friedenstruppen**, sogenannte Blauhelme, nach Afghanistan, um Frieden und politische Stabilität zu sichern. Diesen ISAF-Truppen („International Security Assistance Force") gehörten auch Bundeswehrsoldaten an. Zu deren **friedenssichernden Maßnahmen** zählen zum Beispiel: Schutz der Bevölkerung und der Politiker vor Anschlägen, Einsammeln von Waffen, Beseitigung von Landminen, Aufbauhilfe, z. B. Ausbildung von Militär und Polizei, sowie Unterstützung der Hilfsorganisationen bei ihrer Arbeit, z. B. die Welthungerhilfe.

4 **Afghanistan-Steckbrief**
Fläche: 652 225 km²
Einwohner: 29 Mio.
Islamische Republik, Hauptstadt: Kabul
Währung: Afghani (1 € = ca. 60 Afghani)
Staatssprachen: Paschtu, Dari (persisch)
Religion: Muslime: 99 % (Sunniten: 84 %, Schiiten: 15 %), Sonstige 1 %
Hauptvolks-/Sprachgruppen: Paschtunen, Tadschiken, Hazaras, Belutschen
Flüchtlinge: Während der langen Kriegszeit haben 5 bis 6 Mio. Afghanen ihr Land verlassen.

5

Hochgebirge
hochstämmiger Wald
Steppe, trockenes Grasland
trockener Buschwald
Schafweide
Salzsumpf, Salzpfanne
Halbwüste und Wüste
Sandwüste
Ackerland
Bewässerungsland
Baumwolle; Obst

0 100 200 300 400 km

Der Bundeswehreinsatz im Widerstreit
Der Deutsche Bundestag hat den Einsatz von Bundeswehrtruppen im Rahmen der Friedenssicherung mehrheitlich befürwortet. Zu Beginn des Jahres 2003 befanden sich 2 500 Bundeswehrsoldaten als Teil der ISAF-Truppen in Afghanistan. Die Bundesregierung lehnte es aber ab, an der Mission „Enduring Freedom" mitzuwirken. Angesichts der weltweiten Bedrohung durch das internationale Terror-Netzwerk Al-Qaida erklärte der damalige Verteidigungsminister Struck im Dezember 2002: „Deutschland wird auch am Hindukusch verteidigt."
Doch es gab auch Kritiker: „Die Gefahr für die Bundeswehrsoldaten in Afghanistan ist zu groß", fand eine politische Minderheit im Bundestag und lehnte den Einsatz ab. „Humanitäre Hilfe und militärische Aufgaben müssen strikt getrennt bleiben", forderte die Sprecherin der Hilfsorganisation „Ärzte ohne Grenzen".

6 **GG Art. 24 (2)**
Der Bund kann sich zur Wahrnehmung des Friedens einem System gegenseitiger kollektiver Sicherheit einordnen; er wird hierbei in die Beschränkungen seiner Hoheitsrechte einwilligen, die eine friedliche und dauerhafte Ordnung in Europa und zwischen den Völkern der Welt herbeiführen und sichern.
Bundesverfassungsgericht
Die Ermächtigung des Art. 24 Abs. 2 GG berechtigt den Bund nicht nur zum Eintritt in ein System kollektiver Sicherheit (...), sondern bietet auch die verfassungsrechtliche Grundlage für eine Verwendung der Bundeswehr zu Einsätzen, die im Rahmen und nach den Regeln dieses Systems stattfinden.
(Urteil vom 12.07.1994)

Surftipps
www.ag-afghanistan.de (Wissenschaftliche Arbeitsgemeinschaft Afghanistan)
www.afghan-german.de
www.hrw.org/german (Menschenrechte weltweit verteidigen)
www.wapha.org 'Women's alliance for peace and human rights in Afghanistan)
www.einsatz.bundeswehr.de

Zur Standardsicherung
1 *Ursachen der Kriege in Afghanistan:*
a) Erstelle eine Übersicht.
b) Welche Rolle spielten dabei die Großmächte USA und UdSSR?
2 *Stelle die unterschiedlichen Aufgaben der NATO-Truppen und der UN-Friedenstruppen in Afghanistan einander gegenüber.*
3 *Inwiefern ist der Einsatz der Bundeswehr in Afghanistan Friedensarbeit?*
4 *Erläutere den Begriff „friedenssichernde Maßnahmen".*

→ *Bundeswehr: Seite 254/255*

Zur Weiterarbeit
5 *Nimm Stellung zu der Aussage „Frieden ist mehr als die Abwesenheit von Krieg". Nutze auch Text 2.*

1 ***Die deutsche Luftwaffe auf dem Flughafen Kabul, Afghanistan***

3 **Primat der Politik**
Über Einsätze der Bundeswehr entscheidet nicht die militärische Führungsspitze, sondern die Politik. In Friedenszeiten liegt die Befehlsgewalt beim Verteidigungsminister, im Kriegsfalle beim Bundeskanzler, nachdem der Bundestag mit Zustimmung des Bundesrates den Verteidigungsfall festgestellt hat. Es gilt also das Primat der Politik. Dieses Prinzip gilt auch für die Soldaten. Sie sind in erster Linie „Staatsbürger in Uniform“, die für Demokratie, Menschenrechte und Frieden eintreten, und erst in zweiter Linie Befehlsausführende. Auch Vorgesetzte sind an die Werteordnung des Grundgesetzes gebunden. Der vom Bundestag gewählte Wehrbeauftragte wacht hierüber.

Aufgaben der Bundeswehr heute

2 ***GG Art. 87a***

(1) Der Bund stellt Streitkräfte zur Verteidigung auf. (...)

(2) Außer zur Verteidigung dürfen die Streitkräfte nur eingesetzt werden, soweit dieses Grundgesetz es ausdrücklich zulässt. (...)

(4) Zur Abwehr einer drohenden Gefahr für den Bestand oder die freiheitlich demokratische Grundordnung des Bundes oder eines Landes kann die Bundesregierung (...) Streitkräfte zur Unterstützung der Polizei und des Grenzschutzes beim Schutze von zivilen Objekten und bei der Bekämpfung organisierter und militärisch bewaffneter Aufständischer einsetzen.

Wie viele Staaten der Welt, so besitzt auch Deutschland eine Armee: die Bundeswehr. Sie wurde 1955 gegründet, um Deutschland gegen Angriffe von außen zu sichern. Es ist also eine Verteidigungsarmee, im Grundgesetz **Verteidigungsstreitkräfte** genannt. „Angriffskriege und alle Handlungen, die geeignet sind, das friedliche Miteinander der Völker zu stören“, sind nach Art. 26 GG verboten. In der Bundeswehr dienen Wehrpflichtige, Berufssoldaten und Zeitsoldaten. Wehrpflichtige können gemäß Art. 4 GG aus Gewissensgründen den Wehrdienst verweigern. Sie leisten dann einen zivilen Ersatzdienst.

Aufgaben der Bundeswehr

Das Grundgesetz sieht in Artikel 87a vor, dass die Bundeswehr nicht nur die Sicherheit nach außen, sondern auch nach innen herstellt, z.B. durch Niederschlagung von Aufständen und Bekämpfung von Terrorismus. Darüber hinaus kann sie in Katastrophenfällen oder bei besonders schweren Unglücken Polizei, Bundesgrenzschutz und Zivilschutzkräfte unterstützen. Außerdem erlaubt Art. 24 (2) GG, dass Deutschland sich in ein „System gegenseitiger kollektiver Sicherheit einordnet“ und Hoheitsrechte auf dieses System überträgt. Hierdurch sind friedenssichernde Einsätze der Bundeswehr – aber immer gemeinsam mit internationalen Truppen – im Ausland möglich geworden. Sie bedürfen der Zustimmung des Bundestages.

Die Bundeswehr – eine Bündnisarmee

Am 9. Mai 1955, noch bevor die ersten Soldaten ihren Dienst antraten, wurde die Bundesrepublik Deutschland Mitglied des Nordatlantikpakts, der **NATO** (North Atlantic Treaty Organization).
Die NATO ist ein **Verteidigungsbündnis**, 1949 gegründet, um gegen die von der kommunistischen Sowjetunion und ihren Verbündeten ausgehenden Gefahr gerüstet zu sein. Im NATO-Bündnis verpflichten sich die Mitgliedstaaten zur gegenseitigen Hilfeleistung. Allerdings hat jedes Mitglied das Recht, im Einzelfall zu entscheiden, ob es Beistand gewährt. Als nach dem Terroranschlag in New York 2001 zum ersten Mal der Bündnisfall

ausgerufen wurde, begannen amerikanische und britische Streitkräfte in Afghanistan mit der Operation „Enduring Freedom“. Andere NATO-Mitglieder nahmen daran nicht teil. Nach dem Zusammenbruch der kommunistischen Staaten in Osteuropa und des Warschauer Paktes begann für die NATO, und damit auch für die Bundeswehr, eine neue Zeit.

Die neue Struktur der Bundeswehr

Mit dem Ende des Ost-West-Konflikts 1990 hat sich die sicherheitspolitische Lage in Europa stark geändert. Die frühere Zentralaufgabe „Landesverteidigung“ ist dem Aufgabenfeld der „internationalen Friedenssicherung“ gewichen. Der Einsatz von Bundeswehrsoldaten umfasst heute ein weites Spektrum. Neben „friedenserzwingenden Maßnahmen“, d. h. die Trennung von kriegführenden Parteien mit Waffengewalt, spielt die Teilnahme „an friedenserhaltenden Maßnahmen“, d. h. Konfliktverhütung und Krisenbewältigung, in und außerhalb des NATO-Gebietes eine wesentliche Rolle. Bis zum Jahr 2010 soll nicht mehr nach Heer, Luftwaffe und Marine unterschieden werden, sondern nach Eingreifkräften (35 000), Stabilisierungskräften (70 000) und Unterstützungskräften in den Kasernen (140 000).

Zur Standardsicherung

1 *Aufgaben der Bundeswehr:*
a) Erstelle zu den im Text und in Quelle 6 genannten Aufgaben eine Mindmap.
b) Hebe jene Aufgabe farblich hervor, die nur zusammen mit Soldaten anderer Nationen ausgeführt werden darf.

2 *Für die Führung der Bundeswehr gilt das Primat der Politik. Erläutere.*

3 *Stelle den Auftrag der NATO vor und nach 1990 dar.*

Zur Weiterarbeit

4 *Erkläre, was man unter „Staatsbürger in Uniform“ versteht.*

5 *„Vom Staatsbürger zum Weltbürger in Uniform“. Beschreibe den Friedensdienst im Ausland, mit und ohne Kampfauftrag.*

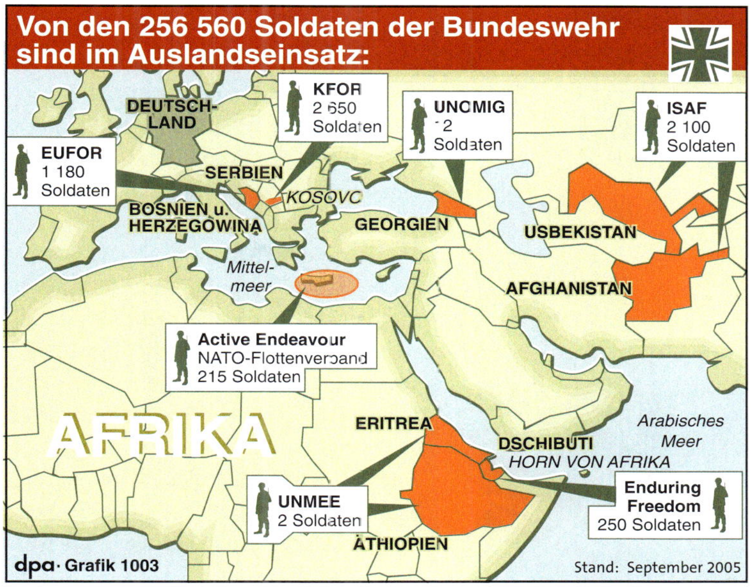

4

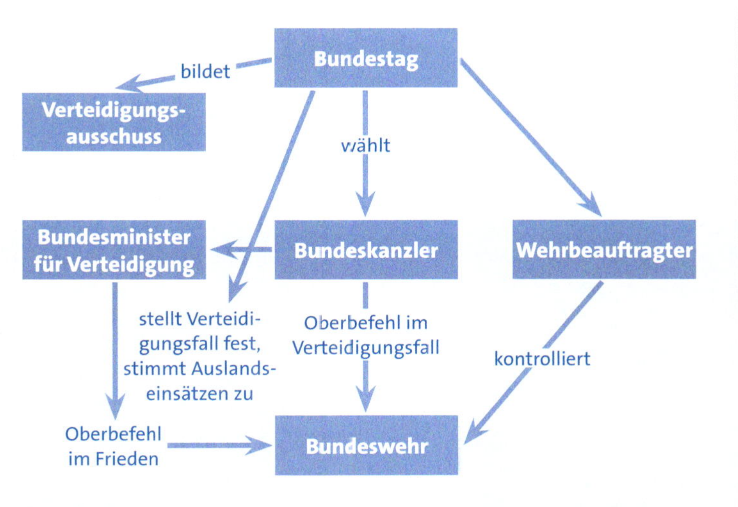

5 ***Primat der Politik***

6 **Humanitäre Einsätze**

Die Bundeswehr beteiligt sich auch an humanitären Einsätzen. Sie stehen unter der Leitung des Bundesministers des Äußeren. Die Einsätze werden von ihm mit der Regierung des betreffenden Landes vereinbart. Beispiel: Nach der Tsunami-Katastrophe 2004 sandte die Bundeswehr 360 Sanitäter nach Indonesien, baute ein Lazarett auf und übernahm Flüge mit Hilfsgütern.

Surftipps

www.bundeswehr.de
www.bmvg.de (Bundesministerium der Verteidigung)
www.nato.int

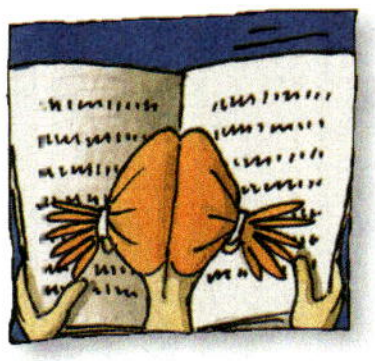

❶

❷

❸ ***Zahl der Zivildienst Leistenden***

2000	*124 060*
2001	*118 250*
2002	*112 380*
2003	*103 950*
2004	*82 050*

Menschen helfen Menschen ...

❹ **... durch Wehrdienst**

„Auf das Verhalten bei Feindberührung brauche ich nicht mehr einzugehen", sagt Hauptfeldwebel L. bei der Befehlsausgabe im Feldlager „Warehouse" in Kabul, derzeit „Heimat" für deutsche Soldaten der ISAF. Routine bedeutet für Gefreiter M. aber nicht, dass Vorsicht und Wachsamkeit nachlassen dürfen. „Präsenz zeigen, auf die eigene Sicherheit bedacht sein, aber die Bevölkerung nicht einschüchtern." Knapp 30 kg schleppt er mit sich herum: schusssichere Weste, Waffe, Funkausrüstung ...

Seit der Abschaffung des Taliban-Terror-Regimes ist das Leben hier freier geworden. Gefreiter M. spürt, dass die ISAF-Soldaten willkommen sind und die Menschen auf Frieden und Entwicklung hoffen. Dies lässt ihn seinen gefährlichen Job weit weg von zu Hause leichter ertragen.

(Quelle: www.bundeswehr.de; gekürzt)

❺ **... durch Zivildienst**

Nach Artikel 12a des GG besteht für junge Männer mit vollendetem 18. Lebensjahr eine allgemeine Pflicht zum Wehrdienst. Doch darf nach Artikel 4 (3) niemand gegen sein Gewissen zum Kriegsdienst mit der Waffe gezwungen werden. Anerkannte Kriegsdienstverweigerer müssen jedoch einen zivilen Ersatzdienst leisten, kurz Zivildienst genannt.

Andreas W. ist einer dieser „Zivis". Er versieht seinen Dienst in einem Heim mit 450 behinderten Menschen, die in Wohngruppen untergebracht sind. In der Werkstatt ist er der „Gartengruppe" zugeteilt. Sie hält die Außenanlagen des Heimes in Schuss. „Heute sehe ich die Behinderten mit anderen Augen", meint Andreas, „ich staune oft über deren Fähigkeiten und über ihre positive Lebenseinstellung. Der Dienst ist für mich eine Lebensschule."

(Nach: Frankfurter Allgemeine Zeitung, 14. 01. 2004)

❻ **... durch ein Freiwilliges Soziales Jahr**

Es ist Freitagvormittag, und für Paul T. steht ein Besuch bei Frau Schöneberg auf dem Programm. Er unterstützt die 78-jährige gehbehinderte Dame beim Aufräumen, Putzen und Einkaufen. Paul absolviert sein Freiwilliges Soziales Jahr direkt im Anschluss an seine Realschulzeit beim Arbeitersamariterbund (ASB). „Wäsche waschen, Bad putzen, Staub saugen sind nur ein Teil meiner Aufgaben. Genauso wichtig ist es, sich mit den Leuten zu unterhalten oder mit ihnen zusammen zu spülen."

Paul bezeichnet sich als einen „sozialen Menschen" und er macht seinen Dienst gerne. Er hätte sich aber auch ein „Freiwilliges Ökologisches Jahr" vorstellen können. Da er den Wehrdienst verweigern will, hofft er, dass sein soziales Dienstjahr dann als Zivildienst anerkannt wird.

(Nach: ASB magazin 3/2004)

❼ **... durch ein allgemeines Dienstjahr?**

Immer wieder wird diskutiert, anstelle der Wehrpflicht bzw. des Ersatzdienstes für alle jungen Menschen ein allgemeines Dienstjahr einzuführen. Hierfür werden unterschiedliche Gründe genannt:

1. Die Zahl der Wehrdienst Leistenden ist stetig gesunken. Nur jeder vierte Wehrpflichtige leistet tatsächlich noch Wehrdienst. Die anderen leisten Zivildienst, sind freigestellt oder untauglich.
2. Viele stört es, dass nur Männer einen Pflichtdienst leisten müssen.
3. Im Gesundheits- und Sozialdienst werden immer mehr Hilfskräfte, die auch bezahlbar sind, benötigt.

Um ein allgemeines Pflichtjahr einzuführen, müsste das Grundgesetz geändert werden. Deshalb plädieren viele für ein freiwilliges Dienstjahr mit Bonus, zum Beispiel bei der Bewerbung um eine Ausbildungsstelle u. a.

8 **... durch technische Hilfe**
Hochkonzentriert, den Blick auf den Boden gerichtet, arbeitet sich Vera B. Zentimeter für Zentimeter durch das Minenfeld – immer die Gefahr vor Augen, dass jede unvorsichtige Bewegung eine Explosion auslösen kann.
Vera B. ist die einzige Frau unter den deutschen Minenräumern. Vor sechs Jahren hängte die 35-Jährige ihren Traumjob als TV-Redakteurin an den Nagel. „Ich wollte nicht nur berichten, sondern selbst etwas zur Verbesserung der Lebensbedingungen der Menschen beitragen." Vera lernte alles über Sprengtechnik und Munitionsräumung. Seitdem ist sie viel in Krisengebieten unterwegs: Mosambik, Bosnien, Afghanistan. Als gesuchte Spezialistin bildet sie auch aus, schreibt Gutachten, leitet Räumungsprojekte. 2002 wurde sie mit dem Bundesverdienstkreuz ausgezeichnet.
(Nach: Frieden & Sicherheit, Heft 2005)

9 **... durch soziales Engagement**
Am 22. Juni 2004 blieben die Klassenzimmer in ganz Norddeutschland leer. Es war „sozialer Tag". Dieser findet seit 1998 alle zwei Jahre statt, in Schleswig-Holstein, Hamburg, Bremen, Niedersachsen und Berlin. Entstanden ist die Schülerinitiative während des Krieges im ehemaligen Jugoslawien Anfang der 1990er Jahre. Schülerinnen und Schüler arbeiten einen Tag lang und spenden ihren Lohn der Schülerstiftung „Schüler Helfen Leben". Mit den von 220 000 Schülern am 22.06.2004 erarbeiteten drei Millionen Euro und mit den Schülerspenden aus ganz Deutschland werden in Rumänien, Bosnien und im Kosovo neue Projekte in Angriff genommen. Rund 110 Projekte, z. B. die Errichtung von Kindergärten und Schulen, wurden schon verwirklicht.
(Quelle: Berliner Zeitung, 23.06.2004)

10 **... durch Mitarbeit im Friedenscorps**
In einem Slum-Viertel am Stadtrand von Bagdad haben die Grünhelme schon eine Schule für über 2 000 Schüler gebaut, in einem Dorf in Nordafghanistan zwei Schulen für je 800 Jungen und Mädchen.
„Grünhelme e. V." ist eine noch recht junge Nichtregierungsorganisation (NRO). Der Name entstand in Anlehnung an die „Blauhelme" der UN-Friedenstruppen. Grün ist auch die Farbe der Muslime, steht für Ökologie und für Hoffnung. Christen und Muslime bauen gemeinsam auf, was andere zerstört haben. Junge und ältere Menschen gehen für drei Monate oder länger in Krisenregionen. Ohne Bezahlung leben sie im Einsatzgebiet so wie die übrige Bevölkerung. Vorbild der Grünhelme ist das vom früheren US-Präsidenten Kennedy ins Leben gerufene Peace Corps.
(Nach: Frieden & Sicherheit, Heft 2005)

11 **... durch Entwicklungsdienst**
Markus S. ist für die Arbeit im Krisengebiet Kongo gut gerüstet. Kennengelernt hat er die Welthungerhilfe als Offizier bei einem UN-Einsatz in Tadschikistan. „Die Arbeit der Welthungerhilfe hat mich so überzeugt, dass ich von der österreichischen Armee in den Nothilfe- und Entwicklungsdienst wechselte."
Jetzt koordiniert Markus S. vier Projekte in der Demokratischen Republik Kongo. Es geht darum, die Ernährung von Flüchtlingen, Vertriebenen und Rückkehrern zu sichern, Straßen und Schulen zu bauen, die Landwirtschaft wieder in Gang zu bringen. Einfach ist die Arbeit nicht in einem Gebiet, in dem Banden und Rebellengruppen um die Macht kämpfen und fast täglich morden.
(Nach: Welternährung 1/2005)

12

13

Surftipps
www.zivildienst.de
www.friedensdienst.de
www.freiwillig-aktiv.de
www.welthungerhilfe.de
www.venro.org
(Verband deutscher NRO)

1 *Verbessere deine Lesekompetenz*
Wähle eines der acht Beispiele aus. Besorge hierzu weitere Informationen und stelle das Thema/die Hilfsorganisation dar.

1

1 15 aktuelle UN-Friedensmissionen Stand 2001
1 9 ausgewählte Nicht-UN-Friedensmissionen Stand 2001
1 14 aktive Bürgerkriege
1 5 zwischenstaatliche Kriege
Grenzkonflikt
Unabhängigkeitsbewegung
0 1000 2000 3000 km

Surftipps

www.un.org

www.runiceurope.org (Regionales Informationszentrum der UNO)

Manager des Friedens

191 der 194 Staaten der Erde sind Mitglied der Vereinten Nationen: der **UNO** (United Nations Organization). Gegründet wurde die Weltorganisation mit Sitz in New York am 26. Juni 1945 angesichts der Katastrophe des Zweiten Weltkrieges. Sie setzt sich folgende Ziele:

- Wahrung des Weltfriedens und der internationalen Sicherheit
- Entwicklung freundschaftlicher Beziehungen zwischen den Völkern der Erde
- Internationale Zusammenarbeit zur Lösung von Problemen wirtschaftlicher, sozialer, kultureller und humanitärer Art
- Verwirklichung der Menschenrechte und Grundfreiheiten für alle Menschen.

Die UNO ist keine Weltregierung, sondern der Zusammenschluss souveräner, gleichberechtigter Staaten.

Die Hauptorgane der UNO

Die UNO hat sechs Hauptorgane: Generalversammlung, Sekretariat, Sicherheitsrat, Internationaler Gerichtshof, Wirtschafts- und Sozialrat, Treuhandrat. Hinzu kommen zahlreiche Sonder- und Hilfsorganisationen wie die Weltgesundheitsorganisation (WHO), die Welthandelsorganisation (WTO) und das Internationale Kinderhilfswerk (UNICEF).

Die **UN-Generalversammlung**, auch Vollversammlung genannt, findet einmal im Jahr statt. Bei Bedarf werden Sondersitzungen einberufen. Jeder Mitgliedsstaat hat eine Stimme. Die Generalversammlung bildet Ausschüsse, z. B. für Soziales, Finanzen ...

Dem **UN-Sicherheitsrat**, auch Weltsicherheitsrat genannt, gehören fünf ständige und zehn nichtständige Mitglieder an. Er ist für die Hauptaufgabe der UNO, Weltfrieden und internationale Sicherheit, zuständig.

Der **UN-Generalsekretär** steht an der Spitze des Generalsekretariats und wird von der Vollversammlung auf fünf Jahre gewählt.

Dem **Internationalen Gerichtshof** in Den Haag gehören 15 Richter an, die von der UN-Vollversammlung auf neun Jahre gewählt sind. Seit 2003 ist in Den Haag zusätzlich ein Internationaler Strafgerichtshof für die Verfolgung von Kriegsverbrechen und Völkermord eingerichtet.

UN-Friedenstruppen

Der UN-Sicherheitsrat beschließt über den Einsatz von UN-Friedenstruppen, d.h. er erteilt das Mandat, also den Auftrag dazu. Für ein Mandat sind neun der 15 Stimmen erforderlich. Dabei müssen allerdings alle fünf ständigen Mitglieder zustimmen. Das Veto-Recht der ständigen Mitglieder hat schon oft den Handlungsspielraum des Sicherheitsrates eingeschränkt, z.B. 1999 im Kosovo-Konflikt. Eine UN-Mission scheiterte damals am Veto von China und Russland.
Anfang 2005 waren rund 60000 Soldaten und Polizisten aus über 100 Staaten in 16 Einsätzen aktiv. Hinzu kommen Einsätze im Auftrag der UNO, z.B.: Die ISAF-Friedensmission in Afghanistan wird im Auftrag der UNO von der NATO durchgeführt. Die Leitung obliegt jedoch dem UN-Generalsekretär. UN-Friedenstruppen setzen sich grundsätzlich aus Anteilen mehrerer Staaten zusammen.

Sicherheitsorganisationen

Beim Bemühen um Frieden und Sicherheit in der Welt arbeiten verschiedene Organisationen zusammen. In der Hauptsache sind dies die UNO, die NATO und die OSZE. Während die UNO weltweit orientiert ist, die NATO ursprünglich auf den „Nordatlantikraum", d.h. Nordamerika und Westeuropa, beschränkt war, umfasst die OSZE (Organisation für Sicherheit und Zusammenarbeit in Europa) neben dem NATO-Bereich auch Osteuropa einschließlich den Nachfolgestaaten der Sowjetunion. Ziele der OSZE sind die friedliche Beilegung von Konflikten, Zusammenarbeit in wirtschaftlichen, wissenschaftlich-technischen und ökologischen Bereichen. Die OSZE hat jedoch keinen militärischen Auftrag wie UNO und NATO.

2 **Charta der Vereinten Nationen: Präambel** (Vorwort)
Wir, die Völker der Vereinten Nationen – fest entschlossen,
künftige Geschlechter vor der Geißel des Krieges zu bewahren, die zweimal zu unseren Lebzeiten unsagbares Leid über die Menschen gebracht hat, unseren Glauben an die Grundrechte des Menschen, an Würde und Wert der menschlichen Persönlichkeit, an die Gleichberechtigung von Mann und Frau sowie von allen Nationen, ob groß oder klein, erneut zu bekräftigen, Bedingungen zu schaffen, unter denen Gerechtigkeit und Achtung vor den Verpflichtungen aus Verträgen und anderen Quellen des Völkerrechts gewahrt werden können, den sozialen Fortschritt und einen besseren Lebensstandard in größerer Freiheit zu fördern, und für diese Zwecke Duldsamkeit zu üben und als gute Nachbarn in Frieden miteinander zu leben, unsere Kräfte zu vereinen, um den Weltfrieden und die internationale Sicherheit zu wahren, Grundsätze anzunehmen und Verfahren einzuführen, die Gewähr leisten, dass Waffengewalt nur noch im gemeinsamen Interesse angewendet wird, und internationale Einrichtungen in Anspruch zu nehmen, um den wirtschaftlichen und sozialen Fortschritt aller Völker zu fördern – haben beschlossen, in unserem Bemühen um die Erreichung dieser Ziele zusammenzuwirken.

Zur Standardsicherung

1 a) *Stelle die sechs Hauptorgane der UNO in einer Übersicht dar. Notiere dazu den Sitz der UNO und den Namen des gegenwärtigen Generalsekretärs.*
b) *Schreibe unter die Übersicht die Zielsetzungen der UNO (siehe Text).*
c) *Notiere außerdem fünf bedeutende Menschenrechte, die in der Präambel 2 genannt sind.*

2 *Übertrage das Schema 3 in dein Heft und notiere dazu die gegenwärtigen zehn nichtständigen Mitglieder.*

3 *Karte 1: Erstelle eine Tabelle wie folgt: Konfliktursache/jeweils drei Beispiele.*

Zur Weiterarbeit

4 *Diskutiert über*
a) die Zusammensetzung des Sicherheitsrates
b) das Veto-Recht im Sicherheitsrat.

5 *Die Zusammensetzung des UN-Sicherheitsrates soll geändert werden. Informiere dich über die Reformvorschläge.*

3 ***UN-Sicherheitsrat***

① **Lens/Frankreich 1998:** *Während der Fußballweltmeisterschaft prügeln deutsche Hooligans den französischen Polizisten Nivel fast zu Tode. Nivel ist seitdem schwerbehindert.*

③ **Dessau 2000:** *Im Stadtpark ermorden drei Neonazis den Afrikaner Alberto Adriano. Am Tatort befindet sich heute ein Mahnmal.*

Gewalt hat viele Gesichter

② **Obdachlosen getötet**

Stuttgart 2004: Zwei Jugendliche prügelten brutal auf einen Obdachlosen ein und töteten ihn, einer davon ist Schüler einer Stuttgarter Schule. Unrühmlich an der Tat war auch die Rolle der Passanten, die nicht eingriffen.

Schockiert von diesem Vorfall hatten danach Lehrer und Schüler der Schickhardt-Realschule in Stuttgart Interesse, etwas zu tun. „Courage zeigen – Jugend und Gewalt“ hieß das Thema der daraus entstandenen Projektwoche mit der Zielsetzung, das Thema **Gewalt** aufzugreifen und ihre Auswirkungen darzustellen, zu zeigen, dass der Einzelne der Gewalt widerstehen kann.

Die Schülerinnen und Schüler erarbeiteten Verhaltensweisen, wie z. B. „Leute direkt um Hilfe ansprechen“ oder „sich lautstark einmischen“. Wolfgang K. von der Landespolizei ist regelmäßig bei solchen Projekttagen: „Jugendkriminalität hat es schon immer gegeben. Aber das Unrechtsbewusstsein hat stark abgenommen und die Brutalität zugenommen.“ Anhand konkreter Beispiele erfahren die Schüler im Rollenspiel Gewalt, und dass Gewalt fast immer Gegengewalt erzeugt. Sie lernen auch gewaltvermeidendes Verhalten, z. B. „Versuchen, mit dem Gegenüber zu reden“ oder „Einfach Weggehen“.

④ **Kindersoldaten**

„‚Foday Mannah war gerade acht Jahre alt, als ihn eines Tages Rebellen entführten und ihn zwangen, Kindersoldat zu werden. Er musste lernen, wie man Menschen tötet, Minen verlegt und militärische Ziele des Gegners ausspioniert. Die grausigen Kriegserlebnisse kann er bis heute nicht vergessen.‘ Foday Mannah ist ein Beispiel von Tausenden. Als der Krieg in Sierra Leone beendet war, zählte man über 7 000 Kindersoldaten. Wie viele den jahrelangen Krieg nicht überlebten, ist unbekannt.

In vielen Kriegsgebieten der Erde werden Kinder als Soldaten missbraucht, im Kongo und in Somalia, in Nepal und Indien, in Kolumbien und in Tschetschenien. Diejenigen, die dem Krieg entrinnen konnten, sind für ihr Leben traumatisiert. Ihre Seele ist ‚zerbrochen‘, und sie leiden an Schlafstörungen, Alpträumen und Magenschmerzen. Ohne eine gezielte psychologische Behandlung haben sie kaum eine Chance, diese Leiden los zu werden.“

(Quelle: terre des hommes. Die Zeitung, 9/2005)

5 Gefährlicher weißer Nebel

„Maria Eva L. wurde am frühen Morgen durch ein Donnern aufgeschreckt. Im selben Moment flogen zwei Flugzeuge über ihren Kopf hinweg, die eine weiße Nebelwolke hinterließen. Diese breitete sich über die ganze Anpflanzung aus. ‚Auch auf meinem Kopf hat sich dieser Nebel festgesetzt.' Stunden danach irrte Maria Eva noch in der Pflanzung umher. Ihr wurde bewusst, dass sie wie viele andere ohnmächtig geworden war. ‚Erst nach Tagen klärte sich mein Kopf.'

Bis zu diesem Vorfall 2002 wusste Maria Eva nichts vom ‚Plan Colombia' der US-amerikanischen und der kolumbanischen Regierungen zur Bekämpfung des Drogenanbaus. Ohne Rücksicht wurden große Gebiete mit Pflanzengift besprüht. Der spanische Arzt Adolfo M. untersuchte die Menschen der betroffenen Gebiete. ‚Die Krebsrate steigt gewaltig. Ätzungen von Haut und Augen sind an der Tagesordnung Und in den Gebieten zeichnet sich eine ökologische Katastrophe ab.'

Beim Sprühen von Unkrautvernichtungsmitteln ist in den USA höchstens ein Volumenprozent zulässig, beim „Plan Columbia" wurde eine 26-prozentige Giftbrühe versprüht. Durch Zusatzstoffe potenzierte sich die Wirkung auf das Vierfache. Adolfo M. weist auch auf die Spätfolgen hin und sagt: ‚Die im Vietnam-Krieg von den USA eingesetzten Entlaubungsmittel führten zur Geburt von etwa 100 000 missgebildeten Kindern und zu tausenden Krebstoten.'"

(Quelle: Misereor aktuell 3/2004)

8 *Plan Colombia*

Bereits in der Clinton-Ära fassten die USA und Kolumbien den Beschluss, das Gebiet an der kolumbanisch-ecuadorianischen Grenze zum Zentrum des Kampfes gegen den Drogenanbau zu machen. Ziel war es, die Menschen vom Drogenanbau abzubringen und ihnen andere Einkommensmöglichkeiten zu verschaffen. Stattdessen aber missbrauchte die kolumbianische Regierung den Plan zur Bekämpfung von Guerilla-Gruppen.

6 Zwangsverheiratung junger Frauen

„‚Nach unserem Gespräch treffe ich mich mit einem 14-jährigen Mädchen, das von zu Hause weglaufen will, weil ihre Eltern es zur Heirat in der Türkei zwingen wollen', sagt Rechtsanwältin Seyran Ates. ‚Das Mädchen will später Jura studieren. Ich bin für sie so etwas wie ein Vorbild.'

Seit 1997 betreibt Ates ihre Kanzlei in Berlin, zusammen mit zwei türkischen Partnerinnen. Sie beraten Landsleute in Familienangelegenheiten, helfen darüber hinaus in vielfältiger Art. Ihre Dienste hat Ates fast mit dem Leben bezahlt. Eines Tages stürmte ein Türke in ihre Beratungsstelle, zog einen Revolver und schoss auf Ates und eine Klientin, die gekommen war, einen Brief vom Arbeitsamt übersetzen zu lassen. Die Klientin starb an einem Bauchschuss. Ates hat trotz starken Verletzungen überlebt. Als lebenslange Erinnerung blieben Ihr starke Nervenschmerzen im linken Arm. Ates´ Dienste waren bei den Türken in Kreuzberg umstritten. Diese befürchteten, Ates würde unzufriedene Ehefrauen und Mädchen aufwiegeln."

(Quelle: Greenpeace Magazin 6/2003)

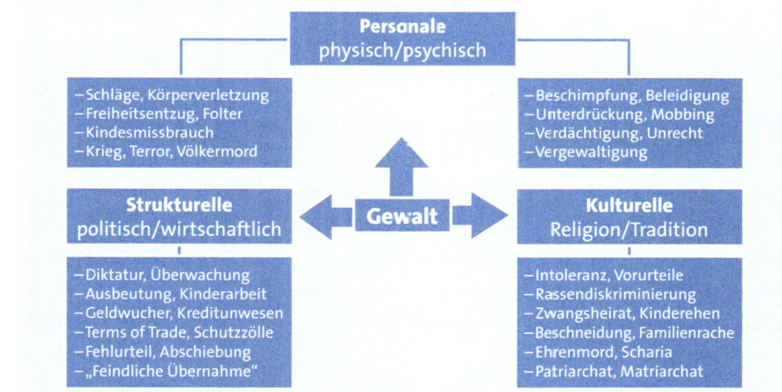

7 *Arten von Gewalt*

Zur Standardsicherung

1 *Wähle eines der sechs Beispiele aus. Stelle Ursachen, Motive und Folgen dar.*

2 *Schema 7:*

a) Klärt unbekannte Wörter.

b) Diskutiert über die Zuordnungen zu den Oberbegriffen.

c) Findet weitere Beispiele.

Zur Weiterarbeit

3 *Sucht in Lexika nach Definitionen des Begriffes „Gewalt".*

4 *Nennt Beispiele von „legalisierter Gewalt".*

① **Anschlag auf das World Trade Center in New York am 11.9.2001**

④ **US-Gefangene in Guantanamo (Kuba)**

Sind Präventivkriege erlaubt?

② ***Al-Qaida*** *(= die Basis)*
Radikal-islamische Organisation mit weltweit verteilten, weitgehend autonomen Aktionsgruppen. Seit 1998 unter Führung von Osama Bin Laden netzwerkartig strukturiert mit religiösem Motto (Namen): „Internationale Islamische Front für den Heiligen Krieg gegen Juden und Kreuzzügler".

③ **„Zentrum des Bösen"**

Aus Sicht islamischer Fundamentalisten und deren Führer wie z.B. Osama Bin Laden ist die westliche Welt „ein Sumpf der Unmoral". Sie finden die freizügige westliche Kultur und Lebensart moralisch verwerflich. Außerdem fühlen sie sich gedemütigt durch die von westlichen Staaten ausgeübte politische, militärische und wirtschaftliche Macht über die arabische Welt. „Zentrum des Bösen" sind die USA, ein „Hort des Satans". Die übrigen westlichen Länder seien Lakaien der USA.

Sie bezeichnen das Schicksal der Araber in den letzten Jahrhunderten bis hin zum israelisch-palästinensischen Konflikt als eine einzige Demütigung durch die Kolonialmächte. Daraus entstand die „Ideologie von der Opferrolle". Angesichts von Armut, Krieg und Unterdrückung sind solche Botschaften und Ideologien ein gut bereiteter Nährboden für religiösen Fundamentalismus und für Terrorismus.

⑤ **„Die Achse des Bösen"**

Staaten, die die Machtinteressen der USA empfindlich stören, müssen mit Sanktionen von Washington rechnen. Einerlei, ob es sich dabei um eine militärische, wirtschaftliche oder politische Bedrohung handelt. Der amerikanische Präsident George W. Bush bezeichnet solche Staaten als „Das Böse" oder als „Schurkenstaaten". Hierzu gehörten 2003 der Irak, der Iran, Kuba und Nordkorea. Begründung: Die „Achse des Bösen" würde die USA und die Völker der Welt bedrohen, z.B. durch den Besitz von Massenvernichtungswaffen. Eine Rolle spielt auch, dass die Golfregion für die Erdölversorgung der USA sehr wichtig ist.

Präsident Bush in seiner Rede am 21.9.2001 an das amerikanische Volk: „Der Kampf gegen das Böse muss mit allen zur Verfügung stehenden Mitteln geführt werden." Seit September 2001 gilt für Washington die Einteilung der Staaten der Welt nach Gut und Böse: Entweder ihr seid „für uns" oder „für die Terroristen".

6 Was ist Terrorismus?
Terrorismus ist die Androhung und Anwendung von Gewalt mit dem Ziel, Furcht zu verbreiten und damit bestimmte Bevölkerungsgruppen oder Einzelpersonen, z. B. Politiker, unter Druck zu setzen. Die verbreitete Furcht soll Regierende schwächen bzw. einen Politikwechsel herbeiführen.
Terroristen gehen systematisch und gezielt vor und nehmen unschuldige Opfer bewusst in Kauf. Je mehr Opfer, desto größer die verbreitete Furcht und der politische Druck auf den Feind. Dabei spielt oftmals auch der Rachegedanke eine Rolle: Die Anschläge von New York, Madrid und London waren gezielte „Bestrafungsakte“ gegen Kriegsteilnehmer in Afghanistan bzw. im Irak. Andere Anschläge dienen aus Sicht der Terroristen „ihrem Freiheitskampf“.

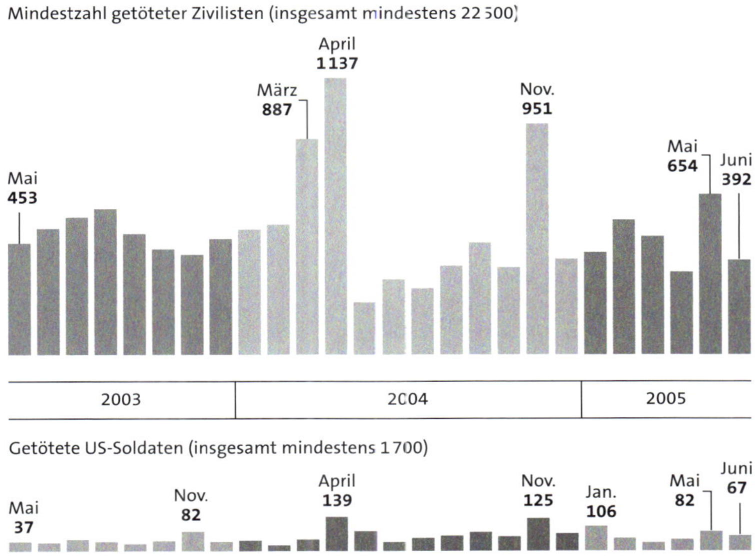

7 *Opferbilanz des Irak-Krieges 2003–2005*
(20. 3. 03: USA und Großbritannien greifen den Irak an. 9. 4. 03: Einnahme der Hauptstadt Bagdad, Sturz des Saddam-Regimes, 8. 3. 04: Übergangsnationalversammlung und Präsident)

Die Charta der Vereinten Nationen erlaubt vom grundsätzlichen Kriegsverbot nur zwei Ausnahmen: Militärische Gewalt darf eingesetzt werden zur

1. Selbstverteidigung eines Staates gegen einen Angreifer, allein oder gemeinsam mit Verbündeten
2. Wiederherstellung des Friedens, falls der UN-Sicherheitsrat dies beschließt.

Auch ein Eingreifen in den inneren Konflikt eines Staates, z. B. in einen Bürgerkrieg, ist untersagt. Die UNO ist jedoch der Ansicht, dass die Verletzung der Menschenrechte in einem Staat keine „innere Angelegenheit“, sondern eine „Angelegenheit der Vereinten Nationen“ ist.
Jahrelang verfolgte Saddam Hussein im Irak Minderheiten und politische Gegner brutal. 1990 überfiel er das Nachbarland Kuwait. Nach dem 11. 09. 2001 wurde dem Diktator die Unterstützung der Terror-Organisation Al-Qaida und der Besitz von Massenvernichtungswaffen vorgeworfen. Die USA bemühte sich, im UN-Sicherheitsrat den Beschluss für einen **Präventivkrieg** zustande zu bringen. Doch der Sicherheitsrat konnte sich nicht einigen. Daraufhin griffen die USA und Großbritannien „im Namen der Menschenrechte“ den Irak eigenmächtig an. George W. Bush zur Rechtfertigung des Angriffs: „Der Irak-Krieg ist schon angesichts der Entdeckung von Massengräbern und Folterkammern gerechtfertigt gewesen.“

Zur Standardsicherung

1 *Rechtfertigung von Kriegen:*
a) Nenne die zwei Fälle, die die UN-Charta erlaubt und füge je ein Beispiel hinzu.
b) Wie ist die UN-Position hinsichtlich der Einmischung in einen „inneren Konflikt“?

2 *a) Welche Gründe führten die USA und Großbritannien für den Einmarsch in den Irak an?*
b) Weshalb war dieser Einmarsch weltweit umstritten?

Zur Weiterarbeit

3 *Setze dich mit der Einteilung von Staaten nach „Gut“ und „Böse“ kritisch auseinander.*

4 *Irak: „Krieg im Namen der Menschenrechte unter Verletzung der Menschenrechte“. Nimm Stellung.*

8 *Intervention und Prävention*
In zwei Fällen kann der Sicherheitsrat der UNO beschließen, durch Intervention, d. h. durch Eingreifen, Frieden zu erzwingen: bei kriegerischen Auseinandersetzungen und bei Menschenrechtsverletzungen.
Einem drohenden Krieg oder einem anderen schweren Verstoß gegen das Völkerrecht durch militärisches Eingreifen zuvorzukommen, ist nach der UN-Charta nicht erlaubt. Trotzdem wurden 1999 von der NATO und 2003 von USA/Großbritannien bereits Präventivkriege geführt.

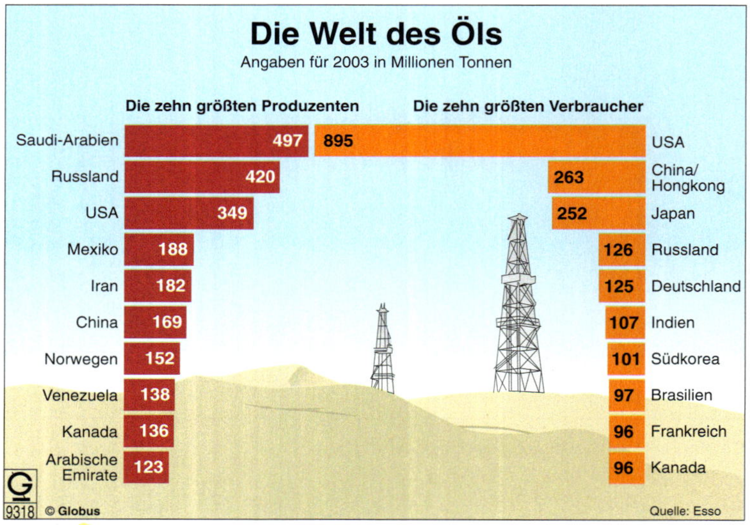

1

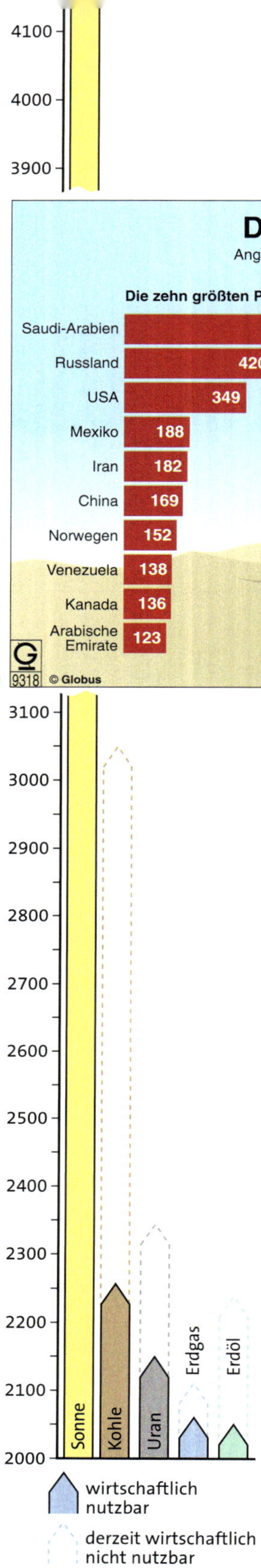

2 ***Wächst der Verbrauch wie bisher, reichen die bekannten Energiequellen noch bis ...***

Begrenzte Ressourcen – Beispiel Erdöl

Es ist uns kaum bewusst, in welchem Maße unser Leben vom Verbrauch von Rohstoffen wie Erdöl und Erdgas, Holz, Kohle und Metallerzen abhängig ist – aber nicht nur von diesen **Ressourcen**, auch von anderen Naturgütern wie Boden, Wasser und Luft. Viele dieser Naturgüter sind endlich, d. h. sie stehen nur begrenzt, also nicht auf Dauer zur Verfügung. Zu einer verantwortlichen, nachhaltigen Lebensführung gehört deshalb auch der schonende Umgang mit Ressourcen: 6,5 Mrd. Menschen mit dem Ressourcenverbrauch eines Äthiopiers hält die Erde lange aus, mit dem Verbrauch eines Amerikaners oder Deutschen nur eine begrenzte Zeit.

3 **Segen und Fluch des Erdöls**

Man nennt es „Schwarzes Gold“, weil Erdöl für viele Förderstaaten Reichtum bringt: für die Regierungen, die Erdölkonzerne und andere am Erdöl Verdienende. Die Staaten am Golf fördern das Barrel für etwa 2 US $ und verkaufen es auf dem Weltmarkt für 25–30 US $. Allerdings sind sie vom Erdöl auch abhängig. Es bringt einen hohen Anteil der Staatseinnahmen: Saudi Arabien 97 %, Kuwait 80 %, VAE 59 %. Die Förderländer sind sich der Gefahr bewusst, die vom Besitz dieses Rohstoffes ausgeht, denn die großen Ölreserven sind von strategischer Bedeutung. Dies zeigt sich in der starken militärischen Präsenz der USA in dieser Region, ihrer politischen Einflussnahme sowie in den Kriegen ums Erdöl, „Golfkriege“ genannt. Die Bevölkerung der Golfstaaten sitzt sowohl auf Reichtum als auch auf einem „Pulverfass“.

Die Abhängigkeit vom Erdöl

Der weltweite Bedarf an Ressourcen steigt ständig, hauptsächlich verursacht durch den steigenden Energieverbrauch. Erdöl ist der wichtigste Rohstoff, Energielieferant und Grundlage vieler Chemie-Erzeugnisse. Man sagt, wir lebten im Erdölzeitalter. Benzin, Diesel, Kerosin, Heizöl, Reifen, Farben, Klebstoffe, Textilien, Kunststoffverpackungen – überall wird Erdöl gebraucht.

300 Millionen US-Amerikaner, 4,6 % der Weltbevölkerung, verbrauchen mehr als ein Viertel des weltweit geförderten Erdöls. Dieser enorme Verbrauch sichert zwar den Wohlstand im Lande, zwingt die USA aber auch zu massiven Erdölimporten. Die Kontrolle des Erdölweltmarktes ist somit für die USA von hohem Interesse. Nach Venezuela und Kanada sind die Staaten am Arabisch-Persischen Golf wichtigste Bezugsquelle. Laut Aussage der US-Regierung ist die Sicherung des Erdölimports aus dieser Region von existenzieller Bedeutung für die USA.

Erdöl wird knapp: Der Preis steigt

Die Erdölnachfrage steigt stetig. Neue Großverbraucher sind auf der Weltbühne aufgetreten: China, Indien, Brasilien, Me-

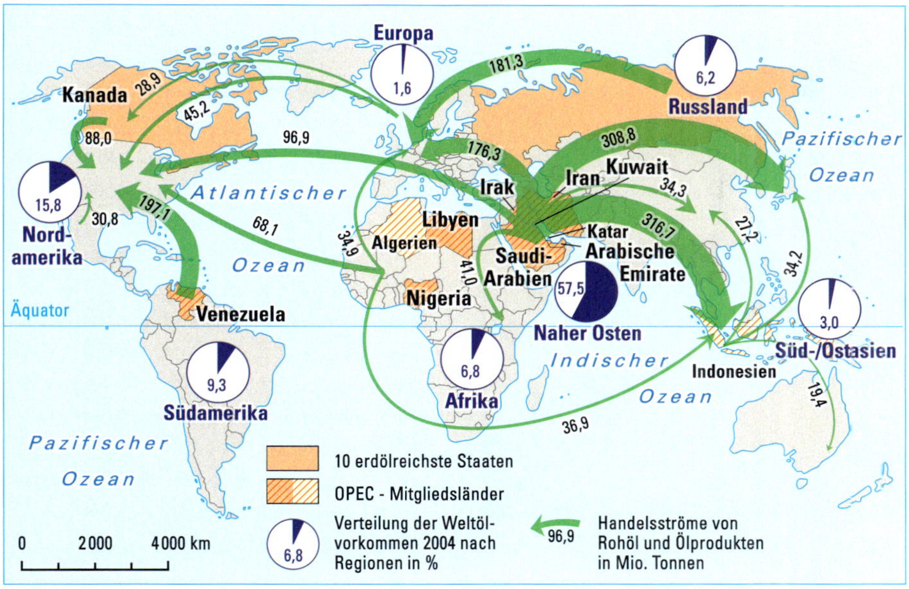

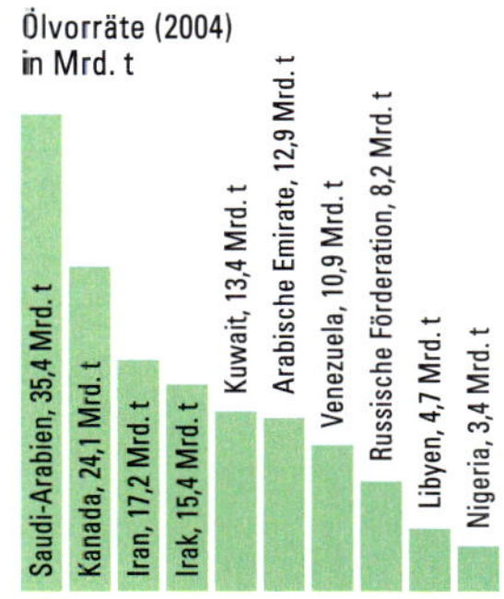

④ Globale Verteilung der Erdölreserven

⑤ Ressourcen

Energiequellen	Rohstoffe	Sonstige
begrenzt: Kohle Erdgas ?	begrenzt: Eisenerz Sand ?	natürliche: Boden Tiere ?
unbegrenzt: Sonne Wasser ?	nachwachsend: Holz ?	geistige: Leistung Ideen ?

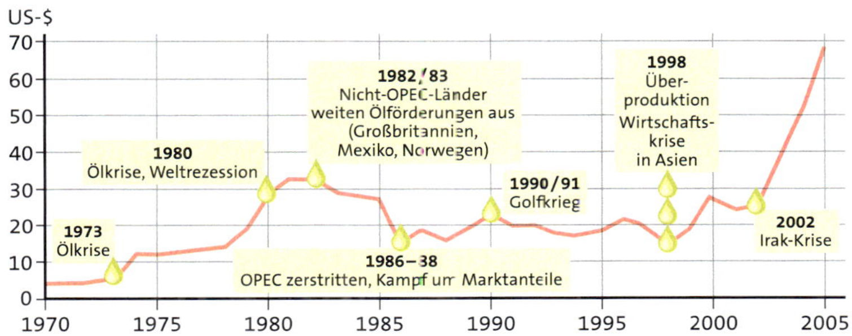

⑥ Entwicklung des Ölpreises pro Barrel Rohöl (= 159 Liter)

xiko ... China ist zur wirtschaftlichen Großmacht aufgestiegen und hat den zweitgrößten Erdölverbrauch in der Welt. Auch die 1,3 Milliarden Chinesen träumen von Wohlstand, vom Auto, beheizten Wohnungen, Klimaanlagen und allerlei Konsumartikeln. Im Jahr 2004 stieg der Rohölbedarf Chinas um 18 %! Der derzeitige Weltbedarf von 29 Milliarden Barrel wird bis 2020, so schätzt man, auf 42 Milliarden steigen. Fachleute gehen davon aus, dass die Erdölnachfrage schon bald höher sein wird als das Erdölangebot. Schon jetzt ist eine Verknappung vorhanden, und der Weltmarktpreis pro Barrel steigt und steigt. Was passiert, wenn die Nachfrage nicht mehr gedeckt werden kann? Wird es Streit oder gar Krieg ums Erdöl geben?

Zur Standardsicherung

1 *Erläutere die Bedeutung des Erdöls in der Wirtschaft und im Privatleben.*

2 *Energie einsparen; Erdöl ersetzen, Erdölprodukte recyceln. Erkläre, was jeweils damit gemeint ist und gib Beispiele.*

3 *a) Erläutere den Begriff „Ressourcen“.*
b) Übertrage die Aufstellung 5 in dein Heft und ergänze sie.
c) „Auch nichtbegrenzte Ressourcen können in ihrem Bestand gefährdet sein.“ Begründe.

Zur Weiterarbeit

4 *„Erdölabhängigkeit und Erdölbesitz – beides kann gefährlich sein.“ Diskutiert darüber.*

5 *„Ressourcen schonend zu nutzen, ist ein Beitrag zur Nachhaltigkeit.“ Erläutere.*

OPEC

Organisation of Petroleum Exporting Countries (Organisation Erdöl exportierender Staaten). Gründung 1960 in Bagdad. Zusammenschluss von elf Öl-Förderländern mit dem Ziel der gemeinsamen Interessenvertretung.

1 *Durch Bodenerosion zerstörtes Weideland*

2 **Was ist Boden?**
Der Boden überzieht das Festland wie eine dünne Haut. Ohne Boden gäbe es fast kein Leben auf der Erde, in ihm wurzeln Pflanzen, von denen sich Tiere und Menschen ernähren. Grundlage der Bodenbildung ist die Verwitterung von Gesteinen durch Niederschlag, Temperatur und Vegetation. Im Boden sind die im Gestein befindlichen Mineralien wie Kalium und Magnesium, aber auch organisches Material, das durch Zersetzung aus Pflanzen und Tieren entsteht. Hinzu kommen Kleinstlebewesen sowie Luft und Wasser. Luft ist für die Atmung der Kleinstlebewesen und Wurzeln, Wasser für deren Lebensprozesse notwendig.

Boden – eine kostbare Ressource

Kaum zu glauben

Pro Jahr werden weltweit etwa 10 Mrd. Tonnen Boden abgetragen, davon im Lössbergland Chinas 1,6 Mrd. Tonnen. Das entspricht einer 1 cm dicken Bodenschicht im gesamten Lössplateau.
Für die Bildung einer Bodenschicht von 1 cm benötigt die Natur in unseren Breiten mehr als 100 Jahre.

„Shachenbao“ sagen die Pekinger schicksalsergeben: Sandsturm. Nichts Außergewöhnliches im Frühjahr, doch dieses Jahr ist es besonders schlimm, so schlimm wie seit Jahrzehnten nicht mehr. Der Himmel verfärbt sich apokalyptisch gelb-braun. Ein heftiger Wind treibt den Staub durch die Straßen. Autos schalten die Lichter ein. Die Menschen halten Tücher vor Mund und Nase.
Nicht nur Nordchina, auch Japan und Südkorea klagen über den gelben Staub. Ursache ist die starke **Bodenerosion** im Lössbergland. Dort, wo bis zu 300 m mächtige Lössschichten das Land bedecken, wurde immer mehr Weideland unter den Pflug genommen und immer mehr Wald gerodet. Fehlt die Vegetation, so kann der Boden von Wasser und Wind leicht abgetragen werden. Der Huang He, der schlammreichste Fluss der Erde, erhielt durch den abgetragenen Löss seinen Namen: Gelber Fluss.

Die Wüste wächst

Nicht nur im Sahel in Nordafrika breitet sich die Wüste aus, sondern auch in China und in anderen Regionen der Erde. Es entstehen Wüsten in Gebieten, in denen kein Wüstenklima herrscht. Die Wüstenbildung, auch **Desertifikation** genannt, ist durch den Menschen verursacht. Indem der Mensch die bodenbedeckende Vegetation entfernt, liefert er ihn den Naturkräften Wind und Wasser für deren zerstörerische Arbeit aus. Solange der Boden mit Vegetation bedeckt ist, halten die Wurzeln der Pflanzen die Erde fest, und die Gefahr der Bodenerosion ist gering. Entwaldung, Ackerbau in Steppen, Übernutzung von Flächen, z. B. Überweidung, tragen zur Desertifikation bei.

Bodenschädigungen

Nicht nur die Bodenerosion gefährdet die Böden. Es gibt darüber hinaus eine ganze Reihe von Bodenschädigungen, für die ebenfalls der Mensch verantwortlich ist. Man fasst die verschieden Formen der Bodenschädigung unter dem Begriff **Bodendegradation** zusammen. Hierzu gehören die Bodenversalzung in Bewässerungsgebieten, die Überdüngung und Bodenverseuchung durch Schadstoffe, der Verlust der Bodenfruchtbarkeit durch Übernutzung, die Bodenverdichtung durch den Einsatz schwerer Maschinen und Geräte, die Bodenversiegelung in dicht besiedelten Gebieten.

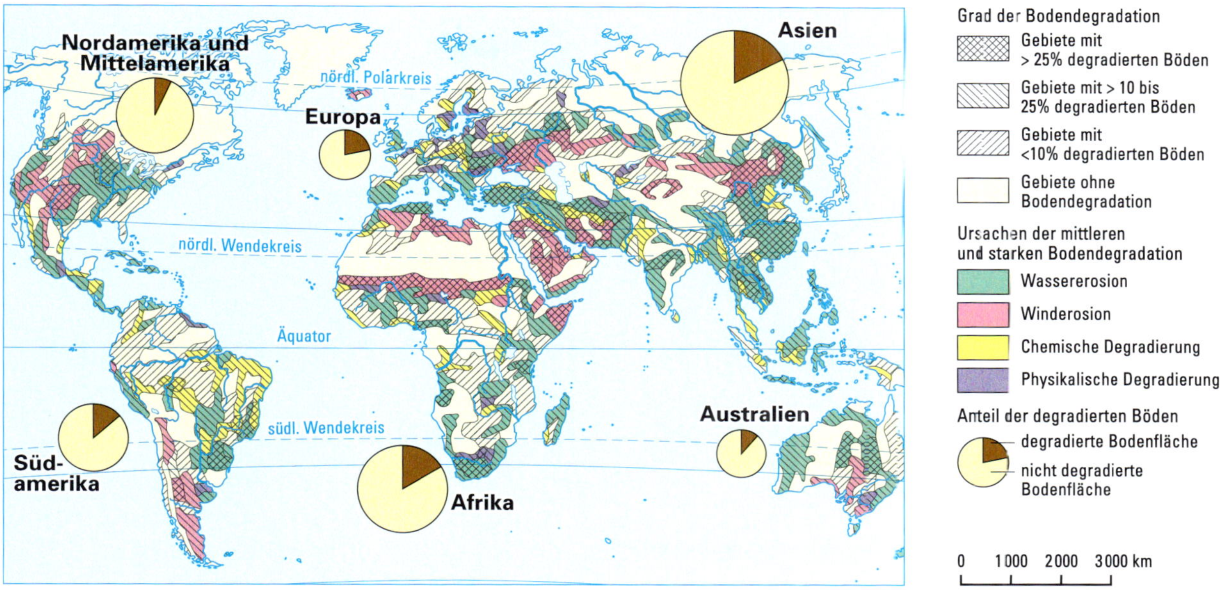

③ ***Bodendegradation und Bodenerosion weltweit***

Zur Standardsicherung

1 *a) Erkläre den Vorgang der Desertifikation.*
b) Notiere mithilfe der Karte 3 stark betroffene Regionen der Erde. Nenne Kontinent/Gebiet.

2 *a) Erkläre, was man unter Bodendegradation und Bodenerosion versteht.*
b) Erstelle mithilfe des Textes eine Mindmap zum Thema „Bodendegradation“.

3 *Erläutere, weshalb der Boden eine wichtige Ressource für die Menschheit ist.*

Zur Weiterarbeit

4 *„Mal geht der Boden verloren, mal geht ihm die Luft, mal gehen die Nährstoffe aus, mal ist er vergiftet, mal hat er zu viel Mineralien von einer Sorte.“*
a) Ordne den Aussagen jeweils Begriffe zu.
b) Wähle einen dieser Vorgänge aus und beschreibe ihn ausführlich.

5 *Erläutere den Sinn folgender Bodenschutzmaßnahmen in Deutschland.*
a) In Weinbergen ist Gras eingesät.
b) Parkplätze sind mit Knochensteinen gepflastert.
c) Zwischen Ernte und Aussaat bedecken „Gründünger“ die Äcker.
d) Pro Hektar darf nur eine begrenzte Menge Gülle aufgebracht werden.

④ **Schützt die kostbare Krume**

Einer Studie des International Food Policy Research Institute in Washington zufolge sind weltweit rund 66 % der landwirtschaftlich genutzten Böden geschädigt. Mit Landkarten, Satellitenfotos und Datentabellen hatte das Institut den Zustand der Agrarflächen analysiert.
Betroffen sind vor allem die Böden in den Tropen infolge von Entwaldung, anhaltenden Trockenzeiten und gebiets- bzw. zeitweise hohen Niederschlägen. Hauptproblem weltweit ist die Bodenerosion. Pro Jahr wird 20- bis 40-mal mehr Boden abgetragen als neu gebildet. Gerät die Krume erst einmal in Bewegung, ist es sehr mühsam, den Prozess zu stoppen, z. B. durch Bodenschutzmaßnahmen wie Windschutzhecken oder -baumreihen, Gräben und Steinwällen, Konturpflügen, Bodenbegrünung bzw. -bedeckung.

(Nach: Geo 10/2000)

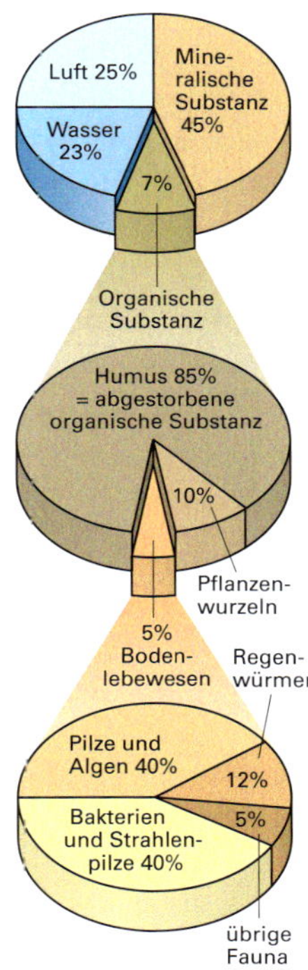

⑤ ***Zusammensetzung von Boden***

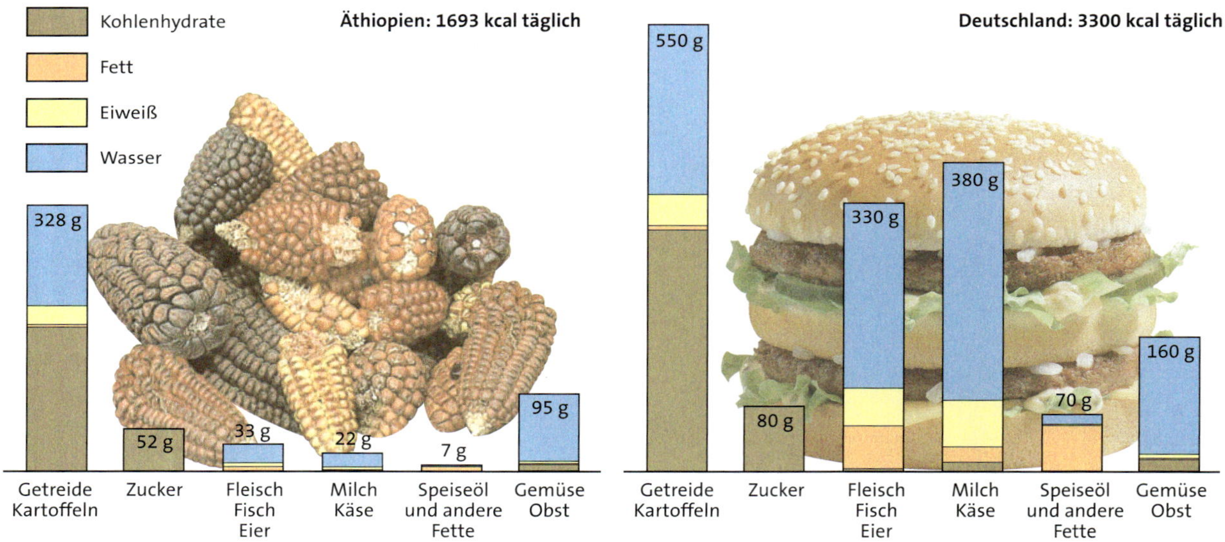

1 ***Nahrungsmengen und deren Bestandteile in Äthiopien und Deutschland***

Armut bekämpfen

2 ***Armut***

2,8 Mrd. Menschen haben pro Tag weniger als 2 US $ zur Verfügung. Sie gelten als arm. Davon verfügen 1,2 Mrd. über weniger als einen US $ pro Tag. Diese Menschen gelten als extrem arm. Die Messgrößen beziehen sich auf die Entwicklungsländer und wurden auf einem Weltsozialgipfel festgelegt.

3 ***Durchschnittlicher Energieverbrauch (in kcal) pro Stunde***

Schlaf	*65*
leichte Tätigkeit	*170*
Schwerarbeit	*300*

*Die **Kilokalorie** (kcal) ist eine Maßeinheit für Energiemengen. Sie ist zwar heute noch gebräuchlich, doch international wurde die Maßeinheit Kilojoule (KJ) vereinbart. 1 kcal entspricht etwa 4 KJ.*

In Entwicklungsländern leiden etwa 800 Mio. Menschen an Unterernährung oder an Fehlernährung, auch Mangelernährung genannt. **Unterernährung** tritt ein, wenn ein Mensch über längere Zeit zu wenig Nahrung zu sich nimmt, d. h. mit weniger Nahrungsenergie auskommen muss als er eigentlich benötigt. **Fehlernährung** tritt ein, wenn über längere Zeit lebensnotwendige Nahrungsbestandteile fehlen, z. B. Eiweiß, Mineralien und Vitamine. Unterernährung und Fehlernährung haben ähnliche Auswirkungen: Der Körper ist geschwächt und krankheitsanfällig.
In Wohlstandsländern tritt ein anderes Problem auf: Immer mehr Menschen sind von **Überernährung** betroffen. Sie nehmen zu viel Nahrung, vor allem zu viel Fett und Zucker, zu sich. Hinzu kommt das Problem der einseitigen Ernährung, auch eine Art von Fehlernährung. Auch hier fehlen dem Körper wichtige Nahrungsbestandteile. Im Durchschnitt sind diese Menschen krankheitsanfälliger als andere.
Um das Problem der Überernährung und der Fehlernährung in Wohlstandsländern zu bekämpfen, bedarf es der Aufklärung und der verantwortlichen Lebensführung. Um das Problem der Unterernährung und der Fehlernährung in Notstandsländern zu bekämpfen, bedarf es der wirtschaftlichen Entwicklung.

Bekämpfung der Armut

Armut ist das Kernproblem vieler Entwicklungsländer. Sie erzeugt eine ganze Reihe an Folgeproblemen. Deshalb gilt: Indem man **Armut** bekämpft, bekämpft man gleichzeitig auch diese.
Nahrung, Gesundheit, Wohnung, Bildung und Ausbildung kosten Geld. Vordringlichste Aufgabe ist es deshalb, den Menschen Arbeitsmöglichkeiten zu verschaffen und damit zu einem Einkommen zu verhelfen. Dies ist Aufgabe der nationalen Regierungen. Entwicklungshilfe kann dazu nur einen begrenzten Beitrag leisten. Im September 2000 hat sich die Staatengemeinschaft in der UN-Generalversammlung bis 2015 die Halbierung der weltweiten Armut zum Ziel gesetzt.

Zur Standardsicherung

1 *Werte Diagramm 1 aus.*
a) Vergleiche Nahrungszusammensetzung und -gesamtmenge in einer Tabelle.
b) Wie sieht die Bilanz der „wichtigen Nahrungsbestandteile“ jeweils aus?
c) Ordne die im Text fett gedruckten Begriffe richtig zu.

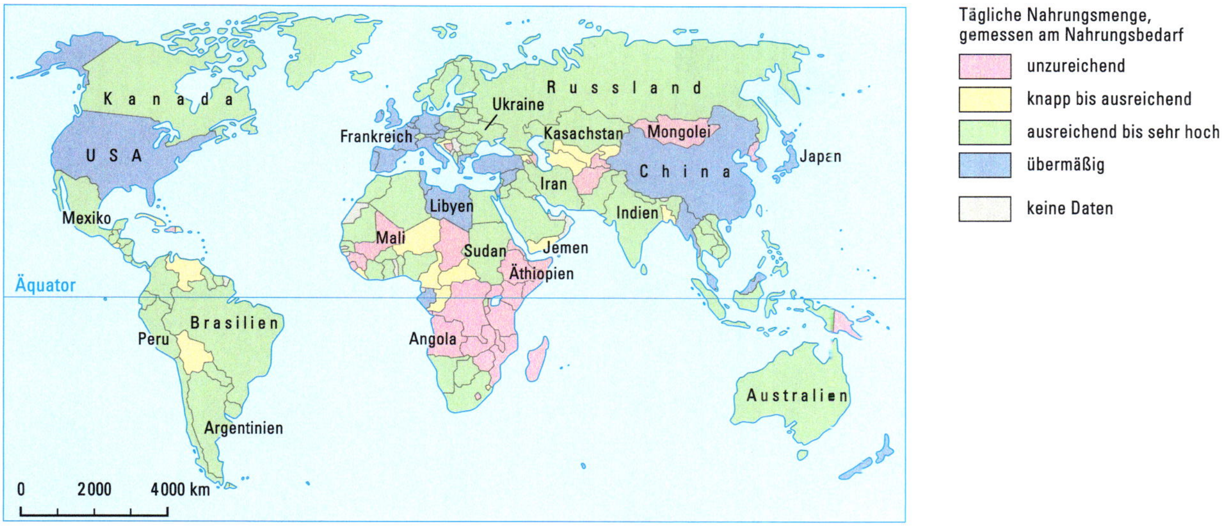

4 ***Ernährungssituation auf der Erde 2002***

5 **Hartwig de Haen von der FAO**

Leider sind viele Menschen zu arm, um sich Nahrungsmittel kaufen zu können, oder sie haben keinen Zugang zu Boden, Wasser und landwirtschaftlichen Produktionsmitteln, um selbst Nahrung erzeugen zu können. Nicht Hunger ist das Problem, sondern die Armut. Etwa 70 % der Hungernden leben in ländlichen Gebieten. Diese Menschen müssten mehr politische Reformen und mehr Staatsausgaben bekommen: Es müsste mehr investiert werden in Zugangsrechte zu Wasser, Boden, Produktionsmitteln, in Ausbildung und in Arbeitsplätze außerhalb der Landwirtschaft. Das hilft den Armen direkt. Aber viele Regierungen in der Dritten Welt lassen die Armen und Hungernden allein, anstatt für Wirtschaftswachstum, Beschäftigung und soziale Sicherung zu sorgen. Sie bieten diesen Menschen zu wenig Möglichkeiten zur Entwicklung ihrer Potenziale. *(Nach: Es gibt genügend Nahrung für alle. In: Welternährung 1/2005)*

FAO
Organisation für Ernährung und Landwirtschaft in der UNO

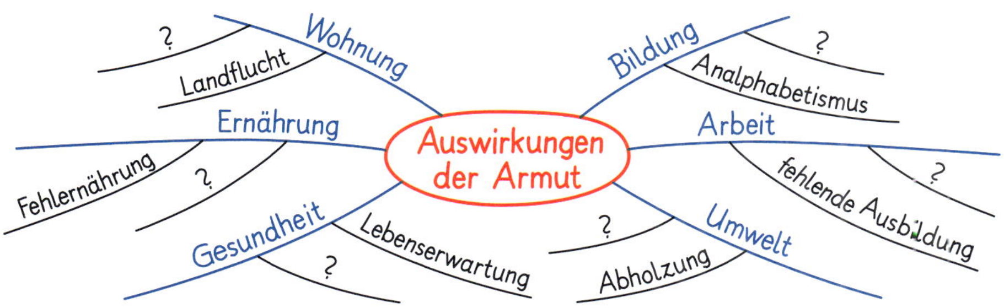

6

7 ***Holz: Energierohstoff der Armen***

2 *Werte Karte 4 aus.*
   a) In welchen Kontinenten liegen die Hungergebiete der Erde? Nenne Staaten.
   b) Nenne Staaten, in denen es zu Überernährung bzw. ungesunder Ernährung kommt.

3 *„Beseitigt man die Armut, so beseitigt man auch den Hunger.“ Begründe diese These. Ergänze Mindmap 6 in deinem Heft.*

Zur Weiterarbeit

4 *In welchen Klimazonen konzentrieren sich die „Hungerländer“? Nenne Ursachen.*

5 *In einem Staat kann es zu Unter-, aber auch zu Überernährung kommen. Begründe.*

6 *Aufstellung 3: Wie viele Stunden kann ein Äthiopier am Tag arbeiten? Berücksichtige Schlaf und die Erhaltung seines Körpergewichts.*

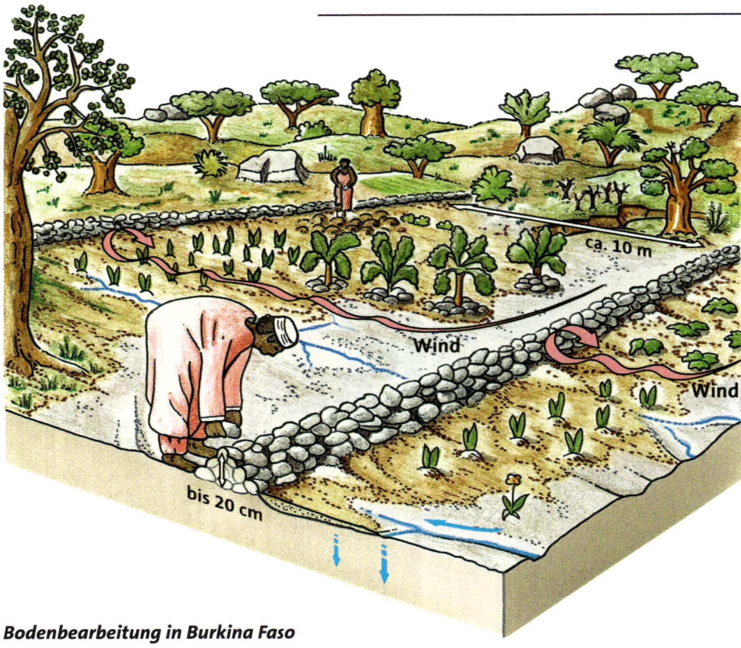

① Bodenbearbeitung in Burkina Faso

③ Bodenwälle

Ernährung nachhaltig sichern

② Ein Projekt in Burkina Faso
Von Misereor finanziert und betreut, bezieht es etwa eine Million Menschen in über 400 Dörfern ein.
Ziel des Projekts: Verbesserung der Nahrungs- und Trinkwasserversorgung.
Seit 1993 wurden 700 Brunnen und zwei Staudämme gebaut. 300 in Selbstarbeit angelegte Steinwälle sowie gepflanzte Sträucher und Bäume sollen die Bodenerosion vermindern. Durch diese Maßnahmen halten Niederschlags- bzw. Bewässerungswasser den Boden länger feucht. Die Ernteerträge konnten dadurch gesteigert werden. Und so brachte das Projekt „Hilfe für Mensch und Boden“!

In der Klassifikation der UN gehört Burkina Faso zu den „Least Developed Countries“ (LDC), also zu den am wenigsten entwickelten Ländern der Erde. Burkina Faso verfügt über wenig natürliche Ressourcen. Die Exporte beschränken sich auf Baumwolle und andere landwirtschaftliche Produkte. Arbeitsplätze außerhalb der Landwirtschaft sind rar. Dies trägt zu verbreiteter Armut und damit zu Unterversorgung bei.
Seit Jahren fließen deshalb Hilfsgelder aus den Entwicklungshilfe-Etats der Industriestaaten nach Burkina Faso. Aber zu selten kommen diese den Armen zugute. Ein burkinischer Journalist: „Kurzfristige Hilfe in Form von Lebensmitteln oder Geld macht unser Land und unsere Bevölkerung nur abhängig. Was wir brauchen, ist **Hilfe zur Selbsthilfe**.“

Hilfe zur Selbsthilfe bedeutet ...

... der Bevölkerung eine Chance geben, ihre Zukunft selbst und besser zu gestalten. Die Hilfe von außen soll Selbstständigkeit und Eigenverantwortung fördern.

... Einheimische ausbilden zu Fachleuten, z. B. bezüglich der Bodenbearbeitung oder der Vermarktung von Erzeugnissen. Diese Fachleute können ihr Wissen noch weitergeben, nachdem ein Entwicklungsprojekt abgeschlossen ist.

... Verbesserung der Infrastruktur, z. B. der Wege und Straßen, der Schulen, der Ausbildungsstätten und des Gesundheitsdienstes.

... begleitende Maßnahmen, z. B. Kenntnisse über Gesundheitsvorsorge, Empfängnisverhütung, Trinkwassersicherung oder über private Kapitalbildung vermitteln.

Hilfe zur Selbsthilfe hat **Nachhaltigkeit** zum Ziel.

Entwicklungszusammenarbeit

Alle Maßnahmen mit dem Ziel, die Lebensbedingungen in den Entwicklungsländern zu verbessern, werden unter dem Oberbegriff **Entwicklungshilfe** geführt. Diese wird von Staaten, von nichtstaatlichen Hilfsorganisationen (NGO), aber auch von Privatpersonen geleistet.
Zunehmend erfolgt die Hilfe gezielt und regional begrenzt in Form von Projekten und in Zusammenarbeit mit der einheimischen Bevölkerung. Man spricht dann von **Entwicklungszusammenarbeit** oder von Entwicklungspartnerschaft.

4 ***Klimatische Einschränkungen landwirtschaftlicher Nutzung***

Die Ernährung weltweit sichern

Es ist davon auszugehen, dass sowohl die Weltbevölkerung als auch der Wohlstand steigen werden. Dies stellt für die Weltnahrungsmittelproduktion eine Herausforderung dar. Mit welchen Maßnahmen lässt sich die notwendige Steigerung erreichen?

Flächenausweitungen in Ackerbau und Weidewirtschaft würden hauptsächlich Risikogebiete betreffen. Eine intensivere Nutzung bestehender Flächen und Tierbestände birgt das Risiko der Übernutzung und damit der Ressourcenschädigung in sich. Die Hoffnungen liegen vor allem in folgenden Bereichen:

- Ertragssteigerung durch Bewässerung und Anbau ertragreicher Sorten
- Ernteausfälle durch nachhaltige Nutzung und durch verbesserten Pflanzenschutz verringern
- mithilfe der Gentechnik höhere und nahrhaftere Erträge erzielen, z.B. durch Züchtung von Saatgut, das Trockenheit oder Kälte besser übersteht
- das Bevölkerungswachstum und den Überkonsum bremsen.

Weltweit wird es auch künftig genügend Nahrungsmittel geben. Ob aber auch jeder satt wird, hängt von seiner Kaufkraft ab.

5 **Grenzen der Ökumene**

Wichtigste Voraussetzung für die Besiedlung von Räumen ist, dass sich Menschen dort ernähren, d.h. die Böden landwirtschaftlich nutzen können. Auf 10% des Festlandes der Erde ist dies gut möglich, auf weiteren 20% mit technischen Maßnahmen, auf den restlichen 70% stößt die Ökumene an Grenzen.

Zur Standardsicherung

1 *Erkläre die Begriffe „Entwicklungshilfe“ und „Entwicklungszusammenarbeit“.*

2 *Beschreibe die im Blockbild 1 dargestellten Maßnahmen mithilfe von Text 2.*

3 *Nenne a) das Hauptziel von „Hilfe zur Selbsthilfe“ und b) Merkmale dieser Hilfe.*

Zur Weiterarbeit

4 *Erstelle eine Tabelle und trage je drei Beispiele ein.*

Ökumene	Anökumene	Subökumene

5 *Erstelle eine Mindmap zum Thema „Möglichkeiten der Welternährungssicherung“.*

6 ***Ökumene:*** *vom griechischen „oikein“ = bewohnen. Bezeichnung für den Teil der Erde, der ständig bewohnt ist.*

Anökumene: *Regionen, die zu trocken, zu kalt, zu nass, zu gebirgig sind.*

Subökumene: *Übergangsräume zwischen Ökumene und Anökumene, die nur zeitweise genutzt werden können, z.B. durch Nomadismus.*

Nachhaltigkeit

Eine nachhaltige Nutzung der Ressource Boden achtet darauf, dass dieser nicht übernutzt oder gar zerstört wird. Die Bodennutzung strebt somit keinen kurzfristigen, sondern einen dauerhaften Erfolg an.

1 *Krabbenkutter*

2 *Anlandung der Krabben*

3 *Kühllastkraftwagen*

4 *Krabbenpulen in Marokko*

5

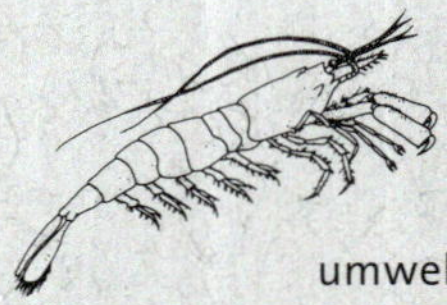

Was machen Nordseekrabben in Afrika?

Von Frischluft umweht, aus Lautsprechern mit marokkanischer Musik versorgt, geht die Arbeit leichter von der Hand und die 2000 Frauen reden weniger miteinander, erklärt uns Fabrikbesitzer El Manissi. Im Akkord schafft die 24-jährige Saida bis zu 30 kg Krabben am Tag. Das ergibt etwa 8 kg Krabbenfleisch. In Deutschlands Geschäften kostet dies zwischen 200 und 300 Euro. Saida verdient am Tag sechs Euro. In der Nordsee gefangen, in Marokkos Küstenstadt Tetouan von Frauen geschält: Krabben.

Etwa 95 % des deutschen Krabbenfangs werden auf eine lange Reise geschickt. Vom Fischerhafen gelangen die Krabben in eine Sortieranlage in Büsum und von dort nach Groningen in Nordholland, dem Zentrum der europäischen Krabbenindustrie. Wiederum in Kühllastwagen geht die Reise weiter gen Süden – teilweise auch gen Osten, nach Polen. Zwei Tage später kommen sie in Tetouan an, werden gepult und, mit Konservierungsstoffen haltbar gemacht, auf die Rückreise nach Groningen geschickt. Nach der Abpackung in kleine Gebinde gelangen die Krabben in den Einzelhandel. Auf der Verpackung ist nicht zu erkennen, wo die Krabben gepult wurden, warum Krabben so teuer sind, ob sie einen kurzen oder einen langen Weg hinter sich haben.

(Nach: Mona Lisa, ZDF-Sendung vom 20.06.2004)

Ökonomie kontra Ökologie

Zwischen März und September werden in deutschen Nordseegewässern jährlich etwa 10 000 Tonnen Krabben gefischt. Krabben gehören zu den Delikatessen unter den Meeresfrüchten. Bevor sie jedoch auf unseren Tellern landen, müssen sie in mühsamer Handarbeit „gepult“, d. h. von ihrem Panzer befreit werden. Als Laie merkt man schnell: Da gehört Geschick dazu. Weil nicht alle Krabben gleich groß sind, ist maschinelles Pulen schwierig. Es muss von Hand nachgearbeitet werden.

Arbeitskosten minimieren

Da in Deutschland die Arbeitskosten hoch sind und das Krabbenpulen viel Arbeitszeit in Anspruch nimmt, werden die Krabben ungeschält längs durch Europa auf Reisen geschickt, Zielort Tetouan in Marokko. Dort sind die Lohnkosten so niedrig, dass sich die sieben- bis zehntägige Reise von Büsum über Groningen nach Tetouan und zurück, insgesamt ca. 6 000 km, „bezahlt macht“. Über die Frische des Produkts und über Umweltlasten macht man sich keine Gedanken. Priorität hat das Gesetz der **Ökonomie**, das heißt der Gewinnmaximierung.

Um Arbeitskosten zu sparen, sind nicht nur Krabben auf Achse. Auf der Suche nach dem billigsten Produktionsort, z. B. dem billigsten Schlachthof, der preiswertesten Anbauregion oder nach dem günstigsten Absatzmarkt werden Waren und Tiere über immer größere Strecken quer durch Europa und rund um den Globus transportiert, ohne Rücksicht auf die **Ökologie**, d. h. auf Natur und Umwelt. Wurden früher Tiere in einem einzigen Betrieb aufgezogen und gemästet, im nahe gelegenen Schlachthof geschlachtet und in der Region vermarktet, so sind heute an dem Gesamtvorgang mehrere Betriebe und nicht selten hunderte bis tausende Transportkilometer beteiligt.

Wo bleibt die Umwelt?

Technische Errungenschaften wie Kühlmöglichkeiten und Konservierungsverfahren, zunehmende Mobilität bei niedrigen Transportkosten, machen es möglich, die Arbeit dort verrichten zu lassen, wo die Lohnkosten gering sind. Hinzu kommt, dass die Absatzgebiete größer geworden sind und die Arbeitsteilung zugenommen hat. Dies erzeugt ständig neuen Verkehr. Allein in den letzten zwei Jahrzehnten hat sich das Verkehrsaufkommen verdoppelt und damit auch die verkehrsbedingte Umweltlast.

Dem Diktat der Ökonomie wird der Umweltschutz bedenkenlos geopfert. Aus ökologischer Sicht ist es nicht zu verantworten, Kartoffeln und Karotten zum Waschen nach Sizilien oder Polen zu transportieren – aus ökonomischer Sicht schon.

Leben auf Kosten von ...

Preisgünstig einkaufen und Schnäppchenjagd sind für viele fast schon zum Lebensinhalt geworden. Und selten macht sich jemand Gedanken, auf wessen Kosten er so billig einkauft. Aber der Druck auf den Preis ist in der Regel teuer erkauft. Billigware kann zu Lasten von Umwelt, Ressourcen, Arbeitnehmern, ja sogar von Arbeitgebern gehen. Ein immer größer werdender Anteil der Sozial- und Umweltlast wird im Ausland erbracht, z. B. in Form von Billiglöhnen, Billigrohstoffen und Umweltschädigungen. Dies gilt auch für das Krabbenbeispiel. Man bezeichnet diesen Vorgang als **Kosten-Auslagerung**.

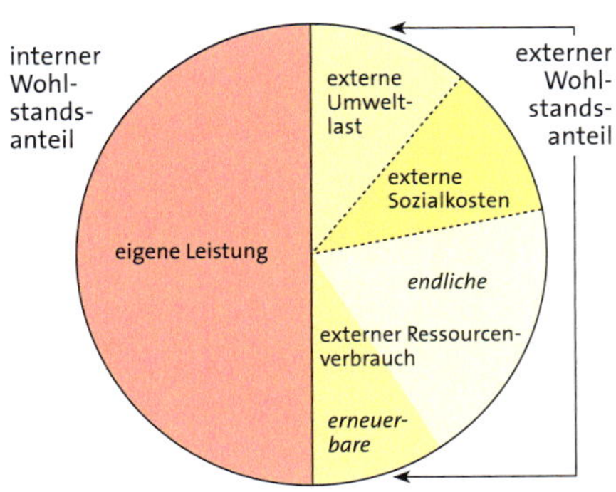

6 ***Kosten-Auslagerung: Bsp. Krabbenproduktion***

7

8 **Aufwand für das Pulen von Nordseekrabben: ein Vergleich**

	Krabben in Marokko im Akkord von Hand gepult	Krabben vor Ort maschinell gepult, von Hand nachgepult
Transportweg	6 000 km	100 km
Kraftstoffverbrauch (Diesel)	2 000 l	33 l
Zeitraum bis zum Verkauf	12 Tage	2 Tage
Tagesleistung pro Arbeitskraft	30 kg Krabben, entspricht 8 kg Krabbenfleisch	500 kg Krabben, entspricht 20 kg Krabbenfleisch
Schälkosten pro kg	1 €	5 €

Zur Standardsicherung

1 *„Europareise der Krabben":*
a) Wer sind die Gewinner der Reise?
b) Wer sind die Verlierer?

2 *„Billig sein, kann sehr teuer sein." Nimm Stellung zu dieser Aussage.*

3 *Eine vierköpfige Familie in einer 4-Zimmer-Wohnung verursacht für Heizung, Warmwasser und Elektrogeräte eine CO_2-Abgabe von 8 bis 10 Tonnen im Jahr.*
Vergleiche diesen Kohlendioxidausstoß mit dem eines Krabbentransports nach Tetouan und zurück (10 t, 6 000 km). Nutze die Auflistung 10.

4 *Erkläre die Begriffe „Ökonomie", „Ökologie" und „ökologischer Rucksack".*

Zur Weiterarbeit

5 *Was müsste man tun, damit die Krabbenfahrten nach Marokko ein Ende haben?*

6 *Erkundige dich, wie viel 100 g Nordseekrabben im Supermarkt/im Fischgeschäft kosten.*

9 ***Ökologischer Rucksack***

Die Herstellung eines Produktes erzeugt Kosten: Produktionskosten und Umweltkosten. Die Umweltkosten sind aber nur zum Teil im Preis eines Produktes enthalten. Die Kosten für Ressourcenverbrauch und Umweltbelastung werden auch als „ökologischer Rucksack" eines Produktes bezeichnet.

10 ***Kohlendioxidausstoß***

(in g/t/km = Gramm pro Tonne und km)

Flugzeug	*2 041*
Lkw	*135*
Eisenbahn	*40*
Hochseeschiff	*9*

1 ***„Robin Wood" demonstriert gegen Raubbau am Tropischen Regenwald***

4 ***Eukalyptus: bis zu 60 % Plantagenholz stecken in Papiertaschentüchern***

Grenzen des Wachstums

2 ***Eukalyptus***

Der Eukalyptusbaum ist ein schnell wachsender Baum und seine Fasern machen Papier flauschiger als andere Holzfasern. Zellstoff-Konzerne legen deshalb auf gerodeten Waldflächen in der Regel Eukalyptus-Plantagen an. Solche Monokulturen stellen jedoch für die zerstörten Biotope keinen Ersatz dar.

3 ***Recyclingpapier spart CO_2***

Für jede Tonne Neupapier, die durch Recyclingpapier ersetzt wird, entstehen 1,9 t weniger Treibhausgas CO_2.
Der „Blaue Engel" garantiert, dass ein Produkt aus 100 % Altpapier hergestellt ist.

Kein Zweifel, unser Papierverbrauch ist enorm: unzählige Zeitungen, Zeitschriften, Kataloge, Werbeschriften, Haushaltstücher, Papiertaschentücher. Ganz zu schweigen von der täglichen Flut an Kopien und Computerausdrucken ... Und: Wir gehen mit diesen Produkten sehr großzügig um.

Das alles „verschluckt" die kostbare Ressource Holz und belastet die Umwelt. Mit den Wäldern werden die Lebensräume von Menschen, Tieren und Pflanzen vernichtet. Dies geschieht überall auf der Erde, besonders in den Nördlichen Nadelwäldern und in den Tropischen Regenwäldern, z. B. auf Sumatra in Südostasien. Dort ist, wie auch an anderen Orten Südostasiens, der mächtige Zellstoff-Konzern Asia Pulp & Paper (APP) mit Sitz in Singapur am Werk, und das „gewaltig":

Allein auf Sumatra rodet er pro Stunde eine Regenwaldfläche in der Größe von 15 Fußballfeldern. Aus dem Holz wird Zellstoff für die Papierherstellung gewonnen. Auf den gerodeten Flächen werden Eukalyptus-Monokulturen angelegt, „Soldaten gepflanzt", wie die Eingeborenen sagen. APP macht selbst vor Schutzgebieten nicht halt. Im Süden Chinas hat der Konzern mehrere zehntausend Hektar artenreichen Wald gesetzeswidrig geschlagen.

Es geht auch anders

SCA (Svenska Cellulosa Aktiebolages) ist in Deutschland vor allem durch die Produkte Zewa und Danke bekannt. Der Konzern hat sich der umweltschonenden Papierproduktion verschrieben. Der Präsident des Konzerns, Jan Åström, wurde hierfür im Jahr 2004 als „Ökomanager des Jahres" ausgezeichnet.

Der Konzern macht seine Umweltdaten der Öffentlichkeit zugänglich. Das heißt, der interessierte Verbraucher kann Einblick nehmen, welches Holz verwendet wird und woher dieses kommt. Daneben ist SCA bemüht, soviel wie möglich Produkte aus Recyclingpapier anzubieten. „Aus Umweltsicht ist Recyclingpapier besonders bei Toilettenpapier und anderen Hygienepapieren sehr sinnvoll. Hierzu haben wir die Produktlinie ‚DANKE' geschaffen. Leider verlangt der Verbraucher aber auch Produkte aus Frischfasern und wir müssen darauf reagieren. Wichtig ist uns hierbei, dass bei der Erschließung von Papierholz Sozial- und Umweltstandards beachtet werden. Wenn z. B. die Rechte indigener Völker missachtet werden, kündigen wir den Liefervertrag."

5 Wie viel Umweltlast erträgt die Erde?

Oft wird die Frage gestellt: „Wie viel Mensch erträgt die Erde?“ Es ist die Frage nach der „agraren Tragfähigkeit“ der Erde, d. h. wie viele Menschen die Erde maximal ernähren kann.

Eine andere Sichtweise von Tragfähigkeit ist, wie viel „Last“ die Erde erträgt – Last an Bevölkerung, an Umweltschädigung, an Ressourcenverbrauch. Zukunftsforscher bezeichnen diese als **Umweltlast**.

Die Umweltlast ist nicht überall gleich. Vergleichen wir die Umweltlast pro Kopf in den USA oder in Deutschland mit jener in Indien oder in Äthiopien, so ist der Unterschied enorm.

Bei der Frage nach der **Tragfähigkeit** der Erde geht es also weniger um die Bevölkerungszahl als darum, wie die Menschen auf der Erde leben: um die ökologische Tragfähigkeit also.

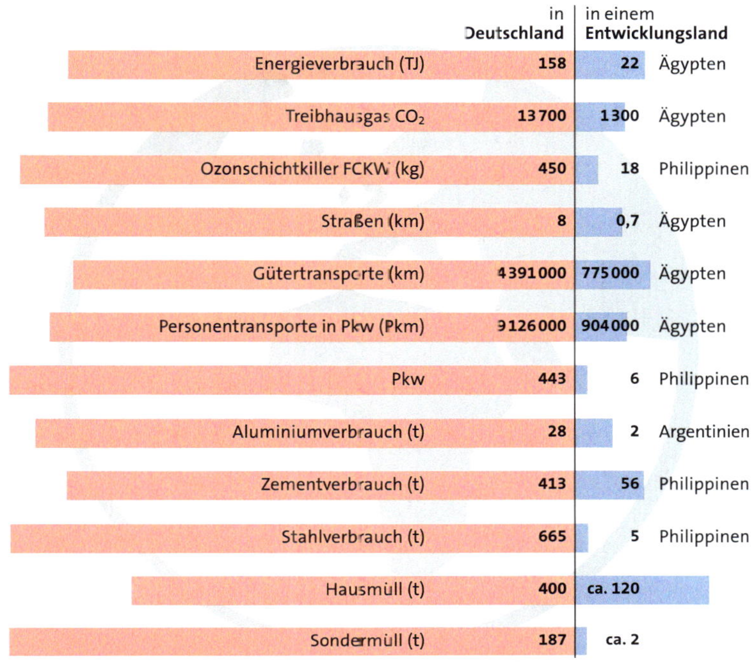

Rote und blaue Balken ergeben zusammen jeweils 100 Prozent.

6 ***1 000 Menschen belasten die Umwelt jährlich durch ...***

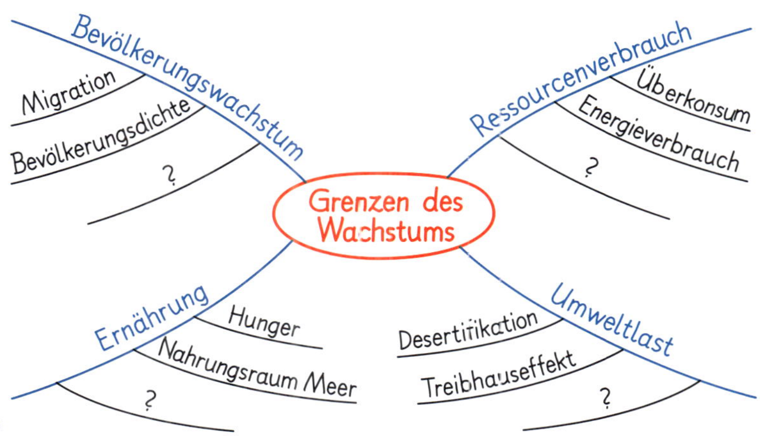

7

Zur Standardsicherung

1. *„Die Erschließung des Rohstoffes Holz kann durch Raubbau erfolgen, aber auch Ressourcen schonend.“ Erläutere.*
2. *Beschreibe die zwei Sichtweisen von „Tragfähigkeit der Erde“.*
3. *„Je größer die Nachhaltigkeit, desto größer die Tragfähigkeit.“ Erläutere die These.*
4. *Übertrage die Mindmap 7 in dein Heft. Ordne die Aspekte „Entwicklungshilfe“, „Verstädterung“, „Agenda 21“ ein. Ergänze durch weitere Aspekte.*
5. *Berechne mit der IPAT-Formel (8) die Umweltlast in Deutschland und in Brasilien. Vergleiche.*

Zur Weiterarbeit

6. *„Papierverbraucher haben viele Möglichkeiten, die Ressource Holz zu schonen.“ Nenne Beispiele.*
7. *Die Konzernführung von SCA versucht, Ökonomie und Ökologie zusammenzubringen und nachhaltig zu wirtschaften. Erläutere.*

8 Umweltlast

Zukunftsforscher haben zur Berechnung der Umweltlast eine Formel entwickelt, die IPAT-Formel:

Umweltlast (I) = Bevölkerungszahl (P) × Wohlstandsfaktor (A) × Technikfaktor (T)

Beispiel 2003:

Deutschland:	Brasilien:
P = 82 000 000	P = 160 000 000
A = 7 200	A = 880
T = 2 500	T = 800

A: Energieverbrauch in kg Rohöleinheiten pro Einwohner und Jahr

T: CO_2-Abgabe in kg pro Einwohner und Jahr

1

Global denken: Schlüsselprobleme der Menschheit

Global oder weltweit denken bedeutet einerseits, sich der weltweiten Verflochtenheit unserer Lebenstätigkeiten bewusst zu sein, aber andererseits auch: vernetzt zu denken. Globales Denken ist also „vernetztes Denken im weltweiten Beziehungsnetz". Capra (1990) hat die Schlüsselprobleme der Menschheit in einem Netz dargestellt, dem „Netz der Weltprobleme". Es zeigt, wie die Schlüsselprobleme miteinander zusammenhängen.

Das starke Bevölkerungswachstum in Teilen der Erde und der aufwändige Lebensstil in anderen Teilen der Erde, die Bevölkerungsexplosion und die Konsumexplosion also, belasten viele Lebensräume, und auf Dauer das gesamte Ökosystem Erde.

Bevölkerungsexplosion kann zu Umweltzerstörung, z. B. Desertifikation, und zu Armutswanderungen, z. B. zur Flucht in die Städte, führen. Konsumexplosion kann Ressourcenverschwendung, z. B. von Erdöl, und Umweltbelastungen, z. B. den Treibhauseffekt, zur Folge haben.

Beide **Schlüsselprobleme** beeinflussen die Lebensbedingungen auf der Erde negativ. Tritt der wünschenswerte Fall ein, dass immer mehr Menschen am Wohlstand teilhaben können, dann sind auf lange Sicht das Überleben der Menschheit und die Bewahrung der Erde als Lebensraum nur möglich, wenn die Menschen ihren Lebensstil verantwortungsvoll in Richtung Nachhaltigkeit ändern. Um lokal verantwortlich handeln zu können, ist aber globales Denken Voraussetzung, d. h. es gilt der Grundsatz „Global denken, lokal handeln".

Mit dem Netz der Weltprobleme arbeiten

1. Schritt: Wissen ins Netz einbauen

Das Teilnetz 1 „Ungehemmtes Wachstum" enthält Lücken.

- *Ordne den Lücken folgende Begriffe richtig zu: Anstieg des Meeresspiegels, Augenschäden, Atemwegserkrankungen, Flächenverbrauch, Hautkrankheiten, regenerative Energiequellen.*

2. Schritt: Begriffe erläutern

Hinter Begriffen steckt eine ganze Menge an Wissen. Dabei spielen auch weitere Schlüsselwörter oder untergeordnete Begriffe eine Rolle. Zum Oberbegriff „Luftverschmutzung" gehören z. B. die Unterbegriffe „Saurer Regen", „Smog", „Feinstaub", „Treibhausgas".

- *Erläutere folgende Begriffe: Überkonsum, Smog, Einsatz fossiler Brennstoffe.*

3. Schritt: Beziehungen erläutern

Die Verbindungslinien bzw. Verbindungspfeile drücken Beziehungen, d. h. Wirkungszusammenhänge, aus. Diese Linien bzw. Pfeile kann man „zum Sprechen bringen". Man nennt die Methode des Versprachlichens auch Conceptmapping.

Beispiel: Verbindungslinie 1

Versprachlichung: „Ungehemmtes Wachstum führt zu steigender Industrieproduktion" und „Steigende Industrieproduktion ist Voraussetzung für mehr Wachstum".

- *Bringe die Pfeile 2 und 3 zum Sprechen.*

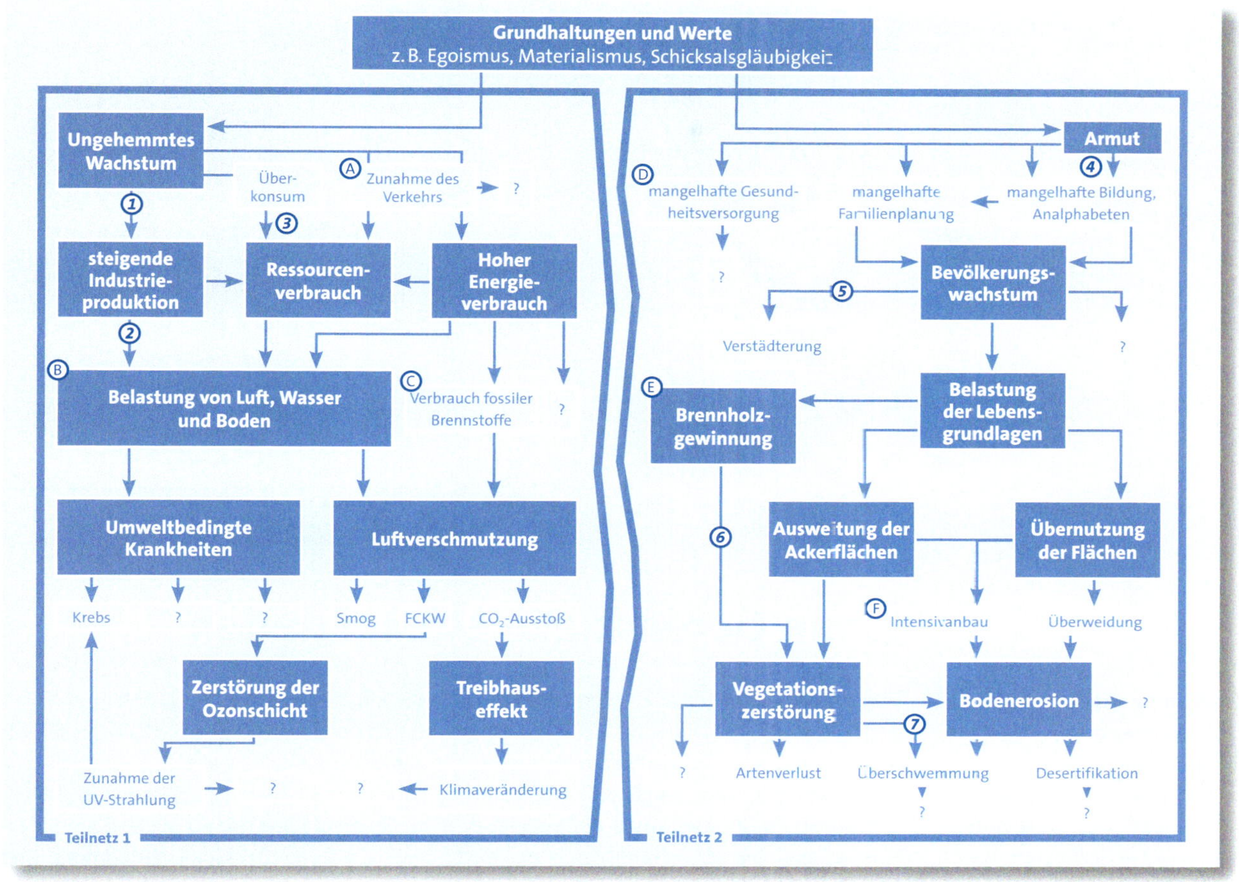

2 ***Netz der Weltprobleme***

4. Schritt: Problemlösungsvorschläge erarbeiten

Das Netz der Weltprobleme besteht in der Hauptsache aus Grundtatbeständen wie z. B. ungehemmtem Wachstum sowie deren Folgen und Auswirkungen.

1. *Bei der Suche nach Lösungen wird man in der Regel bei den Grundtatbeständen beginnen, da sie auslösende Ursachen sind.*
2. *Eine zweite Gruppe von Lösungsvorschlägen befasst sich damit, die Folgen zu mildern.*

Beispiel zu 1: *Bevölkerungswachstum: Ein möglicher Lösungsvorschlag wäre: Geburtenregelung durchführen.*

Beispiel zu 2: *Zunahme des Verkehrs: Ein möglicher Lösungsvorschlag wäre: Den motorisierten Individualverkehr einschränken.*

– *Erarbeite Lösungsvorschläge zu den Begriffen A bis C.*

1 *Teilnetz 1: Führe die in den Schritten 1 bis 4 enthaltenen Aufgaben durch.*

2 *Teilnetz 2: Zeichne das Netz in dein Heft und bearbeite anschließend nachstehende Aufgaben mithilfe der Schritte 1 bis 4.*

a) Ordne den Fragezeichen folgende Begriffe sinnvoll zu: Klimaveränderung, Landschaftszerstörung, Migration, niedrige Lebenserwartung, Staubstürme, Verlust landwirtschaftlicher Flächen

b) Erläutere die Begriffe Analphabeten, Intensivanbau, Überweidung.

c) Versprachliche die Pfeile 4 bis 7.

d) Unterbreite Lösungsvorschläge für die Probleme D bis F.

1

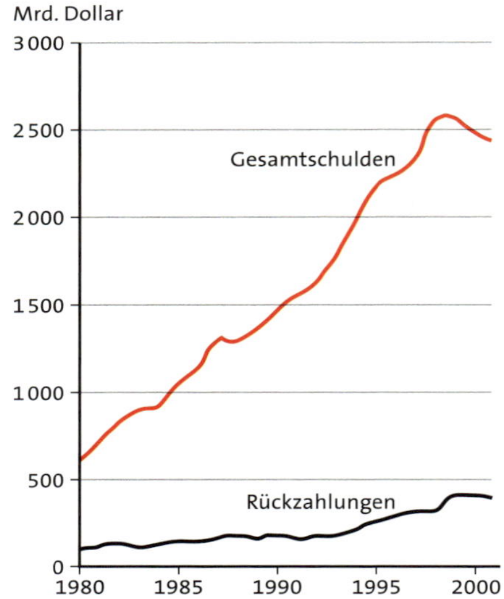

3 ***Schuldenentwicklung der Entwicklungsländer***

Ohne Gerechtigkeit kein Frieden

2 ***Allgemeine Erklärung der Menschenrechte der UN***
(Auszug aus der Präambel)
- *Die Anerkennung der angeborenen Würde und der gleichen und unveräußerlichen Rechte aller Mitglieder der Gemeinschaft der Menschen bildet die Grundlage von Freiheit, Gerechtigkeit und Frieden in der Welt.*
- *Förderung des sozialen Fortschritts und besserer Lebensbedingungen*
- *Hinwirkung auf die allgemeine Achtung und Einhaltung der Menschenrechte und Grundfreiheiten*

Diese Aussage gilt für alle Lebensbereiche: im Privaten wie in Schule und Beruf, im Nationalen wie im Internationalen. Doch was ist Gerechtigkeit, was Ungerechtigkeit? Als ungerecht empfinden wir z.B. Ungleichbehandlung und Benachteiligung, Bevormundung, Ausnützung und Ausbeutung, Verwehrung von Grundrechten und Grundbedürfnissen. Ein Teil dieser Beispiele trifft auch auf das Verhältnis zwischen Industriestaaten und Entwicklungsländern, oder anders gesagt: zwischen reichen und armen Staaten zu.

Armutsfalle „Verschuldung“
Entwicklungshilfe wurde und wird von den Regierungen der wohlhabenden Staaten und von der Weltbank meist als Finanzhilfe, d.h. in Form von Krediten, gegeben. Für diese Gelder müssen Zinsen bezahlt und die Kredite müssen zurückgezahlt werden. Da es mit der Rückzahlung nicht immer klappt, häufen sich die Schulden der armen Staaten an. Es kommt zu einer hohen **Auslandsverschuldung** und mit der Zeit nehmen allein die Zinszahlungen einen großen Anteil des Gesamthaushalts dieser Staaten ein. Sie sitzen in der „Schuldenfalle“.
Schuldenfalle bedeutet, dass manche Staaten erstens keine Chance haben, ihre Schulden jemals zurückzahlen zu können, und zweitens, dass den betroffenen Staaten zu wenig Geld für ihre Aufgaben bleibt, z.B. für wirtschaftliche Entwicklung und für Armutsbekämpfung. Aus diesem Grunde finden in den Industriestaaten, z.B. auf dem G8-Gipfel, immer wieder Diskussionen um einen Schuldenerlass für die ärmsten Länder statt. Allerdings erfolgen solche Schuldenerlasse gebunden an innerstaatliche Reformen, z.B. an die Armutsbekämpfung und die Schaffung eines demokratischen Staatswesens.

Ungerechte Welthandelsbedingungen
Entwicklungsländer sind auf dem Weltmarkt in mehrfacher Weise benachteiligt. Ein Problem ist, dass sie für ihre Exporte, die überwiegend aus agrarischen und mineralischen Rohstoffen bestehen, im Verhältnis zu den Kosten für ihre Importwaren aus den Industriestaaten immer weniger Geld erzielen: Die **Terms of Trade** werden immer ungünstiger.

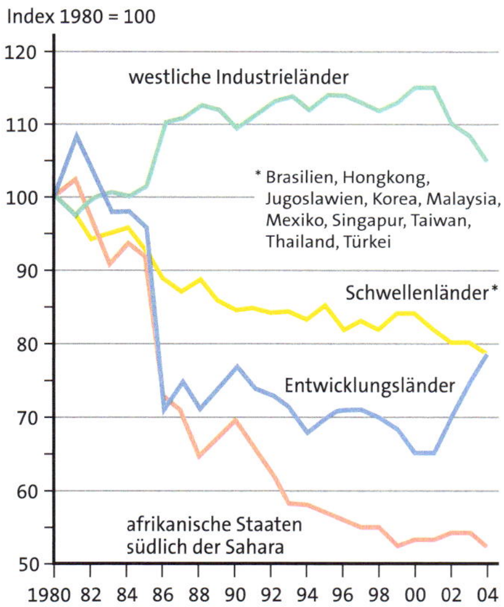

4 ***Entwicklung der Terms of Trade***

5 ***„Señor, weiß eigentlich Ihre linke Hand, was die rechte tut?"***

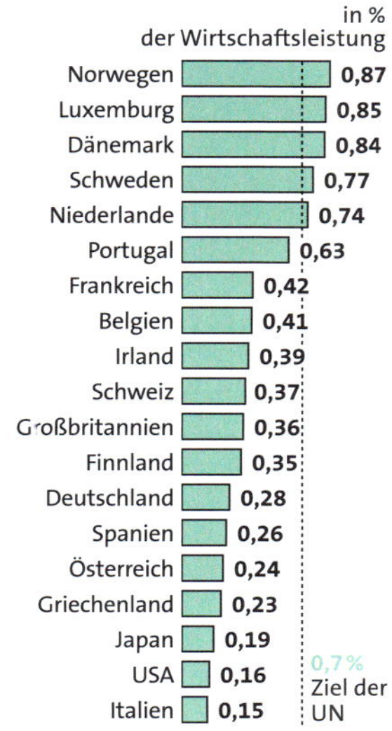

6 ***Entwicklungshilfe 2004***

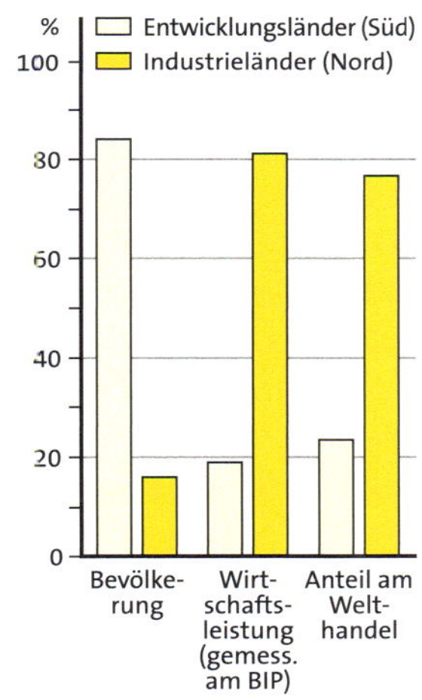

7 ***„Nord-Süd-Gefälle"***

Ein zweites Problem sind die „Handelsdiktate" der Industrieländer. Durch Importzölle und Einfuhrbeschränkungen schotten diese ihre Märkte gegen Produkte aus den Entwicklungsländern ab, um die heimische Wirtschaft zu schützen.

Hinzu kommt drittens der subventionierte Export von Waren aus den Industrieländern in die Entwicklungsländer. Das sind in der EU und den USA erzeugte Überschüsse, die zu Dumpingpreisen in den Entwicklungsländern abgesetzt werden und dort den Inlandsmarkt kaputtmachen.

Grundbedürfnisse und Grundrechte

Die Erfüllung der Grundbedürfnisse wie Nahrung, Wohnung, Kleidung, Körperpflege, sauberes Trinkwasser, Gesundheit, Bildung und Sicherheit ist unabdingbare Voraussetzung für ein menschenwürdiges Dasein, und zwar überall in der Welt. In Entwicklungsländern leben zu viele Menschen, deren Grundbedürfnisse nicht oder nur mangelhaft erfüllt sind. Wie sollte dies auch möglich sein, wenn 2,8 Mrd. Menschen weniger als 2 Dollar pro Tag zur Verfügung haben?

Zu einem menschenwürdigen Dasein gehört aber auch die Erfüllung wesentlicher Grundrechte wie das Leben in Freiheit und Demokratie. Nichterfüllte Grundbedürfnisse und nichtgewährte Grundrechte sind häufig Ursache für kriegerische Konflikte. Deshalb ist ein erklärtes Ziel der UN-Friedenspolitik, **globale Disparitäten** bezüglich der Grundversorgung zu beseitigen und sich für mehr **soziale Gerechtigkeit**, vor allem Chancen- und Verteilungsgerechtigkeit, in der Welt einzusetzen.

Zur Standardsicherung

1. *Viele arme Länder sitzen in der „Schuldenfalle". Beschreibe, was hiermit gemeint ist.*
2. *„Gerechtigkeit im Welthandel". Stelle einen Forderungskatalog auf.*
3. *Erkläre die Begriffe „Grundbedürfnisse" und „Grundrechte".*
4. *Inwiefern ist Entwicklung zu mehr Gerechtigkeit ein Beitrag zur Friedenssicherung?*

Zur Weiterarbeit

5. *Menschen in Entwicklungsländern mangelt es an Chancengerechtigkeit und an Verteilungsgerechtigkeit. Erläutere.*
6. *Diagramm 7: Formuliere zwei Sätze über Verteilungsgerechtigkeit.*
7. *Bis 2006 sollen EU-Staaten 0,33 % ihres BIP für Entwicklungshilfe ausgeben, langfristig 0,7 %. Vergleiche mit Diagramm 6.*

Kaum zu glauben

Die weltweite Verschuldung beträgt 60 Billionen US $: 60 000 000 000 000 US $. Am tiefsten „in der Kreide" steht die USA mit 7,3 Billionen US $ (2005).

❶ ***Demonstration gegen Sozialabbau***

❹ ***Demonstration auf einem G8-Gipfel***

Eine andere Welt ist möglich

❷ ***Weltmacht***
Eine Großmacht, die international aufgrund ihrer politischen, militärischen und wirtschaftlichen Stärke eine bestimmende Rolle einnimmt. Ihr Einfluss zeigt sich durch Verträge, Aktionen und auch im Ideologischen. Es besteht die Tendenz, diesen Einfluss zum Weltmaßstab zu machen.

❸ *„Die Berufskrankheit einer Weltmacht ist der Größenwahn.“ Eric Hobsbawm, Historiker*

Der Globalisierungsprozess wird vorwiegend durch die Transnationalen Unternehmen (TNC) nach dem Prinzip der Gewinnmaximierung gesteuert. Dies gilt auch für den Handel mit öffentlichen Gütern wie Wasser und Gesundheitsdiensten. Je stärker die TNC die Globalisierung beherrschen, desto größer wird der Machtverlust der nationalen Regierungen: Die Globalisierung ist „kapitalgesteuert“ und nicht „politikgesteuert“. Dieser „Neokapitalismus“ lässt sich anscheinend weder in öffentliche noch in soziale und ökologische Schranken verweisen. Der Missachtung von **sozialen Standards** und von **Umweltstandards** in den Niedriglohnländern steht der Sozialabbau in den Hochlohnländern gegenüber.

Globalisierung – ein Schlüsselproblem?
Kein Zweifel, die nationalen Regierungen und die Weltgesellschaft sitzen in der „Globalisierungsfalle“. Der Ruf nach „politischer Gestaltung der Globalisierung“ wird immer lauter: nach sozialen und ökologischen Auflagen, nach Mindeststandards – sozusagen nach einer „Sozialen Weltmarktwirtschaft“. Bleibt die politische Gestaltung der Globalisierung weiterhin aus, so wird die Mehrung privaten Reichtums auf Kosten der Armen, der Umwelt und der Staatsaufgaben zu einem Schlüsselproblem der Menschheit.

Neokolonialismus und Imperialismus
Nur wenige Entwicklungsländer und einige Schwellenländer konnten bisher von der Globalisierung profitieren. Die Lage der übrigen armen Länder hat sich verschlechtert. Der Anteil der ärmsten Staaten am Welthandel fiel von 0,7 % im Jahr 1980 auf 0,4 % im Jahr 2000. Die meisten Entwicklungsländer gehören zu den „Verlierern der Globalisierung“. Die Kluft zwischen Arm und Reich hat sich vergrößert. Zu ihrer weltwirtschaftlichen Rolle als Lieferanten von „Billigrohstoffen“ und als Absatzmärkte für „subventionierte Überschussprodukte“ dürfen sie jetzt noch „Billigprodukte“ herstellen, unter Ausbeutung von Mensch und Natur. Vertreter der Nichtregierungsorganisationen nennen diesen Tatbestand **Neokolonialismus**.
Ein zweites Problem: Nach dem Untergang des Kommunismus 1990 blieb die USA als einzige Großmacht übrig und baute die erlangte Machtfülle systematisch zur weltbeherrschenden Macht aus. Nunmehr wird die Weltpolitik von der „Supermacht“ USA bestimmt. US-Regierung und amerikanische TNC diktieren gemeinsam das Weltgeschehen, z. B. Bedingungen des Welthandels, politische, ökologische und militärische Aktionen. Dies löst in der Weltgesellschaft verstärkt Sorge und Kritik aus und bringt den USA den Vorwurf des **Imperialismus** ein.

5 Global Governance – eine Utopie?
„Der internationale Wettbewerb um die höchsten Renditen ist gnadenlos. Die Nationalstaaten können nicht dagegen halten. Sie brauchen Unterstützung von der **Zivilgesellschaft**."
Befreit von der Gefahr des Kommunismus, beseelt vom Zauberwort „Freier Weltmarkt", entstand ein Wettbewerb um kostengünstige Wirtschaftsstandorte, optimale Kapitalrendite und Steueroasen. Es ist weder möglich noch wünschenswert, sich aus der Globalisierung auszuklinken, doch es muss die Frage erlaubt sein, ob der gegenwärtige Prozess der menschlichen Entwicklung zuträglich ist. Aber wer sollen die Akteure einer anderen globalen Gestaltung, einer **Global Governance**, sein?
Hier bietet sich das Engagement der NRO, der Kirchen und Gewerkschaften, der UNO und weiterer Weltorganisationen an. Sie alle vertreten auf irgendeine Weise die Zivilgesellschaft. Diese kann mächtig sein, wenn sie will. Weltfirmen wie Nike, Nestlé oder Shell können ein Lied davon singen, wie stark Verbraucher sein können! Um dem Neoliberalismus die Stirn zu bieten, bedarf es einer neuen Weltordnung der Solidarität.
(Quelle: E.-U. von Weizsäcker in: vorwärts 1/2003)

6 Eine andere Welt ist möglich
Die Welt wird von mächtigen Wirtschaftsinteressen dominiert, von großen Banken, Investmentfonds, Transnationalen Konzernen und anderen großen Kapitalbesitzern. Ihr Leitbild ist der Neoliberalismus (...) Es gibt aber wirtschafts- und gesellschaftspolitische Alternativen. Wir setzen uns für eine ökologische und solidarische Weltwirtschaftsordnung ein. Wir wollen eine Welt, in der Demokratie für alle Menschen gewährleistet ist und kulturelle Vielfalt erhalten bleibt. Diese Ziele sind nur durchsetzbar, wenn es eine starke, international handelnde gesellschaftliche Bewegung gibt.
(Quelle: www.attac.de/erklaerung; 2002)

7 ***Macht-Verhältnis***

8 Weltunordnung oder Weltordnung?
Wir stehen vor der Frage, welche **Weltordnung** wir wollen. Wollen wir die Ordnung der Gewalt und des Krieges, der Ausbeutung und des Sozialabbaus, der Diktatur des Kapitals, kurz gesagt: eine *Weltunordnung*? Oder wollen wir eine den Menschenrechten, der Ökologie und der Demokratie verpflichteten *Weltordnung*? Und es stellt sich auch die Frage, soll die Menschheit von einer Hegemonialmacht dominiert oder soll sie vom Geist der Gleichberechtigung regiert sein?
(Quelle: Vortrag eines Politikwissenschaftlers)

Zur Standardsicherung
1 *Inwiefern stellt die Globalisierung ein Welt- oder Schlüsselproblem dar? Erstelle eine Mindmap.*
2 *Erläutere die These „Die Globalisierung trägt neokolonialistische Züge".*
3 *Welche Vorgänge brachten den USA den Vorwurf des Imperialismus´ ein?*
4 *Erkläre die Begriffe „Global Governance" und „Zivilgesellschaft".*
5 *Nenne Merkmale einer neuen Weltordnung, wie in den Texten 5, 6 und 8 gefordert.*

Zur Weiterarbeit
6 *Was steckt hinter dem Kürzel NRO bzw. NGO? Nenne Beispiele.*
7 *Erstelle einen Steckbrief zu attac.*

attac

9 ***attac*** *(ausgesprochen wie franz. attaque) steht für „Association pour une taxation des transactions financières pour L'aide aux citoyens. Übersetzt: Vereinigung für eine Besteuerung von Finanztransaktionen zum Wohle der Bürger/innen. Deshalb ist im Logo das stilisierte Prozentzeichen dargestellt. Nord- und Südhalbkugel verweisen auf das Ziel, dass alle Menschen ihren gerechten Anteil am Wohlstand dieser Welt haben sollen.*

10 ***Nichtregierungsorganisationen*** *(NRO, international NGO)*
In Deutschland gibt es über 100 Gruppen, die sich für Themen wie Umweltschutz, Menschenrechte, Entwicklungspolitik, soziale Fragen, Völkerverständigung, Hilfe für benachteiligte Gruppen, z. B. Kinder, einsetzen. Indem diese Gruppen international wichtige Aufgaben erfüllen und sich politisch nachdrücklich äußern, nehmen sie immer mehr Einfluss auf die Weltpolitik. Sie sind somit wichtige Akteure der ***Zivilgesellschaft****. Weltweit gibt es über 25 000 NGO's.*

TERRA Integrativ: Friedens- und Zukunftssicherung in der „Einen Welt"

Wichtige Begriffe

Frieden
Friedenssichernde Maßnahmen
Gewalt
Globale Disparitäten
Global Governance
Imperialismus
Internationaler Gerichtshof
Krieg
NATO
Neokolonialismus
Präventivkrieg
Primat der Politik
Schlüsselproblem
Soziale Gerechtigkeit
Soziale Standards
UNO
UN-Friedenstruppen
UN-Generalsekretär
UN-Generalversammlung
UN-Sicherheitsrat
Verteidigungsbündnis
Verteidigungsstreitkräfte
Weltordnung
Zivilgesellschaft

1

Kennen

1 ***Begriffe gesucht***

a) Name der Verteidigungsstreitkräfte in Deutschland

b) Truppen, die zu besseren Erkennung blaue Helme tragen

c) seit 1946 in Den Haag tätiges Weltgericht

d) für den Weltfrieden zuständiges Organ der Vereinten Nationen.

e) ein Krieg gegen ein Land beginnen, um einem Angriff oder einem Völkermord zuvorzukommen

2 ***Vom Kürzel zum Begriff***

Schreibe die Namen auf, die hinter den Abkürzungen stecken:
UNO, NATO, OSZE, NRO

3 ***Gefährdeter Frieden***

a) Übertrage die Mindmap 2 in dein Heft und ergänze sie.

b) Erkläre die vorgegebenen Begriffe.

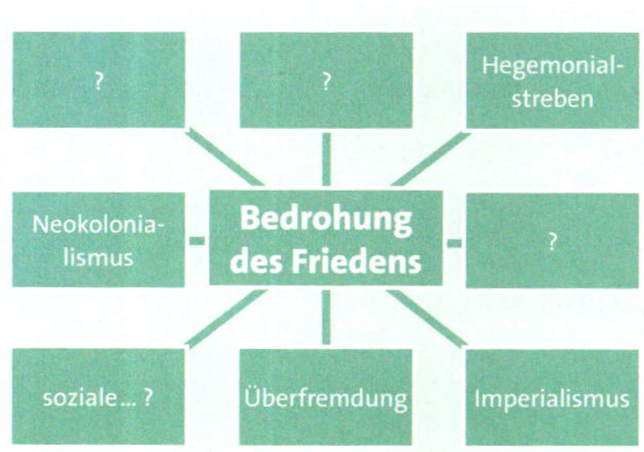

2

Verstehen

4 ***Erkläre die Begriffe.***

a) UN-Generalsekretär

b) Friedenssichernde Maßnahmen

c) Imperialismus

d) Primat der Politik

e) Globale Disparitäten

5 ***Richtig oder falsch?***

Verbessere die falschen Aussagen und schreibe danach alle Aussagen in dein Heft.

a) Jeder volljährige deutsche Mann muss Wehrdienst leisten.

b) International darf die Bundeswehr nur zusammen mit anderen Truppen tätig sein.

c) Nach einem Urteil des Europäischen Gerichtshofes dürfen Frauen in der Bundeswehr auf allen Posten Dienst tun.

d) Die Globalisierung wird im Wesentlichen von der Politik gestaltet.

e) Terroristen sind Freiheitskämpfer.

6 ***Brainstorming zu Foto 4***

a) Notiere zum Foto einige „Stichwörter".

b) Inwiefern zeigt das Foto ein Grundproblem der UN-Friedenstruppen auf?

Beurteilen

7 ***Werte Karikatur 1 aus.***

a) Was könnte den Zeichner zu dieser Zeichnung veranlasst haben?

b) Setze dich kritisch damit auseinander.

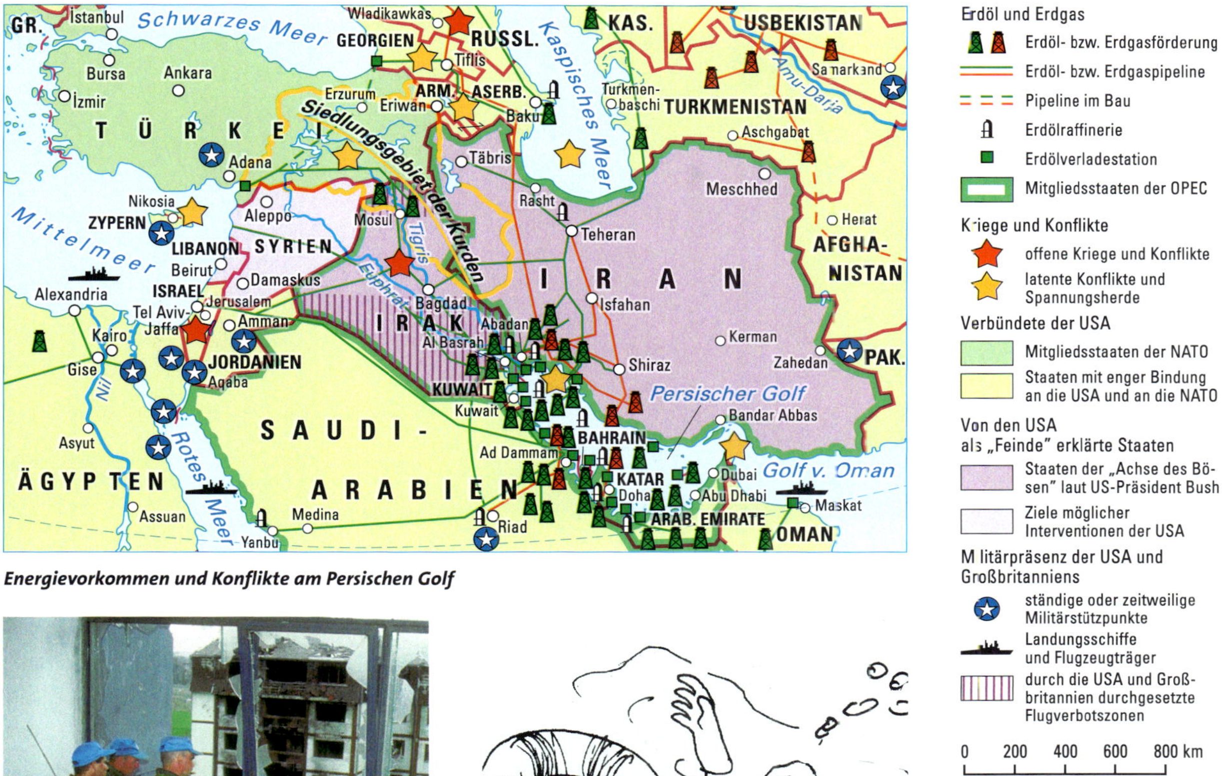

3 ***Energievorkommen und Konflikte am Persischen Golf***

4

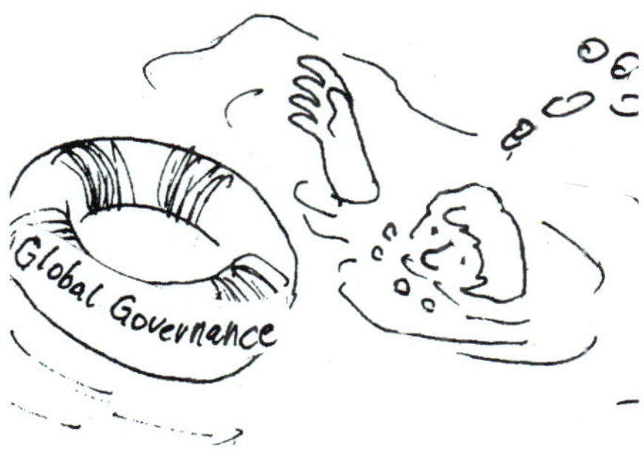

5

8 *Deine Meinung ist gefragt!*

- *Die Frauen auf der Welt stellen 70 % der Armen und verrichten 67 % der unbezahlten Arbeit.*
- *In Parlamenten und in Führungsetagen der Wirtschaft liegt ihr Anteil unter 15 %.*

a) Weshalb ist das so?

b) Welches Schlüsselproblem der Menschheit ist damit angesprochen?

Handeln

9 *Werte Karte 3 aus.*

a) Beschreibe die wirtschaftliche Bedeutung der Golfregion und begründe die hohe Anzahl an Militärstützpunkten.

b) Erkläre Begriffe wie OPEC, „Feinde der USA", „Verbündete der USA".

c) Verfolge in den Medien aktuelle Vorgänge und Konflikte in dieser Region.

10 *Einen Kommentar verfassen*

Schreibe zur Karikatur 5 einen Kommentar. Erkläre dabei, wer alles hinter dem ums Überleben Kämpfenden stecken könnte und was mit „Gobal Governance" gemeint ist.

11 *Internet-Recherche*

In Den Haag befinden sich zwei Weltgerichte, eines wurde 1946, eines 2003 gegründet. Erkunde deren Namen und Aufgaben:
www.icj-cij.org
www.un.org/law/icc/index.html

Teste dich selbst

Kannst du die Aufgaben 1, 2 und 5 ohne Hilfe lösen?

TERRATraining

TERRA Integrativ: Friedens- und Zukunftssicherung in der „Einen Welt“

Wichtige Begriffe

Armut
Auslandsverschuldung
Bodendegradation
Bodenerosion
Desertifikation
Entwicklungshilfe
Entwicklungszusammenarbeit
Fehlernährung
Grenzen des Wachstums
Hilfe zur Selbsthilfe
Kosten-Auslagerung
Nachhaltigkeit
Ökologie
Ökologischer Rucksack
Ökonomie
OPEC
Ressourcen
Terms of Trade
Tragfähigkeit
Umweltlast
Umweltstandards
Überernährung
Unterernährung

1

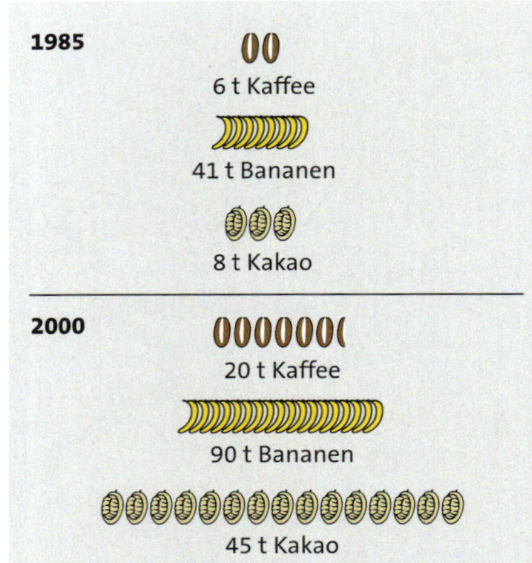

2 ***Dem Wert eines Lkw (6–10 t) entsprachen im Jahresdurchschnitt***

Orientieren

1 *Werte Karte 3 aus.*

a) Nenne die Namen von drei klimatisch bedingten Waldarten (= Vegetationszonen) der Erde.
b) Vergleiche den Flächenanteil des Waldes von heute mit dem von vor 3 000 Jahren.
c) Nenne mindestens drei Ursachen für den weltweiten Waldraubbau.
d) Nenne mindestens drei Folgen der Waldzerstörung.

Kennen

2 *Begriffe gesucht*

a) unzureichende Ernährung, bei der der Kalorienbedarf nicht gedeckt ist
b) Unterstützung durch wohlhabende Staaten, um die wirtschaftliche und soziale Situation in armen Staaten zu verbessern
c) Sammelbegriff für Naturgüter, aber auch für geistige Güter
d) Wissenschaft über die Wechselbeziehungen zwischen Lebewesen und Umwelt
e) Organization of Petroleum Exporting Countries

3 *Brainstorming zu Foto 1*

a) Notiere zum Foto einige Begriffe.
b) Welches Schlüsselproblem der Welt ist angesprochen?

Verstehen

4 *Richtig oder falsch?*

Stelle die falschen Aussagen richtig und notiere danach alle Aussagen in dein Heft.

a) Hunger bekämpft man am besten durch Nahrungsmittellieferungen.
b) Wenn lebenswichtige Stoffe wie Eiweiße, Mineralien und Vitamine lange Zeit fehlen, führt dies zu Fehlernährung.
c) Unter globalem Denken versteht man ein vernetztes Denken in weltweitem Bezug.
d) Hilfe zur Selbsthilfe führt zu hoher Auslandsverschuldung der armen Staaten.
e) Zu den Schlüsselproblemen der Welt gehören Hunger, Armut, Arbeitslosigkeit, Ressourcenverschwendung, Alkoholismus, Aids, Globalisierung.
f) Unter agrarer Tragfähigkeit versteht man die Berechnung, wie viele Menschen die Erde maximal ernähren kann.

5 *Werte Grafik 2 aus.*

a) Ordne der Zeichnung einen Begriff zu.
b) Erläutere das dargestellte Welthandelsproblem.

6 *Außenseiter gesucht*

Welcher Begriff passt nicht in die Reihe?

a) Erdöl – Braunkohle – Windkraft – Uran
b) Unterernährung – Überernährung – Fehlernährung – Fettleibigkeit

❸ ***Wälder der Erde im zeitlichen Vergleich***

c) *Bodenerosion – Bodenbedeckung – Bodenversalzung – Bodenverseuchung*
d) *Intensivnutzung – Flächenausweitung – Hochleistungssaatgut – Überweidung*

7 *Reichtum hat seinen Preis*
Die reichsten 20 % der Weltbevölkerung ...
... besitzen 84 % des Einkommens und 87 % aller Autos.
... verbrauchen 84 % des Papiers und 60 % der Energie.
a) *Weshalb ist das ein Problem?*
b) *Welche Schlüsselprobleme der Menschheit sind insgesamt angesprochen?*

Anwenden

8 *Werte Karikatur 4 aus.*
a) *Welches Thema ist dargestellt?*
b) *Nenne Ursachen und Folgen des dargestellten Tatbestandes.*

9 *Werte Tabelle 5 aus.*
a) *Begründe jeweils die Steigerungen in China/Brasilien/Indien und in USA/Kanada.*
b) *Begründe den Rückgang in Deutschland.*
c) *In den Schwellenstaaten China, Indien, Brasilien und Russland erwartet man in den nächsten Jahrzehnten einen starken Anstieg des Erdölverbrauchs. Erläutere, weshalb.*
d) *Nenne globale Auswirkungen.*

❹ ***„Für Sie unterwegs"***

10 *Aktiviere dein Wissen*
Mahatma Gandhi: „Die Welt hat genug für jedermanns Bedürfnisse, aber nicht für jedermanns Gier."
Gehst du mit diesem Ausspruch eine Zeit lang gedanklich spazieren, so fallen dir hierzu Beispiele und Begriffe ein.
a) *Zeige an drei Beispielen die Gültigkeit des Zitats auf.*
b) *Nenne mindestens fünf Begriffe, die zu dem Thema gehören, z. B. Überernährung.*

❺ **Acht größte Erdölverbraucher (in Mio. t)**

Land	1995	2004	Land	1995	2004
USA	802	927	**Deutschland**	135	123
China	167	309	**Indien**	73	115
Japan	266	251	**Brasilien**	82	108
Russland	146	132	**Kanada**	81	100

Teste dich selbst
Kannst du die Aufgaben 2, 3 und 6 ohne Hilfe lösen?

Training

TERRALexikon

Agenda 21: Auf der Konferenz in Rio de Janeiro im Juni 1992 beschlossen die Vertreter von 179 Staaten ein Arbeitsprogramm über Umwelt und Entwicklung, das im 21. Jahrhundert umgesetzt werden soll. In 40 Kapiteln zeigt die Rio-Deklaration auf, wie in allen wichtigen Lebensbereichen eine sozial- und umweltverträgliche Entwicklung möglich ist. Leitbegriff der Agenda 21 ist die → Nachhaltigkeit. Bei der Umsetzung kommt der Bevölkerung und der Verwaltung der Gemeinden mit der Lokalen Agenda 21 eine tragende Rolle zu.

Asyl: GG Art. 16 a: „Politisch Verfolgte genießen Asylrecht". Nach der Genfer Flüchtlingskonvention der UNO von 1951 gilt als verfolgt und damit als Flüchtling, „wer sich aus begründeter Furcht vor Verfolgung wegen seiner Rasse, Religion, Nationalität, Zugehörigkeit zu einer bestimmten sozialen Gruppe oder wegen seiner politischen Überzeugungen außerhalb seines Landes befindet". Der 1993 geänderte Artikel 16 a schließt jedoch Personen von diesem Recht aus, die a) aus EU-Staaten oder b) aus so genannten Drittstaaten kommen. Drittstaaten sind Staaten, in denen die Genfer Konvention für Flüchtlinge eingehalten wird. Allgemeine Notsituationen wie Armut, Naturkatastrophen und Bürgerkriege gelten im Sinne der Genfer Konvention nicht als Fluchtgründe.

Bruttoinlandsprodukt (BIP): erfasst die wirtschaftliche Leistung eines Volkes. Es ist der Geldwert aller in einem Jahr produzierten Güter, getätigten Dienstleistungen und Nutzungen (Miete, Pacht usw.). Zum Leistungsvergleich mit anderen Staaten wird in der Regel das BIP pro Kopf, d. h. die Wirtschaftsleistung je Einwohner und Jahr, herangezogen. Beim Bruttosozialprodukt (BSP) hingegen werden die von ausländischen Unternehmen im Land erbrachten Leistungen nicht mit eingerechnet.

Bundespräsident: Staatsoberhaupt der BRD. Er wird für eine Amtszeit von fünf Jahren von der Bundesversammlung gewählt. Eine Wiederwahl ist nur einmal möglich.
Zu den wichtigsten Aufgaben des Bundespräsidenten gehört es, die BRD völkerrechtlich zu vertreten und den Bundeskanzler sowie die Bundesminister zu ernennen.

Bundesrat: Über den Bundesrat wirken die 16 Bundesländer bei der Gesetzgebung des Bundes mit. Sobald der → Bundestag ein Gesetz beschließt, das die Interessen der Länder berührt, muss der Bundesrat zustimmen („zustimmungspflichtige Gesetze"). Auch bei Gesetzen, bei denen die Zustimmung nicht erforderlich ist („einfache Gesetze"), wird der Standpunkt des Bundesrates eingeholt. Je nach ihrer Bevölkerungszahl haben die einzelnen Bundesländer im Bundesrat zwischen drei und sechs Stimmen.

Bundesregierung: verkörpert die Exekutive. Ihre Aufgabe besteht darin, den Willen des Parlaments zu verwirklichen.
Die Bundesregierung besteht aus dem Bundeskanzler und den Bundesministern. Nach Artikel 65 GG bestimmt der Bundeskanzler die Richtlinien der Politik und trägt dafür die Verantwortung. Im Rahmen dieser „Richtlinienkompetenz" leitet jeder Minister seinen Fachbereich selbstständig.

Bundestag: Volksvertretung der BRD. Neben dem → Bundesrat ist er eines der beiden gesetzgebenden Organe auf Bundesebene. Sein Sitz ist das Reichstagsgebäude in Berlin.
Dem Bundestag gehören grundsätzlich 598 Abgeordnete an, von denen die eine Hälfte direkt in ihren Wahlkreisen und die andere Hälfte über Landeslisten gewählt wird. Die Zahl der Abgeordneten kann sich jedoch durch so genannte „Überhangmandate" erhöhen. Eine Legislaturperiode dauert vier Jahre. Wesentliche Aufgaben:
- Wahl des Bundeskanzlers
- Beschließen der Bundesgesetze
- Kontrolle der → Bundesregierung
- Entscheidung über den Bundeshaushalt.

Bundesverfassungsgericht: wacht über die Einhaltung der Verfassung, d. h. des Grundgesetzes der BRD. Sein Sitz ist in Karlsruhe. Es besteht aus zwei „Senaten" mit jeweils acht Richtern. Aufgaben des Gerichtes:

- Entscheidung über Verfassungsbeschwerden
- Beilegung von Rechtsstreitigkeiten zwischen Bund und Ländern
- Überprüfung von Gesetzen auf ihre Verfassungsgemäßheit
- Durchführen von Parteiverbotsverfahren.

Bundeswehr: Die 1955 ausschließlich zu Verteidigungszwecken gegründete Bundeswehr bestand zunächst nur aus Freiwilligen. 1956 wurde die allgemeine Wehrpflicht für Männer vom 18.–45. Lebensjahr eingeführt. In Friedenszeiten hat der Verteidigungsminister den Oberbefehl, im Verteidigungsfall der Bundeskanzler. Die Bundeswehr ist der NATO unterstellt. Nach dem Urteil des Bundesverfassungsgerichts vom 12. 7. 1994 kann die Bundeswehr zur Herstellung oder Erhaltung des Friedens auch außerhalb des NATO-Gebietes eingesetzt werden. Diese Einsätze bedürfen der Zustimmung des Bundestages.

Bürgerbegehren: In wichtigen Angelegenheiten können Bürgerinnen und Bürger einer Stadt oder Gemeinde einen Antrag auf → Bürgerentscheid stellen. Ein solcher Antrag wird Bürgerbegehren genannt. Diese Form der Mitwirkung bei politischen Entscheidungen gab es zunächst nur in Baden-Württemberg. Inzwischen wurde sie in allen Bundesländern eingeführt.

Bürgerentscheid: Mit einem Bürgerentscheid können die Bürger in einer Kommune über wichtige politische Fragen entscheiden. Ein Bürgerentscheid hat die Wirkung eines Beschlusses des Gemeinderats.

City: Zentral gelegener Teilraum einer größeren Stadt. Hier konzentrieren sich Einrichtungen des tertiären Sektors, die hochrangigen kommerziellen und kulturellen Zwecken dienen.

Disparitäten: „Ungleichheiten" hinsichtlich der Lebensbedingungen in Regionen, Staaten oder größeren Raumeinheiten, vor allem hinsichtlich ihres wirtschaftlichen Entwicklungsstandes.

Entwicklungsland: Die Betrachtung der Staaten der Erde nach ihrer Wirtschaftsleistung hat in den 1950-er Jahren zu der Einteilung in Entwicklungsländer, Schwellenländer und Industrieländer geführt. Obwohl sowohl die Einteilung als auch die Begriffe sehr umstritten sind, sind sie noch gebräuchlich. Allerdings werden heute zur Unterscheidung weitere Faktoren herangezogen (→ Human Development Index).

Entwicklungszusammenarbeit: Heute hat sich die Überzeugung durchgesetzt, dass Entwicklungshilfe am besten in Zusammenarbeit mit den Hilfsbedürftigen, unter deren maßgeblicher Beteiligung an den Hilfsprojekten und unter Anpassung an die lokalen Verhältnisse geschieht. Finanzielle und technische Hilfe soll nur so lange gegeben werden, bis die Betroffenen ihre Entwicklung selbst in die Hand nehmen können. Man nennt dies Hilfe zur Selbsthilfe.

Europäischer Gerichtshof (EuGH): Das oberste Gericht der EU mit Sitz in Luxemburg ist eines der sechs → Organe der EU. Bei ihm können EU-Bürger ihre Rechte einklagen. Das Gericht kontrolliert, dass EU-Recht eingehalten wird und dass die EU-Richtlinien in nationale Gesetze umgesetzt werden. Die 15 Richter werden auf sechs Jahre ernannt.

Extremismus: Das wesentliche Merkmal des politischen Extremismus besteht darin, dass seine Anhänger den demokratischen Rechtsstaat ablehnen und beseitigen wollen. Extremistische Gruppen sehen ihr Ziel folglich darin, die Meinungsfreiheit und das Mehrparteiensystem abzuschaffen.
Traditionell wird zwischen Links- und Rechtsextremismus unterschieden. Als linksextremistisch werden jene Strömungen bezeichnet, die den demokratischen Staat als kapitalistische Klassengesellschaft sehen und ihn durch eine sozialistische bzw. kommunistische Diktatur ablösen wollen.
Unter Rechtsextremismus ist ein fanatischer Nationalismus zu verstehen, der in der Regel mit Ausländerhass verbunden ist.
Zunehmend bedeutender und gefährlicher wird der religiöse Extremismus.

Föderalismus: Im Staatsnamen Bundesrepublik Deutschland kommt zum Ausdruck, dass Deutschland ein Bundesstaat ist, also ein Staat, der sich aus Bundesländern zusammensetzt. Die Regierungen der Bundesländer sind an der Bundespolitik beteiligt, hauptsächlich durch den → Bundesrat.
Der Gegenbegriff lautet „Zentralismus".

Fraktion: Freiwilliger Zusammenschluss von Abgeordneten zur Durchsetzung ihrer politischen Interessen und Ziele in einem Parlament.

Freies Mandat: Der gewählte Abgeordnete übt sein Mandat frei aus und ist dafür niemandem verantwortlich. Nach Artikel 38 Absatz 1 GG sind die Abgeordneten des → Bundestages „an Aufträge und Weisungen nicht gebunden und nur ihrem Gewissen unterworfen".

Global Governance: Der Begriff geht zurück auf die „UN-Commission on Global Governance". Sie fertigte 1995 einen Bericht, in dem zahlreiche Weltprobleme angesprochen werden. Die Kommission kommt zu der Erkenntnis, dass es zur Lösung dieser Probleme neuer Organisationsformen und neuer Regelwerke bedürfe: Staatenübergreifende Exekutiven, Nicht-Regierungsorganisationen (NGOs), Weltkonferenzen usw. sollen einen internationalen Ordnungsrahmen für die → Globalisierung schaffen. Globalisierungskritiker fordern in diesem Zusammenhang auch die Stärkung der Zivilgesellschaft als dritte Kraft neben der Politik und der Wirtschaft.

Globalisierung: immer stärker werdender Prozess der weltweiten Zusammenarbeit in den Lebensbereichen Wirtschaft und Forschung, Kommunikation, Logistik, Politik, Kultur. Merkmale der „globalisierten Welt" sind z. B. weltweiter Handel und Datenaustausch, weltweite Produktion und weltweite Präsenz von Unternehmen, aber auch Weltkonferenzen über Umwelt und Entwicklung. Die Globalisierung birgt Chancen und Risiken. → Schlüsselproblem: Was geschieht mit jenen Bevölkerungsgruppen, die zu den Verlierern der Globalisierung gehören?

Human Development Index (HDI): Maßzahl für den Stand der menschlichen Entwicklung. Drei Indikatoren sind maßgebend: Lebenserwartung, Bildungsgrad und Pro-Kopf-Einkommen der Menschen.

Interessenverbände: Zusammenschlüsse von Personen oder Vereinigungen mit dem Ziel, gemeinsame Interessen zu fördern und auf politische Entscheidungen Einfluss zu nehmen. Bei diesen Interessen kann es sich um politische, aber auch um wirtschaftliche, soziale, kulturelle oder religiöse handeln. Interessenverbände sind meist auf Landes- und Bundesebene zu großen Organisationen zusammengeschlossen.

Internationale Arbeitsteilung: Zerlegung von Arbeitsprozessen in weltweit angesiedelte Teilprozesse ohne Rücksicht auf nationale Grenzen. Die Teilprozesse werden an den Standorten mit den jeweils günstigsten Bedingungen ausgeführt. Ziel ist die Minimierung der Produktionskosten.

Konjunkturzyklus: Konjunktur ist die Wirtschaftslage eines Unternehmens oder Staates. Sie hängt vom Wirtschaftswachstum ab. Der Verlauf der Konjunktur, d. h. des Wirtschaftswachstums, ist Schwankungen unterworfen. Auf Aufschwung- folgen Abschwungphasen. Diese verlaufen oft periodisch oder zyklisch in so genannten Konjunkturzyklen:

- Phase des Aufschwungs: Produktion steigt, Arbeitslosenrate sinkt
- Phase der Hochkonjunktur („Boom"): Produktionsmöglichkeiten der Industrie sind voll ausgelastet, Löhne und Preise erreichen Höchststand, Nachfrage nach Gütern erreicht Höhepunkt
- Phase des Abschwungs („Rezession"): Wirtschaftsleistung sinkt, Arbeitslosenquote steigt
- Phase der „Depression": niedrige Auftragsbestände in den Unternehmen, Mangel an Beschäftigung.

Konzern: Zusammenschluss mehrerer selbstständiger Großbetriebe – auch mit unterschiedlicher Produktionsausrichtung – zu einem wirtschaftlichen Großunternehmen. Hat dieses eine globale Verbreitung und Bedeutung, so bezeichnet man es als Transnationales Unternehmen (TNU), international: Transnational Concern (TNC). Hauptziele der Konzernbildung:

- Beherrschung des Marktes
- Einsparung von Kosten durch Austausch von Know-how, Material und Teilprodukten sowie durch Verwaltungsvereinfachung.

Landesregierung: Ist die Spitze der Exekutive in einem Bundesland. Sie besteht aus dem Ministerpräsidenten, den Ministern und den Staatssekretären. Nach Artikel 46 der Landesverfassung wird der Ministerpräsident vom → Landtag mit der Mehrheit seiner Mitglieder gewählt. Er beruft und entlässt die Minister, Staatssekretäre und Staatsräte.

Landflucht: Umfangreiche Wanderungsbewegungen der Menschen aus ländlichen Gebieten in die Städte, weil sie sich dort ein höheres Einkommen und ein besseres Leben erhoffen (→ Pull- und Push-Faktoren).

Landtag: Landesparlament eines Bundeslandes, das in der Regel alle fünf Jahre neu gewählt wird. Hauptaufgaben:

- Wahl des Ministerpräsidenten
- Kontrolle der → Landesregierung
- Erlassen von Gesetzen.

Lean Production: Um die Erzeugung von Produkten kostengünstiger zu gestalten, werden weltweit in vielen Unternehmen besondere Maßnahmen einer „schlanken Produktion" erprobt. Zu diesen gehören z. B Ersparnisse beim Materialeinsatz, Einsatz von Robotern, Anlieferung der Zulieferprodukte zur festgelegten Zeit (Just-in-time), das ständige Streben nach Verbesserungen (Kaizen) sowie eine Verringerung der Fehlerquote (verantwortete Gruppenarbeit) bzw. Verbesserung der Produktqualität. Das Bestreben, Kosten einzusparen, gilt für alle Betriebszweige eines Unternehmens, also auch für Einkauf, Management, Entwicklung und Vermarktung.

Marktwirtschaft: Im Gegensatz zu einer staatlich gelenkten und kontrollierten Wirtschaft (Planwirtschaft) greift der Staat bei der Marktwirtschaft in das Wirtschaftsgeschehen nicht ein. Er schafft lediglich gesetzliche Rahmenbedingungen. Die Steuerung aller wirtschaftlichen Vorgänge erfolgt in freier Weise über den Markt. Preise entstehen durch das Zusammenspiel von Angebot und Nachfrage. Man spricht deshalb auch von freier Marktwirtschaft.

Menschenrechte: Nach UNO-Definition sind dies „angeborene und unveräußerliche Rechte eines jeden Menschen". Sie sind höher gestellt als Rechte des Staates und können deshalb von diesem weder verliehen noch aberkannt werden. Die Menschenrechte sind in der Allgemeinen Erklärung der Menschenrechte der Vereinten Nationen von 1948 in 29 Artikeln festgeschrieben. Zu den Rechten gehören: Grundrechte wie Recht auf Leben, Eigentum und Gewissensfreiheit, politische und soziale Rechte wie Wahlrecht, Versammlungsfreiheit und Recht auf Freizügigkeit. 1993 kamen Kollektivrechte wie das Recht auf Entwicklung und unzerstörter Umwelt hinzu. Die Einhaltung der Menschenrechte wird von der UNO, vor allem aber auch durch unabhängige Menschenrechtsorganisationen wie Amnesty International, überwacht.

Metropolisierung: Verstädterungsprozess, besonders in den → Entwicklungsländern. Dieser ist auf eine einzige Stadt, meistens die Hauptstadt, ausgerichtet, sodass sich diese zur Land beherrschenden Metropole entwickelt.

Migration: Sammelbegriff für Wanderungen von Menschen, einzeln oder in Gruppen, mit dem Ziel, sich an einem anderen Ort niederzulassen. Liegt dieser Ort im eigenen Staat, spricht man von Binnenwanderung, liegt er außerhalb, von Außenwanderung. Migration kann freiwillig erfolgen oder erzwungen sein, z. B. durch Verfolgung oder Vertreibung. Unter „indirektem Zwang" stehen auch Flüchtlinge, die infolge von Krieg, Natur- und Umweltkatastrophen oder Folter ihr Land verlassen. Politisch Verfolgte und andere anerkannte Flüchtlinge können in Deutschland Antrag auf Asyl (→ Asylrecht) stellen. Für die übrigen Fälle gelten die Zuwanderungsbestimmungen.

Mitsprache- und Mitbestimmungsmöglichkeiten der Bürger: In einer Demokratie eröffnen sich den Bürgern vielfältige Möglichkeiten zur Mitbestimmung und Mitwirkung bei politischen Entscheidungen. Folgende vier Formen politischer Beteiligung sind Bürgern in der BRD möglich:
- demokratische Beteiligung, die im Grundgesetz garantiert wird (z. B. Teilnahme an Wahlen)
- gesetzlich geregelte Verfahren (z. B. Bürgerfragestunden, → Bürgerentscheide)
- organisierte Mitarbeit in → Parteien, Bürgerinitiativen o. ä.
- freiwillige Beteiligungsangebote der Gemeinden (z. B. Mitarbeit bei einem Bürgerhaushalt).

Nachhaltigkeit: Beschreibt das Ziel, → Ressourcen, aber auch Menschen und Kapital nicht zu übernutzen, so dass deren Bestand bzw. Existenz, Eigenschaft und Funktion nicht bedroht sind. Nachhaltige Nutzung zielt auf dauerhafte und ressourcenschonende Nutzung.

Öffentliche Haushalte: Über Einnahmen und Ausgaben sorgfältig Buch zu führen, sie zu planen und laufend zu kontrollieren, ist für jeden Haushalt wichtig. Im öffentlichen Bereich, z. B. in Gemeinden, bei Land, Bund und EU, müssen Haushaltspläne aufgestellt und veröffentlicht werden. In diesen werden Einnahmen und Ausgaben einander gegenübergestellt.

Organe der Europäischen Union: Zentrale Einrichtungen, mit deren Hilfe die EU geleitet wird. Im einzelnen sind dies:
- Europäische Kommission: Sie besteht aus 25 EU-Kommissarinnen und Kommissaren. Sie erarbeiteten Vorschläge für gemeinsame Regelungen und setzen Gesetzesbeschlüsse um. Ihr Sitz ist in Brüssel.
- Europäisches Parlament: Es besteht aus 732 Abgeordneten (Stand 2005) und hat seinen Sitz in Straßburg. Es ist an der Gesetzgebung beteiligt, beschließt den jährlichen Haushalt der EU und kontrolliert alle anderen politischen Tätigkeiten in der Gemeinschaft.
- Rat der Europäischen Union (Ministerrat): Er setzt sich aus je einer Ministerin oder einem Minister jedes Mitgliedsstaates zusammen und tagt in Brüssel. Je nach Themenbereich beraten die entsprechenden Fachminister. Der Ministerrat bildet gemeinsam mit dem Parlament die Legislative, d. h. er beschließt das Inkrafttreten von Gesetzen.
- Europäischer Rat: Er setzt sich aus den Staats- und Regierungschefs der EU zusammen. Diese treffen sich mindestens zweimal im Jahr, um wichtige politische Ziele der EU festzulegen.
- → Europäischer Gerichtshof: Er überwacht die Einhaltung des EU-Rechts. Sein Sitz ist in Luxemburg.

Partei: Nach dem Parteiengesetz von 1967 sind Parteien durch folgende Merkmale gekennzeichnet: Sie sind Vereinigungen von Bürgern, die Einfluss auf die politische Willensbildung nehmen und das Ziel haben, das Volk im → Bundestag oder in einem → Landtag zu vertreten.

Produktivität: Produktionsleistung im Verhältnis zur dazu benötigten Arbeitszeit, aber auch im Verhältnis zum eingesetzten Kapital. Durch den Einsatz von Maschinen und anderen technischen Mitteln nimmt die Produktivität in der Wirtschaft ständig zu. Dadurch werden Arbeitsplätze eingespart, die Zahl der Beschäftigten sinkt. Wichtige Maßnahmen zur Steigerung der Produktivität, auch Rationalisierungsmaßnahmen genannt, sind Technisierung, Automatisierung und Spezialisierung der Produktion, aber auch Verkürzung der Akkordzeiten und Erhöhung der Wochenarbeitszeit.

Pull- und Push-Faktoren: Modellvorstellung zur Erklärung der Wanderungen zwischen Gebieten unterschiedlicher Anziehungskraft, vor allem der Land-Stadt-Wanderungen in den → Entwicklungsländern. Dabei stellen die Pull-Faktoren die anziehenden Merkmale des Zielgebietes dar. Push-Faktoren sind alle Einflüsse und Bedingungen, die Menschen zum Verlassen eines Gebietes bewegen.

Ressourcen: Sammelbegriff für alle Lebensgrundlagen, z. B. Rohstoffe wie Erdöl, Erze und Holz, andere Naturgüter wie Boden, Wasser und Luft, aber auch geistige Güter wie Wissen, Ideen und Fantasie.

Schlüsselprobleme: Weltweit verbreitete Probleme mit starken Auswirkungen auf die Lebensbedingungen vieler Menschen bzw. auf die Ökosysteme. Zu ihnen gehören Hunger, starkes Bevölkerungswachstum in Armutsländern, Schädigung und Verschwendung von → Ressourcen, ungerechte Verteilung von Gütern und → Migration. Schlüsselprobleme bedrohen den Weltfrieden.

Slum: Elendssiedlung, meist in den Großstädten der → Entwicklungsländer. Man unterscheidet die innerstädtischen Elendssiedlungen (Slums im engeren Sinne) und die randstädtischen Elendssiedlungen (Marginalsiedlungen).

Solidaritätsprinzip: grundlegendes Prinzip des Sozialstaates. Es verlangt von den Bürgern Gemeinsinn und wechselseitige Unterstützung, d. h., dass ein Bürger nicht allein für sich selbst verantwortlich ist, sondern auch für andere Mitglieder der Gesellschaft. So ist z. B. die Arbeitslosenversicherung darauf begründet, dass Arbeitnehmer durch ihre Beiträge die Zahlungen an Arbeitslose finanzieren.

Soziale Gerechtigkeit: Sozialer Ausgleich nicht nur innerhalb eines Landes, sondern auch zwischen den Staaten der Welt. Die wichtigsten Güter, Geld, Eigentum, Arbeit, Wohnung und Güter der Grundversorgung (Nahrung, Wasser, Gesundheit, Bildung) müssen allen Menschen zugänglich gemacht werden. Ungerechtigkeiten in globalem Maßstab, z. B. Armut, Ausbeutung oder Benachteiligung im Welthandel, gefährden den Weltfrieden. Von Friedensforschern wird deshalb mehr Verteilungsgerechtigkeit (Verteilung der irdischen Güter) und mehr Chancengerechtigkeit (gleiche Entwicklungschancen) gefordert.

Soziale Marktwirtschaft: Wirtschaftsordnung mit einerseits wesentlichen Elementen der freien → Marktwirtschaft, andererseits aber auch staatlicher Regulierung (Verbot von Machtkonzentration, also Monopolbildung, und Preisabsprachen). Wesentliches Element der sozialen Marktwirtschaft ist der Schutz der Menschen vor sozialer Not, z. B. durch Sozialgesetze und Arbeitnehmerrechte.

Die Grundzüge dieses Systems in der BRD wurden vom ersten Wirtschaftsminister Ludwig Erhard und seinem Staatssekretär Alfred Müller-Armack entwickelt.

Soziale Standards: Aufgabe der Politik, für ihren Geltungsbereich soziale Standards festzulegen, und zwar auf staatlicher, europäischer und globaler Ebene. Die Standards werden meist als Mindeststandards formuliert, z. B. beim Gesundheitsschutz am Arbeitsplatz, bei der Mitbestimmung der Arbeitnehmer, im Umweltschutz oder von Mindestlöhnen.

Sozialstaatsprinzip: Das GG der BRD bekennt sich im Art. 20 zum „demokratischen und sozialen Bundesstaat". Dieses Sozialstaatsprinzip, ein → Verfassungsprinzip, verpflichtet den Staat, die Bürger gegen soziale Risiken wie Krankheit, Pflegebedürftigkeit, Arbeitslosigkeit und Altersarmut weitgehend abzusichern. Hierzu hat der Staat ein ganzes System von Gesetzen geschaffen, auch soziales Netz genannt.

Standortfaktoren: Faktoren, die bei der Ansiedlung von Industrie- und Dienstleistungsbetrieben entweder begünstigend oder hemmend wirken, z. B. gute Verkehrsanbindung, kostengünstige Betriebsflächen, gut ausgebildetes Fachpersonal, billige Arbeitskräfte, Nähe zum Absatzmarkt.

Subsidiaritätsprinzip: Wichtiger Bestandteil des Konzepts der → sozialen Marktwirtschaft.

Es stammt ursprünglich aus der katholischen Soziallehre und besagt, dass alle Aufgaben, die einzelne Menschen oder kleine soziale Gemeinschaften (z. B. die Familie) lösen können, nicht von größeren Gemeinschaften übernommen werden dürfen. Auf die politische Ebene übertragen meint es, dass alles, was auf Gemeinde-, Kreis-, oder Landesebe-

ne entschieden werden kann, nicht auf Bundesebene verschoben werden soll.
Innerhalb der EU spielt dieser Grundsatz eine Rolle angesichts der Zuständigkeiten von Mitgliedsstaaten und Union. Das Subsidiaritätsprinzip wird insofern berücksichtigt, als dass die Staaten die Aufgaben behalten sollen, die sie selbst am wirksamsten bewältigen können.

Terms of Trade: Verhältnis zwischen den Erlösen aus den Exportwaren und den Aufwendungen für Importgüter. Ein Rückgang dieser Maßgröße infolge steigender Preise für Importgüter und sinkender Preise für Exportgüter hat die Verschlechterung der Terms of Trade zur Folge.

Tragfähigkeit: Überlegungen und Berechnungen zur Frage, wie viele Menschen ein bestimmter Raum „tragen“, d. h. ernähren (agrare Tragfähigkeit) kann. Immer stärker tritt auch die Frage nach der ökologischen Tragfähigkeit in den Blickpunkt, d. h. wie viele Menschen das Ökosystem eines Raumes, z. B. die Erde, „tragen“ kann, ohne dieses zu zerstören. Aus der Erkenntnis, dass die → Ressourcen der Erde begrenzt bzw. nur begrenzt belastbar sind, entstand das Bewusstsein von den Grenzen des Wachstums.

Unionsbürgerschaft: Im Jahr 1992 wurde im → Vertrag von Maastricht festgelegt, dass jeder Bürger eines Mitgliedsstaates der EU zugleich Unionsbürger ist. Diese so genannte Unionsbürgerschaft soll die nationale Staatsbürgerschaft ergänzen, aber nicht ersetzen. Sie bringt für die Bürger eine Reihe von Rechten mit sich, z. B. seinen Wohn- und Aufenthaltsort innerhalb der EU frei zu wählen und an diesem Wohnort an den Kommunalwahlen teilzunehmen.

Verdichtungsraum: Raum mit einer Konzentration an Bevölkerung, Arbeitsstätten, Infrastruktureinrichtungen etc. In der amtlichen deutschen Statistik sind bestimmte Abgrenzungskriterien wie Mindestfläche oder Mindesteinwohnerzahl festgelegt.

Verfassungsprinzipien: In GG Art. 20, Absatz 1 heißt es: „Die Bundesrepublik Deutschland ist ein demokratischer und sozialer Bundesstaat.“ Damit sind die drei Prinzipien festgehalten, nach denen unser Staat aufgebaut ist. Die Bundesrepublik ist eine Demokratie, ein Sozialstaat (→ Sozialstaatsprinzip) und nach dem Konzept des → Föderalismus aufgebaut. In GG Art. 79, Absatz 3 wird das Prinzip der Bundesstaatlichkeit für unabänderlich erklärt (so genannte „Ewigkeitsklausel“). Eine solche Klausel ist weltweit einmalig.

Verstädterung: 1. Wachstum der Städte eines Staates hinsichtlich ihrer Einwohnerzahl und/oder Fläche. 2. Vermehrung der städtischen Siedlungen eines Landes. 3. Wachsen des Anteils der Stadtbevölkerung eines Landes.

Vertrag von Maastricht: Vereinbarung der Staats- und Regierungschefs der Europäischen Gemeinschaft (EG) von 1992, diese in eine Wirtschafts- und Währungsunion umzuwandeln und zu einer politischen Union auszubauen (EU). Der Vertrag von Maastricht trat am 1. November 1993 in Kraft. Zu den wichtigsten Beschlüssen gehören: die Schaffung einer → Unionsbürgerschaft, der Aufbau einer gemeinsamen Währung, der weitere Ausbau der EG zu einer Sozialgemeinschaft, verstärkte Zusammenarbeit im Bereich der Polizei und Asylpolitik.
Seit der Verabschiedung des Vertrages stützt sich die EU auf „drei Säulen“:
- Vertiefung der bisherigen gemeinsamen Politik in der EG
- gemeinsame Außen- und Sicherheitspolitik
- Zusammenarbeit in der Innen- und Justizpolitik.

Vierte Gewalt: Zu den Merkmalen eines Rechtsstaates gehört die Gewaltenteilung, d. h. die Trennung der drei Staatsgewalten Rechtsprechung (Judikative), Gesetzgebung (Legislative) und ausführende Gewalt (Exekutive). Diese drei Gewalten sollen sich gegenseitig kontrollieren und in ihrem Einfluss beschränken.

Neben diesen Bereichen gewinnen die Massenmedien immer mehr an Bedeutung. Durch kritische Berichterstattung können sie Einfluss auf die öffentliche Meinung nehmen und zu einer Kontrolle politischen Handelns beitragen (Kritik- und Kontrollfunktion der Medien). Aus diesem Grund werden sie auch als vierte Gewalt bezeichnet.

Wahlgrundsätze: Eine gelebte Demokratie lässt sich nur verwirklichen, wenn die regelmäßig stattfindenden Wahlen bestimmten Grundsätzen folgen. Die fünf Grundsätze für die Wahl der Bundestagsabgeordneten sind in GG Art. 38, Absatz 1 festgelegt: „Die Abgeordneten des Deutschen Bundestages werden in allgemeiner, unmittelbarer, freier, gleicher und geheimer Wahl gewählt." Im einzelnen bedeutet ...

... „allgemein": Jeder Staatsbürger hat mit Vollendung des 18. Lebensjahres das Recht zu wählen.

... „unmittelbar": Die Kandidaten werden ohne die Zwischenschaltung von Wahlmännern gewählt.

... „frei": Auf die Wähler darf kein Druck ausgeübt werden.

... „gleich": Keine Stimme hat mehr Gewicht als eine andere.

... „geheim": Niemand darf wissen, wer wie gewählt hat, es sei denn, die Wählenden geben dies selbst bekannt.

Welthandelsorganisation (WTO): Organisation zur Kontrolle und Förderung des Welthandels mit Sitz in Genf. Der freie Welthandel ist vielfach noch durch Handelshemmnisse wie Schutzzölle und Subventionierung behindert. Hauptaufgabe der WTO ist es, diese und andere Handelsschranken schrittweise abzubauen, d. h. den Welthandel zu liberalisieren und damit im Sinne der → sozialen Gerechtigkeit zu gestalten.

Weltstadt: Stadt mit großer Einwohnerzahl (meist über eine Million) und überragender internationaler Bedeutung.

Wirtschaftssektoren: Unterscheidung zwischen primärem Sektor (Landwirtschaft, Forstwirtschaft, Fischerei), sekundärem Sektor (Bergbau, Industrie) und tertiärem Sektor (Dienstleistungen). Innerhalb der drei Sektoren findet seit Jahrzehnten ein Wandel statt. Die Anteile der Erwerbstätigen im primären und im sekundären Sektor nehmen kontinuierlich ab, der Anteil derer im tertiären Sektor zu.

Wirtschaftspolitische Handlungsziele des Staates: Durch seine politischen Entscheidungen nimmt der Staat Einfluss auf die wirtschaftliche Entwicklung. Die Ziele, die die bundesdeutsche Wirtschaftspolitik verfolgen soll, sind im so genannten „Stabilitäts- und Wachstumsgesetz" von 1967 festgelegt worden. Es enthält vier Zielsetzungen, die im Regelfall nicht alle zugleich erreicht werden können. Aus diesem Grund werden sie als „magisches Viereck" bezeichnet. Im einzelnen lauten diese Ziele:

- Stabilität der Preise, d. h. eine möglichst geringe Inflation
- hoher Beschäftigungsstand, d. h. eine niedrige Arbeitslosenrate
- außenwirtschaftliches Gleichgewicht, d. h. die deutsche Wirtschaft soll nicht mehr Güter und Leistungen ins Ausland verkaufen als sie dort einkauft
- angemessenes und stetiges Wachstum der Wirtschaft.

Sind alle vier Ziele erreicht, spricht man von einem gesamtwirtschaftlichen Gleichgewicht.

In diesem Viereck fehlen jedoch wichtige Ziele wie z. B. eine gerechte Verteilung des Einkommens, die Erhaltung einer lebenswerten Umwelt, menschliche Arbeitsbedingungen oder die Sicherung von Ressourcen. Je nachdem, wie viele dieser weiteren wirtschaftspolitischen Ziele mitberücksichtigt werden, spricht man von einem magischen Fünf-, Sechs-, Sieben- oder Achteck.

Standard-Check: Kompetenzprüfung 10

*Auf den Seiten 294 bis 301 findet ihr acht Themen aus dem EWG-Unterricht der Klassen 9 und 10. Diese eignen sich für die **Kompetenzprüfung**, die bei der Realschulabschlussprüfung als Gruppenprüfung durchgeführt wird.*

Zu jedem der acht Themen findet ihr Vorschläge
- *zum Fächerverbund*
- *zur inhaltlichen und*
- *zur methodischen Schwerpunktsetzung.*

Für eine tief greifende Erarbeitung und Darstellung ist es in der Regel sinnvoll, das gewählte Thema einzugrenzen. Anregungen hierzu findet ihr jeweils
- *durch die drei Themenbeispiele und*
- *durch die Materialien der Seite.*

(Die Themenbeispiele unter 1 bis 3 begünstigen aber auch eine arbeitsteilige Erarbeitung in der Gruppe.)

② ***Reichstagsgebäude in Berlin***

④ **Demokratie**
von lat. democratia = Volksherrschaft. Staatsform, in der das Volk gemäß Verfassung durch freie Wahlen an der Machtausübung im Staat teilhat.
Republik
von lat. res publica = öffentliche Sache. Im Gegensatz zur Monarchie oder einer anderen Diktatur sind hier die Staatsgeschäfte eine öffentliche Angelegenheit. Staatsoberhaupt und die Vertreter des Volkes sind auf Zeit gewählt. Die Volksvertretung kann wahrgenommen werden, z. B. durch Aristokraten, eine staatstragende Partei, demokratisch gewählte Abgeordnete.

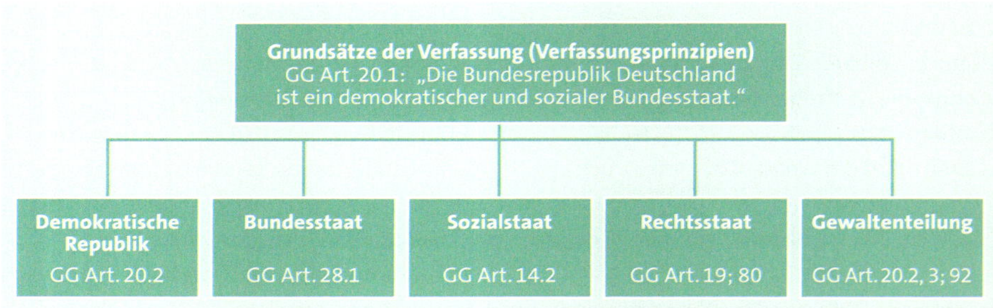

③

① ***G Art. 20.2***
„Alle Staatsgewalt geht vom Volke aus. Sie wird vom Volke in Wahlen und Abstimmungen und durch besondere Organe der Gesetzgebung, der vollziehenden Gewalt und der Rechtsprechung ausgeübt."

Thema 1: Bundesrepublik Deutschland

Fächerverbund:
Gemeinschaftskunde/Geschichte
Inhaltliche Schwerpunkte:
Verfassungsprinzipien des Staates
Methodische Schwerpunkte:
Recherche, Textauswertung und Textproduktion, Visualisierung (Lernplakat)

1 ***Verfassungsgrundsätze***
Legt ein Lernplakat an (mind. A1-Größe).
- *a) Ordnet jedem Verfassungsgrundsatz den Text des angegebenen Grundgesetzartikels zu (siehe Beispiel 1).*
- *b) Umschreibt jeden Verfassungsgrundsatz mithilfe von Lexika mit eigenen Worten: Definition des Grundsatzes (siehe Beispiel 4).*
- *c) Vertieft euer Wissen über jeden Verfassungsgrundsatz. Dazu eignen sich historische Bezüge, z. B. die Weimarer Republik.*

2 ***Themen zur Vertiefung der Kenntnisse über die Bundesrepublik***
- *a) Buch S. 68/69: Politik – puzzle dich durch*
- *b) Buch S. 70/71: Spurensuche*
- *c) Buch S. 86/87: Schwere Zeiten für den Sozialstaat. Oder: BRD/DDR und die Wiedervereinigung*

3 ***Beispiele demokratischen Handelns***
- *a) Umfrage zu einem aktuellen politischen Problem, z. B. Wählen ab 16?*
- *b) Darstellung eines Bürgerprojektes in unserer Gemeinde/unserem Stadtteil, z. B. der lokalen Agenda 21*

❶ **EU-Kommissar Günter Verheugen:**

– Die Türkei kann Mitglied der EU werden. Nach dem Abschluss von Beitrittsverhandlungen ist die Zustimmung des Parlaments und der EU-Mitgliedsstaaten erforderlich.
– Auf Verlangen der EU hat die Türkei einen Prozess der Demokratisierung eingeleitet. Eine Beitrittsverweigerung würde diesen Reformen den Boden unter den Füßen wegziehen.
– Die Türkei kann ein Schlüsselland für die Gestaltung unseres Verhältnisses zum Islam werden. Und es geht auch um den inneren Frieden in Deutschland.

(Nach: Stuttgarter Zeitung vom 10.01.2004)

❷ ***„Mesut Yilmaz, mit Gefolge"***

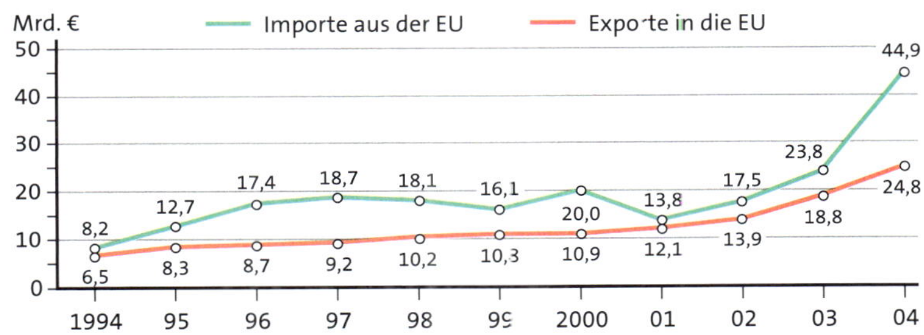

❸ ***Außenhandel der Türkei mit der EU 1994–2004***

Thema 2: Die Türkei strebt in die EU

Fächerverbund:

Erdkunde/Wirtschaftskunde/Gemeinschaftskunde

Inhaltliche Schwerpunkte:

Strukturdaten, Landeskunde, EU-Erweiterung

Methodische Schwerpunkte:

Daten-Recherche, Vergleich, Kartenauswertung, Statement

1 *Landeskunde Türkei*

a) Vergleicht wichtige Basisdaten der Türkei, z.B. Einwohnerzahl, Fläche, BIP, Arbeitslosenrate, Bevölkerungswachstum, mit denen von Rumänien, Deutschland und Irland (Tabelle).

b) „Gehört die Türkei zu Europa?" Recherchiert Zuordnungen: geographisch (kontinental), kulturell (religiös, ethnisch), wirtschaftlich (Haupthandelspartner), politisch/militärstrategisch (Bündniszugehörigkeit).

c) „Soll die Türkei in die EU?" Erarbeitet ein Pro- und ein Kontra-Statement.

2 *Themen zur Vertiefung der Kenntnisse über die Türkei*

a) Erstellt eine Kartenskizze mit den wichtigsten topografischen Namen.

b) Material 5: Erdbebengefährdung in der Türkei. Siehe TERRA EWG 4.

c) Problemfelder türkischer Politik, z.B. Verwirklichung der Menschenrechte.

3 *Themen zur Vertiefung der Kenntnisse über die EU*

a) Buch S. 98–101: Der Einigungsprozess

b) Buch S. 110–113: Problemfeld „EU-Agrarpolitik"

c) Europawahl und Europäisches Parlament

❹ ***EG-Präsident Walter Hallstein (CDU) 1963:***

„Die Türkei gehört zu Europa. Sie (...) soll vollberechtigtes Mitglied der Gemeinschaft sein."

❺ ***Bevölkerungsentwicklung in der Türkei (in Mio.)***

1950	*22,0*
1960	*27,5*
1970	*35,3*
1980	*44,5*
1990	*56,2*
2000	*67,4*
2004	*71,7*

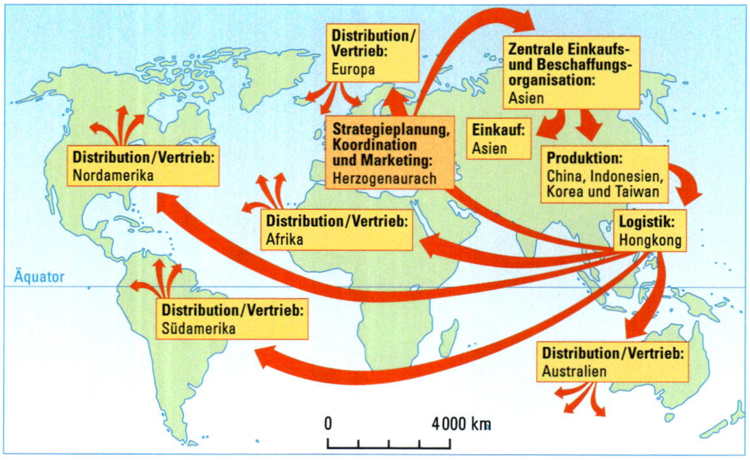

❶ ***Puma – ein virtuelles Unternehmen***

❺

❷ ***Unternehmensaktivitäten von Puma***

- *Entwicklung: Herzogenaurach, Boston (Schuhe)*
- *Design: Herzogenaurach, Los Angeles (Textilien), New York (Schuhe)*
- *Produktion*
- *Materialbeschaffung: Taiwan (90 % des Schuh-, 50 % des Textilmaterials)*
- *Management und Marketing*
- *Logistikcenter*
- *Vertriebszentren*

❸ ***Arbeitskosten in der Textilindustrie 2004***

	Euro je Arbeitsstunde
Dänemark	*23,19*
Westdeutschland	*20,59*
Japan	*16,96*
USA	*16,65*
Frankreich	*15,12*
Ostdeutschland	*11,56*
Griechenland	*8,19*
Polen	*3,06*
China	*0,33*

Thema 3: Der Globalisierungsprozess

Fächerverbund:
Erdkunde/Wirtschaftskunde/Gemeinschaftskunde

Inhaltliche Schwerpunkte:
Weltweite Unternehmensaktivitäten (Global Player), globale Wertschöpfung, Begriffslernen

Methodische Schwerpunkte:
Fallstudie, Kartenauswertung, Ablaufschema

❹

1 *Global Player „Puma“*

a) Wertet Karte 1 und Text 2 aus. Stellt den Weg eines Sportschuhpaares dar von der Idee bis zum Verkauf in Deutschland: „Globale Wertschöpfung“.

b) Begründet, weshalb sich Unternehmensteile in Herzogenaurach, andere in Taiwan oder in New York befinden. Die Produktion der Schuhe erfolgt fast ausschließlich in Asien. Welche Faktoren sind dafür verantwortlich?

c) Erstellt ein Unternehmensportrait von Puma mit den Schwerpunkten: Firmengeschichte, Produktpalette, Mitarbeiter in Zahlen, Entwicklung der Jahresumsätze.

2 *Wirkungsschema zur Globalisierung*

a) Erklärt die im Feld 5 notierten Begriffe.

b) Notiert die Begriffe auf Kärtchen. Ordnet diese den beiden Oberbegriffen „Hochlohnland“ und „Niedriglohnland“ zu.

c) Stellt zu beiden Oberbegriffen ein sinnvolles Beziehungsnetz her. Klebt dann die Kärtchen auf ein Poster.

3 *Weitere Themen zur Globalisierung*

a) Buch S. 180–185: Ein Global Player in Baden-Württemberg

b) Buch S. 216–219: Was ist Globalisierung? Was sind TNC's und Global Cities?

c) Zeitungsrecherche (Wirtschaftsteil): Ein Global Player in unserer Stadt/Nähe.

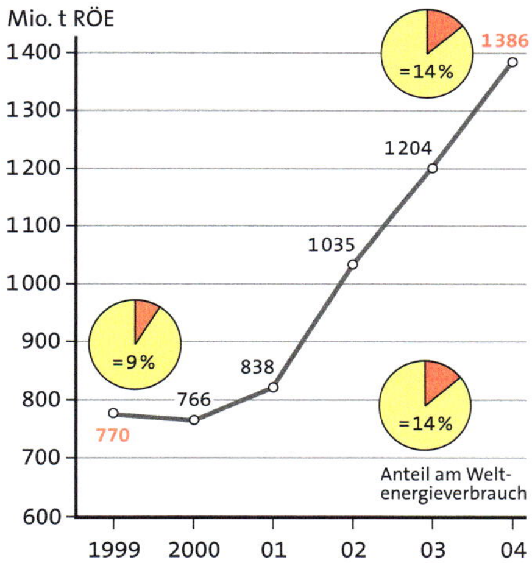

① **Energieverbrauch Chinas (in Mio. t Rohöleinheiten)**

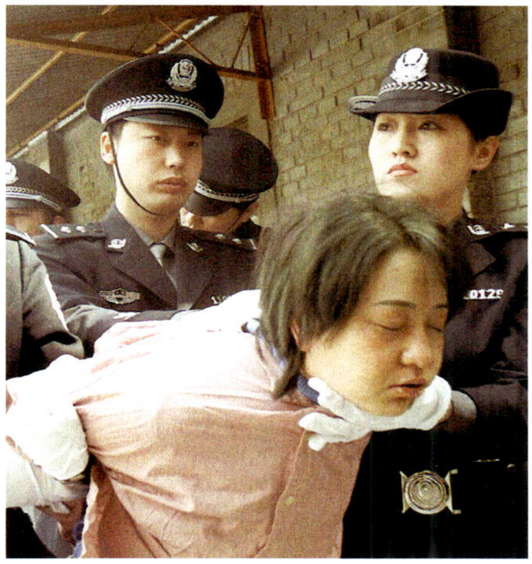

② **Auf dem Weg zur Vollstreckung**

Thema 4: Wirtschaftsmacht China

Fächerverbund:
Wirtschaftskunde/Gemeinschaftskunde/Religion/Geschichte

Inhaltliche Schwerpunkte:
Wirtschaftliche Entwicklung (BIP), Ressourcenverbrauch, Weltmarktkonkurrenz

Methodische Schwerpunkte:
Statistik-Auswertung: Diagramme erstellen, Recherche, Szenario

1 Wirtschaftsaufschwung in China

a) Zeichnet zur Tabelle 4 ein Säulendiagramm, zur Tabelle 6 ein Kurvendiagramm mit zwei Kurven.

b) Sammelt Zeitungsberichte und anderes Material zu der Aussage „China ist für Deutschland ein wichtiger Wirtschaftspartner und ein gefürchteter Standortkonkurrent".

c) Szenario: „Wenn 1,3 Milliarden Chinesen so leben würden wie 0,3 Milliarden US-Amerikaner..." Berechnet z.B. den Pkw-Bestand, Energieverbrauch pro Jahr, CO_2-Ausstoß ... und vergleicht.

2 Menschenrechte in China

a) Überblickswissen: Wertet die Materialien 2 und 3 aus. Recherchiert weitere Verstöße gegen Menschenrechte in China.

b) Exemplarisches Wissen: Wählt ein Beispiel aus, z. B. das Tibet-Problem. Recherchiert Informationen und stellt das Beispiel dar. Surftipp: www.tibet-initiative.de.

c) Transfer: Eines der schlimmsten Menschenrechtsverbrechen ist „ethnische Säuberung". Wählt aus der Geschichte weltweit ein Beispiel aus und stellt dieses mittels Kartenskizze, Texten, Tabellen u. a. dar.

③ **Menschenrechte in China: Der Staat als Täter**

- In Ostturkestan wird dem Volk der Uiguren ihre Sprache und Kultur genommen: Moscheen und Koranschulen wurden geschlossen, muslimische Geistliche zu Umerziehungskursen gezwungen und zwischen 1997 und 2004 über 500 Uiguren hingerichtet.
- Demonstrationen sind verboten. Nur 2005 durften Studenten „amtlich erlaubt" demonstrieren, und zwar gegen Japan, weil dort in den neuen Schulbüchern die Verbrechen japanischer Soldaten im Zweiten Weltkrieg unerwähnt blieben.
- Die Zahl der in den 280 Umerziehungs- und Arbeitslagern Internierten hat sich verdoppelt, von 150 000 (1990) auf über 300 000 (2004).
- Für 65 Delikte ist die Todesstrafe vorgesehen. Jährlich werden vermutlich mehr als 10 000 Menschen hingerichtet.

(Nach: pogrom 3/2005)

④ ***Die größten Volkseinkommen 2004 (in Mrd. US $)***

USA	12 150
Japan	4 750
Deutschland	2 490
Großbritannien	2 020
Frankreich	1 860
China	1 680
Italien	1 500

⑤ ***„Letzte Meldung" (Jan. 2006)***

Min Zhu, stellvertretender Vorsitzender der Bank of China, auf dem Weltwirtschaftsforum in Davos:
„China hat Großbritannien und Frankreich als Wirtschaftsmächte überholt und ist jetzt viertgrößte Wirtschaftsmacht der Welt."

⑥ ***Jährlicher Anstieg des BIP (in %)***

	China	westl. Ind.-staaten
1996	9,6	3,0
1997	8,8	3,4
1998	7,8	2,7
1999	7,1	3,5
2000	8,0	3,8
2001	7,5	1,1
2002	8,0	1,7
2003	9,1	2,1
2004	8,5	3,5
2005	8,0	3,0

Surftipps
www.gfbv.de
(Gesellschaft für bedrohte Völker)
www.china.org

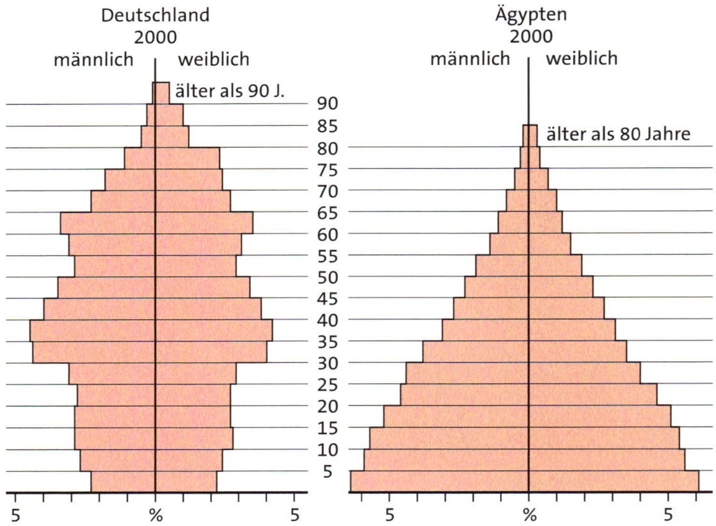

❶ **Altersaufbau der Bevölkerung in Deutschland und Ägypten 2000**

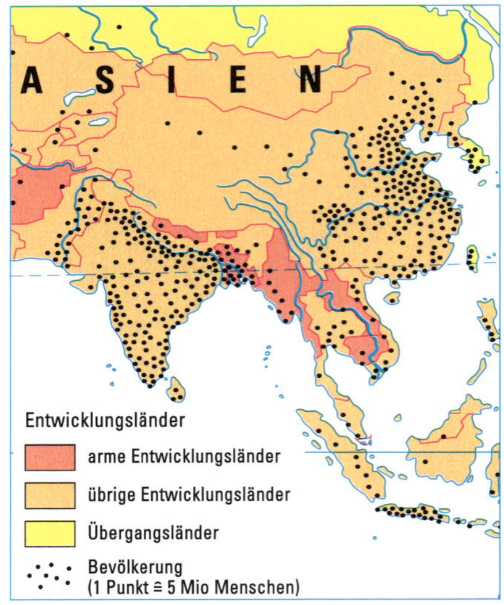

❹ **Bevölkerungsverteilung in Süd- und Südostasien**

❷ ***Entwicklung der Einwohnerzahl Chinas (in Mio.)***

1900	*425*
1910	*430*
1920	*445*
1930	*475*
1940	*440*
1950	*560*
1960	*660*
1970	*770*
1980	*970*
1990	*1 140*
2000	*1 262*
2005	*1 315*

❸ ***Entwicklung der Bevölkerung in Indien 1901–2003***

1901	*238 Mio.*
1911	*252 Mio.*
1921	*251 Mio.*
1931	*279 Mio.*
1941	*319 Mio.*
1951	*361 Mio.*
1961	*439 Mio.*
1971	*548 Mio.*
1981	*683 Mio.*
1991	*844 Mio.*
2001	*1 027 Mio.*
2003	*1 064 Mio.*

Thema 5: Bevölkerungswachstum

Fächerverbund:
Erdkunde/Gemeinschaftskunde
Inhaltliche Schwerpunkte:
Bevölkerungsentwicklung im Vergleich, Bevölkerungswachstum und Geburtenregelung, Altersaufbau eines Volkes
Methodische Schwerpunkte:
Diagramme erstellen, Diagramme vergleichen

1 Bevölkerungsentwicklung im Vergleich

a) Tabellen 2 und 3: Zeichnet ein Kurvendiagramm mit zwei Kurven.

b) „Wann überholt Indien China?"
Setzt das Kurvendiagramm bis 2050 fort unter Annahme folgender Wachstumsraten 2005: China 0,8 %, Indien 1,6 %.

c) Recherchiert, warum die Bevölkerung in China und Indien so unterschiedlich wächst. Stichwort: Geburtenregelung.

2 Vertiefung des Themas „China – Indien"

a) Vergleicht die beiden Staaten mithilfe ausgewählter Strukturdaten.

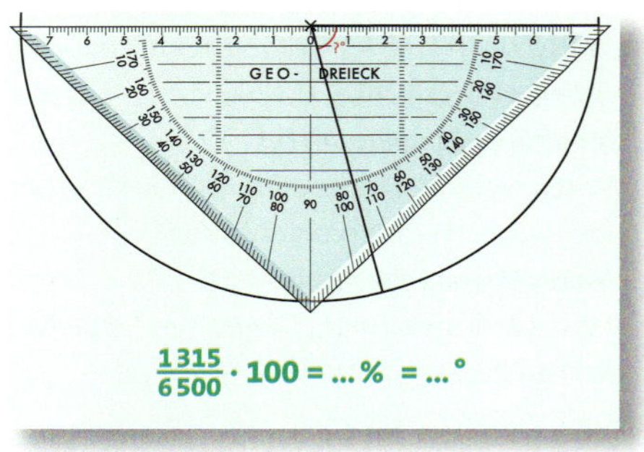

❺

b) Errechnet jeweils den Prozentanteil an der Weltbevölkerung (6,5 Mrd. Menschen), ebenso für die USA, Indonesien, Brasilien und Pakistan. Stellt die Anteile in einem Kreisdiagramm dar.

c) Karte 4 und Atlas: Begründet die unterschiedliche Bevölkerungsverteilung in China und Indien.

3 Altersaufbau im Vergleich (Diagramm 1)

a) Vergleicht die ungefähre Anzahl der
– unter 15-Jährigen
– 15- bis 65-Jährigen
– über 65-Jährigen.

b) Nennt jeweils gesellschaftliche Auswirkungen und Probleme, die sich aus dem Altersaufbau ergeben.

c) Formuliert für Ägypten und Deutschland politische Aufgaben als Konsequenz aus dem Altersaufbau.

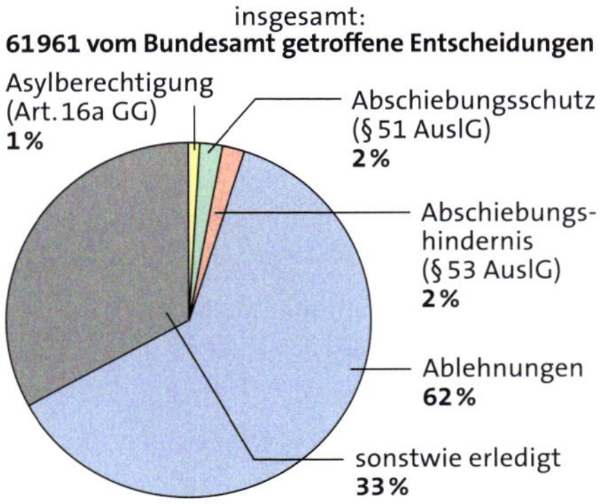

① *Entscheidungen über Asylanträge 2004*

②

Thema 6: Schlüsselproblem „Migration"

Fächerverbund:

Erdkunde/Gemeinschaftskunde

Inhaltliche Schwerpunkte:

Fluchtursachen, Asylrecht, Zuwanderung, Begriffslernen

Methodische Schwerpunkte:

Fallstudie, Auswerten von Texten, Politische Debatte

1 Migration weltweit

Überblick und Grundwissen: Buch S. 146–153

a) *Landflucht am Beispiel: Begriff, Ursachen, Folgen*

b) *Binnenwanderung und Außenwanderung an Beispielen*

c) *Ursachen für Migration: Überblick*

2 Migrationsziel Europa

a) *Haupt-Herkunftsgebiete der Migranten und Haupt-Fluchtursachen*

b) *„Europa macht dicht"*
Schengener Abkommen, Verschärfung des Asylrechts (6), Fluchtdramen im/am Mittelmeer, „Migrantenlager in Nordafrika"

c) *„Europa altert"*
Geregelte Zuwanderung oder was?

3 Weitere Themen

a) *Binnenmigration in Deutschland*

b) *Deutschland = Zuwanderungsland: Wer kann, wer muss aufgenommen werden? Wer ist Flüchtling?*

c) *Von Schleußerbanden und Menschenhändlern.*

③ **Allgemeine Erklärung der Menschenrechte vom 10.12.1948**

Art. 3: Jedermann hat das Recht auf Leben, Freiheit und Sicherheit der Person.

Art. 5: Niemand darf Folter oder grausamer, unmenschlicher oder erniedrigender Behandlung oder Strafe unterworfen werden.

Art. 9: Niemand darf willkürlich festgenommen, in Haft gehalten oder des Landes verwiesen werden.

Art. 14 (1): Jedermann hat das Recht, in anderen Ländern vor Verfolgung Asyl zu suchen und zu genießen.

④ **Genfer Konvention vom 28.7.1951**

(gilt seit 1954 in der Bundesrepublik)

Art. 33: Keiner der vertragschließenden Staaten wird einen Flüchtling auf irgendeine Weise über die Grenzen von Gebieten ausweisen oder zurückweisen, in denen sein Leben oder seine Freiheit wegen seiner Rasse, Religion, Staatsangehörigkeit, seiner Zugehörigkeit zu einer bestimmten sozialen Gruppe oder wegen seiner politischen Überzeugung bedroht sein würde.

⑤ ***Asylanträge in Deutschland 1990–2004***

1990	193 000
1992	438 000
1994	127 000
1996	116 000
1998	99 000
2000	79 000
2002	71 000
2004	36 000

⑥ ***Anerkennung und Widerruf von Asylentscheidungen***

	Anerkennung	Widerruf
1998	11 320	577
1999	10 261	1 750
2000	11 446	1 749
2001	22 719	718
2002	6 509	2 230
2003	3 136	8 345
2004	2 067	14 972

⑦ ***Begriffe, Begriffe ...***

Migrant, Emigrant, Immigrant, Transmigrant;
Flüchtling, Armutsflüchtling, Wirtschaftsflüchtling;
Asyl, Asylbewerber, Asylant;
Einwanderung, Zuwanderung;
Aussiedler, Ausländer

Surftipps

www.bamf.de
www.asyl.net
www.proasyl.de

1 Werbeanzeige für fair gehandelten Kaffee

2 Dreieck der Nachhaltigkeit

Weltweiter Raubbau an den Ressourcen, zunehmende Störung von Ökosystemen und verbreitete soziale Ungerechtigkeit führten zu der Einsicht, dass ...

3 Fair-Work-Siegel

Rugmark, Fair spielt, FSC, fairschenkt Blumen, Clean-Clothes-Campaign

Surftipps

www.transfair.org
www.rapunzel.de
www.ilo.org
www.ci-romero.de
www.robinwood.de

Thema 7: Fair Trade und Fair Work

Fächerverbund:
Erdkunde/Wirtschaftskunde/Gemeinschaftskunde

Inhaltliche Schwerpunkte:
Welthandel: Terms of Trade, Fair Trade; Weltmarktfabriken: Mindeststandards

Methodische Schwerpunkte:
Textauswertung, Erkundung, Aktion

1 Unfair Trade - Fair Trade

a) Buch S. 210–211: Terms of Trade, S. 212–213: TransFair-Kaffee.
b) Nachhaltigkeit/Zukunftsfähigkeit: Vergleicht den Werbetext 1 mit den Kriterien 2. Formuliert eine Aussage zu Sozial- und Ökostandards im Bio-Fair-Handel.
c) Erkundet TransFair-Angebote in eurer Gemeinde/eurem Stadtteil. Erarbeitet hierzu eine Ausstellung oder führt eine Aktion in der Schule durch.

2 Unfair Work – Fair Work

a) Buch S. 214–215: Unfair Work
b) Zwei Meldungen (Texte 4 und 5) zur selben Zeit. Recherchiert Informationen zu den beiden Meldungen.

4 Adidas-Chef ist „Öko-Manager des Jahres"

Berlin (dpa). „Der Vorstandsvorsitzende des weltweit zweitgrößten Sportartikelkonzerns adidas-Salomon, Herbert Hainer, wurde gestern in Berlin vom Umweltverband WWF und dem Wirtschaftsmagazin Capital ausgezeichnet. Hainer habe dafür gesorgt, dass bei der Herstellung von adidas-Artikeln in weltweit mehr als 800 Zulieferbetrieben ‚vertretbare ökologische und soziale Bedingungen' Standard seien. Die Jury verwies darauf, dass alle adidas-Lieferanten eine Reihe von Mindest-Standards einhalten müssten. Dazu gehören eine korrekte Entlohnung, keine Beschäftigung von Kindern unter 15 Jahren und eine Wochenarbeitszeit von höchstens 60 Stunden."

(Quelle: Ludwigsburger Kreiszeitung, 24. 11. 2005)

5 Oktober 2005: Fabrikarbeiterinnen machen Druck auf adidas

„Seit fünf Monaten harren sie bei Wind und Wetter aus. Jeden Tag stehen sie vor dem Fabriktor der ‚Hermosa Manufacturing' in El Salvador. Bis zur Schließung ihrer Fabrik hatten sie für adidas, Reebok und andere Markenkonzerne gearbeitet. Nachdem der Arbeitsdruck durch den Billigkonkurrenten China immer stärker geworden war, hatten sie im April eine Gewerkschaft gegründet, um sich dagegen zu wehren. Daraufhin wurden sie vor die Tür gesetzt, im Juni wurde die Fabrik geschlossen. Die Konzerne lassen in einer anderen Fabrik nähen, ohne Gewerkschaft." *(Quelle: Presente, CIR-Nachrichten – Christliche Initiative Romero, 2/2005)*

c) Erkundet im Einzelhandel Fair-Work-Produkte . Erarbeitet eine Ausstellung oder startet eine Aktion (in der Schule oder öffentlich).

3 Themen zur Vertiefung

a) Rolle der Nichtregierungsorganisationen beim Kampf für Fair Trade und Fair Work: www.coe.int, www.weed-online.org
b) Darstellung eines Beispiels, z. B. Blumen aus Unfair Work und Fair Work
c) Arbeit mit „Lernkisten", z. B. www.welthaus.de (Publikationen)

1

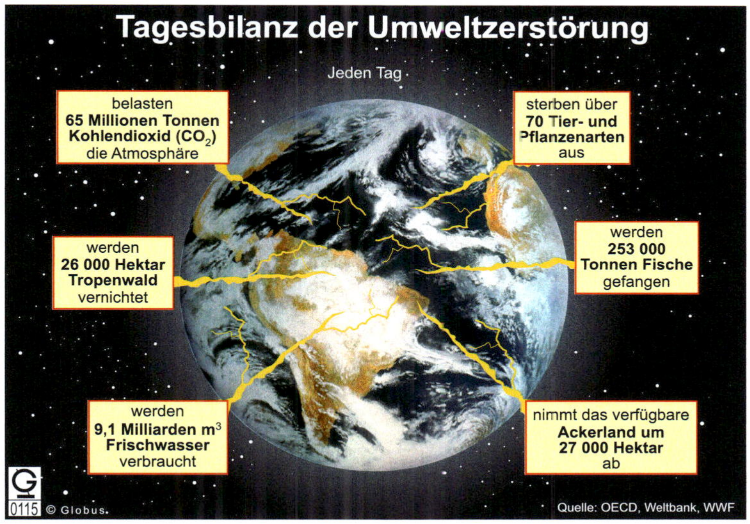

2

Thema 8: Global denken – lokal handeln

Fächerverbund:
Erdkunde/Wirtschaftskunde/Gemeinschaftskunde

Inhaltliche Schwerpunkte:
Welthandel, Raumnutzung, Raubbau

Methodische Schwerpunkte:
Internet-Recherche: Webquests, Visualisierung

1 *Globale Vernetztheit unseres Handelns: drei Beispiele*

a) Buch S. 188/189: Wirtschaftsstandort Deutschland in Gefahr?

b) Buch S. 220–223: Raubbau für Billigfleisch

c) Buch S. 242–249: Überfischung der Weltmeere

2 *Ein Fallbeispiel recherchieren*

Grafik 2: Wählt ein Thema aus und stellt es anschaulich dar, z. B. Frischwasserverbrauch:

a) Hauptwasser-Verbraucher

b) Welt-Wasserreserven

c) ein Wasserkonflikt am Beispiel

3 *Thesen untersuchen und Sachverhalte darstellen, z. B. als Lernplakat*

a) „Unser Wohlstand gründet zu sehr auf den Ressourcen, den Feldern, Gewässern und den Fabriken unserer Billigpartner in der Dritten Welt."

b) „Neben Ausbeutung von Natur und Mensch in den Entwicklungs- und Schwellenländern spielen auch Umweltschädigung und Gewaltanwendung eine Rolle."

c) „Die Globalisierung eröffnet Chancen für die einen und bringt Risiken für die anderen – und dies weltweit und innerhalb eines Staates."

3 **Aus einem Leserbrief**

„Das muss man wirklich zweimal lesen: Es handelt sich in China um Fahrzeuge renommierter Marken wie VW, Nissan, Ford, Peugeot, DaimlerChrysler (...) solange es noch irgend geht, hält man die technischen Errungenschaften wie Katalysator in der Schublade und nimmt vermeidbare Umweltschäden in Kauf. Hauptsache, die Verkaufszahlen stimmen. Was einen dabei wundert, dass sich in China noch nicht mehr Selbst- und Umweltbewusstsein entwickelt hat, um diese Ladenhüter ausländischer Autohersteller abzulehnen. Da wird sehenden Auges mit Vollgas in die Katastrophe gerast."

(Quelle: Sonntag Aktuell, 5. 12. 2004)

4 ***Unsere „Ressourcentöpfe"***

Erdöl aus dem Irak
Erdgas aus Sibirien
Tropenholz aus Indonesien
Baumwolle aus Mali
Viehfutter aus Brasilien
Blumen aus Kolumbien
Fisch aus dem Victoriasee
...

5 ***Global denken – lokal handeln***

Globales Denken ist Voraussetzung für verantwortliches lokales Handeln, das geleitet ist von Solidarität mit den Menschen der Welt und Mitverantwortung für die Bewahrung des Lebensraumes Erde.

Teste dich selbst – Lösungen

Seiten 44/45

2 *Altenpflegerin, Hebamme, Arzthelferin, Erzieherin, Hotelfachfrau, Friseurin, Steuerfachangestellte, Fotograf, Informatikkauffrau, Fachlehrer*

7b *Karikatur 3: Problembereich „Arbeitsplatzvernichtung als eine Folge der Automatisierung“*
Karikatur 4: ein Aspekt des Problembereichs „Vereinbarkeit von Familie und Beruf“

Seiten 64/65

1 *Interessenverband*

2 *Einwortbegriffe: Kreistag, Landesregierung, Landtag, Plebiszit, Referendum*
Zweiwortbegriffe: Direkte Demokratie, Repräsentative Demokratie

3

Name	Stephanie	Michaela	Doris	Peter	Klaus
Alter	14 Jahre	16 Jahre	17 Jahre	18 Jahre	24 Jahre
Gruppierung	Jugendgruppe	Bürger-initiative	Partei	BUND-Gruppe	Gemeinderat
Mitwirkungs-möglichkeit	Woche des ausländischen Mitbürgers	Bürger-begehren	Mitglieder-versammlung	Bachpaten-schaft	Ratssitzung
Mittel	Podiums-diskussion	Unterschrif-tensamm-lung	Gespräch	Infostand	Abstimmung

Seiten 94/95

1 a) *Bundeskanzler*
b) *Bundesrat*
c) *Bundesverfassungsgericht*
d) *Bundesländer*
e) *Bundesregierung*
f) *Bundestag*

2 a) *falsch, mit der Erststimme wird nur die Hälfte der Bundestagsabgeordneten gewählt. Mit der Zweitstimme wird die Sitzverteilung im Bundestag für die Parteien ermittelt.*
b) *falsch, der Vermittlungsausschuss wird nur tätig, wenn der Bundesrat ein vom Bundestag beschlossenes Gesetz ablehnt.*
c) *richtig, es muss allerdings dazu ein Antrag gestellt werden.*
d) *richtig, es steigen mit zunehmenden Alter die Kosten für Gesundheit und Pflege. Rentner zahlen nur geringfügige Einkommenssteuern. Rentner zahlen niedrigere Beiträge in die Sozialversicherungen ein. Bei Überalterung sinkt der relative Anteil der Erwerbstätigen, die volle Beiträge in die Sozialversicherungen und die Einkommenssteuer zahlen.*
e) *falsch, die Medien sind unabhängig von der Regierung (GG Art. 5), sie haben vielmehr die Funktion, die Regierungsarbeit kritisch zu begleiten.*

5 a) *Ausbildungsversicherung*
b) *indirekt*
c) *5%-Klausel*
d) *Solidarstaat*
e) *Medikative*
f) *Sozialismus*

Seiten 120/121

2 a) *1958: Europäische Wirtschaftsgemeinschaft (EWG) und Europäische Atomgemeinschaft (Euroatom) entstehen*
b) *1993: Europäische Union (EU) entsteht*
c) *2002: Euro als Bargeld wird eingeführt*
d) *2004: EU-Verfassung von allen Staats- bzw. Regierungschefs der EU-Staaten unterzeichnet*
e) *2007: Inkrafttreten der EU-Verfassung, falls alle EU-Staaten zustimmen*

4 a) *falsch: Gründung durch Belgien, Deutschland, Frankreich, Italien, Luxemburg und Niederlande*
b) *richtig*
c) *richtig*
d) *falsch: Förderung heißt Strukturpolitik*
e) *falsch: „Ode an die Freude“ von Beethoven*

Seiten 154/155

1 a) *USA (294,0), Mexiko (103,5), Brasilien (178,7), Nigeria (124,0), Russland (143,2), China (1304,2), Indien (1065,5), Bangladesh (146,7), Pakistan (153,6), Japan (127,7), Indonesien (219,9)*
b) *Asien, Afrika, Südamerika, Europa, Nordamerika, Australien, Antarktis*
c) *z. B. Uganda, Mali, Paraguay, Burkina Faso, Jemen*
d) *z. B. Schweden, Deutschland, Russland, Mazedonien, Griechenland*

2 a) *Migration*
b) *Familienplanung*
c) *Verstädterung*
d) *Wachstumsrate*

Seiten 176/177

2

Stadt	**Ballungs-raum**	**Mega-city**	**Metro-pole**	**Mega-lopolis**
Mumbai		X	X	
Shanghai		X	X	
New York		X	X	
Boswash				X
Stuttgart	X			
Tokyo		X	X	

3 a) Megalopolis
b) Ghetto
c) Weltstadt
d) Pendler

4 a) falsch
b) richtig
c) richtig
d) richtig
e) richtig
f) falsch

Seiten 198/199

2 a) Weltmarkt
b) unternehmensorientierter Dienstleister
c) Energiewende
d) Firmenimage
e) Standortnachteil
f) Regionalförderung

3 a) Deutschland ist die **fünftgrößte** (BIP nach Kaufkraftparitäten) bzw. **drittgrößte** (BIP in US $) Wirtschaftsmacht der Erde.
b) Fördermittel, die in den Osten Deutschlands fließen, nutzen vor allem dem **Aufbau der Infrastruktur und der Wirtschaft**.
c) Firmen in Deutschland bauen Arbeitsplätze ab, weil die **Lohnnebenkosten** zu hoch sind.
d) In der sozialen Marktwirtschaft ist freier Wettbewerb **erlaubt**.

4 Beispiele: Für eine hohe Produktqualität braucht man gute Arbeitskräfte. Durch hohe Produktqualität und innovative Produkte erzielt man eine höheren Preis. Innovative Produkte müssen aufwändig vermarktet werden. Die teuren Arbeitskräfte in Deutschland bewirken einen höheren Preis der Produkte. Innovative Produkte mit hoher Qualität sind gut zu vermarkten. Arbeitskräfte müssen die Innovationen mit tragen ...

Seiten 224/225

2 a) Global Player oder Transnationales Unternehmen
b) Sonderwirtschaftszone
c) Lizenz
d) Generikum (Mehrzahl: Generika)
e) Mindeststandards
f) Globalisierung
g) Terms of Trade

4 a) falsch: Der Handel zwischen Staaten auf der ganzen Erde wird Welthandel genannt.
b) richtig
c) richtig
d) falsch: Europas Masttiere werden mit Getreidefutter (Soja) gefüttert.
e) falsch: Futtermittelexporte gereichten den Großgrundbesitzern zu Reichtum.

5 a) Dienstleistung
b) Global Village
c) Fair Trade
d) Worldcity

Seiten 282/283

1 a) Bundeswehr
b) UN-Friedenstruppen
c) Internationaler Gerichtshof
d) UN-Sicherheitsrat
e) Präventivkrieg

2 a) UNO = United Nations Organization
b) NATO = North Atlantic Treaty Organization
c) OSZE = Organisation für Sicherheit und Zusammenarbeit in Europa
d) NRO = Nichtregierungsorganisationen, international: NGO = Nongovernment Organizations

5 a) falsch: (Er ist zwar wehrpflichtig, aber kann untauglich sein oder Wehrersatzdienst leisten)
b) richtig
c) richtig
d) falsch: (Der Prozess wird vorwiegend von Transnationalen Unternehmen und Wirtschaftsmächten wie den USA gesteuert)
e) falsch: (Freiheitskämpfer können zwar auch Terroranschläge verüben, vielfach geht es Terroristen aber um Bekämpfung bzw. Zerstörung von Machtstrukturen)

Seiten 284/285

2 a) Unterernährung
b) Entwicklungshilfe bzw. Entwicklungszusammenarbeit
c) Ressourcen
d) Ökologie
e) OPEC

3 a) Beispiele: Brandrodung, Waldraubbau, Entwaldung, Vegetationszerstörung, Klimaveränderung
b) Entwaldung der Erde (Vernichtung der Wälder) bzw. Ressourcenverschwendung

6 a) Windkraft
b) Fettleibigkeit
c) Bodenbedeckung
d) Flächenausweitung

Sachverzeichnis

Die **fett** gedruckten Begriffe sind im TERRA **Lexikon** erklärt.

Bildnachweis

Titelbild:
Creativ Collection Verlag GmbH, Freiburg

Action Press, Hamburg: 46.1E (Basti), 92.5, 136.1 (Bruendel), 226 unten (Saba Press Photo);
Adam Opel AG, Rüsselsheim: 23 unten;
Adolf Würth GmbH & Co. KG, Künzelsau: 182.1+3, 183.4+6;
AKG, Berlin: 22.2, 70.2 unten, 98.1, 152.1, 250/251 (Pablo Picasso, Friedenstaube, 1961; Copyright Succes);
Andia, Cesson-Sévigné: 249.7 (ÊGodard);
Andreas Stil AG & Co. KG, Waiblingen: 180.3, 181.4;
Anthony, Starnberg: 227 Mitte;
AP, Frankfurt/Main: 220.4 (Cheli);
Archiv Christliche Initiative Romer, Münster: 215.4;
Argum, München: 242.1 (Thomas Einberger);
Argus, Hamburg: 108.4 (Schwarzbach), 123.4 (Schwarzbach), 164.3 (Schwarzbach), 179.2 (Frischmuth), 238.4 (Schwarzbach);
Avenue Images GmbH, Hamburg: 230.1 oben + unten (PIXTAL RF);
Axel Springer Verlag AG, Hamburg: 89.3;
Badisches Tagblatt, Baden-Baden: 47.1G (Breyer);
Bananastock RF, Watlington/Oxon: 9.5, 12.1, 37.6C;
BASF AG, Ludwigshafen: 193.3;
Bellhäuser, Saarbrücken: 107.5;
Bensch, Köln: 296.4;
Bildagentur Schapowalow, Hamburg: 117.4 (Huber);
Bilderberg, Hamburg: 201.2 (Burkard);
Borstell, Rechberghausen: 30.1B, 42.1A+B+D;
Bosch, Gerlingen-Schillerhöhe: 36.1B;
Bridgeman Art Library, London: 98.2 (London Illustrated News);
Bundesagentur für Arbeit, Nürnberg: 37.5B;
Bundesagentur für Arbeit, Stuttgart: 37.5C;
Carl Stahl GmbH, Süßen: 24.1-3+5, 25.6+8+9;
CCC/www.c5.net, Pfaffenhofen a.d. Ilm: 28.2 (Mussil), 45.3 (Mandzel), 45.4 (Plaßmann), 63.4 (Haitzinger), 72.1 (Mette), 90.1 (Schwalme), 121.3 (Mohr), 197.5 (Schwalme), 199.4 (Mester), 225.3, 225.4 (Schönfeld), 273.7 (Haitzinger), 281.7 (K.G.), 282.1 (NEL), 285.4 (Mester), 295.2 (Mester), 299.2 (Mester), 301.1 (Wössner);
CDZ-FILM, Stuttgart: 200.1;
Columbia-Information/FNCC, Hamburg: 212.3;
Comstock, Luxemburg: 97.4, 119.3A, 162 oben links;
Corbis, Düsseldorf: 117.5 (Lisle), 123.5 (Bruderer), 138.3 (Wells), 157.3 (Listri), 160.4 (Karnow), 169.4 (Houser), 171.4 (SABA/Freeland), 171.5 (Sugar), 204.1 (LUC GNAGO), 227 oben (Fobes), 274.4 (Johnson);
Corel Corporation, Unterschleissheim: 126.4, 223.4, 283.4;
Creativ Collection Verlag GmbH, Freiburg: 68/69, 84 oben links;
Das Fotoarchiv, Essen: 56.1 (Venturi), 188.1 (Schmidt), 239.7 (Xinhua), 254.1 (Mueller), 276.1C (Meyer);
Deutsche Welthungerhilfe e.V., Bonn: 251 oben;
Deutscher Bundestag, Berlin: 66/67;
DigitalVision, Maintal-Dörnigheim: 30.1C;
EDITION UTKIEK Günter Franz, Bremen: 272.2;
Enkelmann, Filderstadt: 124.4;
EPD, Frankfurt: 257.13;
Erich Schmidt Verlag, Berlin: 91.6;
Europäische Gemeinschaften: 119.3B;
Europäische Zentralbank, Frankfurt/Main: 97.5+6;
Evangelische Kirche in Deutschland: 56.3;
f1 online digitale Bildagentur, Frankfurt: 223.5 (Peck);
Falcon Crest/FUNDUS: 193.2;
Fischer, Eisenach: 162.1;
FOCUS, Hamburg: 128.1 (Rigaud), 147.5 (Scianna/Magnum), 147.6 (Lux/Wache), 156/157 (Pillitz/Network), 206.1 (McCurry, Magnum);
Fotografie Wolfgang Schmidt, Ammerbuch: 130.1;
Fotosearch RF, Waukesha, WI: 23 oben (PhotoDisc);
Frank, Dresden: 97.2;
Fraunhofer Institut für solare Energie, Freiburg: 191.5;
Fuchs, Paderborn: 130.4;
Geiger, Landau: 148.3, 164.1, 168.3;
Getty Images, München: 161.5 (AFP), 221.5 (AFP), 234.1 (Brand X pictures RF), 238.2 (2005 AFP/HUSSEIN MALLA);
GLOBUS Infografik, Hamburg: 29.6, 32.1, 38.1, 59.4, 84.4, 85.5, 86.3, 194.1, 248.1, 264.1, 278.1, 301.2;
Grimm, Köln: 99.4;
Großmann, Gernsbach: 58.1, 60.1+2, 61.3+5;
Gutberlet, Rudolstadt: 82.1;
Hahn Medien, Kornwestheim: 124.1;
Hahn, Stuttgart: 169.5;
Haus der Geschichte, Bonn: 85.6;
Hennig, Berlin: 280.4;
Hörner, Mannheim: 39.7;
Image 100, Berlin: 9.4, 42.1C;
images.de digital photo GmbH, Berlin: 46.1C (Schmidt), 122.2 (Penny), 157.1 (Kessler), 238.3 (Varda), 272.4 (Ollertz);
IMAGINE, Hamburg: 276.1B;
International Society for Education, Shinjuku-ku, Tokyo 160: 177.2 (Tokyo);
Jäckel, Erfurt: 214.2;
Janicke, München: 204.4;
John, Erfurt: 47.1I;
John, Garmisch-Partenkirchen: 37.6A;
Joker, Bonn: 128.4 (Eglau);
Klett-Archiv, Stuttgart: 41.2, 104.2, 143.5, 154.3 (Böhn/Wang), 274.4 (Taschentücher);
KNA-Bild, Bonn: 158.1;
Korby, Korb: 284.1;
Kraus, Wäschenbeuren: 171.3;
Kroß, Bochum: 147.3, 148.1;
laif, Köln: 9.6, 76.7 (Plambeck), 160.1 (Bialobrzeski), 163.4 (Rizzo), 236.2 (Roy/Hoa-Qui);
Landesmedienzentrum Baden-Württemberg, Stuttgart: 46.1D, 190.1A+B;
Landratsamt Neckar-Odenwaldkreis: 52.4;
Leicht, Mutlangen: 17.3;
Linear, Arnhem: 250 oben (Giling);